中国矿产地质志·黑龙江卷·普及本

黑龙江矿产地质

主　编　吕长禄

副主编　刘旭光　徐衍强

地质出版社

·北　京·

内 容 提 要

本书是《中国矿产地质志·黑龙江卷》的编研成果之一，是《中国矿产地质志》的重要组成部分。以介绍黑龙江省矿产资源概况为主线，主要涉及黑龙江省矿业发展历史、矿产资源分布、矿产性质及用途、矿床成因、矿产资源开发利用等多个方面，同时对地球的层圈结构、板块构造、矿物岩石及黑龙江省地质演化进行简要介绍。书中记述了黑龙江省矿业发展史中的故事和人物，为读者呈现了黑龙江省悠久的矿业发展史和丰富的矿产资源。

本书是黑龙江省第一部面向社会大众的矿产地质科普图书，对普及地学知识、矿产地质知识，了解黑龙江省矿产资源，提高国民珍惜资源、保护资源的意识具有重要意义，同时也是科研机构开展相关工作和高校教学的重要参考资料。

图书在版编目（CIP）数据

中国矿产地质志·黑龙江卷·普及本·黑龙江矿产地质 / 吕长禄主编. —北京：地质出版社，2024.7
ISBN 978-7-116-14082-0

Ⅰ.①中… Ⅱ.①吕… Ⅲ.①矿产地质—概况—中国 ②矿产地质—概况—黑龙江省 Ⅳ.①P62

中国国家版本馆 CIP 数据核字（2024）第 054532 号

HEILONGJIANG KUANGCHAN DIZHI

责任编辑：卢晓熙　肖竣文
责任校对：关风云
出版发行：地质出版社
社址邮编：北京市海淀区学院路 31 号，100083
电　　话：（010）66554528（邮购部）；（010）66554654（编辑室）
网　　址：https://www.gph.clmpg.com
传　　真：（010）66554686
印　　刷：北京地大彩印有限公司
开　　本：889 mm×1194 mm　1/16
印　　张：16.25
字　　数：500 千字
版　　次：2024 年 7 月北京第 1 版
印　　次：2024 年 7 月北京第 1 次印刷
审 图 号：黑 S（2024）14 号
定　　价：260.00 元
书　　号：ISBN 978-7-116-14082-0

《中国矿产地质志·黑龙江卷》系列丛书是集体劳动的结晶！

感谢支持《中国矿产地质志·黑龙江卷》编纂的各级自然资源管理者、参与地勘单位、矿业企业、广大地质科技工作者和本项目工作的人们！

谨以此书献给耕耘在黑龙江省自然资源、地质矿产勘查开发、科学研究及在教学岗位上的广大地质工作者及矿业界同仁。

《中国矿产地质志》编委会

（第一届）

胡瑞忠　侯增谦　施中爽　姜树叶　袁忠信　莫宣学
钱大都　倪　斌　徐水师　徐志刚　陶维屏　黄香定
黄崇轲　黄懋鸿　梅友松　盛继福　章少华　阎凤增
琚宜太　韩振新　裴荣富　潘行适

三、《中国矿产地质志》

总主编：陈毓川　王登红

四、承担单位

中国地质科学院矿产资源研究所

五、项目办公室

主　任：邢树文
副主任：李　剑　龙宝林　傅旭杰
成　员：朱明玉　黄　凡

《中国矿产地质志》

总责任编辑：白　铁
副总责任编辑：韩　博　吕　静
责任编辑组：刘云龙　肖竣文　孙彦琪　刘秉翔　贺　文　闻　竹　谢玉淳
李　佳　吴宁魁　袁亚琴　宋永存　张琦玲　潘　懋　代世锋
邢瑞玲　郝梓国　章雨旭　沈　镭　佘宏全　于春林　李进文
戚学祥　李　华

《中国矿产地质志》编委会

（第二届）

黄香定　卢欣祥　艾宪森　李宏骥　周特先　杨明桂
陆　彦　任丰寿　张永山　石礼炎　陆瑞宝　韩振新
施中爽　王增护　陈一笠

三、《中国矿产地质志》

总主编： 陈毓川　王登红

四、承担单位

中国地质科学院矿产资源研究所

五、项目办公室

主　任： 邢树文　中国地质调查局资源评价部副主任
副主任： 黄　凡　中国地质科学院矿产资源研究所
　　　　王　岩　中国地质科学院矿产资源研究所
成　员： 蔺志永　中国地质调查局资源评价部矿产地质处处长
　　　　朱明玉　中国地质科学院
　　　　王成辉　中国地质科学院矿产资源研究所
　　　　孙　艳　中国地质科学院矿产资源研究所稀有稀土贵金属研究室副主任
　　　　曹瑞欣　中国地质科学院矿产资源研究所办公室副主任

《中国矿产地质志》

总责任编辑： 白　铁
副总责任编辑： 韩　博　吕　静
责任编辑组： 刘云龙　肖竣文　孙彦琪　刘秉翔　贺　文　闻　竹　谢玉淳
李　佳　吴宁魁　袁亚琴　宋永存　张琦玲　潘　懋　代世锋
邢瑞玲　郝梓国　章雨旭　沈　镭　佘宏全　于春林　李进文
戚学祥　李　华

《中国矿产地质志》编委会

（第三届）

唐菊兴　董连慧　严铁雄　邵厥年　郭坤一　潘仲芳
王永基　连　卫　田升平　杨　刚　刘增铁　陈华山
陈　平　邵和明　陈尔臻　刘德权　任家琪　宋小文
张翼飞　王砚耕　付德明　李均权　黄懋鸿　伍广宇
张忠伟　黄香定　卢欣祥　艾宪森　李宏骥　周特先
杨明桂　陆　彦　任丰寿　张永山　石礼炎　陆瑞宝
徐衍强　胡世华　施中爽　王增护　陈一笠

三、《中国矿产地质志》

总　主　编：陈毓川　王登红

四、承担单位

中国地质科学院矿产资源研究所

五、项目办公室

主　　　任：王登红　中国地质科学院矿产资源研究所副所长
常务副主任：黄　凡　中国地质科学院矿产资源研究所
副　主　任：王　岩　中国地质科学院矿产资源研究所
耿　林　中国地质调查局资源评价部矿产地质处处长
成　　　员：朱明玉　中国地质科学院
王成辉　中国地质科学院矿产资源研究所三稀室副主任
孙　艳　中国地质科学院矿产资源研究所三稀室副主任
张　震　中国地质科学院矿产资源研究所办公室副主任
杨雨涵　中国地质科学院矿产资源研究所
杨　萌　中国地质科学院矿产资源研究所

《中国矿产地质志》

总责任编辑：白　铁
副总责任编辑：韩　博　吕　静
责任编辑组：刘云龙　肖竣文　孙彦琪　刘秉翔　贺　文　闻　竹　谢玉淳
李　佳　吴宁魁　袁亚琴　宋永存　孙　琳　张琦玲　潘　懋
代世锋　邢瑞玲　魏秀菊　沈　镭　佘宏全　于春林　李进文
戚学祥　李　华

《中国矿产地质志》编委会

（第四届）

成　　员：（排名不分先后）

李廷栋　裴荣富　汤中立　赵文津　郑绵平　多　吉
康玉柱　莫宣学　翟明国　王成善　赵文智　王双明
侯增谦　邓　军　胡瑞忠　黄崇轲　王保良　王小烈
朱立新　李裕伟　邵厥年　庄育勋　熊盛青　卢民杰
马振东　盛继福　朱裕生　徐志刚　朱明玉　宋学信
杨岳清　张德全　邹天人　李纯杰　陈仁义　张作衡
邢树文　谢国刚　陈建平　邓颂平　肖克炎　陈郑辉
蔡克勤　王安建　陈从喜　郑大瑜　张金带　李子颖
蔡煜琦　乔德武　陶士振　刘玉强　琚宜太　程爱国
严铁雄　余中平　薛春纪　阎凤增　王永基　周尚国
梅友松　王京彬　徐水师　倪　斌　龙宝林　薛迎喜
丰成友　白万成　钱大都　李文渊　李文昌　郭坤一
潘仲芳　董连慧　潘　彤　周　琦　战明国　陆　彦
施玉北　王润福　姜树叶　姚超美　陈正国　杨　刚
李继江　文冬光　李文鹏　刘增铁　刘家军　郑有业
王时麒　屈文俊　闫升好　丁　俊　华仁民　连　卫
田升平　许建祥　李厚民　梁　婷　杨自安　焦　森
陈军元　陈华山　邵和明　陈尔臻　刘德权　任家琪
宋小文　张翼飞　李均权　黄懋鸿　伍广宇　张忠伟
黄香定　卢欣祥　艾宪森　李宏骥　周特先　杨明桂
张永山　石礼炎　陆瑞宝　胡世华　施中爽　王增护
陈一笠

四、《中国矿产地质志》

总　主　编：陈毓川　王登红

五、承担单位

中国地质科学院矿产资源研究所

《中国矿产地质志》

总责任编辑：白　铁
副总责任编辑：韩　博　吕　静
责任编辑组：刘云龙　肖竣文　孙彦琪　刘秉翔　贺　文　闻　竹　谢玉淳
李　佳　吴宁魁　袁亚琴　宋永存　孙　琳　张琦玲　潘　懋
代世锋　邢瑞玲　魏秀菊　沈　镭　佘宏全　于春林　李进文
戚学祥　李　华

《黑龙江矿产地质》
中国矿产地质志·黑龙江卷·普及本

项目负责： 吕长禄

主　　编： 吕长禄

副 主 编： 刘旭光　徐衍强

研编人员： 吕长禄　刘旭光　梁科伟　李东锁　付忠才　牛延宏
郭亚军　吴雨农　沙环宇　张玉敏　李冶平　赵　焱
王　磊　于再江　张铁安　李孝敏　徐衍强

承担单位： 黑龙江省地质调查研究总院
黑龙江省自然资源调查院（后期）

参加单位： 黑龙江省齐齐哈尔矿产勘查开发总院
黑龙江省煤田地质勘察设计研究院
东北石油大学

总　序

矿产资源是国家经济社会发展的物质基础，我国处于工业化中后期发展阶段，矿产资源需求量处于增长时期，需求量大、矿种多。掌握全国的所有矿产的家底，是国家与人民十分需要的大事。新中国成立以来的60多年的历程中，地质工作者已为国家发现了172种矿产，其中159种矿产已获得资源储量，矿床、矿点等各类矿产地已达20多万处，积累了丰富的矿产地质资料，广大的矿产地质工作者为国家所需，迫切真诚地期望早日进行覆盖全国全部矿产信息的汇总，研编《中国矿产地质志》，今日终于得到国家的支持，得以实施，并且经过江西省的试点，在该省以杨明桂先生为首的研编组的共同努力下，《中国矿产地质志》省级第一卷《中国矿产地质志·江西卷》率先正式出版，供全国使用，这是《中国矿产地质志》研编工作史上的新起点。

新中国第一部《中国矿产地质志》，将汇总广大地质矿产工作者为国为民找矿的成果，汇集全国查获的全部矿产资源及其开采利用的状况，分析资源前景，并对找矿过程中获得的丰富的找矿经验和成矿规律认识进行阶段性的总结。这将是我国迄今为止矿产资源文集大全，将为全国及各省、自治区、直辖市政府矿产资源规划、部署、决策提供重要依据，为全国人民提供祖国矿产资源的现有家底及开发前景，为矿产资源勘查、开发、科学研究及地矿教育提供丰富的资料。

一百多年前，光绪年间，顾琅、周树人（鲁迅）先生合著《中国矿产志》于1906年出版，附《中国矿产一览表》《地质时代一览表》和《中国矿产全图》。清政府甚为重视，列为国民必读。这是我国第一本《中国矿产志》，由于历史条件所限，该书共列出10个金属矿产（金、银、铜、铁、锡、铅、水银、辰砂、锑、锰矿）和20个非金属矿产，全国共列出1203个矿产地。当时著名的地理学家马良先生为之作序，序言中说：“顾、周两君学矿多年，颇有心得。慨祖国地大物博之无稽，爰著《中国矿产志》一册，罗列全国之所在，注之以图，陈之以说，使我国民深悉国产之所自有，以为后日开采之计，致富之源，强国之本，不致家藏货宝为他人所攘夺。”当时编写该志书是为国民知道国家的矿产，去开采致富，达到强国的目的。弹指一挥间，一百多年过去，天翻地覆，时代变了，祖国的盛世来临，现代化、和平民主的强大祖国就在面前。新中国第一部《中国矿产地质志》亦将面目一新，它与顾琅、周树人研编的目标是一致的，都是为民、为国，为民所知，为民致富，为国所知，为国强大。我们将继承前人事业，继续往前走！

本次研编处于天时、地利、人和的大好时机，国家经济社会发展与日俱增，欣欣向荣，需要矿产资源，需要摸清全国矿产资源家底。新中国成立60多年来矿产勘查与开发得到大发展，取得了丰硕的找矿成果和海量的矿产地质勘查、开发和科研资料。国土资源部近8年来组织完成了三大全国性矿情调查工作：矿业权核实、28个矿种资源现状利用调查和25个矿种资源潜力评价。开展中国矿产地质与区域成矿规律综合研究、研编《中国矿产地质志》得到了国土资源部、财政部、中国地质调查局等领导部门、各省（自治区、直辖市）政府部门及矿产地质领域专家、学者们的大力支持。社会需要，政府重视，研编条件具备，是本项工作得以进行的必要前提与重要保证。

研编工作的策划，充分吸取历来志书编纂的精髓，广泛听取并吸纳矿产资源领域各部门专家、领导的意见，并进行重要研编内容的工作试点，确定本矿产地质专业性志书采用“以述为主，述论结合”的原则，实现叙实性与学术性结合，矿产叙述必实，规律论述有据，做到资料真实、全面、最新、可查，文字论述简练易懂、图文并茂，研编技术统一要求，研编工作统一部署，研编组织有编纂专家队伍，亦广邀各方专家共同参与、集思广益。论述部分广纳有据论点，广迎百花，力争创新亮点，并为后人创新搭建平台。通过共同努力，使研编工作有序进行。

本次研编内容由3部分组成：各省（自治区、直辖市）矿产地质志、全国矿产总志、全国区域成矿规律研究。每一部分都有书、图、数据库及普及本。各省（自治区、直辖市）矿产地质志包含本地区所有矿产资源。全国矿产总志包含各主要矿产的矿产志及全国矿产汇总。全国区域成矿规律研究包含各主要成矿区带成矿规律研究及全国区域成矿规律研究汇总。整个研编工作自2014年开始至2020年完成。研编期间，研编成果实施边完成、边出版、边使用，使研编成果及时向社会提供，逐步积累，最终完成。

本项研编工作意义重大，任务繁重，涉及矿产资源勘查、开发、科研、教育领域各个部门各方专家。我们认为，只有共同参与、同心合作、政府支持才能胜利完成此项工作。我们衷心希望并坚信，参与工作的全体同仁为实现此国家重大目标，在政府与矿产资源工作有关部门与广大同仁专家的支持下，一定会坚定信心，同舟共济，共同奋斗，在2020年提交一份世纪性的矿产志书大成果。

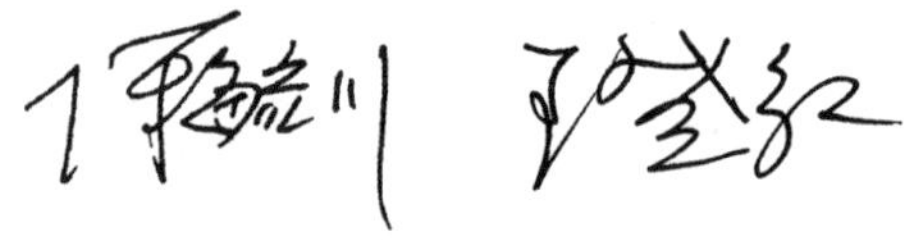

2014年11月5日

序

矿产资源是地球演化过程中赋予人类的宝贵财富，是社会经济发展的重要物质基础。“盘古开天辟地”的古老神话传说，“点石成金”的美好设想，“涅而不缁、铸山煮海、丹青妙手”的精辟赞喻，“信口雌黄”的尖锐讥讽等等，集中体现了中华民族在探寻与大自然和谐共存的进程中，对地球演化和矿产资源的科学认知的不断提升，形成了特有的中华文明。

根据《中国矿产地质志》编委会的统一部署，在黑龙江省自然资源厅、黑龙江省地质矿产局的精心组织下，黑龙江省广大地质工作者坚持“存真求实、述而不论、横分纵述、详今略古”的原则，编撰了《黑龙江矿产地质——中国矿产地质志·黑龙江卷·普及本》，为社会各界和广大读者奉献了一部黑龙江省矿产资源勘查开发领域史实性的佳作。该普及本内容丰富多彩，语言表述简明扼要，文图并茂，通俗易懂，是一部集趣味性、知识性、普及性于一身的科普读物。

本书用精辟的编撰方式，向广大读者展示了地球的演化过程、结构构造、物质组成、矿产种类。地质构造运动造就了现今的沧海桑田，也形成了丰富多彩的矿产资源。

本书全面收集、整理和归纳了黑龙江省能源矿产、金属矿产、非金属矿产、宝玉石和观赏石、水气矿产五类矿产，以及旅游地质景观的各类地质矿产资料，系统介绍了黑龙江省矿产资源总体面貌特征，附以插图，助以找矿案例、趣闻轶事、故事传说等内容，在纪实的基础上增加了故事性和趣味性，增强了该书的可读性。

本书全面系统记述了黑龙江省近60种矿产资源空间分布、地质特征、勘查历史、资源储量特征及开发利用现状等内容，突出介绍了近30种特色和优势矿产资源特征和潜力，向社会各界和广大读者展示了黑龙江省矿产资源省情，普及了矿产资源地学知识，也为各级地方政府决策提供了基础依据。

本书回顾了日俄侵占东北对黑龙江省矿产资源疯狂掠夺的史实，旨在提醒人们勿忘国耻，时刻警钟长鸣！通过一个个生动的故事，向社会各界和广大读者展示了黑龙江省广大地质工作者在发现一处处矿床过程中，发扬“三光荣”“四特别”优良传统和作风，攻坚克难和无私奉献的地勘精神。

矿产资源多为不可再生的一次性资源，更是国家经济社会健康发展的安全保障。希望广大读者在深入了解黑龙江省矿产资源省情的同时，要对我们赖以生存的地球永怀感恩之心，珍惜有限矿产资源。树立绿色勘查开发理念，综合开发利用矿产资源，促进矿产资源勘查开发与生态环境建设和谐共进，再谱“大美龙江”新篇章。

前　言

人类的发展与进步是与矿产的利用分不开的，人类文明的进化史就是矿产资源的开发史。

中华人民共和国成立后，黑龙江省的矿产勘查和评价工作逐步走向正规，各类矿产普查和找矿工作方兴未艾，极大地促进了黑龙江省矿产事业的发展，先后发现了大庆油田、团结沟金矿、多宝山铜钼矿、鹿鸣钼矿、二道坎村银矿等一大批矿床和成矿远景区。省内部分城市因矿产资源而闻名，如大庆市为“油城”，鸡西市、鹤岗市、双鸭山市、七台河市统称“四大煤城”，林甸县为“中国温泉之乡”等。黑龙江省是我国第一条采金船的诞生地，也是中国砂金生产的故乡，素有黑龙江“三千里江山，金子镶边”的美誉。

黑龙江省位于祖国东北边陲，地域辽阔，成矿条件优越，是矿业大省。截至2019年底，已发现煤、石油、天然气、金、银、铜、铅、锌、钼、铁、石墨、大理岩等各类矿产111种（不含亚种），其中已查明资源储量的矿产有85种（不含亚种）。人均矿产资源潜在经济价值位居全国前列，矿产经济在全省经济发展中具有不可替代的地位和重要作用。

《黑龙江矿产地质——中国矿产地质志·黑龙江卷·普及本》是黑龙江省矿产地质志研编成果的重要组成部分。本书由前言，第一章神州两极——大美龙江，第二章沧海桑田——地质演化，第三章自然宝藏——矿产资源，第四章动力之源——能源矿产，第五章工业粮食——金属矿产，第六章生存基石——非金属矿产，第七章物华天宝——宝石、玉石和观赏石，第八章生命之源——水气矿产，第九章旅游地质景观，结语和主要参考文献组成。书中设有科学窗、知识链接等小板块，介绍一些矿产的发现、分类和新用途，同时穿插有原黑龙江省地质矿产局总工程师徐衍强等搜集、整理和撰写的近现代矿业开发过程中的典型人物、典型矿床和化石发现过程、地质队员的艰辛工作及中华人民共和国成立前外国列强对黑龙江省矿产资源的掠夺过程等相关内容，以史话、故事会等形式展现，让读者在了解黑龙江矿产资源的同时，也警示后人勿忘国殇，吾辈自强！

《黑龙江矿产地质——中国矿产地质志·黑龙江卷·普及本》的研编工作，始于2019年4月。前言由吕长禄执笔，第一章由牛延宏执笔，第二章由梁科伟、张铁安执笔，第三章由吕长禄执笔，第四章由李东锁（煤、煤层气）、吴雨农（石油、天然气、油页岩）、刘旭光（页岩油）、王磊（铀）执笔，第五章由牛延宏（黑色金属）、沙环宇及刘旭光（有色金属）、郭亚军（贵金属）、王磊（稀有、稀土和分散元素）执笔，第六章由付忠才、于再江、李孝敏执笔，第七章由付忠才执笔，第八章由李治平（地下水）、赵炎（地热）、张玉敏（矿泉水）执笔，第九章由郭亚军执笔，结语由吕长禄执笔。郭亚军提供了大部分岩石及矿石标本照片，部分内容和图片来自省内各博物馆及网络平台，均注明出处和来源。全书由吕长禄、刘旭光统稿定稿。

本书是在搜集、整理黑龙江省属各地质勘查单位的地质矿产文献资料和勘查成果、黑龙江省自然资源厅编制的年度矿产资源储量表和矿产资源年报及国内外相关资料的基础上编写的。

在本书编写过程中，得到了中国地质科学院矿产资源研究所陈毓川院士、王登红研究员、黄凡博士、王岩博士等的指导和帮助；徐衍强教授级高级工程师提供了技术指导，黑龙江省地质调查研究总院院长李光辉、总工程师徐文喜及技术管理部主任史建民，黑龙江省国土资源厅总工程师李昱岩、地质勘查处副处长李宝民，黑龙江省自然资源调查院院长王逊、副院长余友等对本书的编写工作给予了关心、指导及大力支持。

2020 年 6 月 29 日，初稿完成后，黑龙江省地质调查研究总院邀请原黑龙江省地质矿产局总工程师徐衍强和于援帮、原黑龙江省国土资源厅地质勘查处处长刘铁军、原黑龙江省地质调查研究总院教授级高级工程师郝正平、黑龙江省地质调查研究总院教授级高级工程师史建民和杨文等相关专家，在哈尔滨对初稿进行了院内部审查。

2020 年 9 月 15 日，黑龙江省地质矿产局组织有关专家对黑龙江省地质调查研究总院提交的《黑龙江矿产地质——中国矿产地质志·黑龙江卷·普及本》进行了局内部审查。评审员有黑龙江省地质科学研究所李强，黑龙江省地质矿产局孙德忠、朱学军、赵焕利，黑龙江省委史志研究室侯明，黑龙江省有色金属地质勘查七〇三队王泉。

2020 年 12 月 28 日，黑龙江省自然资源厅组织有关专家对黑龙江省地质调查研究总院提交的《黑龙江矿产地质——中国矿产地质志·黑龙江卷·普及本》进行了初审。评审员有黑龙江省地质资料档案馆董惠明、原黑龙江省有色金属地质勘查局田世良、原黑龙江省煤田地质局王金山、中国建筑材料工业地质勘查中心黑龙江总队王家昌、黑龙江省地质科学研究所张孟宽、大庆油田有限责任公司勘探开发研究院钟延秋、黑龙江省生态地质调查研究总院左京生。

2021 年 4 月 26 日，在北京由中国地质科学院矿产资源研究所组织有关专家对书稿进行了终审。会议由王登红主持，评审员有王瑞江、张得会、朱明玉、徐衍强、张德全、于援帮、梁婷，陈毓川院士参加会议。与会专家对《黑龙江矿产地质——中国矿产地质志·黑龙江卷·普及本》予以充分肯定（评审成绩为优秀级），也对部分章节的编排及存在的问题提出宝贵意见。

由于矿产地质科普书籍的研编在黑龙江省尚属首次，再加上编者水平所限，书中难免有疏漏之处，敬请读者见谅，并欢迎批评指正。

吕长禄

2021 年 7 月

目　　录

第一章　神州两极——大美龙江

黑龙江省，简称黑，省会哈尔滨，是中国重工业基地、重要商品粮基地和重要能源石油基地，因中俄界河——黑龙江而得名。黑龙江，古称黑水，十四世纪成书的《辽史》始称黑龙江。在祖国的版图上，她形似振翅欲飞的天鹅，故有“黑天鹅”的美誉。黑龙江省位于东北亚区域腹地，是亚洲与太平洋地区陆路通往俄罗斯远东和欧洲大陆的重要通道，是中国沿边开放的重要窗口，现已成为我国对俄罗斯及欧洲国家开放的前沿。她具有光荣的革命传统，“东北抗联精神”“北大荒精神”“大庆精神”“铁人精神”不断激励着黑龙江儿女奋发图强、艰苦创业。

这里有黑色的土地、广袤的森林和丰富的矿产，它哺育和容载着万物生灵。这里有大片的湿地，是丹顶鹤栖息的乐园。这里有一年一度被世人瞩目的冰雪盛会——哈尔滨国际冰雪节。如今的黑龙江省经过几代人的不懈努力，穿越沧桑、历经岁月的磨砺和洗礼，正以崭新的面貌向世人彰显其独特的魅力。

第一节　自然环境

黑龙江省位于中国东北部，是中国位置最北、纬度最高、陆地最东端的省份，为中国的两极之地。中国最北的城市为漠河市，最东的城市为抚远市。西起 E121°11′，东至 E135°05′，南起 N43°26′，北至 N53°33′，东西跨 14 个经度，南北跨 10 个纬度。东、北部以乌苏里江、黑龙江为界河与俄罗斯隔江相望，西部与内蒙古自治区相邻，南部与吉林省接壤。全省总面积 47.3×10^4 km^2（含加格达奇和松岭区面积），居全国第 6 位，边境线长 2981.26 km。1671 年，清朝沿黑龙江筑城，名黑龙江城，清朝后期改为黑龙江省。

一、地理地貌

黑龙江省地貌特征为“五山一水一草三分田”（图 1-1-1）。地势大致是西北部、北部和东南部高，东北部、西南部低，主要由山地、台地、平原和水面构成。西北部为北东—南西走向的大兴安岭山地，北部为北西—南东走向的小兴安岭山地，东南部为北东—南西走向的张广才岭、老爷岭、完达山脉。兴安山地与东部山地的山前为台地。东北部为三江平原（包括兴凯湖平原），西部是松嫩平原，是中国最大的东北平原的一部分。黑龙江省山地海拔大多在 300～1000 m 之间，省内最高点为海拔 1690 m 的大秃顶子山，山地面积约占全省总面积的 58%；台地海拔在 200～350 m 之间，面积约占全省总面积的 14%；平原海拔在 50～200 m 之间，面积占全省总面积的 28%。

黑龙江省属寒温带与温带大陆性季风气候，四季分明，全省年平均气温在 5～-4℃之间。从东向西，分为湿润区、半湿润区和半干旱区。主要气候特征是春季低温干旱，夏季温热多雨，秋季易涝早霜，冬季寒冷漫长，无霜期 100～150 天，年降水量 400～650 mm，日照 2400～2800 小时，气候地域性差异大。中国最冷小镇位于黑龙江省大兴安岭呼中区，因历史最低气温-53.2℃，全年平均气温-4.3℃而得名。黑龙江省的降水表现出明显的季风性特征，夏季受东南季风的影响，降水充沛，冬季在干冷西北风控制下，干燥少雨。

二、自然资源

黑龙江省耕地面积 1594.09×10^4 hm^2，园地面积 4.49×10^4 hm^2，林地面积 2324.52×10^4 hm^2，草地面积 203.47×10^4 hm^2，水域及水利设施用地面积 218.24×10^4 hm^2，城镇村及工矿用地面积 121.97×

图 1-1-1　黑龙江省地势图

（据黑龙江省地质矿产局，2016）

10^4 hm²，交通运输用地面积 59.28×10^4 hm²，其他土地面积 180.88×10^4 hm²。全省人均耕地面积 0.416 hm²（合 6.24 亩❶/人），高于全国人均耕地水平。

❶ 1 亩=666.$\dot{6}$ m²。

黑龙江省森林面积 2097.7×10^4 hm^2，森林覆盖率 46.14%，活立木总蓄积量 18.29×10^8 m^3。建森林公园 110 处，其中国家级 69 处、省级 41 处。

据全国第二次土地调查数据，黑龙江省共有草原面积 207.1×10^4 hm^2，占全省土地总面积的 4.4%。草原综合植被覆盖率达到 75%以上。按草原资源分布、类型及生态生产状况划分为松嫩草原区、三江草原区和山区半山区草原区，分别占全省草原总面积的 52%、15%、33%。虎林市月牙湖国家级草地类自然保护区是黑龙江省内唯一的草地类自然保护区，保护区面积 5133 hm^2，是典型的沼泽类草地。

黑龙江省天然湿地面积 556×10^4 hm^2，居全国第 4 位，占全国天然湿地的七分之一，主要分布在松嫩、三江两大平原和大兴安岭、小兴安岭，是丹顶鹤、东方白鹳等珍稀水禽的重要繁殖栖息地和迁徙停歇地。目前，全省已建成湿地类型自然保护区 87 处，其中国家级 23 处、省级 64 处，拥有扎龙（图 1-1-2）、三江、洪河、兴凯湖、珍宝岛、七星河、南瓮河、东方红 8 处国际重要湿地；建立 78 处湿地公园，其中国家级 63 处、省级 14 处、地级 1 处。

图 1-1-2　黑龙江扎龙国家级自然保护区

（来源：http://www.chinazhalong.com/uploadfile/headImages/images/20220430153822847.jpg）

黑龙江省地域辽阔、矿产资源种类较全（详见第三章自然宝藏——矿产资源）。全省有地质公园 32 处，其中，世界级地质公园 2 处，国家级地质公园 9 处，省级地质公园 21 处。

黑龙江省是中国水资源较丰富的省份之一，全省年平均水资源量 810×10^8 m^3，其中地表水资源 686×10^8 m^3，地下水资源 124×10^8 m^3；境内江河湖泊众多，有黑龙江、乌苏里江、松花江、绥芬河四大水系，现有流域面积 50 km^2 及以上河流 2881 条，总长度为 9.21×10^4 km；现有常年水面面积 1 km^2 及以上湖泊 253 个，其中：淡水湖 241 个，咸水湖 12 个，水面总面积 3037 km^2（不含跨国界湖泊境外面积）。主要湖泊有兴凯湖、镜泊湖、连环湖等。

黑龙江省动植物资源丰富。国家一级保护动物 17 种，如东北虎（图 1-1-3）、丹顶鹤等，有黑熊、白枕鹤等国家二级保护动物 66 种。国家一级重点保护野生植物有东北红豆杉，国家二级重点保护野生植物有野大豆、水曲柳、黄檗、胡桃楸等 10 种。森林面积、森林总蓄积和木材产量均居全国前列，树种 100 余种，利用价值较高的 30 余种，是国家最重要的国有林区（图 1-1-4）和最大的木材生产基地。国家公园 1 处，即东北虎豹国家公园，其中黑龙江省境内面积 44.69×10^4 hm^2，占公园总面积的 30.59%。

图 1-1-3 黑龙江东北虎

（来源：https://www.cpanet.org.cn/detail_picdetail_130774.html）

图 1-1-4 林海松涛

（来源：https://www.hlj.gov.cn/hlj/c108519/202212/31464404/images/2-20221218145134548.jpg）

三、生态环境

黑龙江省具有生物多样性保护功能的生态功能区 29 个，分布在大兴安岭、小兴安岭、张广才岭地区及三江平原、松嫩平原的部分地区，面积约 29.83×10^4 km^2。具有土壤保持功能的生态功能区 27 个，分布在省内各较大河流的流域地区，面积约 29.59×10^4 km^2。具有沙漠化控制功能的生态功能区 6 个，分布在松嫩平原的西部地区，面积约 4.73×10^4 km^2。具有水源涵养功能的生态功能区共 11 个，分布在大兴安岭的大部分地区、小兴安岭的伊春地区以及张广才岭的南部地区，面积约 13.04×10^4 km^2。具有防洪蓄洪功能的生态功能区 13 个，其中洪泛功能区 6 个，分布在三江平原的北部地区和松嫩平原的西部地区，面积约 5.61×10^4 km^2；蓄滞洪功能区 1 个，为松嫩平原西南部沙化与盐渍化控制生态区，面积 1.42×10^4 km^2；防洪保护功能区 6 个，为省内各大城市及其周围地区，面积 3.94×10^4 km^2。

黑龙江省具有自然人文景观保护功能的生态功能区 23 个，分布较分散，大部分分布在小兴安岭及张广才岭南部地区，三江平原及松嫩平原有零散分布，面积约 20.94×10^4 km^2。黑龙江省具有产品提供功能的生态功能区 13 个，分布在三江平原及松嫩平原的大部分地区，面积约 13.40×10^4 km^2。

第二节　社会经济概况

一、区划人口

黑龙江省辖哈尔滨市、齐齐哈尔市、牡丹江市、佳木斯市、大庆市、鸡西市、双鸭山市、伊春市、七台河市、鹤岗市、黑河市、绥化市12个地级市；1个地区——大兴安岭地区（图1-2-1）；54个市辖区，4个地辖区，67个县（市）（截至2020年3月17日）。

第七次全国人口普查主要数据公报显示，2020年11月1日零时全省常住人口3185万人（比10年前的3831万人，减少了646万多人，是流失人口最多的省份）。其中，居住在城镇的人口2090万人，占65.61%；居住在乡村的人口1095万人，占34.39%。全省人口中，0~14岁人口329万人，占10.32%；15~59岁人口2117万人，占66.46%；60岁及以上人口740万人，占23.22%，其中65岁及以上人口497万人，占15.61%，是全国12个进入深度老龄化阶段的省份之一。2019年底全省人口出生率为5.73‰，死亡率为6.74‰，人口自然增长率为-1.01‰。

黑龙江省是一个多民族、散杂居边疆省份，全省共有53个少数民族，人口近200万，占全省总人口的6.28%。其中世居本省的有满族、朝鲜族、蒙古族、回族、达斡尔族、锡伯族、赫哲族、鄂伦春族、鄂温克族和柯尔克孜族10个少数民族。10个世居少数民族中，满族、朝鲜族、蒙古族、回族4个民族人口超过10万，达斡尔族人口4.3万，其余5个民族人口不足万人。赫哲族有3910人，是黑龙江省独有民族。鄂伦春族3871人，占全国鄂伦春族人口的52%。黑龙江省建有1个自治县（杜尔伯特蒙古族自治县），1个民族区（齐齐哈尔梅里斯达斡尔族区），69个民族乡镇。全省还认定少数民族聚居村680个（截至2020年底）。

二、社会发展

交通邮电：黑龙江省交通运输发达，铁路、公路、水运、民航设施完备，互为补充。形成了以哈尔滨为中心，四通八达的交通综合运输网。2020年，全省主要运输方式完成货运量5.6×10^{8} t，比上年下降3.7%；完成货物周转量1918.2亿吨千米，比上年下降3.6%。全省完成客运量1.4亿人次，比上年下降56.8%；完成旅客周转量480.3亿人千米，比上年下降45.1%。2020年末公路线路里程16.8×10^{4} km，其中高速公路4512 km。2020年末，全省民用汽车保有量555.8万辆，比上年增长7.5%。

2020年，黑龙江省完成邮电业务总量2236.1亿元，比上年增长21.1%。年末固定电话用户298.8万户，下降12.1%，移动电话用户3844.4万户，下降2.2%。移动电话普及率为102.5部/百人；固定互联网宽带接入用户886.3万户，增长4.5%；移动互联网用户2980.3万户，增长2.7%。

旅游：2020年，全省共接待游客14272万人次，同比下降34.1%；实现旅游收入1644.4亿元，同比下降38.6%。

科技教育：2020年，全省共有研究生培养单位29所，普通高校80所，成人高校16所，中等职业教育学校210所，普通高中370所，初中1414所，小学1407所。2020年，全省共取得各类基础理论成果262项，应用技术成果879项，软科学成果19项。全省授权专利28475件，比去年增长42.45%。

文化体育：2020年，全省共有艺术表演场馆64个，文化馆147个，公共图书馆107个，博物馆195个，美术馆11个，档案馆171个。全省共有广播电台10座，电视台10座，书报刊出版机构403个。

2020年，全省运动员在全国比赛中获得奖牌161枚，在世界比赛中获得奖牌18枚。

医疗卫生：2020年，全省共有卫生机构20465个，其中医院、卫生院2102个，专科疾病防治院（所、站）74个，妇幼保健院（所、站）131个。卫生技术人员24.25万人。

图 1-2-1　黑龙江省行政区划图

社会保障：2020 年，全省常住居民人均可支配收入 24902 元，比上年增长 2.7%。全省参加城镇职工基本养老保险（含离退休）人数 1411.4 万人，比上年增长 3.4%；全省各类公办收养性社会福利单位床位 5.7 万张。

新闻出版广播影视：2020 年，全省共有广播电视播出机构 90 家。其中，省级播出机构 1 家，市级播出机构 23 家，县级播出机构 66 家。广播电视发射台站 228 座。

三、历史人文

黑龙江地区的疆域沿革呈现出既相对固定又不断变化的特点。历代以来，黑龙江地理疆域主要围绕大兴安岭、小兴安岭、张广才岭和三江流域发展演变，没有发生大的变动。到了近代，黑龙江地区的地理边界变化呈现出国界内移、省界变迁和区划演变 3 个特点。

黑龙江作为行政区域名称始于清代，而之前的漫长岁月里，这片土地上生活的东胡（山戎）、濊貊、肃慎（息慎）等民族先民已经与中原民族产生了广泛交流，相互影响，创造出辉煌灿烂的古代文明。

1945 年 8 月 31 日，国民党政府重新划分东北行政区划，将今黑龙江省境内划分为松江、合江、黑龙江、嫩江 4 省。1945 年 10 月至 1946 年 4 月，在中共东北局的领导下，黑龙江地区先后建立了合江、松江、黑龙江、嫩江、绥宁 5 省和哈尔滨市建制。解放战争后期调整合并为合江、松江、黑龙江、嫩江 4 省和哈尔滨特别市。各省分设的专区，除边远地区的黑河专区外，均已撤销，由省直接管辖。1949 年 4 月 21 日，东北行政委员会发布《重划东北行政区划令》，决定黑龙江地区的合江、松江、黑龙江、嫩江 4 省和哈尔滨市合并为松江、黑龙江 2 省。5 月中旬，撤销合江省并入松江省，哈尔滨市改为松江省辖市。1954 年 6 月，中央人民政府撤销松江省建制，与黑龙江省合并为黑龙江省，同时将哈尔滨市改为省辖市并入黑龙江省。同年 8 月两省正式合并，省会设在哈尔滨市。

四、经济建设

国民经济：初步核算，2020 年，全省实现地区生产总值（GDP）13698.5 亿元，按可比价格计算，比上年增长 1.0%。从三次产业看，第一产业增加值 3438.3 亿元，增长 2.9%；第二产业增加值 3483.5 亿元，增长 2.6%；第三产业增加值 6776.7 亿元，下降 1.0%。三次产业结构为 25.1∶25.4∶49.5。

物价水平：2020 年全省居民消费价格总指数（CPI）比上年上涨 2.3%。

农业：2020 年，全省实现农林牧渔业增加值 6438.1 亿元，按可比价格计算，比上年增长 2.8%。全省粮食产量 7540.8×10^4 t，连续 10 年位列全国第一。绿色食品种植面积 8513.7 万亩，比上年增长 4.8%；绿色食品认证个数 2936 个，增长 4.7%。绿色食品加工企业产品产量 1699×10^4 t，增长 1.7%；实现产值 1598 亿元，增长 0.8%；实现利税 90.2 亿元，增长 0.4%。全省经济作物播种面积 47.2×10^4 hm^2，比上年增长 9.2%。

工业：2020 年，全省规模以上工业企业 3583 个，比上年增长 9.6%。全省规模以上工业增加值增长 3.3%。其中，石油、煤炭及其他燃料加工业增长 14.9%。从产品产量看，原煤 5206.3×10^4 t，增长 1.5%；原油 3001.0×10^4 t，下降 2.0%；天然气 46.8×10^8 m^3，增长 2.4%；铜金属含量 20.0×10^4 t，增长 36.2%；钼精矿折合量（折纯钼）2.2×10^4 t，下降 40.7%；石墨烯 1.3 t，下降 38.1%；石墨及碳素制品 53.0×10^4 t，增长 14.3%；水泥 2376.5×10^4 t，增长 10.4%；生铁 863.1×10^4 t，增长 7.8%；锂离子电池 14332.1 万只，增长 49.9 倍；全省规模以上工业企业主营业务收入 9825.8 亿元，比上年下降 1.0%。

对外经济：2020 年，全省实现进出口总值 1537.0 亿元，比上年下降 17.7%。全省外资投资新设立企业 113 个，合同利用外资 24.2 亿美元，比上年增长 19.2%；实际利用外资 5.4 亿元，增长 0.2%。

财政和金融：2020 年，全省一般公共预算收入 1152.5 亿元，比上年下降 8.7%。其中，税收收入 811.9 亿元，下降 12.2%。全省金融机构本外币存款余额 31610.6 亿元，比年初增加 3742.3 亿元，比上年增长 13.4%。截至 2020 年末，省内有境内外上市公司 39 家。全省原保险保费收入 987.3 亿元，比上年增长 3.7%；原保险赔付支出 309.3 亿元，比上年下降 4.6%。

【史话】历史贡献 在共和国建设和发展史上，黑龙江省向全国输送了大量的粮食、石油、木材、煤炭，为国家做出了巨大贡献。一个“大”字，写尽了黑龙江省的豪迈和担当，挺起了共和国发展的脊梁，凝结为精神的力量。

沧海桑田，荒原巨变，曾经苍凉的“北大荒”已成为保障国家粮食安全的“中华大粮仓”。其一年的粮食产量，能为1亿国人提供一整年口粮。70多年来，黑龙江省垦区累计为国家提供商品粮超过3000亿公斤。2018年9月25日，习近平总书记来到黑龙江省农垦考察调研，他双手捧起一碗大米，意味深长地说道：“中国粮食！中国饭碗！”

进入新时代，黑龙江省农业现代化水平显著提升，粮食产量实现“十七连丰”，2020年黑龙江省粮食总产量达到754.1亿公斤，占全国11.3%，商品粮占全国1/8，调出量占全国1/3。确保“中国饭碗”里装“中国粮食”，黑龙江省维护国家粮食安全“压舱石”地位更加突出。

大庆油田开发建设60多年来，在党和国家的亲切关怀下，创造了举世瞩目的历史成就，建成了我国最大的石油生产基地。截至2020年底，已累计生产原油 24.33×10^8 t，天然气 1412×10^8 m^3，上缴税费及各种资金3万亿元，为维护国家石油供给安全、支持国民经济发展做出了重大贡献。

在大兴安岭开发的40年里，为祖国贡献了数亿立方米的木材，这些木材渗透进各行各业，成了建设祖国的“栋梁之才”。1977年，黑龙江省供应的木材量占全国的1/2。1998年，天然林资源保护工程启动，全面实施以生态建设为主的林业发展战略。至2018年，黑龙江省的国家级自然保护区数量和国家级森林公园数量及面积均排名全国第一，荣登“森林之冠”。林区职工放下油木锯，吃起了“生态饭”，践行着“绿水青山是金山银山”的理念。

习近平总书记在2016年考察黑龙江省时，对黑龙江省提出了“五头五尾”的发展要求，即“油头化尾”“煤头电尾”“煤头化尾”“粮头食尾”“农头工尾”。这一发展要求的提出，对黑龙江省改变单纯依靠资源过日子的状况起到了十分重要的作用，也带动黑龙江省向资源开发和精深加工要发展，推动产业升级换代，人员素质提高。

五、对外交流

黑龙江省已经与美国、俄罗斯、加拿大、英国、德国、日本、韩国等30多个国家和地区建立友好城市关系80对，其中省级21对，地市级59对。2012年、2014年黑龙江省先后荣获中国人民对外友好协会和中国国际友好城市联合会授予的“国际友好城市交流合作奖”和“国际友好城市特别贡献奖”。

黑龙江省与俄罗斯中国和平统一促进会、美国华人联合总会、英国华侨华人总会、法国法华工商联合会、韩国中国和平统一促进会、泰国中华总商会等100多个海外华侨华人社团建立了密切联系。

黑龙江省优良的发展环境和雄厚的产业基础吸引了众多海外投资者，美国沃尔玛百货有限公司、可口可乐公司、约翰迪尔公司、英国联合食品集团、瑞士雀巢公司、日本伊藤忠商事株式会社等一大批世界500强跨国公司纷纷落户黑龙江。

改革开放以来，随着中俄经济贸易合作和边境旅游的蓬勃发展，黑龙江省获准对外开放的国家一类口岸25个，成为我国对外开放一类口岸最多的省份之一。其中，水运口岸15个、公路口岸4个、航空口岸4个、铁路口岸2个。上述获准开放口岸现已开通使用20个，其余5个仍在筹备建设或报请国家验收中。这些口岸在全国口岸对外开放总体格局中独具优势。

2019年，黑龙江省商务厅举办境内展会25项，境外展会17项。

六、风景名胜

黑龙江省地域辽阔、四季分明、文化厚重，旅游资源特色鲜明。世界旅游组织专家把黑龙江省旅游形象定位为——中国旅游COOL（酷）省（图1-2-2）。

黑龙江省独特的地理环境、气候条件和历史渊源形成了冰雪旅游（图1-2-3）、生态旅游、避暑度假旅游、民俗旅游、边境旅游、工农业旅游、考古旅游等丰富的旅游资源。黑龙江省民族文化风情

图 1-2-2　哈尔滨冰灯

（来源：https：//www. toutiao. com/i6245038399246303746/）

浓郁、对俄边境旅游拥有明显优势。城市观光富有特色，哈尔滨的欧亚大陆风情、伊春林都风貌、大庆石油文化（图 1-2-4）和黑河、绥芬河等边境旅游颇具魅力。

图 1-2-3　哈尔滨雪博会

（来源：https://img. hubpd. com/hubpd/dc11a076-8e5b-11ee-979e-2ee15940d707. png）

全省风景名胜区 38 处，其中，国家级风景名胜区 4 处，分别为哈尔滨太阳岛、牡丹江镜泊湖、黑河五大连池、黑河大沾河；省级风景名胜区 34 处，有明月岛、兴凯湖等，还有“中国雪乡”（图 1-2-5）。

全省自然保护区共 222 处，其中，国家级 49 处，省级 75 处，市县级 98 处。国家和省级工农业旅游示范点 42 个，中国优秀旅游城市 9 个，S 级滑雪场 27 家，达标漂流场所 12 家。

图 1-2-4　大庆油田“磕头机”

（吕长禄摄）

图 1-2-5　中国雪乡——双峰林场

（来源：https://p1-q. mafengwo. net/s7/M00/E4/F0/wKgB6lRYMq2AJGezAASKmjMaU7449. jpeg? imageMogr2%2Fthumbnail%2F%211020x540r%2Fgravity%2FCenter%2Fcrop%2F%211020x540%2Fquality%2F100）

第二章　沧海桑田——地质演化

黑龙江省在地质历史长河中经历了哪些沧海变桑田过程，才形成现今山脉、水系、平原等波澜壮阔的地质画卷及不同地质时期的矿产资源，是地质工作者不断探索的科学问题。随着地质工作者对黑龙江省地质和成矿历史研究的不断深入，目前的研究成果能够引领我们的思维穿越，重现黑龙江省的地质演化历程。

第一节　地球结构

科学家认为，大约在46亿年前，地球从太阳系中分离出来时温度较低，物质组成相对均匀，后来，由于内部放射性元素蜕变产生的热能而开始增温，当温度达到熔融状态时，密度大的物质便向地心下沉，成为铁镍为主的地核；密度小的上浮形成地幔和地壳，更轻的成分则通过火山喷出地表，形成水圈和大气圈。原来均匀的地球就这样逐渐地分化成为3个内圈（地核、地幔、地壳）和3个外圈（水圈、生物圈、大气圈）。

一、地壳

地壳是地球的表层部分，它的厚度各处不一（图2-1-1）。大陆地壳平均厚度约35 km，高大山脉地区则较厚，如青藏高原某些地方超过70 km；大洋地壳很薄，一般厚度为10 km左右，有些地方的厚度仅有5 km左右。整个地壳的平均厚度约17 km。地壳上部由较轻的沉积岩、花岗岩类岩石组成，叫作硅铝层，大洋地壳一般缺少硅铝层；地壳下部由较重的玄武岩或辉长岩类岩石组成，称为硅镁层，大洋地壳主要由硅镁层组成。由于我们生活在地球表层，人类目前开发利用的绝大多数矿产资源也来自地壳浅部，因此，地壳便成为地质工作者及地球科学调查和研究的主要对象。

二、地幔

地幔介于地壳与地核之间，是指地壳的底面（莫霍面——地壳同地幔间的分界面，是克罗地亚地震学家莫霍洛维奇（Andrija Mohorovicic）于1909年发现，称为莫霍洛维奇不连续面，简称莫霍面）和地核的顶面（古登堡面——地幔与地核的分界面，是德国地球物理学家古登堡（Beno Gutenberg）于1914年发现，故称为古登堡界面，简称古登堡面）之间的圈层，平均厚度达2800 km。一般以1000 km深度为界，又把地幔分为上地幔、下地幔两个部分。其中，上地幔位于地球深部1000 km以上，主要由类似橄榄岩的超基性岩组成，平均密度3.8 g/cm^3，压强约21 GPa，温度400~3000℃，物质状态属固态结晶质，但具有较大的塑性。科学家研究发现，在上地幔上部（深度70~150 km）物质处于高温熔融或软化的塑性状态，将其称为“软流层”或“软流圈”，认为它可能是岩浆的发源地，也可能是地壳运动的驱动力发源地。地壳和上地幔顶部（软流层以上）由坚硬的岩石组成，合称岩石圈。下地幔位于地球深部1000~2900 km，它的物质成分除了硅酸盐外，金属氧化物和硫化物特别是铁、镍成分显著增加，平均密度5.7 g/cm^3，压强约150 GPa，温度1850~4400℃，物质状态属非晶质固态。

三、地核

地核是指位于地球深部2900 km以下的地球核心部分。物质成分主要为铁和镍，此外，可能含有

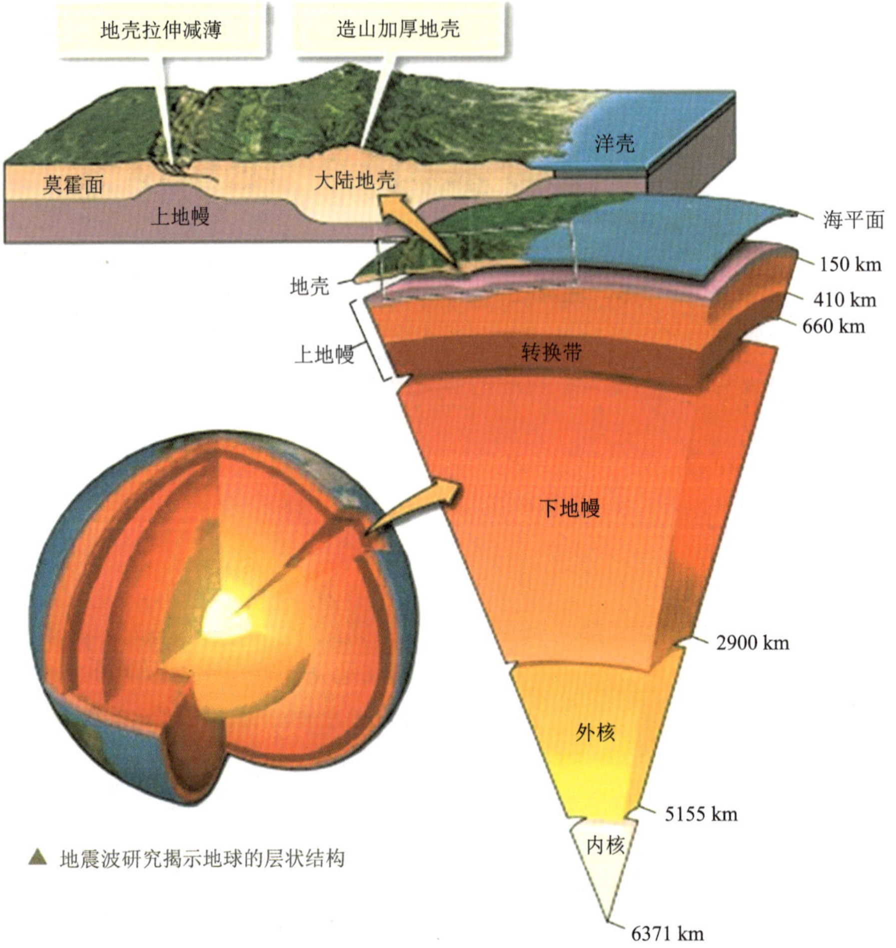

图 2-1-1　地球内部 3 个圈层结构示意图

（据许志琴等，2020，有修改）

少量硅或硫等轻元素。平均密度 9.7～13 g/cm^3，压强 150～370 GPa，温度 2860～6000℃，外核物质状态可能处于熔融态或液态，内核可能为固态。

第二节　板块构造

地球表层岩石圈并非“铁板一块”，而是被大洋中脊、海沟以及造山带等一些深大断裂带分割成许多板状的构造单元——地质学家称其为板块。这些板块一直在不停地运动着，我们身处运动着的板块之上，但我们却感觉不到。通过对这些板块的运动和变迁的观察，地质学家创立了板块构造理论，并以此来解释地壳运动的原因及其发展演化历史。

一、起源

1910 年，德国气象学家魏格纳（Alfred Lothar Wegener）偶然发现大西洋两岸的美洲和非洲大陆的边缘轮廓可以吻合成一体。此后，他根据两个大陆上古生物化石、岩石和地质构造的相似性，大胆地提出大西洋两岸原来曾属于同一个联合大陆的推断，并于 1912 年发表了《大陆的生成》、1915 年发表了《海陆的起源》，提出了大陆漂移学说。该学说认为在古生代后期（约 2 亿年前）地球上存在一个统一的“超级大陆”，后来，在地球自转离心力和天体引潮力作用下，这个超级大陆逐渐发生破裂、漂移，并逐渐地形成了现代地球上海洋和大陆的分布格局。

20 世纪 60 年代初，美国科学家罗伯特·辛克莱·迪茨（R. S. Dietz）提出了“海底扩张”的概念。他认为，由于地幔中放射性元素衰变生成的热能，使地幔物质以每年数厘米的速度发生大规模的热循环，形成对流圈并作用于其上的岩石圈，成为推动地壳运动的力量。这种运动在大洋中就表现为“海底扩张”——海洋地壳在大洋中脊随火山喷发而形成，并缓慢地向海沟方向扩张（图 2-2-1）。

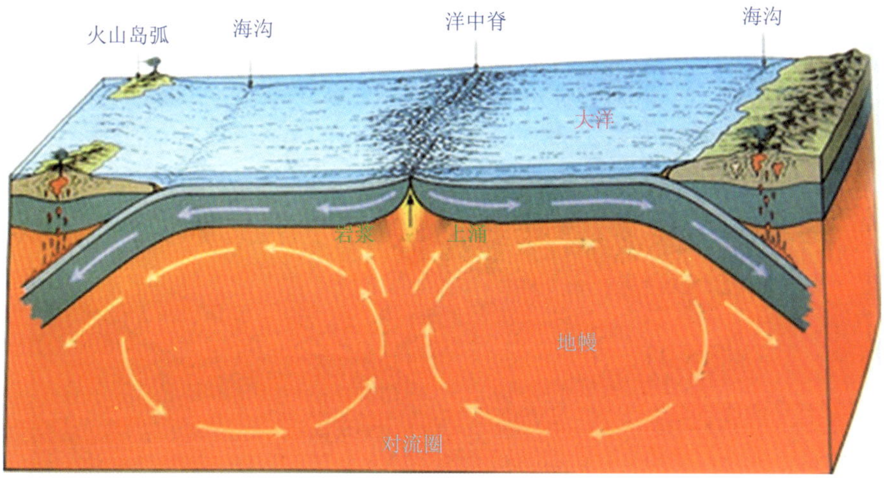

图 2-2-1　地幔对流引起海底扩张示意图

（来源：https：//image. baidu. com/search/detail？ct=503316480&z）

二、板块构造划分

法国科学家勒皮逊在海底扩张学说基础上，提出了板块构造学说。1968 年，他把整个地球岩石圈划分为太平洋板块、欧亚板块、非洲板块、美洲板块、印度洋板块和南极洲板块 6 个大板块。这些板块“漂浮”在上地幔“软流圈”之上，受地幔物质对流作用影响，就像传送带上的乘客，以每年 1~10 cm 的速度发生着大规模的水平运动，在大洋中脊分离，在海沟向下俯冲（图 2-2-2）。

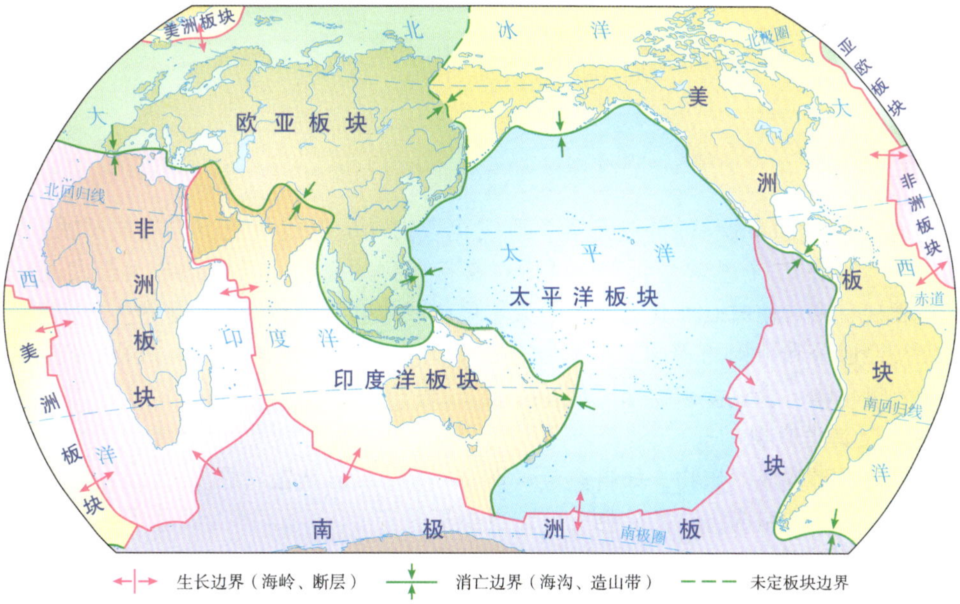

图 2-2-2　全球六大板块构造示意图

（来源：http：//file. xdf. cn/uploads/200307/1114_200307151745yMdQYtRml6v28i8v. jpeg）

板块构造理论认为，板块内部比较稳定，而板块与板块的交界处，则发生着强烈的构造活动。现今地球表面的基本面貌，便是由板块俯冲-碰撞和板块裂解-洋中脊扩张形成的。板块裂解常形成裂谷和海洋，如东非大裂谷、大西洋就是这样形成的；板块碰撞形成巨大的山脉，如喜马拉雅山脉形成于印度洋板块向欧亚板块俯冲过程。大洋板块向大陆板块俯冲，在俯冲地带往往形成海沟，成为海洋最深的地方，大陆板块边缘形成岛弧（陆缘弧）和海岸山脉（图 2-2-3）。现今太平洋西部的深海沟和日本-琉球群岛等一系列岛弧链，就是太平洋板块向欧亚板块俯冲的结果。

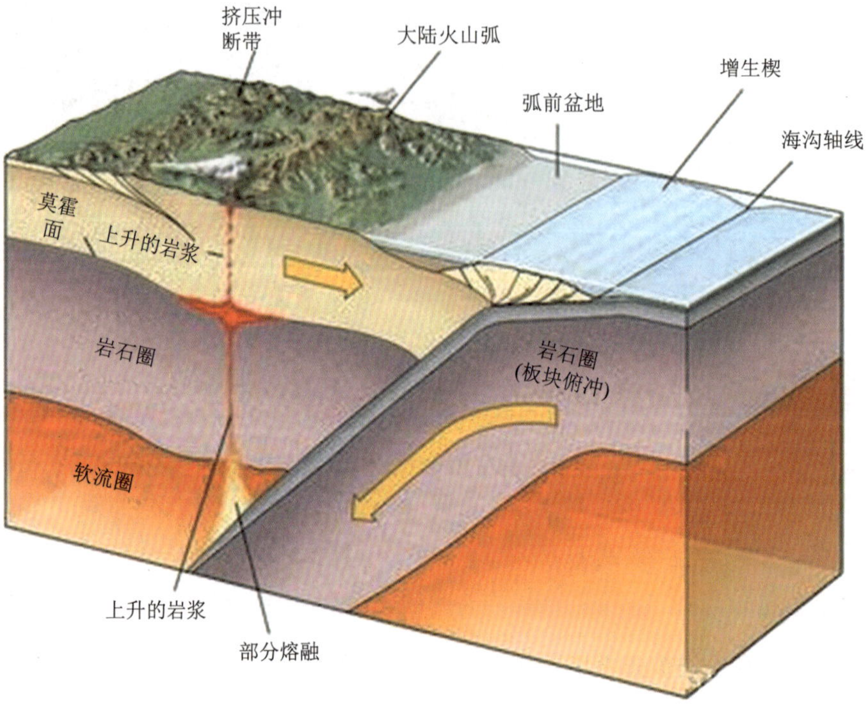

图 2-2-3　板块运动示意图

（来源：http://p3. itc. cn/images01/20200527/ac777109cf5748b4820f88fb49e14783. jpeg）

第三节　矿物、岩石

一、矿物

矿物是指地质作用形成的一种自然元素单质或化合物，是组成地壳中岩石或矿物的基本物质单位。例如，石英（水晶）、石盐等是我们生活中经常接触到的矿物。目前地球上已发现 6000 多种矿物，此外，还发现有来自地球以外其他天体的天然单质或化合物，称为宇宙矿物。

地质学家按照成分和结构的不同，把矿物分成 5 大类：自然元素及其类似物、硫化物及其类似物、氧化物及氢氧化物、含氧盐矿物和卤化物（表 2-3-1）。

1. 自然元素及其类似物

由独立的自然元素构成的矿物，如自然金（图 2-3-1）、自然银（图 2-3-2）、自然铜、金刚石等，它们都是由单一元素组成，这类矿物在自然界少见。

2. 硫化物及其类似物

这类矿物包括铁、铜、铅、锌、银等金属元素的硫化物、硒化物、碲化物、砷化物等。自然界常见的此类矿物主要有黄铁矿（FeS_2）（图 2-3-3）、方铅矿（PbS）（图 2-3-4）、闪锌矿（ZnS）、辉银矿（Ag_2S）、黄铜矿（$CuFeS_2$）、辉锑矿（Sb_2S_3）等。

表 2-3-1　矿物分类表

大类	类	代表性矿物
自然元素及其类似物	自然元素	自然金、自然铜、自然银、自然汞（水银）、硫黄
	碳、硅、氮、磷化物类	金刚石、石墨
硫化物及其类似物	砷、锑、铋化物类	黄铁矿（FeS_2）、方铅矿（PbS）、闪锌矿（ZnS）、辉银矿（Ag_2S）、雄黄（AsS）、黄铜矿（$CuFeS_2$）、辉锑矿（Sb_2S_3）、辉铋矿（Bi_2S_3）、辰砂（朱砂、丹砂）（HgS）、毒砂（FeAsS）
	碲化物类	
	硒化物类	
	硫化物类	
氧化物及氢氧化物	氧化物类	石英（SiO_2）、刚玉（Al_2O_3）、金红石（TiO_2）、锡石（SnO_2）
	氢氧化物类	
含氧盐矿物	硅酸盐类	滑石 $Mg_3[Si_4O_{10}](OH)_2$、硬玉 $NaAl[Si_2O_6]$
	硼酸盐类	硼砂($Na[B_4O_5](OH)_4\cdot 8H_2O$)
	砷酸盐类	臭葱石($Fe[AsO_4]\cdot 2H_2O$)
	磷酸盐类	磷灰石($Ca_5[PO_4]_3(F,Cl,OH)$)
	钨、钼、铬酸盐类	白钨矿($Ca[WO_4]$)、钼铅矿($Pb[MoO_4]$)、铬铅矿($Pb[CrO_4]$)
	硫酸盐类	石膏($Ca[SO_4]\cdot 2H_2O$)
	碳酸盐类	方解石($CaCO_3$)、天然碱($Na_3H[CO_3]_2\cdot 2H_2O$)
	硝酸盐类	钠硝石($NaNO_3$)
卤化物	氯、溴、碘化物类	石盐(NaCl)、钾盐(KCl)
	氧、氢氧、硫卤化物类	绿铜矿($Cu_2Cl(OH)_3$)
	氟化物类	萤石(CaF_2)、冰晶石(Na_3AlF_8)

图 2-3-1　自然金

（来源：https：//baike. baidu. com/pic/自然金/1801276/）

图 2-3-2　自然银

（来源：https://baike. baidu. com/item/自然银/8291591？ fr=aladdin）

3. 氧化物及氢氧化物

包括金属和非金属元素的氧化物及氢氧化物，如石英（SiO_2）（图 2-3-5）、刚玉（Al_2O_3）（图 2-3-6）、金红石（TiO_2）、锡石（SnO_2）等。

4. 含氧盐矿物

这类矿物绝大多数为硅酸盐，其次为硫酸盐、磷酸盐、碳酸盐矿物。它们在自然界很多，占总矿物种类的2/3，例如硫酸盐矿物石膏（$CaSO_4 \cdot 2H_2O$）、碳酸盐矿物方解石（$CaCO_3$）（图2-3-7中白色片状矿物）等。

图2-3-3　黄铁矿
（来源：https：//image. baidu. com/search/search/detail? ct=503316480&z=0&ipn=d&word=黄铁矿）

图2-3-4　方铅矿
（来源：https：//image. baidu. com/detail? ct=503316480&z=0&ipn=d&word=方铅矿）

图2-3-5　石英
（来源：http：//www. hxzxs. cn/wiki/uploads/201406/1402989856Abs4kDqD_s. jpg）

图2-3-6　刚玉
（来源：http：//i0. hdslb. com/bfs/article/a26dca1d9e23c02435a18eeb0210718a060be8f4. jpg）

5. 卤化物

卤化物主要指氟、氯、溴、碘等元素的化合物，如石盐、萤石（CaF_2）（图2-3-7中绿色粒状矿物）等。

正确认识矿物是地质找矿的基础，不同矿物具有不同的化学成分、物理性质及晶体特征（如颜色、形状、硬度、密度等），找矿人员在野外就是利用矿物的这些特征来识别矿物。在室内还要借助显微镜、电子探针、化学分析等仪器和测试方法，对矿物做进一步的测定，以确定矿物名称。

二、岩石

岩石是指天然产出的具有一定结构构造的矿物集合体。也就是说，矿物结合在一起就组成了岩石，也就是人们通常所说的石头。当岩石中含有对人类可以提取的有用物质时，就变成了矿石。自然界的岩石多种多样，地质学家按照成因将岩石划分为岩浆岩、沉积岩和变质岩三大类。

1. 岩浆岩

岩浆岩是指由高温熔融状态的岩浆，在地下深处或喷出地表后冷却凝结而形成的岩石，又称火成

图 2-3-7　方解石和萤石

（来源：http：//www.gmc.org.cn）

岩。其中，岩浆侵入地壳内冷凝而成的岩浆岩叫侵入岩；由火山作用所形成的各种岩石，既包括熔岩和火山碎屑岩，又包括与火山作用有关的潜火山岩，统称为火山岩。由于岩浆岩主要由二氧化硅（SiO_2）和其他一些氧化物及微量元素组成，因此，地质学家根据岩石中二氧化硅含量多少，将岩浆岩划分为超基性岩、基性岩、中性岩、酸性岩等4种类型（表2-3-2）。

表 2-3-2　岩浆岩类型划分简表

<table>
<tr><td colspan="4">岩石类型</td><td>酸性岩</td><td>中性岩</td><td>基性岩</td><td>超基性岩</td></tr>
<tr><td colspan="4">化学成分</td><td colspan="2">富含硅（Si）、铝（Al）</td><td colspan="2">富含铁（Fe）、镁（Mg）</td></tr>
<tr><td colspan="4">二氧化硅（SiO_2）含量/%</td><td>>63</td><td>63~52</td><td>52~45</td><td><45</td></tr>
<tr><td colspan="4">颜色</td><td colspan="4">浅色（灰白、浅红、褐等）→深色（灰、黑、暗绿）</td></tr>
<tr><td colspan="4">主要矿物
成因构造结构</td><td>正长石
石英
黑云母
角闪石</td><td>斜长石
角闪石
辉石
黑云母</td><td>斜长石
辉石
角闪石
橄榄石</td><td>辉石
橄榄石</td></tr>
<tr><td rowspan="3">喷出岩</td><td>喷发岩</td><td rowspan="3">流纹状
块状
气孔状
杏仁状</td><td>火山碎屑岩</td><td colspan="4">集块岩、火山角砾岩、凝灰岩</td></tr>
<tr><td rowspan="2">溢流岩</td><td>玻璃质</td><td colspan="4">火山玻璃岩（黑曜岩、珍珠岩、浮岩、松脂岩）</td></tr>
<tr><td>显晶质
斑状</td><td>流纹岩
英安岩</td><td>安山岩
安山玢岩</td><td>玄武岩</td><td>金伯利岩
苦橄玢岩</td></tr>
<tr><td rowspan="3">侵入岩</td><td rowspan="2">浅成岩</td><td rowspan="2">块状</td><td rowspan="2">斑状
隐晶质
细粒状</td><td colspan="4">伟晶岩、细晶岩、煌斑岩</td></tr>
<tr><td>花岗斑岩</td><td>闪长玢岩</td><td>辉绿岩</td><td>少见</td></tr>
<tr><td>深成岩</td><td>块状</td><td>全晶质
粗粒
似斑状</td><td>花岗岩</td><td>闪长岩</td><td>辉长岩</td><td>橄榄岩
辉石岩</td></tr>
</table>

注：本书中所列矿种的相关组分含量（如 SiO_2<45%）均指质量分数，全书同。

超基性岩指二氧化硅含量低（SiO_2<45%），铁、镁含量高，且主要由橄榄石、辉石等矿物组成的岩浆岩。常见的超基性侵入岩有橄榄岩（图2-3-8）、辉石岩（图2-3-9）等；常见的超基性火山

岩有苦橄玢岩、金伯利岩等。超基性岩来自地幔深部，其中常有铬、镍、钴及铂族元素矿产出。优质橄榄岩本身就是一种矿产，可用于烧制钙镁磷肥。金伯利岩因产金刚石而备受人们重视，它是寻找金刚石的重要标志。金刚石俗称“金刚钻”，也就是人们常说的钻石原石，它是由碳元素组成的矿物，是目前地球上发现的最硬的天然物质。

图 2-3-8　辉石橄榄岩
（产地：宝清；郭亚军摄）

图 2-3-9　辉石岩
（产地：饶河；郭亚军摄）

【故事会】钻石的传说　1866 年住在南非一家农场一个名叫伊拉兹马斯·雅可比的少年，一天他在奥兰治河滩上玩耍，无意中捡到一块重达 4.25 g 的钻石原石，这粒钻石立即被英国殖民总督送到法国巴黎万国博览会（1867—1868 年）上展览，并取名为“尤瑞卡”（意思是“我找到了”）。听到南非发现钻石的消息，一时间成千上万的探矿者赶到南非奥兰治河，形成了一股寻找钻石的狂潮。其中，有一对姓伯纳特的兄弟不久就幸运地在金伯利附近的超基性岩中发现了一座钻石矿。从此，把这种产钻石的岩石称为金伯利岩。后来，一个叫罗兹的英国商人在 1938 年创建了大名鼎鼎的戴比尔斯公司，买下了整个钻石矿，并精心打造钻石文化，宣称坚硬的钻石象征着忠贞不渝的爱情。“钻石恒久远，一颗永流传”，一句广告语，使钻石成为纯真爱情的象征。然而在这光鲜美好的背后，因开采钻石而引发的械斗和战争，却鲜为人知。譬如，1991 年盛产钻石的西非国家塞拉利昂共和国就因争夺钻石矿的控制权而发生内战，并持续了整整 11 年，造成了 5 万人死亡，200 多万人流离失所，被称为世界上最血腥的内战。

基性岩是指二氧化硅（SiO_2）含量在 45%~52%之间，铁、镁含量较高，由辉石、斜长石、角闪石等组成的岩浆岩。常见的侵入岩有辉长岩（图 2-3-10）、辉绿岩，基性火山岩以玄武岩（图 2-3-11，图 2-3-12）为主。基性岩的岩浆来源于地壳深部或地幔，基性岩中常见有钒钛铁矿、铜镍矿、铜矿等矿产，玛瑙则多产于基性火山岩中。优质玄武岩本身就是一种矿产，详情见非金属玄武岩部分。

图 2-3-10　辉长岩
（产地：塔源；郭亚军摄）

图 2-3-11　玄武岩
（产地：饶河；郭亚军摄）

中性岩是指二氧化硅（SiO_2）含量在52%～63%之间，硅、铝含量较高且主要由角闪石、黑云母、辉石、斜长石等矿物组成。常见侵入岩为闪长岩（图2-3-13）、闪长玢岩。与闪长岩有关的矿产有铜矿、铁矿等。火山岩有安山岩（图2-3-14）、安山玢岩（图2-3-15），其中常赋存有金、铜等矿产。

图2-3-12　气孔状玄武岩
（产地：罕达气；郭亚军摄）

图2-3-13　闪长岩
（产地：塔河；郭亚军摄）

图2-3-14　安山岩
（产地：塔河；郭亚军摄）

图2-3-15　安山玢岩
（产地：多宝山；郭亚军摄）

酸性岩是指二氧化硅（SiO_2）含量大于63%，硅、铝含量较高且主要由长石、石英、黑云母、角闪石等矿物组成的岩浆岩。常见的酸性侵入岩有花岗岩（图2-3-16，图2-3-17，图2-3-18，图2-3-19）、花岗斑岩和伟晶岩。酸性火山岩有流纹岩（图2-3-20）、英安岩（图2-3-21）和黑曜岩等。酸性岩中含有丰富的有色金属和稀有金属矿产，如铜、铅、锌、钨、锡、钼、锂、铌、钽及铀等。多数宝玉石也产在酸性岩中，如碧玺、祖母绿等常产在伟晶岩中。

图2-3-16　花岗闪长岩
（产地：林口；郭亚军摄）

图2-3-17　二长花岗岩
（产地：汤旺河；郭亚军摄）

图 2-3-18　正长花岗岩

（产地：塔河；郭亚军摄）

图 2-3-19　碱长花岗岩

（产地：汤旺河；郭亚军摄）

图 2-3-20　流纹岩

（产地：嘉荫；郭亚军摄）

图 2-3-21　英安岩

（产地：嘉荫；郭亚军摄）

火山碎屑岩是火山作用形成的各种火山碎屑物堆积而成的岩石，巨大的火山角砾集中在一起形成集块岩，火山角砾比较小者，叫火山角砾岩（图 2-3-22），由更细小的火山灰组成的岩石叫凝灰岩（图 2-3-23）。

图 2-3-22　火山角砾岩

（产地：呼中；郭亚军摄）

图 2-3-23　凝灰岩

（产地：呼中；郭亚军摄）

2. 沉积岩

沉积岩是指地表环境下，由松散沉积物固结而成的岩石。通俗地讲，组成沉积岩的物质是一些砾石、砂、粘土、灰岩和生物残骸等松散物质，这些物质有的溶解在水里，更多的则是被水等介质搬运，它们逐年累月地集聚、沉积下来，最终被新的沉积物覆盖、压实就变成了沉积岩。沉积岩在地表分布面积广泛，约占地表面积的75%。沉积岩分为三大类：火山-沉积碎屑岩、陆源沉积岩和内源沉积岩（表2-3-3）。

表2-3-3　沉积岩基本类型的划分

火山-沉积碎屑岩		陆源沉积岩		内源沉积岩		
沉积-火山碎屑岩	火山-沉积碎屑岩	陆源碎屑岩	泥质岩	蒸发岩	非蒸发岩	可燃有机岩
沉集块岩 沉火山角砾岩 沉凝灰岩	凝灰质巨角砾岩 （凝灰质巨砾岩） 凝灰质角砾岩 （凝灰质砾岩） 凝灰质砂岩 凝灰质粉砂岩 凝灰质泥岩 凝灰质页岩	粗碎屑岩 中碎屑岩 细碎屑岩	泥岩（粘土岩） 页岩（粘土页岩）	天然碱岩 石膏、硬石膏岩 钙芒硝岩 石盐岩 钾镁盐岩	石灰岩 白云岩 铝质岩 铁质岩 锰质岩 磷质岩 硅质岩	煤

注：石灰岩和白云岩有多种成因，可包括蒸发岩和非蒸发岩两种类型。

陆源沉积岩是由母岩经物理风化作用形成的陆源碎屑物质，经机械搬运、沉积、压实和胶结而形成的岩石。按照碎屑颗粒的大小，可细分为砾岩（图2-3-24）、砂岩（图2-3-25）、粉砂岩（图2-3-26）等。

图2-3-24　砾岩
（产地：伊春；郭亚军摄）

图2-3-25　中粒砂岩
（产地：鹤岗；郭亚军摄）

图2-3-26　粉砂岩（具水平层理）
（产地：虎林；郭亚军摄）

图2-3-27　泥质岩
（产地：虎林；郭亚军摄）

泥质岩又称为粘土岩，主要由粘土矿物组成的沉积岩。不具纹层与页理构造的称为泥岩（粘土岩）（图2-3-27）；具纹层与页理构造，粘土矿物定向分布明显的称为页岩（粘土页岩）。

内源沉积岩是构成岩石的原始物质主要来自陆源溶解物质和生物源，少部分来自深源气热液和深卤，在沉积盆地中通过生物沉积作用和化学沉积作用形成的岩石。黑龙江省内仅发现非蒸发岩和可燃有机岩，蒸发岩类少见。

非蒸发岩系指组成岩石的沉积物是由生物、化学和生物化学作用形成的，包括石灰岩（图2-3-28）、白云岩、铁质岩、硅质岩（图2-3-29）、铝质岩、磷质岩等。这类岩石往往本身就是具有经济价值的矿石，如石灰岩和白云岩。石灰岩除用于水泥原料外，还常储存有地下水、石油、天然气和铅锌等矿产资源。可燃有机岩主要指煤。

图2-3-28　结晶灰岩

（产地：漠河；郭亚军摄）

图2-3-29　硅质岩

（产地：饶河；郭亚军摄）

火山-沉积碎屑岩是指火山物质和陆源物质经机械搬运作用至沉积盆地而形成的一组岩石，是火山碎屑岩与正常沉积岩过渡的岩石类型。火山碎屑物含量在50%～75%之间的岩石称沉积火山碎屑岩，火山碎屑物含量为25%～50%的岩石称火山碎屑沉积岩。该类型岩石多分布于中生代地层中，常含各类动、植物化石。

3. 变质岩

变质岩是指地壳中已经存在的岩石（岩浆岩、沉积岩和原来的变质岩），由于受到构造运动、岩浆活动或地壳内部热流变化等地质作用影响，导致它们的矿物成分和结构发生变化而新形成的一种岩石。根据变质作用性质的不同，通常将变质岩分为五大类：区域变质岩类、混合岩类、动力变质岩类、接触变质岩类和气-液变质岩类（表2-3-4）。

表2-3-4　变质岩类型划分表

岩石类型	区域变质岩类	混合岩类	动力变质岩类	接触变质岩类	气-液变质岩类
代表性岩石	板岩 千枚岩 片岩 片麻岩	混合岩 混合花岗岩	构造角砾岩 碎裂岩 糜棱岩 千糜岩	斑点板岩 角岩 矽卡岩 大理岩	云英岩 矽卡岩 青磐岩 蛇纹岩

区域变质岩是指由于区域性地壳活动，大面积分布的岩石受温度、压力、应力和热流体等因素影响而新形成的一种岩石。从变质程度的深浅来看，由浅到深形成的岩石依次为板岩（图2-3-30）、千枚岩（图2-3-31）、片岩（图2-3-32）、片麻岩（图2-3-33）。

混合岩是原变质岩受混合岩化作用形成的岩石，其基本组成物质可分为基体和脉体两部分。混合程度浅叫混合岩化，原变质岩的特征还可以见到，脉体呈条痕状、眼球状交代原岩，常见者为条痕状混合岩、眼球状混合岩（图 2-3-34）；混合程度较深就出现花岗质混合岩、层状混合岩；混合程度极深，岩石结构和成分都类似花岗岩，就叫混合花岗岩。

动力变质岩是指在断裂作用产生的强应力影响下，使原来的岩石及矿物发生变形、破碎或重结晶作用而形成的一种岩石。由于应力性质和强度的不同，可形成构造角砾岩、碎裂岩、糜棱岩（图 2-3-35）、千糜岩等不同类型的动力变质岩。它们主要沿断裂呈条带状分布，是识别断裂带的重要标志。

图 2-3-30　板岩

（产地：宝清；郭亚军摄）

图 2-3-31　千枚岩

（产地：兴隆；郭亚军摄）

图 2-3-32　二云石英片岩

（产地：穆棱；郭亚军摄）

图 2-3-33　片麻岩

（产地：萝北；郭亚军摄）

图 2-3-34　混合岩

（产地：萝北；郭亚军摄）

图 2-3-35　糜棱岩

（产地：嫩江；吕长禄摄）

接触变质岩是指熔融炙热的岩浆与周围岩石接触时，由于受岩浆热力影响，周围岩石发生变化而新形成的一种岩石。分两个类型：一类是由接触热变质作用形成的接触热变质岩，如斑点板岩、大理岩（图 2-3-36）、角岩（图 2-3-37）等，由于岩石致密坚硬，可用作建筑石材；另一类则由接触交代作用形成的接触交代变质岩——矽卡岩（图 2-3-38），不仅岩石矿物成分、结构构造发生改变，而且岩石总的化学成分也发生变化。一些接触变质岩常伴生有铁、铜、锡、钨等成矿作用，可形成规模较大的金属矿床。颜色洁白的大理岩又叫汉白玉，它是一种上等的建筑和雕刻材料。我国从汉代起就用这种宛若美玉的材料修筑宫殿、装饰庙宇、雕刻佛像、点缀堂室，汉白玉由此得名。

图 2-3-36　大理岩
（产地：塔源；郭亚军摄）

图 2-3-37　角岩化砂岩
（产地：萝北；郭亚军摄）

图 2-3-38　矽卡岩
（产地：宾县；刘旭光摄）

图 2-3-39　青磐岩
（产地：伊春；王兴提供）

气-液变质岩是由具有化学活动性的气水溶液，对岩石进行交代而使岩石发生变质作用形成的岩石，主要分布在侵入岩体顶部和内外接触带、火山岩发育区、断裂带等气液活动地段。气-液变质岩又称蚀变岩，可作为寻找某些矿产的重要找矿标志。常见的有矽卡岩、云英岩、青磐岩（图 2-3-39）、蛇纹岩类。

三、黑龙江省的岩石特征

黑龙江省山峦起伏、河流纵横，有山地、丘陵、平原和盆地。但是许多人不曾想到，正是各种不同的岩石——沉积岩、岩浆岩和变质岩，奠定了如此复杂多样的地貌景观。这些岩石与我们的日常生活有着千丝万缕的联系。

1. 沉积岩

黑龙江省沉积岩以碎屑岩、碳酸盐岩及粘土岩最为发育，其次为硅质岩、可燃性有机岩及蒸发岩等。

（1）碎屑岩

包括砾岩、砂岩、粉砂岩，是出露范围最广的岩石类型之一，主要分布于大兴安岭、小兴安岭和张广才岭、完达山等地区，赋存于距今 6 亿~0. 025 亿年不同时代地层中。白垩纪距今 1. 45 亿~0. 65 亿年砂岩-粘土岩是煤、石油、天然气等矿产资源的重要储藏岩层。我们的先民早在2000 年以前就开采利用砂岩了，用砂岩制作石磨、石臼、石锤、石碾等生产工具，用于加工豆浆、米浆和面粉等食物。砂岩还是人类使用最为广泛的建筑材料。

（2）碳酸盐岩

是除碎屑岩之外分布比较广泛的又一类沉积岩，主要包括石灰岩和白云岩。石灰岩主要分布在大兴安岭呼玛县、黑河市、嫩江市及滨东等地距今 6 亿~2. 6 亿年不同时代地层中；白云岩在省内主要分布于大兴安岭、小兴安岭地区距今 8 亿~5. 1 亿年不同时代地层中。

（3）粘土岩

也是黑龙江省沉积岩中比较发育的岩石类型，包括疏松的粘土和页岩、泥岩等，主要分布于松嫩盆地、三江盆地等地区距今 1. 45 亿~0. 025 亿年不同时代地层中。

（4）硅质岩

也称燧石岩，是古代海洋中形成的一种富含二氧化硅（SiO_2）的沉积岩。主要分布在完达山地区距今 2. 4 亿~2 亿年的地层中，为一套杂色中-薄层状硅质岩。石器时代的大部分石器工具都是用硅质岩制造而成（图 2-3-40）。

图 2-3-40　饶河小南山新石器时代桂叶形石器

（黑龙江省博物馆藏）

【知识链接】钻燧取火　1992 年《人民日报》这样写到，“传说远古的商丘一带（今河南商丘）布满山林，有不少燧石裸露在外。部落成员用石块追打野兽时，石块与燧石相撞发出火花，燃着了枯木。他们从中得到了启发，发明钻燧取火。由于钻燧取火不易燃着枯木，后来阏伯（传说阏伯是原始社会五帝中喾帝的长子）便把火种取到一处高地保留，供人们随时点火来用，造福于人类”。击燧取火的方法从远古到中华人民共和国成立初期，河南商丘一带的农村一直沿用着，只不过先前的以石击燧，到后来改成了以铁击燧，名曰“火镰子”。

2. 岩浆岩

岩浆岩包括火山岩和侵入岩，在黑龙江省内出露面积 16. 6×10^4 km^2，占全省总面积的 35%，广泛分布于大兴安岭、小兴安岭、张广才岭、太平岭、完达山及双鸭山等地区。岩浆岩不仅本身有重要的利用价值，而且其内部常有金属矿产产出。

（1）火山岩

黑龙江省是我国火山岩较发育的省份之一，火山岩出露面积 5. 6×10^4 km^2。岩石类型有玄武岩、安山岩、英安岩、流纹岩及各类集块岩、角砾岩、凝灰岩等。其中，5. 4 亿年之前的火山岩在省内出露极为有限，最古老的距今 18. 4 亿年火山岩零星分布于韩家园至十八站一带，已由安山质火山岩变质为黑云斜长片麻岩；距今 8 亿~5. 4 亿年火山岩在大兴安岭、小兴安岭-张广才岭、鸡西等地区零星出露，此类火山岩中赋存有火山-沉积变质型磁铁矿、热液型金矿、稀有金属和稀土元素等矿产资源；距今5.4亿~2.5亿年火山岩出露面积较小，主要分布在兴隆、罕达气、龙江-塔溪、伊春-延寿、张广才岭、密山-宝清一带，喷发环境以海相为主，与该时期火山岩有关的矿产如多宝山铜钼矿、铜山铜钼矿等；距今2.2亿至公元1721年火山岩最发育，占火山岩面积的90%，分布于大兴安岭、小兴安岭、张广才岭、太平岭、完达山等地，与该时期火山岩有关的矿产如三道湾子金矿、东安金矿、大石砬子沸石矿、五大连池玄武岩矿等。

黑龙江省最年轻的五大连池老黑山玄武岩火山喷发时间，由1999年任锦章、陈洪洲、吴雪娟等，根据满文档案中黑龙江将军奏折（抄录件）和布特哈总管衙门呈文（抄录件），了解到老黑山、火烧山火山喷发过程和喷发时间的确切资料，老黑山喷发时间为1720年1月14日至1721年3月（清康熙五十八年十二月五日至六十年二月）、火烧山喷发时间为1721年4月26日至6月（清康熙六十年四月一日至五月），老黑山期玄武岩活动时限为1720年1月至1721年6月；火山喷发前，有强烈的有感地震发生。

（2）侵入岩

黑龙江省侵入岩分布广泛，出露面积约11×10^4 km^2，占全省总面积的23%，侵入岩类型主要有橄榄岩、辉长岩、闪长岩、花岗闪长岩、二长花岗岩、正长花岗岩、碱长花岗岩等。距今27亿~0.53亿年均有不同类型的侵入岩形成，黑龙江地区距今27亿年闪长岩是黑龙江省最古老侵入岩；富锦地区距今0.53亿年的花岗闪长岩是省内最年轻的侵入岩。距今5.3亿~4.9亿年、3.1亿~2.7亿年、2.7亿~2.5亿年、2.3亿~1.75亿年及1.2亿~1亿年侵入岩浆活动最为强烈，形成大量侵入岩，以大面积分布的花岗岩类为主。

花岗岩是黑龙江省最重要的侵入岩，它除了与许多金属矿产的形成密切相关外，在地质营力（引起地质作用的自然力）影响下，还形成了挺拔山脉、深邃沟谷、球状岩块、悬崖峭壁、石林等独特的地质景观地貌，如伊春汤旺河花岗岩石林国家地质公园就是2亿年前形成的花岗岩岩体遭受地质构造切割、雨水侵蚀作用而形成。

3. 变质岩

变质岩主要有板岩、千枚岩、片岩、石英岩、大理岩、片麻岩、变粒岩等。变质程度较深的片岩、石英岩、大理岩、变粒岩、片麻岩等分布于漠河、塔源、兴隆、伊春、林口、鸡西等地区距今8亿~5.4亿年地层中，变质程度低的板岩和千枚岩分布于全省距今5.4亿~2.5亿年地层中。

（1）石英岩

是由石英砂岩或硅质岩变质而成的一种变质岩，主要分布于距今8亿~5.4亿年地层中，少量分布于距今4.6亿~4.3亿年地层中。

（2）大理岩

在黑龙江省北部及哈尔滨东部分布比较普遍，它是由石灰岩、白云岩等碳酸盐岩经变质作用而成。主要分布在距今8亿~5.4亿年地层中，以白色和灰色大理岩居多。当大理岩遭受来自地壳深部的岩浆热液作用，发生蛇纹石化后就形成了蛇纹石化大理岩和蛇纹石玉，见于漠河市、铁力市等地。

（3）板岩

是泥质岩、含粉砂质泥质岩，经过轻微变质作用而形成的一种形似木板的岩石，主要分布在距今5.4亿~2.5亿年地层中，俗称瓦板岩，又称石板瓦。滨东地区蕴藏着丰富的瓦板岩资源，其质量与储量在黑龙江省首屈一指。

第四节　地　层

一、地层定义

地层是指地质历史上地球表面形成的层状岩石或堆积物。从物质成分上讲，地层主要由前文所述的沉积岩、火山岩、火山碎屑岩和变质岩等岩石或沉积物组成；从形成时间上讲，地层有老有新。正常情况下，先形成的地层埋伏于下面，后形成的地层覆盖在上面。形象地说，地层就是覆盖在地球表面的一层层被子——“石被”。

地质学家依据组成地层的岩石体的宏观特征和相对位置，把地层划分为不同级别的单位，称作“岩石地层单位”。按照级别大小顺序，岩石地层单位依次分为群、组、段和层4个等级（表2-4-1）。

表2-4-1 岩石地层单位等级序列表

地层单位类型	地层单位术语
岩石地层单位	群 组 段 层

当岩石地层经历了强烈的构造改造，使原始沉积的上、下叠覆关系遭受破坏时，便形成了一种新的地层单位——“构造岩石地层单位”。构造岩石地层单位依次划分为岩群、岩组、岩段3个等级。如大兴安岭地区的兴华渡口岩群和鸡西地区的麻山岩群等。

为了把不同地区的岩石和地层联系起来进行对比，进一步研究地壳乃至地球的发展演化历史，科学家按照时间早晚顺序，为地球确定了一个年代序列表，叫作地质年代表。地质年代表中的宙、代、纪、世、期是地质年代单位，相应地质年代内形成的地层称作宇、界、系、统、阶（表2-4-2）。如古生代时期形成的地层单位称作古生界、白垩纪时期形成的地层单位称作白垩系，以此类推。

表2-4-2 地质年代单位与年代地层单位的等级序列表

地质年代单位术语	年代地层单位术语
宙 代 纪 世 期 （时）亚期	宇 界 系 统 阶 （时间带）亚阶

二、地层概况

黑龙江省地层分布广泛，面积约35×10^4 km^2，约占全省面积的74%。元古宇、古生界、中生界及新生界均有出露。古元古界零星出露于大兴安岭查拉班河地区，中-新元古界主要分布在漠河、兴隆、伊春、林口、鸡西等地区，下古生界主要分布在大兴安岭和小兴安岭地区，上古生界在全省广泛分布，但出露面积较小，中生界和新生界则分布广泛。最年轻的地层便是现代河流沉积物。

黑龙江省地层划分以岩石地层划分为主，结合了年代地层、生物地层等多重划分对比，局部第四系采用年代地层+成因类型划分。黑龙江省动态地层区划大体可分3个阶段：前中生代、中生代和新生代。综合地层区划以古生代板块格局为基础，结合动态地层区划划分了前中生代、中生代和新生代的若干地层区、分区和小区。大部分地层已划分到组或段，共建立240余个地层单位。对各时代地层的岩性、岩相、厚度、古生物群、接触关系、沉积环境、同位素年龄等特征及其变化已基本查明，对地层含矿性也有不同程度的了解。

各个时代地层所含的矿产种类也不尽相同，主要矿产有石油、天然气、煤、砂金、石灰岩、大理岩、铜、铁、岩金等（表2-4-3）。

表 2-4-3　黑龙江省重要含矿地层及主要矿产一览表

地层			岩石建造（组合）	形成的矿种	典型矿床	地质年代
第四系	全新统	河流冲洪积及沼泽堆积层	砂砾石、亚粘土	砂金	呼玛县韩家园子砂金矿床 桦南县桦南砂金矿床	第四纪
				泥炭	漠河市霍拉盆泥炭矿床	
新近系	中新统、上新统	富锦组	细砂岩、粉砂岩、泥质及砂砾岩	褐煤	宝清县朝阳煤矿	新近纪
古近系	始新统、渐新统、古新统	达连河组、宝泉岭组、虎林组	河湖相页岩、泥岩、砂岩、砾岩	褐煤、煤、煤层气	依兰县依兰煤田	古近纪
白垩系	上白垩统	松花江群	河湖相页岩、泥岩、砂岩、砾岩	石油、天然气、铀	大庆市大庆油田	白垩纪
	下白垩统	九峰山组、西岗子组、穆棱组、城子河组、滴道组、珠山组、云山组	河湖相砂板岩、泥岩、砂岩、砾岩，海陆交互相砂岩	煤、煤层气	黑河市西岗子煤田、鸡西煤田、鹤岗煤田、双鸭山煤田、勃利煤田	
		龙江组	中性火山岩	岩金	黑河市三道湾子金矿床	
侏罗系	下白垩统—上侏罗统	二十二站组	砂岩、粉砂岩	岩金	漠河市砂宝斯金矿床	白垩纪—侏罗纪
二叠系	中二叠统	交界屯组、土门岭组	结晶灰岩、碎屑岩	石灰岩、陶粒页岩、铅、锌、铜等	阿城区石发屯水泥用大理岩矿床 宾县永发屯陶粒板岩矿床	二叠纪
二叠系—石炭系	下二叠统—上石炭统	大石寨组	结晶灰岩等	石灰岩	龙江县高家窝棚水泥用大理岩矿床	二叠纪—石炭纪
泥盆系	下-中泥盆统	黑台组	结晶灰岩等	石灰岩	逊克县翠岗熔剂石灰岩矿床	泥盆纪
奥陶系	下-中奥陶统	多宝山组	变质中性火山岩	铜、钼、金	嫩江市多宝山铜钼矿床 黑河市争光金矿床	奥陶纪
		铜山组	碳酸盐岩	大理岩	嫩江市关鸟河水泥用大理岩矿床	
寒武系	下寒武统	铅山组、金银库组	碳酸盐岩	石灰岩、铅锌、硅灰石	伊春市红星区二杨水泥用石灰岩矿床	寒武纪
中-新元古界		兴华渡口岩群、东风山岩群、兴东岩群、麻山岩群	碎屑岩、碳酸盐岩、硅铁石英岩、含碳磷质碎屑岩、酸性火山岩、中基性火山岩	铁、石墨、大理岩、矽线石	呼玛县兴安桥铁矿床 萝北县云山石墨矿床 鸡西市西麻山矽线石矿床	中-新元古代

第五节　地质构造

地质构造是指地球表层的地质体，在其形成过程中产生或形成之后在应力作用下发生变形而遗留下来的痕迹。形象地说，地质构造就是地球表层“岩石圈板块”漂移过程中，彼此发生分离、碰撞等地质作用，在地球表面形成的“皱纹”和“裂痕”。常见的构造有水平构造、单斜构造、褶皱和断裂等。

一、地质构造类型

1. 水平构造

水平构造是指沉积岩岩层呈水平状态产出的一种构造。一般而言，沉积岩岩层形成时的原始产出状态近于水平，先沉积的岩层在下，后沉积的岩层在上（图 2-5-1）。若原始水平岩层没有发生变动，就称其为水平构造（或水平岩层）。

图 2-5-1　水平构造（广东丹霞山）
（据许志琴等，2020）

图 2-5-2　单斜构造
（来源：http://5b0988e595225.cdn.sohucs.com/images/20190822/6c046146e30b4dfeac6deee459b12adf.jpeg）

2. 单斜构造

单斜构造是指原来呈水平状态产出的岩层，受地壳运动影响，导致岩层向一个方向倾斜而形成的一种地质构造，也叫倾斜构造（图 2-5-2）。单斜构造往往是褶皱的一翼、断层的一盘，或者是局部地层不均匀上升或下降所引起。

3. 褶皱

褶皱是指岩层受地壳运动影响而形成连续波状弯曲的一种构造（图 2-5-3）。褶皱中的一个弯曲，称为褶曲。褶曲的基本形态是背斜和向斜（图 2-5-4）。背斜是指岩层向上拱起的褶曲，较老的岩层出现在褶曲的轴部，从轴部向两翼，依次出现的是较新的岩层，即“新包老”；向斜是指岩层向下凹的褶曲，在褶曲轴部出露的是较新的岩层，即“老包新”。两个或两个以上褶曲的组合，称为褶皱。

4. 断裂

断裂是指地质体在构造应力作用下发生破裂、断开而形成的一种地质构造。包括劈理、节理、裂隙、断层、深大断裂等不同类型。其中，断层是最常见的重要断裂构造。断层的种类繁多，规模大小相差悬殊。规模大的断层延伸长度可达几百米至上千米，而小的断层则可在岩石手标本上见到。断层的切割深度不尽相同，有的可切穿地壳深达上地幔，从而导致上地幔中熔浆沿着断裂带向上运移，侵

图 2-5-3　褶皱
（来源：http://d.ifengimg.com/w600/e0.ifengimg.com/07/2018/F5B20611158358BFC7099F0EE1DFA0F70974C6F0size95_w640_h428.jpeg）

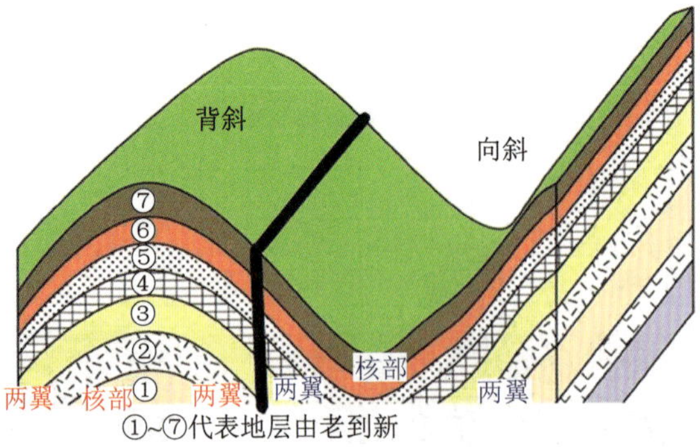

图 2-5-4　褶皱示意图

（来源：http://www.dljs.net/uploads/allimg/2006/2033435310-0.jpeg）

入地壳浅部，甚至喷溢出地表而形成火山。通常按断层两盘的相对运动方向，将其分为正断层、逆断层、平移断层（也称走滑断层）3 类（图 2-5-5）。

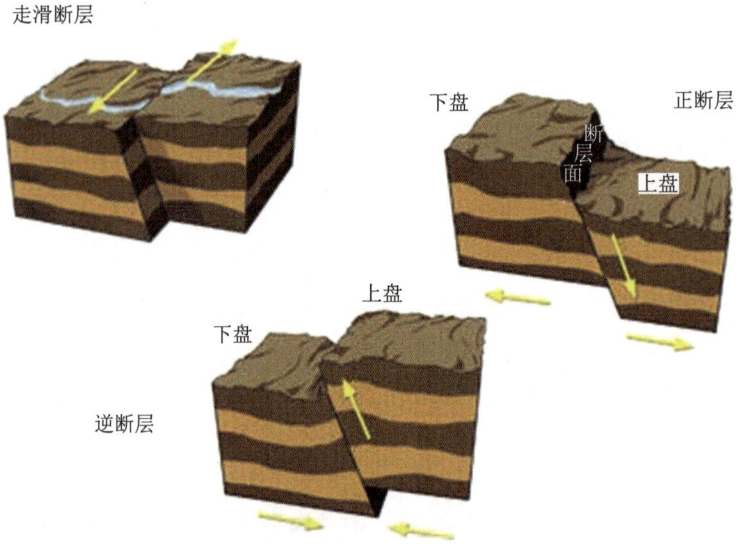

图 2-5-5　断层相对运动方向分类示意图

（来源：http://i5.qhimg.com/t0199b3dc74cf2998ee.jpg）

1）正断层指上盘相对下降，下盘相对上升的断层。断层面较平直，一般是由重力或张应力作用形成。

2）逆断层指下盘相对下降，上盘相对上升的断层。按照倾角又分为：高角度逆断层又称冲断层（倾角>45°）；低角度逆断层（倾角<45°），其中逆掩断层倾角更小（倾角在 30°及以下）。

3）平移断层是指两盘地质体沿断层面相对水平运动的断层。它的断层面近于直立，断层面平直，延伸较远，断层带较窄，在断层面上常保留有近水平的摩擦痕迹。

二、主要构造单元

从板块构造学和大陆动力学的角度，将黑龙江省划分出额尔古纳地块、新林-喜桂图旗结合带、大兴安岭弧盆系、嫩江-黑河结合带、松嫩地块、伊春-亚布力岩浆弧、嘉荫-牡丹江结合带、佳木斯地块、兴凯地块、完达山亚带、松嫩盆地、郯庐断裂北段地堑系、三江上叠盆地、孙吴-嘉荫断陷、新生代火山岩带 15 个Ⅲ级构造单元（图 2-5-6）。

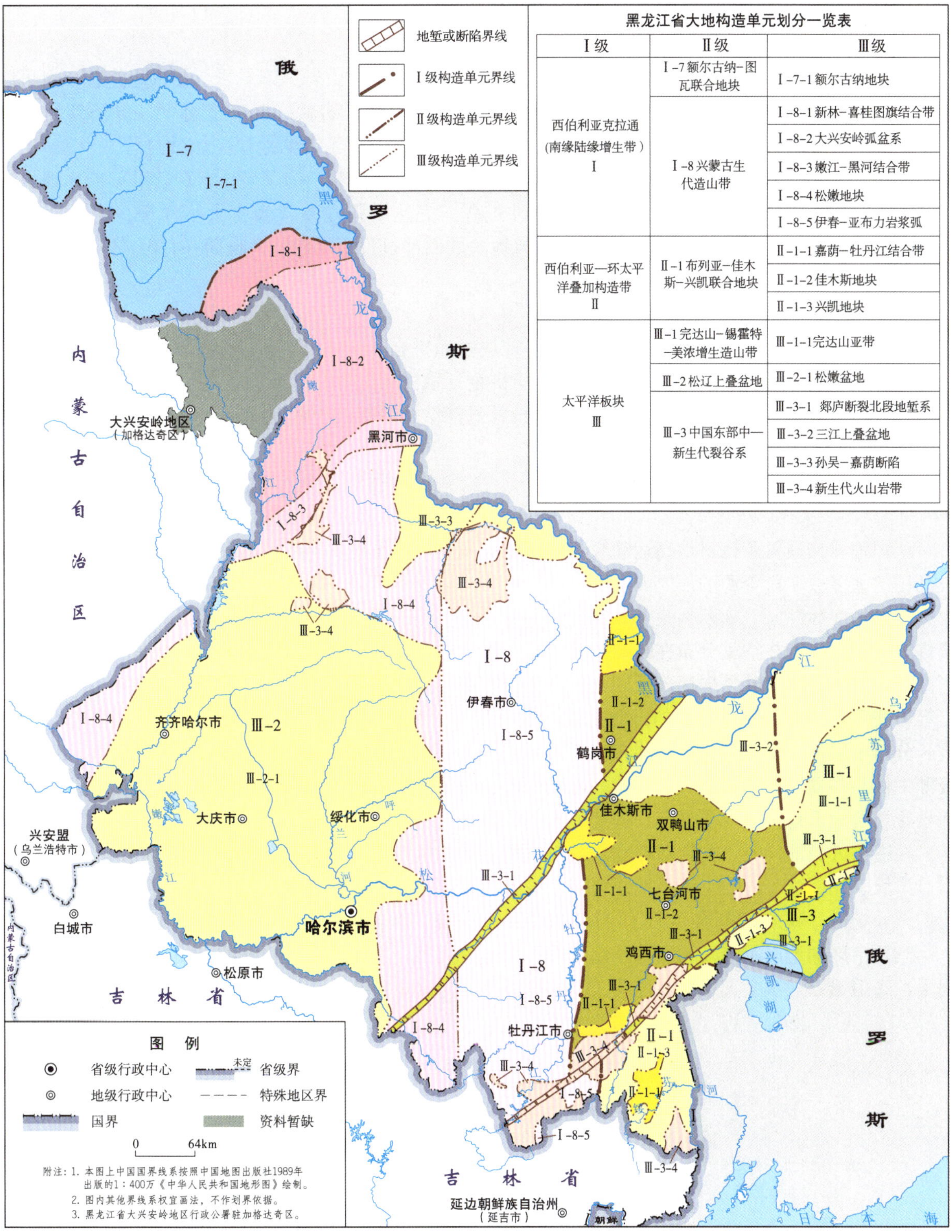

图 2-5-6　黑龙江省主要构造单元划分示意图
（据《中国区域地质志·黑龙江志》编委会，2018）

1. 地块

目前认为黑龙江省的几个地块来源于西伯利亚板块南缘裂解。地块的划分主要依据地球物理的研究成果及存在太古宙（40 亿~25 亿年）—古元古代（25 亿~16 亿年）物质组合或者年代学线索。在额尔古纳地块和松嫩地块均识别出了相应时代的物质组合。佳木斯-兴凯联合地块目前只发现太古宙—古元古代年代学线索，需要进一步工作。

2. 弧盆系

黑龙江省弧盆系是地块之间或地块一侧洋盆俯冲所形成的火山岩、碎屑岩、侵入岩组合，也可以认为是被俯冲地块陆缘增生的结果。大兴安岭弧盆系形成于新元古代（8.15亿年）—早石炭世中期（3.39亿~3.34亿年）额尔古纳地块和松嫩地块之间的洋盆向额尔古纳地块的俯冲过程。伊春-亚布力弧盆系形成于新元古代（7.77亿年）至早侏罗世晚期—中侏罗世（1.8亿~1.6亿年）松嫩地块和佳木斯地块之间的洋盆主体向松嫩地块的俯冲过程。完达山弧盆系代表古太平洋至少自早泥盆世（4.16亿~3.97亿年）就开启了向佳木斯-兴凯地块的俯冲过程，早白垩世晚期（1.01亿年）—晚白垩世早期（0.96亿年）结束。

3. 结合带

结合带形成于地块间洋盆关闭，弧盆系与地块碰撞拼合。新林-喜桂图旗结合带形成于距今5亿~4.8亿年额尔古纳地块与大兴安岭弧盆系碰撞拼合；嫩江-黑河结合带形成于距今3.39亿~3.34亿年大兴安岭弧盆系与松嫩地块碰撞拼合；嘉荫-牡丹江结合带形成于距今1.8亿~1.6亿年伊春-亚布力弧盆系与佳木斯地块碰撞拼合。

三、认识地质构造的意义

认识地质构造对于探讨地壳运动规律乃至地球发展演化历史具有重要的理论意义。同时，人类开发利用的大多数矿产资源的形成和储藏，都与地质构造密不可分。因此，认识和研究地质构造也具有十分重要的实际意义。如断裂是金、铜、铅、锌、钼、钨、汞、锑等大多数金属矿产的成矿构造和储矿构造，这些矿产往往就分布在断裂及其附近；褶皱则是石油、天然气及水资源的良好储藏构造。向斜两翼含水岩层的水容易向底部低凹部位下渗、汇集形成丰富的地下水。“向斜岩层蓄水好，水量丰富容易找”已成为找水工作者的经验之谈。在背斜中，由于天然气较轻，常分布于背斜顶部，水较重，分布于底部，中间则常被石油占据，因而它是储藏石油、天然气的最佳构造。同时黑龙江省矿产资源主体与弧盆系的演化有关。此外，地质构造还塑造出高耸雄伟的山峰、秀丽多姿的黑龙江、嫩江和松花江等地形地貌和地质景观，满足了人们旅游观光的精神需求。

在造福人类的同时，构造活动也是威胁人类生活和生产的地质灾害主要诱因。如我们所熟悉的地震、滑坡、泥石流、地面沉降、地面塌陷、城市地裂缝等，这些都直接或间接地与构造活动有关。让我们至今记忆犹新的2008年5月12日四川汶川大地震，就是由龙门山断裂带强烈活动而引起的。

鸡西市区的地面沉降及地裂缝是比较严重的地质灾害，由此引发的建筑物受损、墙体开裂、道路坍塌、管道错断等次生灾害，已危及人们的生活及生产安全，并严重制约着鸡西市的城市化发展。

第三章　自然宝藏——矿产资源

矿产资源是指经过地质成矿作用形成的，天然赋存于地壳内部或埋藏于地下或出露于地表，呈固态、液态或气态的，并具有开发利用价值的矿物或有用元素的集合体。矿产资源属于非可再生资源，其储量是有限的。按其特点和用途，通常分为能源矿产、金属矿产、非金属矿产、水气矿产4类。

第一节　矿产资源概况

一、矿产资源种类

黑龙江省地域辽阔、矿产资源种类较全。据黑龙江省年度矿产资源储量表和自然资源年报，截至2019年底，全省已发现各类矿产111种（不含亚种）。其中已查明资源储量的矿产有85种（不含亚种，表3-1-1）。已查明的85种矿产按工业用途分为九大类，其中能源矿产5种（不含地热），黑色金属矿产4种，有色金属矿产11种，贵金属矿产6种，稀有、稀土、稀散元素矿产10种，工业矿物18种，工业岩石（土）26种，宝玉石类非金属矿产2种，水气矿产3种（含地热）。已发现尚未探明的各类矿产26种（表3-1-1）。

通过对以往矿产地的清理及核实，黑龙江省目前共有各类矿产地1394处（不含市、地审批登记的建筑用砂、石、土等），其中金属矿产地599处，非金属矿产地383处，能源矿产地70处，水气矿产地342处（图3-1-1，图3-1-2）。列入《黑龙江省矿产资源储量表》的矿种71种（不含亚种），查明有资源储量的但未列入《黑龙江省矿产资源储量表》的矿种有石油、天然气、铀、铌、钇、刚玉、透辉石、流纹岩、宝石、玉石、地下水、矿泉水、地热13种。1394处矿产地中，超大型矿床31处（能源矿产1处、金属矿产2处、非金属矿产28处）、大型矿床96处（能源矿产7处、金属矿产21处、非金属矿产48处、水气矿产20处）、中型矿床294处，小型矿床636处，矿点（含资源量不明的矿产地）337处。矿产资源储量规模以中、小型为主。

表3-1-1　黑龙江省已查明和已发现尚未探明矿产统计表

矿产类别	已查明资源储量矿产		已发现尚未查明资源储量矿产	
	矿种数	矿种名称	矿种数	矿种名称
能源矿产	5	石油、天然气、煤、铀、油页岩	3	页岩气、煤层气、钍
黑色金属矿产	4	铁、钛、钒、锰	1	铬
有色金属矿产	11	铜、铅、锌、镁、镍、钴、钨、锡、铋、钼、锑	1	汞
贵金属矿产	6	铂、钯、铱、锇、金、银		
稀有、稀土、稀散元素矿产	10	钽、铍、镓、铟、铼、镉、硒、碲、铌、钇	6	镧、铈、镨、锗、锂、锆
工业矿物	18	石墨、矽线石、沸石、硫铁矿、长石、磷灰石、砷（毒砂）、硼（硼镁铁矿）、水晶（压电水晶、熔炼水晶）、硅灰石、石棉、云母、石榴子石、叶蜡石、菱镁矿、萤石、刚玉、透辉石	7	红柱石、蓝晶石、天然碱、石膏、方解石、电气石、橄榄石

续表

矿产类别	已查明资源储量矿产		已发现尚未查明资源储量矿产	
	矿种数	矿种名称	矿种数	矿种名称
工业岩石（土）	26	大理岩（水泥用、玻璃用、制灰用、电石用、饰面用）、灰岩（熔剂用、电石用、制灰用、水泥用）、白云岩（玻璃用、冶金用）、板岩（陶粒用、饰面用）、页岩（陶粒用、水泥配料用）、硅质页岩（蛋白石岩）、砂岩、玄武岩（铸石用、岩棉用、饰面用）、蛇纹岩、高岭土、陶瓷土、膨润土、耐火粘土、颜料黄粘土、其他用粘土（水泥配料用、砖瓦用、陶粒用）、浮石（火山灰、火山渣）、脉石英、花岗岩、辉长岩、辉绿岩、闪长岩、珍珠岩、砂（铸型用石英砂、玻璃用砂、建筑用砂）、泥炭、流纹岩、麦饭石、霞石正长岩	3	黑曜岩、松脂岩、硅藻土
宝玉石类非金属矿产	2	宝石、玉石		
观赏石			1	观赏石
水气矿产	3	地下水、矿泉水、地热	4	二氧化碳气、氡气、氦气、硫化氢气
合计	85		26	

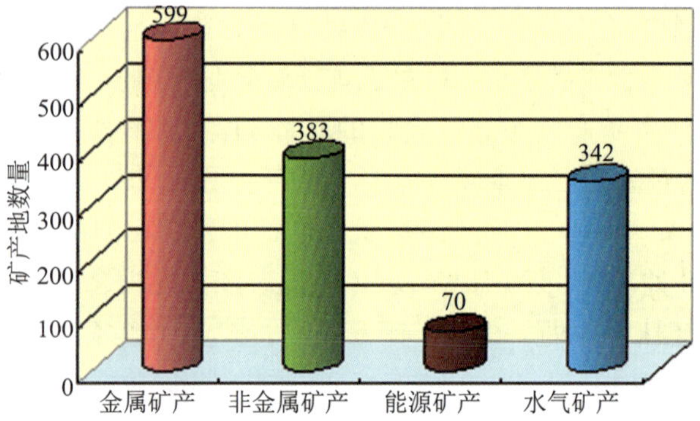

图 3-1-1 黑龙江省矿产地分类构成图

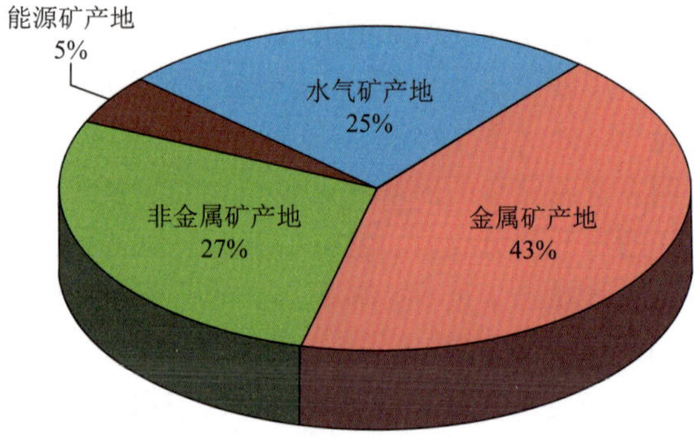

图 3-1-2 黑龙江省矿产地分类占比图

非金属矿产属于黑龙江省优势矿产类型，尤为突出的是晶质石墨储量极为可观，开发利用前景极其广阔。金属矿产及能源矿产开发利用程度较高，其中能源矿产已成为黑龙江省支柱性产业之一。

据黑龙江省自然资源厅发布的《黑龙江省矿产资源年报（2020 年）》，按矿（亚矿）种统计，截至 2019 年底，黑龙江省保有资源储量位居全国前十位的矿产有 41 种，其中石墨、水泥用大理岩、铸石用玄武岩、岩棉用玄武岩、火山灰、矽线石、颜料矿物黄粘土、浮石 8 种矿产列第一位；玻璃用大理岩、锇矿、长石 3 种矿产列第二位；铼矿、陶粒页岩、石油、钼矿、铂族金属、铱矿 6 种矿产列第三位（表 3-1-2）。

二、矿产时空分布

1. 矿产在不同地质时代的分布特征

黑龙江省各个地质时代形成的矿产种类多有不同，每个时代都有各自的特征矿产和重要矿产。就固体矿产而言，黑龙江省存在 7 个重要的成矿期：①中-新元古代，铁、石墨、矽线石矿产的主要成矿期；②早-中寒武世，铅锌（矿床及矿源层）的主要成矿期；③早-中奥陶世，铜（矿床及矿源层）的主要成矿期；④晚石炭世—中二叠世，铜锌铅金（矿床及矿源层）的重要成矿期；⑤晚三叠世—早侏罗世，钼、钨、锡、铋、砷的主要成矿期，也是铁、铜、铅锌、金的重要成矿期；⑥早白垩世，煤和岩金的主要成矿期；⑦第四纪，各类砂矿（主要是砂金）、粘土类矿产、泥炭、玄武岩及风化壳型矿产的成矿期。

表 3-1-2　黑龙江省保有资源储量位居全国前十位的矿产

排序	名称	矿种数
1	石墨、水泥用大理岩、铸石用玄武岩、岩棉用玄武岩、火山灰、矽线石、颜料矿物黄粘土、浮石	8
2	玻璃用大理岩、锇矿、长石	3
3	铼矿、陶粒页岩、石油、钼矿、铂族金属、铱矿	6
4	饰面用闪长岩、熔炼水晶、水泥配料用脉石英	3
5	硒矿、玻璃用脉石英、压电水晶、泥炭、石榴子石、钯矿、珍珠岩、铸型用砂	8
6	陶粒用粘土、沸石、饰面用辉长岩	3
7	铟矿、天然气、膨润土、水泥配料用粘土、叶蜡石、石棉	6
9	铋矿	1
10	铜矿、碲矿、硅藻土	3
合计		41

注：①根据自然资源部 2020 年数据库调整为按矿/亚矿种统计。与 2018 年度排名相比，2019 年度位居全国前十的同为 41 种。
②石油、天然气排名不含海域。

2. 矿产在不同空间的分布特征

石油、天然气：主要分布在大庆市，其次在方正县和汤原县附近有少量分布。

煤炭：分布不均衡，大量分布在东部鹤岗-鸡西-双鸭山-七台河地区，在西北部也有少量分布。

铁：分布不均衡，大量分布在东部的双鸭山、逊克、伊春、铁力、阿城等地，少量分布在西北部呼玛等地。

铅、锌：矿产地和资源储量集中分布在东部，逊克-伊春-铁力-滨东地区近南北向带状区域内。

铜、钼：钼矿、铜矿分布相似，集中分布在西部的嫩江市多宝山地区和东部的逊克-伊春-铁力-滨东地区近南北向带状区域内。

岩金：主要分布黑河市、嫩江市、漠河市、逊克县、嘉荫县、东宁市和勃利县等地。

砂金：主要沿黑龙江边分布。主要分布在漠河、呼玛、黑河、嘉荫-萝北、佳木斯-桦南、牡丹江-东宁 6 个砂金集中区，以黑龙江、松花江、绥芬河水系为主河谷的各级支谷中。

石墨：空间分布很不均匀，局部集中分布的特征十分突出。主要分布在东部的萝北-双鸭山、桦南-勃利-鸡西、密山-林口、穆棱-东宁一带，形成一条南北长约 350 km、东西宽约 100 km 的南北向石墨成矿带。此外，大兴安岭北部漠河市也有少量分布。

矽线石：集中分布在东部地区，半数以上的矽线石矿床和全省 90% 以上的资源储量高度集中分布在林口县龙爪镇-鸡西市恒山区的一个面积仅数百平方千米的狭小范围内。

水泥用大理岩及灰岩：在全省各地广泛分布。绝大部分矿床和资源储量分布在中、东部地区，即哈尔滨市、伊春市、牡丹江市、佳木斯市、七台河市和鸡西市。资源储量分布最集中的地区是林口-鸡西-密山一带，西北部有少量分布。

矿泉水：黑龙江省矿泉水资源分布范围广、储量大、类型多、水质好、开发利用较为便利并且潜力较大，主要以五大连池自然保护区、哈尔滨市等矿泉水产地居多。

地热：黑龙江省地热资源较为丰富，分布广。地热资源主要是水热型，以层状热储为主，同时发育由近代火山和构造活动形成的带状热储。地热开发以林甸地区为主，有一定产业规模。

三、矿产资源特点

1. 矿产种类较全，优势矿种较多

目前，黑龙江省已发现各类矿产 111 种，特别是金属、非金属矿产种类齐全。其中石油、天然气、煤、钼、晶质石墨、矽线石、水泥用大理岩、浮石、颜料黄粘土、熔炼水晶为黑龙江省优势矿种，矽线石、颜料黄粘土为特色矿产。

2. 矿产分布广泛，但又相对集中

石油、天然气主要集中在松嫩盆地的大庆一带；煤炭则主要分布在东部的双鸭山、鸡西、鹤岗和七台河等地；黑色、有色金属矿产主要分布于双鸭山、伊春、嫩江和哈尔滨一带；贵金属矿产主要分布在黑河、大兴安岭、伊春、牡丹江等地；非金属矿产主要分布在黑龙江省的东部和中部地区。

3. 多组分矿床多，单组分矿床少

有色金属矿床共、伴生组分多，如铜矿主要与钼、铁、锌、铅、钨、金、镍、铂、钯等金属共、伴生，铅、锌大部分共生；此外，它们往往与铁、铜、钼等金属矿产伴生。稀有、稀土、稀散元素矿产除铍矿是单一矿产外，其余都是伴生矿。

4. 金属矿产贫矿多，富矿少

铁、铜提交工业利用矿产平均品位较低，富矿更少，给开发利用带来一定难度。铅锌资源较多，但品质不佳，这也是制约规模开发利用的一大障碍，目前全省铅+锌品位大于 8%的矿床很少，仅有伊春小西林铅锌矿、阿城苏家围子铁锌矿等少数矿床。

5. 部分大宗用量矿产短缺或不足

除石油、天然气、煤、钼、大理岩、颜料黄粘土等矿产储量较充足外，铁、铜等不足或严重不足；钾盐、铝土矿等短缺，尚无资源储量。

6. 矿产资源潜力较大

黑龙江省成矿地质条件较好，地质工作程度较低，矿产资源潜力较大。

四、经济地位

截至 2018 年底，全省现有各类矿山 2024 个，其中外资及港、澳、台商投资企业 9 个，内资企业 2015 个。开发利用矿种 62 个，年产矿量 14948.17×10^4 t。其中，煤炭产量 5213.77×10^4 t，金属矿石产量 2773.09×10^4 t，非金属矿石产量 6894.39×10^4 t，矿泉水产量 66.92×10^4 t。

2018 年全省非油气各类矿山实现工业总产值 3376431.53 万元，比上年增加 484757.74 万元，占全省 GDP 总量的 2.1%。其中，煤炭工业产值 2600204.05 万元，占总数的 77.01%；黑色金属工业产值 71315.39 万元，占总数的 2.11%；有色金属工业产值 422041.09 万元，占总数的 12.5%；贵金属工业产值 81847.00 万元，占总数的 2.43%；建材及其他非金属工业产值 192579.97 万元，占总数的 5.70%；水气矿产工业产值 8444.02 万元，占总数的 0.25%。

第二节 矿床类型

矿床是指在地壳中由地质作用形成的，所含有用矿物资源的数量和质量在一定的经济技术条件下能被开采利用的综合地质体。一个矿床至少由一个矿体组成，也可以由两个或多个，甚至十几个乃至上百个矿体组成，包括地质的和经济的双重含义。矿床是地质作用的产物，但又与一般的岩石不同，它具有经济价值。矿床的概念随经济技术的发展而变化。19 世纪时，含铜高于 0.5%的铜矿床才有开采价值，随着科技进步和采矿加工成本的降低，含铜 0.4%的铜矿床已被大量开采。

一、矿床类型及分类

矿床类型是基于各方面因素对矿床的综合分类，既考虑其成因类型，也兼顾其工业类型。

矿床成因类型是根据形成矿床的地质作用而划分的矿床类型，如按成矿作用分为内生矿床、外生矿床和变质矿床，以及它们之间的叠加和再生矿床等。上述类型中又可按岩浆作用、气化-热液作用、风化作用、沉积作用和变质作用等形成相应的矿床类型。

矿床工业类型是根据矿床的成因类型，工业意义，经济价值及其代表性，矿石的矿物或元素建造，矿床的形态、产状及其与构造关系和围岩性质等因素所划分的矿床类型。如铜矿工业类型有斑岩型铜矿床、层状铜矿床（包括含铜砂岩、含铜页岩和含铜碳酸盐岩）、含铜块状硫化物矿床、矽卡岩型铜矿床、铜-镍硫化物矿床及含铜石英脉型矿床等。

按照《中国矿产地质志》矿床类型划分方案，黑龙江省共分出 17 种矿床类型（表 3-2-1）。其中斑岩型矿床、接触交代型（矽卡岩型）矿床、岩浆热液型矿床、陆相火山岩型矿床、受变质型、变成型矿床、砂矿型矿床、生物化学沉积型矿床较发育，并形成一定规模的矿床。

表 3-2-1　黑龙江省矿床成因类型及代表性矿床表

一级分类	二级分类	三级分类	典型（代表性）矿床
内生矿床	岩浆作用矿床	岩浆型矿床	呼玛县北西里钛铁矿床
		伟晶岩型矿床	通河县东方熔炼水晶矿床
		云英岩型矿床	伊春市五星南沟锡矿床
		矽卡岩型矿床	逊克县翠宏山铁钨钼多金属矿床
		斑岩型矿床	嫩江市多宝山铜钼矿床、铁力市鹿鸣钼矿床
		岩浆热液型矿床	漠河市砂宝斯金矿床
		陆相火山岩型矿床	黑河市三道湾子金银矿床、嘉荫县团结沟金矿床、牡丹江市黄花铸石玄武岩矿床
		海相火山岩型矿床	黑河市争光金矿床
		受变质型矿床	嫩江市关鸟河水泥用大理岩矿床
	变质作用矿床	变成型矿床	萝北县云山石墨矿床、鸡西市柳毛石墨矿床、鸡西市三道沟矽线石矿床
	含矿流体作用矿床（非岩浆-非变质作用矿床）	浅成中-低温热液型矿床及成因不明矿床	林甸县花园镇地热田、五大连池天然矿泉水
外生矿床	表生作用矿床	风化型矿床	牡丹江市黄花北山耐火粘土矿床
	沉积作用矿床	砂矿型矿床	桦南县桦南砂金矿床
		机械沉积型矿床	依安县红星陶瓷用砂质高岭土矿床
		化学沉积型矿床	伊春市五星熔剂石灰岩矿床
		生物化学沉积型矿床	大庆油气田、双鸭山煤田、鸡西煤田
叠加（复合/改造）矿床			伊春市小西林铅锌矿床

二、主要矿床类型

黑龙江省主要矿床类型有岩浆作用矿床、变质作用矿床和沉积作用矿床三种，包括斑岩型矿床、岩浆型矿床、伟晶岩型矿床、接触交代型（矽卡岩型）矿床、火山岩型矿床、受变质型矿床、变成型矿床、砂矿型矿床、生物化学沉积型矿床、机械沉积型矿床等。

（一）岩浆作用矿床

1. 斑岩型矿床

斑岩型矿床是指与中性-酸性浅成-超浅成侵入岩（斑岩）有关的，以浸染状、细脉浸染状为主要矿化样式的岩浆热液矿床。成矿作用与成矿斑岩体有关，矿体通常赋存在斑岩体内部、顶部或与围岩（内外）接触带。矿种以铜、钼为主，常伴生金、钨、银等，具有品位低、规模大的特征。嫩江市多宝山铜钼矿床、鸡东县四山林场钼铜矿床为斑岩型矿床。

2. 岩浆型矿床

岩浆型矿床是指熔融的岩浆在生成、运移或就位过程中，通过分异和结晶作用，岩浆中分散的有用物质聚集，或者在特殊条件下固结成具有经济价值的地质体所形成的矿床。如呼玛县北西里铁、钛铁矿床就是基性-超基性岩浆在冷凝过程中，由于磁铁矿、钛铁矿等与其他矿物结晶的顺序和密度不同，导致它们相对集中而形成磁铁矿和钛铁矿床。林口县楚山花岗岩石材矿床是侵入的岩浆固结后形成具有经济价值的花岗岩石材矿床。

3. 伟晶岩型矿床

伟晶岩是指与花岗岩在成因上有密切联系、在矿物成分上相同或相似、由特别粗大晶体所组成的脉状地质体。伟晶岩型矿床是指伟晶岩形成过程中，有用矿物或有用组分富集达到工业要求而形成的矿床。常见的伟晶岩型矿床矿种有锂、铍、铯、铷、铌等稀有元素，稀土元素和水晶，宝石等。本省主要形成铍、云母等矿床，如萝北县廿十里河子铍矿床、萝北县大马哈河云母矿床。

4. 接触交代型（矽卡岩型）矿床

接触交代型矿床是指产于中酸性侵入体与碳酸盐岩类岩石或含碳酸盐岩石的接触带及其附近，矿体与矽卡岩在成因、时间和空间上存在联系的一类矿床。常见的矿种有铁、铜、铅、锌、钨、钼等以及宝玉石。逊克县翠宏山铁钨钼多金属矿床即为接触交代型（矽卡岩型）矿床。

5. 火山岩型矿床

火山岩型矿床是指成矿作用直接或间接与火山活动有关，有用物质主要来自火山喷发。根据火山形成环境不同，可分出海相火山岩型和陆相火山岩型矿床。常见的火山岩型矿床矿种有铁、铜、铅、锌、金、银、硒、碲等。黑龙江省火山岩型矿床基本上为陆相火山岩型矿床，如呼中区碧水陆相火山岩型铅锌矿床。

（二）变质作用矿床

区域变质成矿作用主要包括经过高绿片岩相及以上变质级、多期变质变形改造的矿床，分两类矿床：一类为受变质矿床，是变质前已有矿床或矿化体，经区域变质作用以后，改变了矿体原有的矿物成分、结构构造、空间分布、矿体形态、产状、矿石富集程度等特征的矿床，如受变质型铁矿床；另一类为变成矿床，原始成分不是矿床，经过区域变质后形成了矿床，如石墨矿、菱镁矿等。

（三）沉积作用矿床

沉积型矿床是指地表的岩石、矿石等有用物质，在流水、生物等地质营力影响下，破碎、分解、搬运到河湖、海等水体，经过沉积作用形成各类沉积物。当其中的有用物质富集到能满足工业开采利用要求时，便形成了沉积矿床，如漠河市老沟河砂金矿床等。

第三节　矿产勘查

一、找矿方法

找矿又称探矿，专业术语为矿产勘查。人类从远古时期就开始寻找和利用矿产资源以维持自身的生存和发展。目前，找矿方法多达十几种，主要包括地质找矿、地球化学找矿、地球物理找矿和遥感找矿方法。

（一）地质找矿方法

地质找矿方法主要包括地质填图法、自然重砂法和探矿工程法。

1. 地质填图法

地质填图法是指运用地质理论和有关方法，系统地进行地质矿产调查，查明工作区内地层、岩石、构造与矿产等地质特征，并将各种矿产信息填绘到地质图上，通过研究成矿规律和各种找矿信息进行找矿。矿产露头、旧采矿遗迹、含矿转石等标志是最原始和最重要的地质找矿方法，该方法简单、方便，是最直接的找矿方法（图 3-3-1）。

图 3-3-1 利用矿产露头找矿
（杨福深提供）

矿产露头又分原生露头和氧化露头。矿体出露于地表，未经风化或微弱风化作用，但其物理化学性质比较稳定，仍然保持矿体原来的面貌，称原生露头。原生露头一般在地表为正地形。矿体裸露地表外，受外力地质作用而氧化形成的露头，称为氧化露头。有些矿体因本身性质所决定，易于风化和氧化，并经长期的侵蚀、淋滤，形成一定深度的氧化，称为氧化带。对金属矿床的氧化带露头称为铁帽，风化矿床称为风化壳。铁帽是寻找金属硫化矿床、铁矿床、岩金矿床的重要标志。

旧采矿遗迹包括古代前人开采过的古矿山、古废石堆、古炉渣等，这些留下的古旧采坑和选冶遗迹是很好的直接找矿标志。

古地名也是找矿标志，不少古地名直接或间接地指示了矿产地的存在。如黑龙江金厂指示金矿的存在，黑龙江胭脂沟指示砂金矿的存在等。

含矿转石是指含有有用矿物并且与原来所在位置发生位移的碎石。找矿中遇到含矿转石，往往预示周围可能存在含矿地质体，在仔细观察转石的类型及所含的有用矿物后，再根据周围地质地貌条件，判断转石可能的来源方向，进行追索，发现含矿露头。

2. 自然重砂法

自然重砂法是指沿水系（河流），从松散沉积物中系统地采集样品，通过对重砂矿物的鉴定分析，发现并圈定有用矿物的异常，再依次追索原生矿床或砂矿床的方法。此方法是寻找砂金矿床的最直接方法。

3. 探矿工程法

探矿工程法是指利用探槽、钻探、坑道等探矿工程，揭露或查明松散沉积物掩盖下的或地下深处的矿体（图 3-3-2）。

（二）地球化学找矿方法（简称化探）

在可能有矿的地区采集地面上的土样、水中沉积物、地表岩石或者某些植物、气体等，进行化学分析，寻找找矿线索，称为地球化学找矿方法。该方法主要包括水系沉积物地球化学测量、土壤地球化学测量、岩石地球化学测量。

1. 水系沉积物地球化学测量

水系沉积物地球化学测量是指在水系沉积物中，系统地采集相关样品，经测试分析，发现某种元

图 3-3-2　利用探槽找矿（左）和钻探找矿（右）
（李新鹏提供）

素的含量异常分布区或高值异常区，据此作为找矿的线索及依据，进一步寻找矿体（图 3-3-3 左）。

2. 土壤地球化学测量

土壤地球化学测量是指在土壤中，系统采集相关样品，经测试分析，发现某种元素的含量异常分布区或高值异常区，据此作为找矿的线索及依据，进一步寻找矿体（图 3-3-3 右）。

图 3-3-3　利用水系沉积物地球化学测量（左）和土壤地球化学测量找矿（右）
（李新鹏提供）

3. 岩石地球化学测量

岩石地球化学测量是指在岩石中，系统地采集相关样品，经测试分析，发现某种元素的含量异常分布区或高值异常区，据此作为找矿的线索及依据，进一步寻找矿体。

由于黑龙江省近 98%的山区、半山区被森林杂草掩盖，因此，利用地质填图法发现矿产的概率极低，而地球化学找矿方法比较实用，尤其是水系沉积物地球化学测量和土壤地球化学测量找矿效果较好。典型案例包括漠河市砂宝斯大型金矿、塔河县宝兴沟中型金矿、铁力市鹿鸣超大型钼矿等。

（三）地球物理找矿方法（简称物探）

根据岩石或矿石的密度、磁性、电性、地震波反射和放射性差异等，在地面或空中通过仪器测量发现矿产线索，称为地球物理方法。该方法包括重力测量、磁法测量、电法测量、地震探测、放射性测量等。

1. 重力测量

重力测量是指根据岩（矿）石密度差异，运用现代技术，记录岩（矿）石密度的变化，进而探测地下岩（矿）石的性质及分布位置，达到寻找地下矿产的目的。

2. 磁法测量

磁法测量是指根据岩（矿）石磁性差异，运用现代技术，记录岩（矿）石磁性的变化，进而探测地下岩（矿）石的性质及分布位置，达到寻找地下矿产的目的（图 3-3-4）。

3. 电法测量

电法测量是指根据岩（矿）石导电性的差异，运用现代技术，记录岩（矿）石导电性的变化，进而探测地下岩（矿）石的性质及分布位置，达到寻找地下矿产的目的（图 3-3-5）。

图 3-3-4　磁法测量仪器

（张文辉提供）

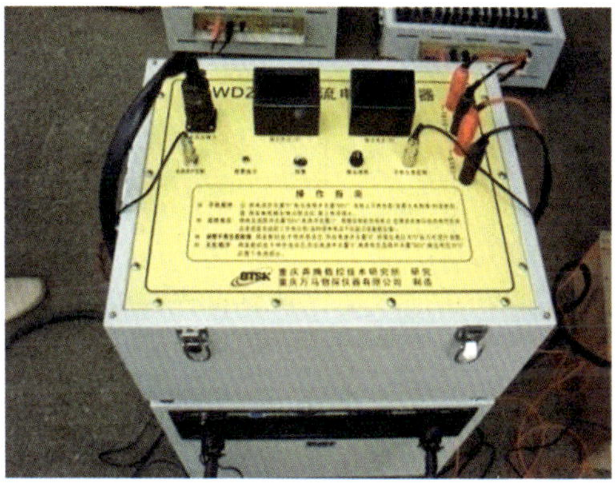

图 3-3-5　电法测量交流电源

（张文辉提供）

4. 地震探测

地震探测是指利用震中、震源深度和发震时刻都可预先确定的人工地震源，探测地壳深部和上地幔物质的速度结构和物理性质。野外观测方法有折射波法和广角反射法，通常用炸药源。为了取得地壳和上地幔介质内的信息，往往在长几百千米，甚至上千千米的测线上安放几十个到上百个流动台站（台站间距 1～10 km 不等）。记录系统有模拟磁带记录和数字磁带记录两种。用此法可得到区域性的速度界面轮廓和较精确的折射波界面速度，后者可以用来作岩性对比，达到寻找地下矿产的目的。

5. 放射性测量

放射性测量是指根据岩（矿）石放射性差异，运用现代技术，记录岩（矿）石放射性的变化，进而探测地下岩（矿）石的性质及分布位置，达到寻找地下矿产的目的。多用于寻找铀矿。

黑龙江省以地球物理找矿方法成功找矿的典型案例包括逊克县翠宏山铁钨钼多金属矿、双鸭山市七星河盆地北煤矿、虎林市迎春煤矿等。

（四）遥感地质找矿方法

遥感地质找矿方法是利用卫星或航空遥感地质测量资料，解译、分析成矿地质条件，提取某些矿床类型的遥感地质影像标志和矿化蚀变信息，圈定遥感地质异常，并经过实地检查、验证异常来发现矿体的一种找矿方法。

黑龙江省在寻找砂金矿时，多采用卫片、航片资料，解译旧采矿遗迹，优选找矿靶区，取得了一定效果。1972 年，小岭区域地质调查大队率先在 1∶20 万区域地质调查中，利用航空照片和航空目测方法填图取得成功，在 1978 年全国科学大会上受到表彰；利用航空照片，发现五大连池老黑山和火烧山的流动构造、盾形火山及其火山口和 8 个堰塞湖，以及由冻融作用形成的石海、石河、石冰川；在泥炭资源调查中，也取得良好效果。

目前老旧矿山综合治理、黑土地调查、区域地质构造及区域地壳稳定性遥感综合调查、城市地质中活动断裂与区域稳定性调查评价、地质灾害遥感综合调查，对规划城市布局、指导工程建设尤其是大型工程建设具有重要意义。

二、勘查与开发

黑龙江省是中华民族古老文明的发祥地之一，矿产资源开发利用历史悠久，最早发现和利用的矿产是非金属。1930 年，中国考古学家梁思永首次在昂昂溪遗址进行考古挖掘，揭示了黑龙江先人在新石器时代已经广泛使用压制石器、打制石器（“旧石器时代”）和磨制石器（“新石器时代”），而且开始利用砂石粘土手工制作陶器（“陶器时代”）（王禹浪等，2000）。从省内考古发掘出土的石器、陶器、半地穴式房屋建筑看，所利用的非金属矿产有燧石、蛋白石、碧玉、玛瑙、石英、黑曜岩、玄武岩、砂岩、粘土、砂和建筑石材等十余种。随着考古工作的开展，发现有青铜、早期铁器时代文化遗存，具有鲜明独特的地方特色，同时显示了黑龙江自古与中原文化密不可分的关系。黑龙江流域如同黄河流域、长江流域一样，也是中华民族的摇篮之一。

（一）古遗址

黑龙江省地域文化独具特色，文物遗迹星罗棋布，丰富而隽秀，历史跨度从旧石器时代到近现代，现存各类不可移动文物 10759 处，其中有全国重点文物保护单位 57 处，省级文物保护单位 349 处，古代遗址遗城 6556 处，具有不可估量的历史价值、科学价值和艺术价值。

1. 小南山遗址

小南山遗址位于双鸭山市饶河县境内。1958 年发现后，已确认该遗址存在五支不同时期的文化遗存，时间跨度 15000 余年。该遗址还发现了东亚地区系统用玉的最早证据（吴丽丹，2007）。

小南山遗址出土了石斧、箭杆整形器、刮削器等石器文物标本，玉璧、玉环、玉珠等玉器文物标本（图 3-3-6），以及陶罐、陶杯、陶钵等陶器文物标本。这些文物标本包括青铜时代和新石器时代的多个时期的文化遗存。发现的早期陶器距今约 17000 年，是迄今中国北方最早的陶器。出土玉器距今约 9000 年，拥有世界上最早的和最多的一批玉器，出土了 50 多座距今约 9000 年的墓葬，随葬器物丰富，是中国最早的墓葬群（韩婷澎等，2020）。小南山遗址的考古发现对构建黑龙江下游乃至东北亚地区考古学文化序列意义重大，为理解鲜卑、契丹、女真和满族的强势崛起提供了历史逻辑。

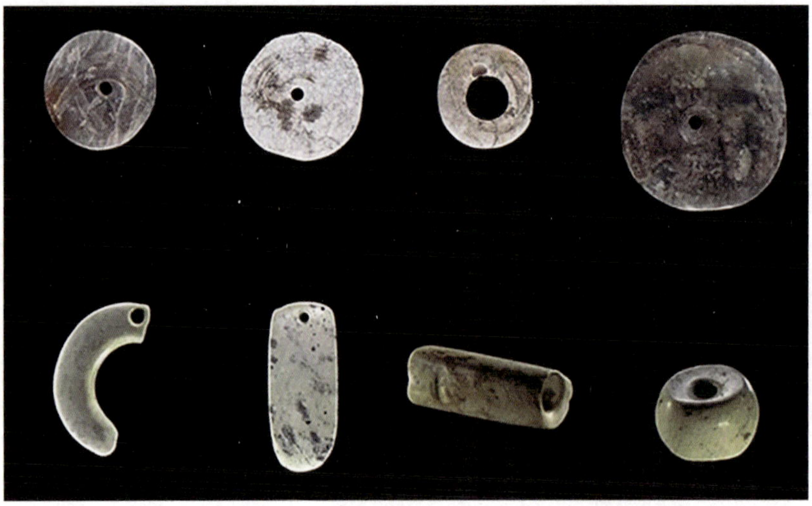

图 3-3-6　小南山遗址出土的玉器

（来源：http://www.dashiyudiao.com/upload/image/20180427/20180427113959705970.jpg）

2. 昂昂溪遗址

昂昂溪遗址位于齐齐哈尔市西南 25 km 的昂昂溪区境内，属于新石器时代遗址，有六七千年的历史。1930 年中国考古学家梁思永首次在昂昂溪遗址进行考古挖掘，1932 年出版《昂昂溪史前遗址》，引起中外学者的广泛关注。从此，松嫩平原嫩江中下游沿岸广泛分布的这种以细小压琢石器为主的原始文化类型被称为“昂昂溪文化”，在中国和世界古代史上占有重要地位。

昂昂溪遗址出土文物主要有石器、骨器、陶器、玉器、蚌器、瓷器、人体骨骼等。其中压制石器是这个地区新石器时代最主要的生产工具，系用碧玉、石髓、玛瑙和蛋白石等压制而成，石器以锤击法打造，也有的用砸击法，从器型和加工反映出工具“专业化”程度较高。新石器时代矿产开发的重要特点是不仅石器得到广泛应用，而且人类开始利用砂石粘土手工制作陶器。昂昂溪遗址出土陶器完整器物共 6 件（图 3-3-7）。昂昂溪遗址是中国北方以渔猎经济为主兼有畜业、农业等多种原始经济形态的北方草原新石器时代文化，被誉为“北方的半坡式”。

图 3-3-7　昂昂溪古遗址石镞（左）陶罐（右）

（来源：左—https://p2.cri.cn/M00/4F/B3/rBABCWHouCOAGxRHAAAAAAAAAAA885.680x1024.jpg；右—http://www.aaxyzbwg.org.cn/zlzs/onewb.html? id=14）

3. 洪河遗址

洪河遗址位于齐齐哈尔市富拉尔基区杜尔门沁达斡尔族乡洪河村南 1 km 处。属昂昂溪文化范畴。

洪河遗址发掘出新石器时代、夏商时期、两周时期、明代和清代遗存，出土各类器物数千件。新石器时代遗物有陶、石、骨、角、蚌、玉等质地的器物（图 3-3-8）。陶器有罐、碗、壶、杯、纺轮等；石器主要为压制的石镞、刃、钻，还有磨制的环状器、凿、环等；骨角蚌器主要包括骨镖、枪头、锥、骨梗石刃刀、刀梗、饰品、权杖首、角锤、蚌饰品等。尤以骨镖造型精美，工艺精湛。

洪河遗址的发掘，实证了黑龙江省 4000 年前文明进程中的聚落形态，将嫩江流域进入文明社会门槛提前了千余年，进而改写黑龙江流域的文明史。这将改变中国历史的传统认识，对嫩江流域的社会发展史重新定位。

4. 老龙头遗址

老龙头遗址位于齐齐哈尔市富拉尔基区南部嫩江右岸的二级台地上，是黑龙江省西部地区嫩江右岸面积最大、延续时间最长、文化堆积最厚、内涵最复杂的一处聚落遗迹。

该遗址发现有新石器、青铜、早期铁器三个时代文化遗存，其中出土青铜器时代文物最多。有新石器时期柳叶形压制石镞和圆头刮削器，青铜时期的陶器、铜削、骨镞、蚌刀以及早期铁器时代的红衣陶仿皮囊双耳壶、黄褐陶鸭形器（鼎）、动物纹青铜牌饰等。该遗址中的陶器特征鲜明，陶质多以黄褐泥质陶为主，红衣和夹砂陶次之。该遗址的发现，为研究嫩江流域青铜时代文化增添了新的资料。

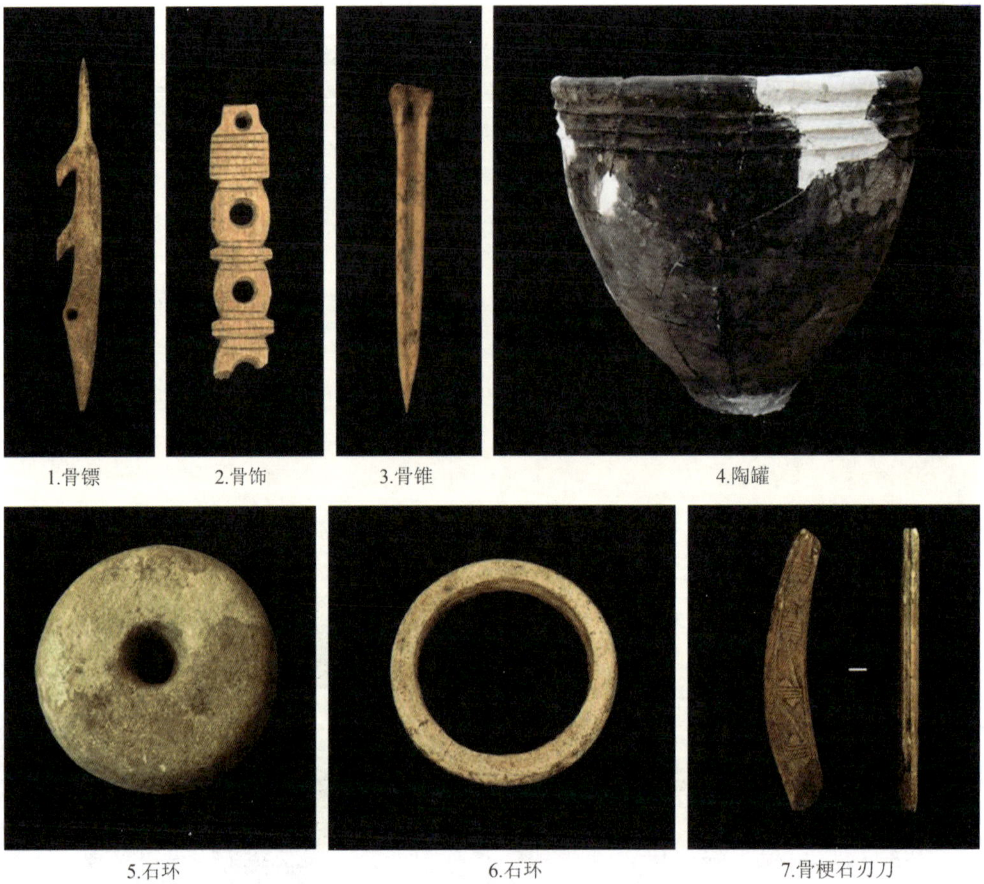

图 3-3-8 洪河遗址出土的骨镖、骨饰、骨锥、陶罐、石环、骨梗石刃刀

（来源：http://www.zhongguociwang.cn/upload/2020-01/20011116566068.jpg）

5. 新开流古文化遗址

新开流古文化遗址，位于黑龙江省密山市大、小兴凯湖之间新开流以东 1.5 km 的湖岗上，记载着 6000 年前我国新石器时代的古文化。

该遗址出土大量以鱼鳞纹、网纹、波纹为特征的陶器和以渔猎工具为主的石器、骨器（图 3-3-9）、牙角器等，是省内发现较早的渔猎文化遗存。这是一处不同于国内外其他新石器时代文化的、富有特征的遗址，以本遗址为代表的这种类型的文化遗存，被命名为“新开流文化”，是崇拜海东青的肃慎先民渔猎文化的发端。2019 年，该遗址列入第八批全国重点文物保护单位名单。

6. 依兰倭肯哈达洞穴

依兰倭肯哈达洞穴位于依兰镇五国城村、倭肯河东岸（冯恩学，2003）。2018 年，田广林教授参加首届中华东疆古首府（依兰）学术论坛时指出，依兰倭肯哈达洞穴为新石器时代文化，距今 7000~6500 年前后。

该遗址出土的文物有窝头形石器，磨制长身石斧、玉璧、玉璜、管状玉、管状石、奇形玉璜、穿孔长方骨板、曲口平底陶罐等文物 12 件（图 3-3-10），以及两具蹲坐式屈肢墓葬（新石器时代的墓葬方式）。出土玉器现藏于辽宁省博物馆。从出土的文物及鱼、鸟、兽烧过食剩的骨片，可以推测在当时这是适于渔猎生活的地方。穿骨作锐甲据说是依兰古人（挹娄人家谱分土著依兰人）的习惯，由此可以看到东方千里肃慎族的痕迹。从所佩带各式玉佩可以推算曾有两种以上文化交流、商品交换的相互关系。

7. 亚布力遗址

亚布力遗址位于尚志市亚布力镇东北 1.5 km 的岗地上，为新石器时代文化，距今 4000 年。

图 3-3-9　新开流遗址出土骨雕鹰首
（黑龙江省博物馆藏）

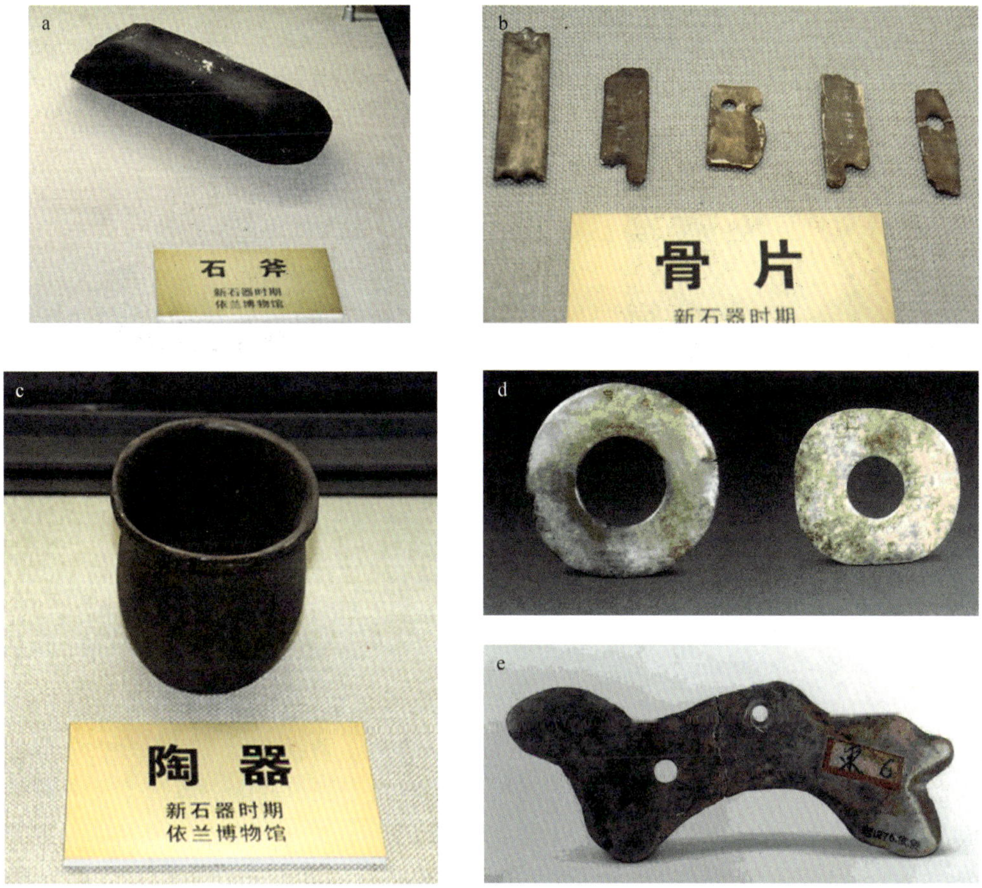

图 3-3-10　依兰倭肯哈达洞穴出土的石斧（a）、骨片（b）、陶器（c）、玉璧（d）、兽形璜（e）
（石斧、骨片、陶器、玉璧为依兰县博物馆藏；兽形璜为辽宁省博物馆藏）

该遗址发现房屋址 1 座，为半地穴式。出土的陶器均为手制夹砂陶，火候低，陶质松，器种单一，仅见罐、碗。但很有特色，几乎都有纹饰，主要为压印绳纹和戳压篦点纹。石器多为磨制，部分打制，以长身弧刃石斧、穿孔石铲、束腰形石锄、双刃刮削器、玉锛、玉凿为特点。其中三孔联璧（图 3-3-11）堪称“国宝”。其文化因素不仅与新开流遗址有关，而且与辽宁新乐、红山文化也存在着某些联系。

亚布力遗址出土的农业生产工具比较成套，可见当时的农业经济已有一定的水平，为研究黑龙江地区新石器时代农业生产状况提供了珍贵资料。20 世纪 80 年代在亚布力发现了金代窖藏古钱币，包括唐、北宋的古钱币；尚志市苇河镇新建村五组的西岗后山发现安山岩、页岩石器（邓数平，2021）。

8. 莺歌岭遗址

莺歌岭遗址位于宁安市镜泊乡镜泊村南 1.5 km，镜泊湖南端、莺歌岭山下的断崖坡地上。

该遗址分为上下两层。经测定，上层距今 3000 年左右，年代约在商周之际；下层是牡丹江流域新石器时代文化遗存，距今约 4000 年。被命名为“莺歌岭上层”和“莺歌岭下层”类型。

在莺歌岭下层及上层各发掘清理了两座房屋，皆为半地穴式。下层陶器以夹砂红褐陶为主，也有少量粗灰陶，器类只有罐、碗、盅；石器以打制石器为主，磨制石器很少，器形主要有锄和斧两类。上层陶器以夹砂黑灰陶为主，器类只有罐、钵、盅；石器以磨制石器为主，压制石器亦占相当数量，以黑曜石为主的压制石器，是这一类型的重要特点，器形有斧、锛、矛、镞、锄（图 3-3-12）等。上层还出土有石、骨、陶、角、蚌等各类器物，有猪、狗、熊等陶塑动物。桦树皮器是上层类型的一种具有特色的器物。莺歌岭遗址是肃慎先民繁衍生息所在地，而肃慎是中国古代东北民族，是现代满族的祖先。这说明，古代黑龙江并非贫瘠的亘古荒原，有着悠久的历史与文化，先民以渔猎为主，兼事农耕、渔猎文化，压制石器发达。该文化也是中华民族多元一体格局的重要组成部分。

图 3-3-11　亚布力遗址三孔联璧

（黑龙江省博物馆藏）

图 3-3-12　莺歌岭遗址有肩打制石锄

（黑龙江省博物馆藏）

9. 渤海国上京龙泉府遗址

渤海国上京龙泉府遗址，史称“忽汗城”，位于牡丹江市宁安市西南渤海镇，是中国唐代渤海国的都城。渤海国是唐朝册封的中国东北地区以粟末靺鞨为主体、结合靺鞨诸部及其他各民族建立的地方民族政权，公元 713 年唐朝册封，公元 926 年被契丹灭亡。1961 年被国务院列入第一批全国重点文物保护单位，2013 年被国家文物局列入国家考古遗址公园。

城垣和宫城内主体建筑遗址保存基本完整，现有古寺址 10 余座，宫殿台基、望柱、石狮头、柱础、石灯幢、门枢等所用石材均为玄武岩。出土文物有“开元通宝”铜钱、铜镜、铜钵、陶器、铁器等，以建筑材料居多，有瓦、瓦当、砖等，建筑饰件有兽头、殿阶螭首、覆盆和琉璃瓦等。铁器包括刀、钉、门环和门枢等。佛教遗物以泥塑和铜铸佛像最多。1975 年发现的舍利函，内盛铁、铜、漆、银器等。同时出土有丝织品、珍珠、料珠等。遗址内最值得一看的是体现当时文化技术的两处建筑，一是石灯幢（图 3-3-13），二是八宝琉璃井。石灯幢高 6 m，造工精湛，设计巧妙，展现了渤海国的文化特色。八宝琉璃井是一口八角形的古井，只供当时的王室享用。

于1960年4月出土的天门军之印（图3-3-14），原收藏于渤海文化馆，1963年调归黑龙江省博物馆。该印为青铜质，铜片镶成，印纽扁平，中穿一圆孔，呈桥状。通高4.3 cm、边长5.25 cm×5.3 cm、厚1.4 cm、柄高2.9 cm。印面略呈正方形，印文为汉字篆刻“天门军之印”，印背楷书“天门军之印”。天门军印出自上京皇城内，是国内现存唯一的一方渤海印，具有很高的历史研究价值。

图3-3-13　渤海国上京龙泉府石灯幢

（吕长禄摄）

图3-3-14　天门军之印

（黑龙江省博物馆藏）

渤海国上京龙泉府遗址，是中原汉唐文化与东北地方古民族文化相融汇的典型代表，是渤海文化这种已逝去的文明传统最具代表性的物化载体，是研究渤海国历史和唐代城市史、建筑史的重要实物资料，是中国城市发展史上不可多得的实例，具有重要的历史、艺术和科学价值。

10. 金上京会宁府遗址

金上京会宁府遗址位于哈尔滨市阿城区城南2 km处，是满族的先世女真族所建立金朝的早期都城，是中国北方著名的四大古都之一，并且是迄今为止保存较为完好的唯一一处金代都城遗址。1982年被国务院列入第二批全国重点文物保护单位。

遗址现有城门遗址28处，出土遗物以灰瓦、青砖等建筑构件为大宗。灰瓦有板瓦和筒瓦、滴水及瓦当。瓦当纹饰主要为龙纹、兽面纹和花卉纹；其他有套兽头、螭首、鸱吻、人物塑像等残件。

出土文物包括金代的生产生活的用具、战斗武器、宫廷礼器、官府印鉴、宗教法器、金银饰品等。其中主要可分为石器、玉器、陶器、瓷器、青铜器、古书画以及其他各种藏品。展示了金代的政治、经济、文化、军事及发展历程。其中最具代表性的是铜坐龙。

龙江瑰宝——铜坐龙：铜坐龙是黄铜铸造（图3-3-15），高19.6 cm、重约2.1 kg，做工极为精美考究，龙头、狮尾、麒麟背、犬身，它集龙、麒麟、狮、犬形象和特点于一身，设计构想及雕塑水平高超。这件珍贵的铜坐龙是金代早中期皇室的御用器物，堪称金源文化的代表，是中国多民族、多地域、多文明的一种文化的融合和发展。1990年阿城金代铜坐龙被认定为国家一级文物，由黑龙江省博物馆收藏，成为“镇馆之宝”。

【史话】铜坐龙的发现　据说1965年，阿城一位姓裴的老农在南城城墙边遗址处抠青砖砌猪圈时，发现了一个大铜疙瘩，样式奇特，经过清洗看出这是一条坐龙。老汉一看心想这可是宝贝呀，就小心地放了起来。过了段时间，裴老汉见没人发现，就把铜坐龙拿出摆在窗台上欣赏，谁知坐龙竟发出了“呜呜”之声，老汉心里越想越怕，以为这是神龙显灵，就上交到了当地文管所。经鉴定，这是当时皇帝御辇上的饰物。

金上京历史博物馆珍藏着被誉为“中国圆形铜镜之王”的双鲤鱼铜镜（图3-3-16），1964年在阿城新华乡出土，是中国已出土的最大圆形铜镜，直径43 cm，重12.4 kg。图案内区为两条鲤鱼，首尾相衔，相互追逐，外区是蔓草纹围带，构思精巧，线条流畅，其精美程度世所罕见，反映了金代制镜工艺水平。

图 3-3-15　阿城出土的金代铜坐龙
（黑龙江省博物馆藏）

图 3-3-16　双鲤鱼铜镜
（金上京历史博物馆藏）

2014 年穆棱市福禄乡康乐村发现确认旧石器遗址一处，时代距今 1 万 ~3 万年。地表采集石器 130 余件，原料以燧石、安山岩和玛瑙为主，类型包括石核、完整石片、断片、断块、尖状器、刮削器、砍砸器和工具残块等。发现了黑曜石的石片，这种材质在穆棱是没有的，专家经过仪器测定，证明这些黑曜石来自长白山、五大连池等地，说明古人类互相是有交流的（孙明泉等，2014）。

据东宁市大肚川乡团结村发掘出的半地穴式房屋，其中有“串地龙”式火墙上部铺一层石板。经考古工作鉴定为汉代遗迹，表明汉代黑龙江人已经利用非金属矿产作为建筑石材。东宁市的三国时北沃沮人文化遗址中的半地穴式房屋已开始利用石柱。

除上述遗址遗迹外，还有古籍对非金属、金属开采、使用的记载。

据《国语·鲁语下》和清代西清著《黑龙江外记》记载，那时就已经使用木变石（今称硅化木）。

《魏书》记载涉罗产黄金和白银。宋《册府元龟》记载，唐天宝七载，黑水靺鞨献金银。宋《契丹志》记载，女真地多金银。《元史》记载，1283 年有六千多淘金者在今为俄罗斯的乌苏里斯克（双城子）采金。1816 年（清嘉庆二十一年）桦南驼腰子沟砂金矿已经开采。清乾隆时《盛京通志》记载，嫩江流域产玛瑙。

据考古资料，在阿城五道岭发现金代古铁矿井十余处，古炼铁遗址五十余处（图 3-3-17）。阿城白城子建筑所用石材均采自张广才岭的花岗岩类。克东县金城乡古城一带建筑用石材，均取自于二克山火山岩。

黑龙江省古迹遗迹璀璨如珠，其历史脉络真实清晰，具有鲜明独特的地方特色和标本文化，也反映了黑龙江古人的聪明才智。

（二）近现代矿产开发

清朝后期（1840~1911 年），黑龙江省才开始地质矿产勘查，主要在漠河、呼玛尔河、观音山、都鲁河等地开采砂金矿，实行边采边探。

1863~1927 年为砂金盛采时期，其间李金镛创办了我国近代最成功的矿业——漠河金矿，1889 年开采创年产黄金 62000 两的记录。

义和团运动后至日俄战争发生前，沙俄通过军事占领等方式，掠夺了东北大量的矿产。经清廷交涉后，又多以中俄合办的方式进行开采（郭海南，2014）。据徐曦《东三省记略》，1904 年前黑龙江右岸有漠河金矿，光绪十二年开采，庚子之变，为俄人占领，光绪三十二年，始行索还。

军阀统治时期（1911~1931 年），国立中央调查所翁文灏、谭锡畴、王恒升、尹赞勋等地质学家先后来黑龙江地区进行地质矿产调查。“日本满铁地质调查所”曾对东北 900 多个产金点做调查，于

图 3-3-17　阿城区小岭镇东川屯冶铁遗址

（吕长禄摄）

1931 年 5 月撰写 9 万多字的题为《黑龙江的金矿》的调查报告。黑龙江的著名金厂有奇乾、漠河、呼玛、兴安、观音山、都鲁河等，1926~1930 年，黑龙江省黄金总产量 10.45 万两。“兴安岭”满语称“金阿林”，为金山之意（李雨桐，2017）。

日伪统治时期（1931~1945 年），主要是日本人调查了砂金、煤炭、铁矿、森林等资源，自九一八事变后，日本在东北建立了“伪满洲政权”，并奴役东北人民长达 14 年之久，这期间日本侵略者不仅残酷屠杀数百万中国人民，还掠夺了大量的资源，破坏了东北自然生态，使东北人民的生存环境日益恶化。1932 年，日本侵略者开始在黑龙江地区掠夺黄金资源，至 1935 年，产金量达 86583 两；1936 年在手工开采砂金的同时，在瑷珲（今黑河市）泥鳅河的罕达气金矿建成投产第一只 140 升全钢结构斗链式采金船；到 1942 年，建设采金船 36 只，同时还在各地建设发电厂为采金船供电（李雨桐，2017）。据第七次《中国矿业纪要》记载：“从 1935 年到 1942 年间东北地区产金共达 876240 两。最盛时直接经营矿业所 13 个，承包金厂 20 余处，役使采金共 2 万人，拥有采金船 30 余艘，1937 年产量为 3.988 t，时值 1211 万元。”1939~1943 年，日本侵略者在小乌拉岛、北沟、南沟等地开采砂金达 10 万余两（孔维达，2012）。据统计，除黄金外，自 1932 年到 1945 年期间，日本从东北掠走煤 2.23×10^8 t，生铁 1100×10^4 t，钢 580×10^4 t，木材 1.4×10^8 m^3，粮食 1.2×10^8 t。当时折合约 1500 多亿美元（焦润明，2005）。

2003 年长春档案馆在合隆地震台征集到一套六幅《满洲地质及矿产资源分布图》，揭示了日本帝国主义对我国东北地区地质矿产资源非法勘探与掠夺的罪恶一幕（徐晓红等，2003）。这套图为“南满铁道株式会社”地质调查所前所长木村六郎于日本昭和十二年（1937 年）编纂，并于日本昭和十三年（1938 年）在日本东京出版发行。图上印有“关东军司令部检阅济（审查通过）”“极秘”以及“不许复制”等汉字说明。这份重要历史档案的发现，是日寇觊觎我东北大好河山并进行资源掠夺的有力铁证！更是日本侵略者对东北大地肆意践踏、对中国人民血淋淋暴行的真实写照！

日本投降后，在解放战争时期，地质矿产勘查工作很少。主要是麻山、恒山、滴道等几个煤矿的自行勘查及某些金矿的边采边探。

盘点日寇大肆掠夺我国矿产资源的累累罪行，警醒国人、勿忘国耻！我们要以史为鉴、开创未来，为中华民族伟大复兴而努力奋斗！

【警钟长鸣】沙俄和日本是如何觊觎黑龙江省矿产的 据不完全统计，到宣统三年（1911年）止，沙俄先后来黑龙江地区的考察者达54人，其中考察过黑龙江省的就有22人。考察地区主要是中东铁路沿线和松花江、嫩江流域。考察的矿种主要有煤、砂金、建筑用石材及地下水等。光绪二十一年（1895年），俄国地质学家阿乜尔特受沙俄政府派遣，来黑龙江地区调查，一直工作到1939年，历时近46年。在他的著作《北满矿产志》中，记述了现在黑龙江省范围内的矿产18种，产地198处。其中金矿57处、煤矿58处、石灰岩23处、石材20处、铁矿15处、铜矿2处、石墨矿4处等，并附矿产分布图。1902年7月，沙俄在哈尔滨开办了“满洲矿业公司”。1904~1905年，为了争夺东北领土和矿产资源，爆发了日俄战争。战争以沙俄的失败而告终，从此，东北开始遭受日本侵略者的奴役。

日本对我国东北地区丰富的矿产资源早已垂涎三尺。早在1907年成立的“南满洲铁道株式会社”，就是日本在中国东北进行政治、经济、军事等方面的侵略活动指挥中心。株式会社内设立了矿山部地质科，1917年改称地质调查所，它在黑龙江地区进行地质矿产调查时间最早也最长。在黑龙江省沦陷期间的1932~1944年间，共提交各类地质矿产调查报告96份。其中煤田27份、军需供水水文地质勘查16份、非金属矿产14份、金矿6份、工程地质4份、铁矿3份等。1933年，日本关东军司令部在其特务部内设立“满洲采金事业调查部”。同年组成6个调查班，其中4个在黑龙江地区进行砂金矿调查。次年5月，成立“满洲采金株式会社”，先后有8个采金所掠夺开采砂金。1935年又成立“满洲矿业开发株式会社”和“满洲矿山株式会社”，掠夺黑龙江省煤、铁、有色金属、金和非金属等矿产资源。1938年为加强煤矿掠夺，又单独成立了“满洲炭矿株式会社”。据统计，1931年九一八事变后，东北全境沦陷，日本军国主义为满足其侵略战争的需要，弥补其国内资源的不足，开始了大规模掠夺我国东北地区矿产资源的行动。一大批地质人员从日本本土被派到东北，其中到过黑龙江地区进行地质矿产调查的就有104人，提交各类地质矿产勘查报告278份。其中重点调查和掠夺的矿产资源为煤炭和金。（徐衍强供稿）

（三）中华人民共和国成立后矿产勘探开发

中华人民共和国成立后，开始进行大规模的地质矿产调查工作，发现大量矿床，如著名的大庆油田、多宝山铜钼矿床、团结沟金矿床、小西林铅锌矿床、云山石墨矿床、鹿鸣钼矿床等。

1952~1957年，东北地质局对黑龙江省铁、铜、铅、锌、金、黄铁矿（硫）、煤等矿产进行普查，提交了铁矿、铅锌矿、硫铁矿等地质报告。1955年，松辽平原石油普查大队在松辽平原开展了石油普查。

1954年，成立了黑龙江省煤田地质局，除在老煤矿区及其外围进行大规模勘探外，对全省开展了大面积的地质、物探普查找矿工作，发现了集贤、虎林等有希望的含煤远景区。

1958年，石油工业部组织队伍参加松辽平原石油普查勘探工作，1959年9月26日喷出了大量工业油流，一个大油田被发现，并命名为“大庆油田”。

【故事会】狼口余生 故事发生在1958年中秋节前夜，今天的虎林市境内。当时，我（徐衍强）所在的地质队正在大兴安岭西坡从事比例尺1∶20万区域地质调查工作。我们奉命中断了大兴安岭的任务，连车带马全部东调到虎林县寻找铁矿及其他金属矿产，队部就设在县城，下设三个普查组，其中一个在大荒山普查镍矿。

1958年秋，我作为队内的技术负责人，在完成了对县地质队的技术培训任务后，与伙伴刘俊杰前往大荒山检查工作。从县城到大荒山，大约需要两天行程。原计划第一天赶到乌苏里江边的虎头镇住下，次日再进山。从县城到虎头镇直线距离约60 km，中间隔着大片沼泽湿地，没有路。原有一条铁路，大部分穿过沼泽，抗日战争胜利后被毁。两地往来只能沿铁路路基步行，很难走。路基沿线没有居民点，当地老乡告诉我们，在一个叫月牙泡的地方，有一家小客栈，这是铁路沿线唯一一处有居民的地方。根据这种新情况，我们决定修改行程，第一天赶到月牙泡住宿。

1958年9月26日，阴历八月十四日，我和伙伴刘俊杰吃过午饭后骑马上路。当时，曾轰动全国的十万转业官兵开发北大荒的队伍，只比我们早到三四个月。在我们路过的铁路路基北侧，已有几个点被选中为垦荒基地。战士们一边开荒、一边忙着盖房，为过冬做准备。原本冷冷清清、荒无一人的北大荒，开始有了生气。他们见到我们非常热情，当听到我们要到月牙泡时，力劝我们就地住下，因为前方太荒凉，野兽多。听了他们的话，我淡淡一笑，心想，我们在大兴安岭无人区闯荡了三年，野兽没少见，它们怕人，不会有事的！于是谢绝了他们的好意，继续上路了。

秋高气爽，天气不错，蓝天上偶尔有白云飘过。西斜的太阳挂在天边，偷偷地向着我们微笑。四周静悄悄的，见不到一个人。我骑着一匹浅黄色马，老刘骑的是白马。马鞍后面驮着我们的鸭绒睡袋、水壶，装有地质锤的背包挎在我们身体的两侧。路基上虽有不少被毁的桥和涵洞，但因个头不大，所以马一跃就能轻松地过去。走着，走着，太阳快要落山了，天空撒满了红霞，空气中弥漫着淡淡的草香，多么纯净的大自然啊！很快，东边的天空开始暗了下来，不知走了多远，天上出现了繁星，银河从头顶穿过，一轮满月已经升起。啊！明天就是中秋节了，然而这只是一个闪念，很快就在脑海里消失了，因为在当时的中国，这个传统节日已经淡忘得差不多了。

突然，从静谧的夜空中传来一声“呃……”的嗥声，声音拉得很长，由高亢逐渐转为低沉。紧接着是一阵高低不同、长短不一的群嗥声。凄厉的嗥声在夜空中弥漫，令人毛骨悚然。惊得马也止步不前，高扬起头，双耳竖立，还不时地打响鼻。“老徐，什么叫声？”老刘问。“我们可能遇到了狼群！”我说。我虽然也没有听见过狼嗥，但我曾看过名叫《战斗在肯特山上》的苏联小说。书中讲述了一个苏联地质勘查组在蒙古人民共和国的肯特山宿营地，遭遇狼群攻击并与之搏斗的故事。我知道孤狼不可怕，怕就怕遇到狼群。“我们怎么办？”老刘问。“别慌！”我说。我回望了下周围的地形和狼群嗥声的位置，思忖着逃生的方案。很显然，狼群已经发现了我们，因为我俩骑在高头大马上，在空旷的原野和皎洁的月光下特别显眼。狼群嗥声来自我们右侧的树林方向。树林呈带状延伸，好像与路基呈锐角在前方某个地方相交汇。林带与路基之间隔着几百米的湿地。狼群要攻击我们只有两条路径：一是穿过湿地直接攻击，二是沿林带跟我们赛跑，在交汇点拦截我们，这是我们最担心的。我俩必须抢先越过交汇点，才能躲过这场劫难。我把想法与老刘进行了交流，统一思想后立即打马飞奔。马很有灵性，知道主人的意图，人马配合默契，一会大跑，一会小跑，跑得人和马全身是汗。果然不出所料，从时断时续的狼嗥声判断，狼群正沿着林带追逐我们，与我们赛跑。也不知跑了多长时间，前方出现一片树林挡住了去路。是不是到了危险的交汇点，我们紧张起来。这时狼嗥声已经消失，无法判断狼群的位置，只好放慢速度，试探着往前靠近。忽然，老刘好像听到有琴声从林中飘出，我开始没注意，但侧耳细听，真的是琴声。“有人家了！”“到了，我们有救了！”当时那种如释重负的高兴劲儿，是很难用语言来表达的。进入树林，见路旁有一户人家，院落中间有一块空地，竖着拴马桩，看模样应该是客栈。我俩拴好马，进入屋内。屋内一侧房间点着油灯，炕上坐着几个带枪的战士，正在与主人聊天，原来他们是负责夜间巡逻的军垦战士。两个陌生人的突然夜间到访，着实让他们吃了一惊，连问我们是干啥的？从哪里来？到哪里去？带没带防身武器？我俩据实以告。他们说这一带狼很多，常成群出没伤人。就是在村子里，入夜后人们也不敢出门。正说着，外面响起了狼嗥声，中间夹着小孩的哭声。我对战士说：“说曹操，曹操就到。它们追上来了！幸亏我们早到了一步，否则后果不堪设想。”说时迟，那时快，几个战士提着枪奔了出去。不久，狼嗥声由近而远，逐渐消失在远方。

农垦战士走后，小屋恢复了平静。店主对我们说，这个地方就叫月牙泡。周围广大地区因为人烟稀少，人称北大荒，野兽很多。山里有老虎、黑瞎子、野猪、狍子等，山外有狼。月牙泡原来只有他们一户人家，因为位置好，便开了个小客栈，为过往客人提供方便。今年开春，大批军垦战士来到北大荒，选中了这里，人才多了起来。因为野兽多，路过这里的人常结伴而行，不少人还带有棍棒等防身器械。走夜路必须带电筒，因为野兽怕强光刺激。即使这样，仍有人被狼咬死咬伤。随后，店主用温和的口气批评我们说：“你们胆也太大了，什么家巴什（东北方言，当时指防身器械）也不带，竟敢夜闯北大荒！碰到了狼群，竟然还平安无事，真是福大命大！是老天爷在暗地里保佑你们。”其实，我们心里清楚，老天爷就是我们心爱的两匹马，是马救了我们的命，没有它们，我俩早已离开了这个世界。无知者无畏。但是事后想起来，还真有些后怕。

2007年夏，我随黑龙江省地质矿产测试应用研究所的地质科考车旧地重游。已经49年未曾见面，虽山川依旧，还是那么眼熟，但经济、社会却发生了翻天覆地的变化。过去的虎林镇现在变成了县级市，面积增加了好几倍；纵横交错的水泥路代替了昔日的土路；鳞次栉比的高楼代替了昔日的老旧平房，最高的楼有16层；我们当年走过的铁路路基，已被改建成水泥大道，道旁村庄密布，两侧的湿地已开垦成良田。月牙泡地名仍在，但已变成了一个大村落，名叫月牙村。我请司机停下车，小树林仍在，但客栈已无踪影，留下的是一片荒草地。临别前，我在路边的村牌前照了一张相留作纪念（图 3-3-18）。这个曾经差点要了我们命，又救了命的地方，将永远铭记在我心中！（徐衍强撰写）

图 3-3-18　本志编者（徐衍强）2007 年夏月牙村留念

1966~1978 年，各部门探求出矿产储量的有铁、铜、铅、锌、岩金、银、镉、铟、熔剂大理岩、硫、镍、石墨、煤等矿产，提交矿产报告 110 份。发现并探明了团结沟大型岩金矿，煤田部门为煤矿建设提供了一批煤炭资源（鹤岗煤矿区、双鸭山煤矿区），大庆油田勘查也扩大了油田的储量。

1979~1991 年，发现矿产地 106 处，其中大型矿床 16 处、中型矿床 33 处、小型矿床 41 处。在此期间，开展了成矿远景区划工作和矿产资源总量预测，同时加强了以金、铜、铅、锌、煤为重点的地质勘查工作和以建材原料产地为重点的非金属矿产地质勘查。提交了鸡西煤田、勃利煤田、集贤煤田、密山煤矿区等煤炭资源。

【史话】为地质找矿事业献出生命的人们　在 1994 年 10 月出版的《黑龙江省志·地质矿产志》中，记录了三位为地质找矿事业献出了生命的地质队员。

1958 年 6 月，地质部黑龙江省办事处所属卡米奴什克地质队地质技术员林俊生（28 岁）和王贺龙（23 岁）两人，在找矿途中，天气突变，天降大雪，气温骤降，终因冻饿交加和翻山越岭的劳累，在返回基地的途中力尽殉职，为地质找矿事业奋斗到生命的最后一刻！

1980 年夏，黑龙江省地质局区域地质测量第一队工程师杨跃宇（45 岁），在密山县裴德公社一带，为完成“黑龙江省东部龙爪沟群的划分与鸡西群的对比”科研课题，不顾自己体弱有病，坚持天天上山观察研究。有一天，他在完成当天任务下山的途中，突发心脏病。因为附近没有医院，又没有交通工具，失去了挽救生命的黄金时间，病逝在同伴的怀里。

类似的感人事件在地学界肯定还有不少，我们没有做专门调查。这些人将他们的生命奉献在自己的岗位上，唤醒了沉睡在地下的矿产资源。人们将永远怀念他们！（徐衍强供稿）

1992~1999 年，完成少量普查和详查工作，新发现了一些找矿线索和矿产地。编写了黑龙江省嫩江县铜山铜矿详查报告，提交表内资源量/储量（C+D）级铜 90.58×10^4 t，钼 4.29×10^4 t；开展了黑龙江省鸡东县金场沟东区铜金矿普查，获得（333+334）级资源量铜 4659 t，钼 3922 t。铁力市二股响水河矿段详查，查明铁矿石量545×10^4 t、铅2.53×10^4 t、锌38.53×10^4 t，伴生硫矿石量490×10^4 t；开展大兴安岭松岭区古利库砂金矿普查、详查及勘探工作，探明古利库砂金资源量/储量15.355 t（截至2002年12月底），古利库砂金矿床于2005年正式建矿开采，经济效益和社会效益可观。查明东宁县金厂（C+D）级金资源量/储量7.299 t（扣除因特高品位减少和采空区资源量/储量）；查明嘉荫县平顶山C级金金属量3.135 t，D级金金属量4.4 t。提交《黑龙江省勃利县至宝清县老柞山金矿区东、西矿带勘探报告》，累计提交金资源储量31.944 t；提交《黑龙江省宝清县七星河南区普查地质报告》，（C+D）级褐煤资源/储量320512×10^4 t。

2000年以来，随着“国土资源大调查”工作全面展开，国家及省级投资力度逐步加大，民营资金大量涌入，黑龙江省矿产勘查工作进入了快速发展阶段。

2006~2010年，先后找到了东安大型金矿、争光大型金矿、鹿鸣超大型钼矿、岔路口超大型钼矿、霍吉河大型钼矿、三道湾子金矿等一批具有重要战略意义的矿床，发现林甸镇大型地热田、花园镇大型地热田、绥滨煤田等一批能源矿产地。

2011~2015年，新增大和镇煤矿区、260高地石墨矿床、四方山林场东部石墨矿床、查山林场钼矿床、河口林场锡矿床等一批矿床。红星陶瓷用砂质高岭土矿床、岔路口钼矿床、砂宝斯金矿床、高松山金矿床、上马场乡金矿床、云山石墨矿床等新增了资源储量。翠宏山矿区翠中地段钨钼多金属矿床勘探取得较大突破，估算新增（332+333）级铁矿石储量6327×10^4 t、钨（WO_3）金属量5.24×10^4 t。

2016~2018年，新增下嘎来奥伊河上游铅锌多金属矿床、滨南钼矿床、782高地铌钽稀土矿床、永新金矿床、二道坎村银矿床、延军农场十七连北山石墨矿床、西北楞石墨矿床、四方山创西沟石墨矿床、双鸭山市西沟石墨矿床、八家子铀矿床、福胜村硅质页岩矿床、科洛镇沐河南山浮石矿床、红星砖厂高岭土矿床、张家湾陶瓷土矿床、永兴膨润土矿床等一批矿床。

目前，大庆油田、鸡西煤田、鹤岗煤田、双鸭山煤田、勃利煤田等仍在开采中，林甸镇、花园镇等地热田已经开发利用，多宝山铜钼矿床、鹿鸣钼矿床、东安金矿床、争光金矿床等一批重要矿床已经建厂生产并产生了较好的经济效益和社会效益。

第四节　成矿单元

成矿区带（又称成矿单元）是地壳中已知的某些矿产大量集中的地区或是具有较大资源潜力的地质单元，其中的矿产有成矿地质背景、物质成分和成矿作用上的相似性。按成矿作用和地质背景，一般将成矿单元分为五级，即Ⅰ级成矿单元——成矿域（指全球范围）、Ⅱ级成矿单元——成矿省（全国范围）、Ⅲ级成矿单元——成矿区带（省内或跨相邻省部分地区）、Ⅳ级成矿单元——成矿亚带、Ⅴ级成矿单元——矿田或矿集区（指地壳中某一特定的含矿地段的一系列矿床和矿点）。

一、黑龙江省成矿区带划分

按《中国成矿区带划分方案》（徐志刚等，2008），黑龙江省共划分出8个Ⅲ级成矿区带，分属2个Ⅱ级成矿省（图3-4-1）。在此基础上，进一步划分了21个Ⅳ级成矿亚带，34个矿集区（表3-4-1）。

二、主要成矿区带潜力

新巴尔虎右旗-根河铜-钼-铅-锌-银-金-萤石-煤（铀）成矿带（Ⅲ-47）：位于黑龙江省西北部大兴安岭北段，根据近几年勘查工作进展，770高地、霍洛台、塔源小柯勒河等地区均发现规模较大的斑岩型钼铜矿体，铜钼资源潜力较大，是黑龙江省未来斑岩型钼铜矿床新的矿产勘查基地。

东乌珠穆沁旗-嫩江铜-钼-铅-锌-钨-锡-铬成矿带（Ⅲ-48）：位于黑龙江省西北部，包括呼玛金-铁-钛成矿亚带和多宝山铜-金-钼-钨-铁-煤-大理岩-浮石-沸石成矿亚带。其中多宝山铜-金-钼-钨-铁-煤-大理岩-浮石-沸石成矿亚带中的多宝山铜-金-钼-钨-银-煤-水泥用大理岩-膨润土矿

图 3-4-1　黑龙江省成矿单元划分示意图

集区，成矿时代主要为早-中奥陶世和早白垩世，著名的多宝山铜钼矿床分布在此区。除铜钼矿床外，该带内目前已发现多处与韧性剪切带有关的岩金矿床，如黑河市孟德河金矿床、嫩江市永新金矿床。此成矿带与韧性剪切带有关的岩金矿床具有较好的找矿前景。

松辽盆地石油-天然气-铀-颜料黄粘土-高岭土-陶瓷土-石英砂-膨润土-陶粒页（泥）岩成矿区（Ⅲ-51）：位于黑龙江省西部，是黑龙江省最重要的能源矿产成矿区。闻名世界的大庆油气田分布此

表 3-4-1　黑龙江省成矿单元划分方案

Ⅰ级成矿域及编号	Ⅱ级成矿省及编号	Ⅲ级成矿区带及编号	Ⅳ级成矿亚带及编号	矿集区及编号
Ⅰ-4：滨太平洋成矿域（叠加在古亚洲成矿域之上）	Ⅱ-12：大兴安岭成矿省	Ⅲ-46：上黑龙江金-铜-锑-钼-铌-钽-稀土-石墨-煤-泥炭成矿带	Ⅳ-46-1：老沟金-锑-铌-钽-稀土-石墨-煤-泥炭成矿亚带	Ⅴ-46-1-1：砂宝斯金矿集区
			Ⅳ-46-2：二十二站金-铜成矿亚带	
		Ⅲ-47：新巴尔虎右旗-根河铜-钼-铅-锌-银-金-萤石-煤（铀）成矿带	Ⅳ-47-1：额尔古纳铜-钼-金-铅-锌-银成矿亚带	Ⅴ-47-1-1：富克山-霍洛台铜-钼-金矿集区
			Ⅳ-47-2：新林铜-铅-锌-金-钼-铁成矿亚带	Ⅴ-47-2-1：兴安桥铁-金矿集区
		Ⅲ-48：东乌珠穆沁旗-嫩江铜-钼-铅-锌-钨-锡-铬成矿带	Ⅳ-48-1：呼玛金-铁-钛成矿亚带	Ⅴ-48-1-1：北西里-五道沟钛-铁-金矿集区
			Ⅳ-48-2：多宝山铜-金-钼-钨-铁-煤-大理岩-浮石-沸石成矿亚带	Ⅴ-48-2-1：多宝山铜-金-钼-钨-银-煤-水泥用大理岩-膨润土矿集区
				Ⅴ-48-2-2：小泥鳅河金矿集区
				Ⅴ-48-2-3：三道湾子金-石英砂矿集区
		Ⅲ-50：突泉-翁牛特铅-锌-银-铜-铁-锡-稀土成矿带	Ⅳ-50-1：神山-白音诺尔铜-铅-锌-铁-铌-钽-稀土成矿亚带	
			Ⅳ-50-2：龙江-大井子铜-银-铅-锌-金成矿亚带	
	Ⅱ-13：吉黑成矿省	Ⅲ-51：松辽盆地石油-天然气-铀-颜料黄粘土-高岭土-陶瓷土-石英砂-膨润土-陶粒页（泥）岩成矿区	Ⅳ-51-1：庆安-嫩江颜料黄粘土-高岭土-陶瓷土-石英砂-膨润土-陶粒页（泥）岩成矿亚区	Ⅴ-51-1-1：双山-双和颜料黄粘土-高岭土-陶瓷土-石英砂矿集区
				Ⅴ-51-1-2：五大连池矿泉水-玄武岩矿集区
				Ⅴ-51-1-3：依安-北安高岭土-石英砂-陶瓷土-岩棉用玄武岩-煤矿集区
				Ⅴ-51-1-4：永兴膨润土矿集区
			Ⅳ-51-2 林甸-大庆-哈尔滨石油-天然气-地热-地下水-矿泉水成矿亚区	Ⅲ-51-2-1：齐齐哈尔地下水-地热矿集区
				Ⅴ-51-2-2：林甸地热-矿泉水-粘土矿集区
				Ⅴ-51-2-3：大庆石油-天然气矿集区
				Ⅴ-51-2-4：哈尔滨地下水-矿泉水-粘土矿集区
		Ⅲ-52：小兴安岭-张广才岭铁-铅-锌-铜-钼-钨-石灰岩-大理岩-膨润土-耐火粘土-陶粒页岩-玉石成矿带	Ⅳ-52-1：塔溪铜-锌-金-钼-煤-膨润土-花岗饰面石材成矿亚带	
				Ⅴ-52-3-1：东安金-钼-钨-珍珠岩矿集区
			Ⅳ-52-2：乌云-结雅金-煤成矿亚带	Ⅴ-52-3-2：翠宏山锌-钨-铁-铅-锌-钼-泥炭-硅质页岩矿集区
			Ⅳ-52-3：伊春-延寿铅-锌-钼-钨-锡-铁-铜-金-银-石灰岩-大理岩-陶粒页岩-玉石成矿亚带	Ⅴ-52-3-3：五星铅-锌-铁-石灰岩-大理岩矿集区
				Ⅴ-52-3-4：鹿鸣钼-铅-锌-铁多金属矿集区
				Ⅴ-52-3-5：小西林铅-锌-银-铁-压电水晶矿集区
				Ⅴ-52-3-6：浩良河-东风林场铁-金-大理岩-粘土矿集区
				Ⅴ-52-3-7：弓棚子铜-钼-铅-锌-钨-铁-大理岩-陶粒页岩矿集区

Ⅰ级成矿域及编号	Ⅱ级成矿省及编号	Ⅲ级成矿区带及编号	Ⅳ级成矿亚带及编号	矿集区及编号
Ⅰ-4：滨太平洋成矿域（叠加在古亚洲成矿域之上）	Ⅱ-13：吉黑成矿省		Ⅳ-52-4：张广才岭金-银-铜-铅-锌-钨-沸石-铸石玄武岩-膨润土-耐火粘土成矿亚带	Ⅴ-52-4-1：方正石油-煤-陶粒页岩-大理岩-石英砂岩矿集区
				Ⅴ-52-4-2：四道岭子沸石-铸石玄武岩-膨润土-耐火粘土矿集区
		Ⅲ-53：佳木斯-兴凯铁-金-石墨-矽线石-煤-大理岩成矿带	Ⅳ-53-1：佳木斯金-铁-钨-石墨-矽线石-煤成矿亚带	Ⅴ-53-1-1：团结沟金-镍矿集区
				Ⅴ-53-1-2：大马河金-铁-石墨-矽线石-大理岩-脉石英-云母-菱镁矿矿集区
				Ⅴ-53-1-3：宝泉岭煤-大理岩-陶粒粘土岩矿集区
				Ⅴ-53-1-4：双鸭山-桦南金-铁-钨-煤-石墨-大理岩-饰面用花岗岩-脉石英-石榴子石宝石矿集区
				Ⅴ-53-1-5：勃利煤-石墨-大理岩矿集区
				Ⅴ-53-1-6：麻山煤-石墨-矽线石-钾长石-大理岩-云母-火山灰矿集区
			Ⅳ-53-2：绥滨煤矿亚带	
			Ⅳ-53-3：宝清铀-石墨-煤-萤石成矿亚带	Ⅴ-53-3-1：马来山铀-石墨-煤-萤石矿集区
			Ⅳ-53-4：虎林铀-石墨-煤-大理岩-钾长石-花岗岩石材-泥炭成矿亚带	Ⅴ-53-4-1：金银库铀-煤-大理岩-钾长石-花岗岩石材-泥炭矿集区
			Ⅳ-53-5：太平岭金-银-铜-铅-锌-钼-铂-钯-煤-石灰岩-大理岩-粘土-泥炭成矿亚带	Ⅴ-53-5-1：四山林场-永安金-银-铜-钼-铂-钯-煤-石灰岩-饰面用辉长岩-粘土-泥炭-熔炼水晶矿集区
				Ⅴ-53-5-2：金厂-老黑山金-铜-铅-锌-铁-煤-流纹岩-粘土-大理岩-叶蜡石矿集区
		Ⅲ-54：完达山金-铜-铁-镍-锡-钨-泥炭成矿带	Ⅳ-54-1：浓江泥炭-饰面用花岗岩成矿亚带	
			Ⅳ-54-2：饶河金-铜-铁-镍-锡-钨-泥炭成矿亚带	

区。近几年，非常规油气勘查有所突破，有望成为能源矿产新的增长点。

小兴安岭-张广才岭铁-铅-锌-铜-钼-钨-石灰岩-大理岩-膨润土-耐火粘土-陶粒页岩-玉石成矿带（Ⅲ-52）：位于黑龙江省中部，是省内重要的有色金属成矿带。该成矿带研究程度相对较高，是寻找斑岩型钼矿、矽卡岩型多金属矿的有力地段。

佳木斯-兴凯铁-金-石墨-矽线石-煤-大理岩成矿带（Ⅲ-53）：位于黑龙江省东部，是省内重要的能源矿产和非金属矿产成矿带。此带集中了全省90%以上的煤炭和95%以上的石墨和全部的矽线石。近年来，该带石墨找矿取得了重要成果，储量增加近亿吨，石墨找矿潜力巨大。

第四章　动力之源——能源矿产

能源矿产又称燃料矿产、矿物能源，属于矿产资源中的一类，是赋存于地表或者地下的，由地质作用形成的，呈固态、液态或气态的，具有提供现实意义或潜在意义能源价值的天然富集物。中国已发现的能源矿产资源有 12 种，固态的有煤、石煤、油页岩、铀、钍、油砂、天然沥青；液态的有石油；气态的有天然气、煤层气、页岩气以及地热，地热资源也有呈液态、气态的。

黑龙江省的能源矿产主要有煤、石油、天然气、煤层气、油页岩、铀、地热等，其中地热并入第八章水气矿产部分叙述。

第一节　煤

煤是在特定的地质历史时期内由植物和少许浮游生物遗体埋藏在地下经历了复杂的生物化学和物理化学变化逐渐形成的固体有机可燃矿产，俗称煤炭（图 4-1-1）。煤为不可再生的资源。

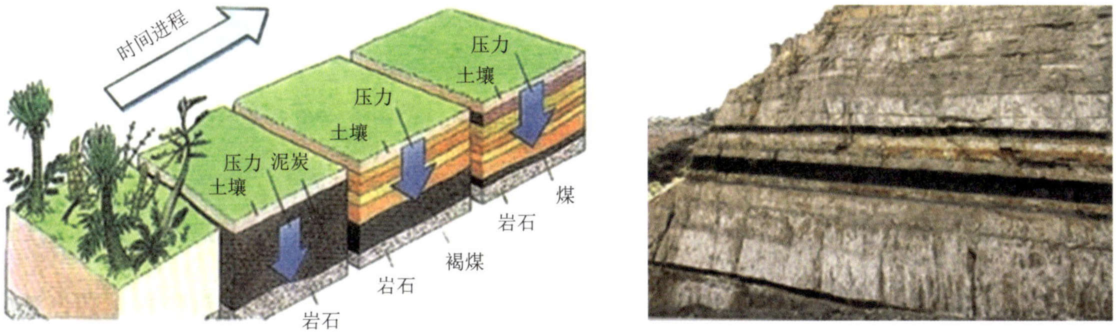

图 4-1-1　煤的形成过程（左）及煤层（右黑色者）

（来源：左—https：//p26. toutiaoimg. com/origin/474f0005f671577d4b6e? from=pc；
右—https：//www. kepuchina. cn/kpcs/ydt/kxyl6/201612/W020161212480296159121. jpg）

一、煤的基本性质及主要用途

1. 基本性质

煤是一种可燃的黑色或棕黑色沉积岩，一般呈沥青、玻璃和金刚光泽，主要由有机化合物和无机矿物质集合体组成。有机化合物，主要由碳、氢、氧、氮、硫和磷等元素组成，其中碳、氢、氧占有机质的 95%以上。煤中碳、氢、硫等成分是可燃体，是煤的主要组成部分，也是工业利用的对象。无机组分主要有水、粘土矿物、石英、方解石、黄铁矿等矿物质，形成了煤中的有害组分如灰分、水分、硫分等。此外，还有极少量的磷、氟、砷、氯、汞、镉、铅等有害元素，它们降低了煤的质量和利用价值。煤的结构有均一结构、条带状结构、木质结构、纤维状结构等；常见块状构造、层状构造。煤具有可燃性和不同燃点以及热解性、热稳定性、粘结性和反应（活）性等性质。

2. 主要用途

煤被称为“工业的粮食”，它不仅是工业、农业和人民生活不可缺少的能源，也是冶金、化工、医药等部门的重要原料。冶金工业用煤作为炼焦和生产耐火材料的窑炉燃料，以及从煤（煤灰）中提取锗、镓、铟、钒等微量元素等。燃动力方面有火力发电、蒸汽机燃料以及各种工业窑炉等燃料。化工方面，煤经低温干馏或气化、液化制成气和液体燃料及化工原料，如柴油、汽油、煤气、煤焦油、氮肥以及染料、芳香族原料、涂料、塑料、合成橡胶、炸药、药品、石墨、活性炭和感光材料等上百种产品。民用方面主要是生活用燃料和取暖等。此外，煤矸石、灰渣等可用作水泥、建筑用砖的原料和配料。

二、煤的分类

据国家标准《中国煤炭分类》（GB/T 5751—2009），将煤分为 14 类，即褐煤、长焰煤、不粘煤、弱粘煤、1/2 中粘煤、气煤、气肥煤、1/3 焦煤、肥煤、焦煤、瘦煤、贫瘦煤、贫煤和无烟煤。

黑龙江省煤炭的种类涵盖了所有煤种，在黑龙江省内各含煤盆地均有不同程度的分布。

三、地理分布

国际能源署预计，世界煤资源量达 26.39×10^{12} t，主要分布在美国、俄罗斯、中国、澳大利亚、印度、南非、乌克兰、哈萨克斯坦、波兰、巴西、德国。

我国煤炭资源储量居世界第三位，据《中国矿产资源报告（2019）》，截至 2018 年底，我国煤炭查明资源储量为 17085×10^{8} t，主要分布在新疆、内蒙古、山西、陕西、贵州、宁夏、甘肃、河南等省（区）。

黑龙江省是我国重要的煤炭工业基地，至 2019 年底，累计查明煤炭资源储量为 254.91×10^{8} t，保有煤炭资源储量为 229.81×10^{8} t，居全国第十三位。煤炭矿产地共 56 处，其中煤田 13 处、煤矿区 43 处（图 4-1-2）。13 处煤田有中型 5 处（表 4-1-1），小型 8 处；43 处煤矿区有大型 6 处（表 4-1-2）中型 1 处和小型 36 处。全省有 29 个市、县发现有煤田或煤产地，集中在鸡西、鹤岗、双鸭山、七台河 4 个国家规划矿区及牡丹江地区，在大兴安岭、黑河及依兰、方正等地有少量分布。

表 4-1-1 黑龙江省重要煤炭（煤田）矿产地简表

序号	矿产地名称	所在地区	矿床规模	开发利用情况
1	鸡西煤田	鸡西市	中型	开采
2	鹤岗煤田	鹤岗市	中型	开采
3	双鸭山煤田	双鸭山市	中型	开采
4	绥滨-集贤煤田	双鸭山市	中型	开采
5	勃利煤田	七台河市	中型	开采

注：大型煤田原煤≥50×10^{8} t；中型煤田原煤（10~50）$\times10^{8}$ t。

表 4-1-2 黑龙江省重要煤炭（煤矿区）矿产地简表

序号	矿产地名称	所在地区	矿床规模	开发利用情况
1	宝清县七星河煤矿区	双鸭山市	大型	未开采
2	宝清县七星河南煤矿区	双鸭山市	大型	未开采
3	宝清县朝阳煤矿区	双鸭山市	大型	开采
4	宝清县大和镇煤矿区	双鸭山市	大型	未开采
5	绥滨县二九〇农场太平山煤矿区	鹤岗市	大型	未开采
6	鸡东县永庆煤矿区	鸡西市	大型	未开采

注：大型矿区原煤≥5×10^{8} t。

图 4-1-2　黑龙江省煤矿产地分布图

四、典型矿床特征

黑龙江省具有 5 个聚煤期，分别为晚石炭世—早二叠世、侏罗纪、白垩纪、古近纪和新近纪，其中白垩纪为黑龙江省重要成煤期。晚石炭世—早二叠世以无烟煤为主，早白垩世以烟煤为主，古近纪

图 4-1-3 鹤岗矿业有限责任公司峻德煤矿俯瞰图

（峻德煤矿提供）

和新近纪以褐煤为主，含少量烟煤。按煤类统计黑龙江省以烟煤和褐煤为主，少量无烟煤。

1. 鹤岗煤田

鹤岗煤田，位于黑龙江省东北部，行政区划属鹤岗市和萝北县，面积 1308 km^2。主要有峻德煤矿（图 4-1-3）、兴安煤矿、新陆煤矿、富力煤矿、南山煤矿、益新煤矿、振兴煤矿、兴山煤矿、新岭煤矿、鸟山煤矿，是黑龙江省主要煤炭生产基地之一。含煤地层为下白垩统城子河组、穆棱组，其中城子河组为主要含煤地层（表 4-1-3）。至 2019 年底，累计查明煤炭资源储量为 23.99×10^8 t，保有煤炭资源储量为 19.64×10^8 t。

表 4-1-3 鹤岗煤田成煤特征

含煤地层单位	含煤地层及煤层特征	煤类与煤质
穆棱组	含煤地层厚度 900 m，夹 10 层薄煤及煤线，仅为局部可采	
城子河组	含煤地层厚度 1100~2300 m，共含煤 40 余层，其中可采和局部可采 36 层，可采煤层总厚度 38.55~85.8 m，一般以中厚或厚煤层为主，个别为特厚煤层	煤种有弱粘煤、气煤、气肥煤、1/3 焦煤、焦煤、无烟煤及贫煤，以气煤为主。属低硫、低磷，中至富灰煤，发热量较高

2. 鸡西煤田

鸡西煤田位于黑龙江省东南部，地跨鸡西市、鸡东县及林口县、密山市，面积约 3375 km^2。主要有滴道盛和煤矿（图 4-1-4）、杏花煤矿、城山煤矿、梨树煤矿、双河煤矿、正阳煤矿、东山煤矿、张辰煤矿、东海煤矿、平岗煤矿、新发煤矿、荣华煤矿、新城煤矿、荣华一矿，是黑龙江省主要煤炭生产基地之一。含煤地层为下白垩统城子河组、穆棱组（表 4-1-4），其中城子河组为主要含煤地层。至 2019 年底，累计查明煤炭资源储量为 45.06×10^8 t，保有煤炭资源储量为 38.61×10^8 t。

3. 双鸭山煤田

双鸭山煤田位于黑龙江省东部双鸭山市境内，面积约 648.1 km^2。主要有七星煤矿、双阳煤矿、新安煤矿、东保卫煤矿、集贤煤矿，也是黑龙江省主要煤炭生产基地之一。含煤地层有下白垩统城子河组、穆棱组，其中城子河组为主要含煤地层（表 4-1-5）。至 2019 年底，累计查明煤炭资源储量为 11.83×10^8 t，保有煤炭资源储量为 7.77×10^8 t。

图 4-1-4 鸡西矿业有限责任公司滴道盛和煤矿主副井
（鸡西矿业有限责任公司提供）

表 4-1-4 鸡西煤田成煤特征

含煤地层单位	含煤地层及煤层特征	煤类与煤质
穆棱组	含煤地层厚度 372~901 m，共含煤 20 余层，其中可采及局部可采 1~8 层。可采煤层累计厚度 0.70~4.57 m，一般 1~3 m	主要为气肥煤及气煤、弱粘煤、长焰煤。特低硫、中低磷，中-富灰煤，发热量高
城子河组	含煤地层厚度 642~1260 m，共含煤 40 余层，最多可达 56 层，其中可采 7~20 层。可采煤层累计厚度 4.88~17.23 m。可采煤层以薄煤层为主，中厚煤层次之，厚煤层者少见	主要为焦煤、1/3 焦煤、气煤及肥煤、长焰煤、弱粘煤等，特低硫、低磷，低-中灰煤，发热量高

表 4-1-5 双鸭山煤田成煤特征

含煤地层单位	含煤地层及煤层特征	煤类与煤质
穆棱组	含煤地层 500~750 m，含煤 6~9 层，均不可采	
城子河组	含煤地层 650~1000 m，共含煤 60 余层，个别属厚煤层。下段含煤 10 层，可采 3~4 层；中段含煤 16~26 层，可采 6~8 层；上段含煤 18~36 层，可采 4~9 层，可采煤层累计厚度 29.68 m	以气煤为主，长焰煤次之，贫煤、无烟煤、焦煤均较少，尚有少量弱粘煤。属低硫、低磷、低-中灰煤，发热量较高，粘结性较好

4. 绥滨-集贤煤田

绥滨-集贤煤田位于黑龙江省东北部，其东南部分属双鸭山市集贤管辖，面积约 1247 km^2，称集贤盆地，分为集贤区、东荣区；北部绥滨区属富锦市管辖，面积约 740 km^2。主要有东荣一矿、东荣二矿（图 4-1-5）、东荣三矿，是黑龙江省主要煤炭生产基地之一。含煤地层有下白垩统城子河组、穆棱组，其中城子河组为主要含煤地层（表 4-1-6）。至 2019 年底，累计查明煤炭资源储量为 23.01×10^8 t，保有煤炭资源储量为 21.13×10^8 t。

5. 勃利煤田

勃利煤田跨依兰、桦南、勃利、七台河、宝清、密山等市（县），面积约 8000 km^2。主要有东风煤矿、龙湖煤矿、桃山煤矿、新建煤矿、新立煤矿、新强煤矿（图 4-1-6）、新铁煤矿、新兴煤矿，是黑龙江省主要煤炭生产基地之一。含煤地层为下白垩统滴道组、城子河组、穆棱组、龙爪沟群珠山

图 4-1-5　黑龙江龙煤双鸭山矿业有限责任公司东荣二矿（左：办公楼，右：井下大巷）
（东荣二矿提供）

组，其中城子河组为主要含煤地层（表 4-1-7）。截至 2019 年底，累计查明煤炭资源储量为 26.73×10^{8} t，保有煤炭资源储量为 21.36×10^{8} t。

表 4-1-6　绥滨-集贤煤田成煤特征

含煤地层单位	含煤地层及煤层特征	煤类与煤质
穆棱组	含煤地层大于 1000 m，夹薄煤多层，无可采煤层	
城子河组	含煤地层 1100 m，含煤 50 余层，其中可采和局部可采煤层 5~20 层，可采煤层累计厚度为 4.85~28.12 m，可采含煤系数为 0.7%~3%	煤种为长焰煤-气煤。属中低灰煤，特低硫煤，特低-低磷煤，发热量较高

图 4-1-6　七台河矿业精煤（集团）有限责任公司新强煤矿工业厂区（左）及采煤工作面（右）
（七台河矿业精煤（集团）有限责任公司提供）

表 4-1-7　勃利煤田成煤特征

含煤地层单位	含煤地层及煤层特征	煤类与煤质
穆棱组/珠山组	穆棱组含煤地层 436.25~620.00 m，含煤 16 层，局部可采 4~5 层。可采总厚度 1.20~2.35 m。珠山组含煤地层 930.17 m。含煤 50 余层，可采 20 余层。可采煤层总厚度 23.86~27.00 m	煤种以气煤为主，局部为焦煤。 煤种以气煤、弱粘煤为主，具部分肥、焦、瘦、贫煤
城子河组	含煤地层 1038~1972.19 m，含煤 50~105 层，局部可采 5~41 层。可采总厚度 6.09~40.93 m	煤种以肥气-主焦煤为主，具部分瘦贫及无烟煤。多属低硫、低磷煤，灰分较低，发热量高
滴道组	含煤地层 130~390.8 m，含煤 20 余层，煤层不稳定，煤层累计厚度最大近 9 m，一般在 2~6 m，其中可采及局部可采 2~8 层，可采总厚度 2.5~8.32 m	煤种以贫煤为主，瘦煤次之，属低硫、低磷、低灰煤，发热量较高

【史话】震惊地学界的科学发现 故事发生在1958年，当时全民大炼钢铁运动正如火如荼地进行。这年秋天，完达山地质队第六分队奉命在虎林饶河地区寻找铁矿。一天，八五二农场一位农工拿来一块褐铁矿石前来报矿。从标本上看，质量还不错。次日一早，分队技术负责人徐衍强和助手赵得志随同报矿人上山检查。捡矿石的地方是一个位于山包顶部的倒塌炭窑。褐铁矿原来是煤系地层中的黄铁矿结核氧化而成，因为量少，没有利用价值。

报矿人走后，徐、赵两人站在山顶极目四望，周围低山丘陵此起彼伏。他们所在的山顶呈馒头状，几条冲沟呈放射状从山顶延至山脚，因形如龙爪，所以当地叫它"龙爪沟"。山虽有名，但地形图上却找不到。两人下山进入其中的一条沟，沟不宽，流着清澈见底的溪水。两岸很陡，断续出露一些岩石露头。露头岩性与山顶炭窑所见相似，属同一套煤系地层，其中含有植物化石。在观察过程中，徐衍强发现一块较大的灰色粉砂岩平躺在溪水中，他俯身捡起来翻过来一看，一个突出在层面，直径超过10 cm的菊石化石跃然眼前。菊石和恐龙在中生代是同时期的动物，不同之处在于前者生活在海洋，后者生活在陆地，又一起在6500万年前灭绝。它的化石对中生代海相地层的划分和地质时代的确定起着非常重要的作用。菊石出现在含植物化石的煤系地层中，说明这是一套海陆交替出现的煤系地层。考虑到含化石的岩块是就地崩落的，含化石的露头应该就在附近。于是两人在附近的露头上寻找了起来，但没有成功。此时太阳已经偏西，再不往回走，就会赶不上回家的火车。

菊石化石经北京中国地质科学研究院常安之鉴定、赵金科修订为北极头菊石，时代为距今1.65亿年的中侏罗世晚期。当鉴定结果在1959年召开的第一届全国地层会议上公布时，立刻引起轰动。因为当时在地学界认为，在中国北方地区，中生代时期海水早已退出并形成陆地，已成为普遍共识。菊石化石的发现，立刻把这种共识化为乌有。后来这套海陆交互相的含煤地层被命名为"龙爪沟群"。

黑龙江省煤田地质局为了解决东部四大煤田的含煤地层鸡西群与龙爪沟群的对比问题，牵头组织了专题研究队，并在1979年第二届全国地层会议上发表了几篇论文，引起关注。代表们普遍认为，对龙爪沟群的深入研究，有助于中国北方陆相中生代地质时代争端的解决。尹赞勋和顾知微两位院士还提出，今后研究陆相中生代地层时，一定要与海相地层进行对比，以保证研究成果的可靠性。这次会后，全国掀起了龙爪沟群研究热，并迅速从国内扩大到东北亚。从事研究的，不仅有中国的学者，还有苏联（俄）、日本和英国的学者。

20世纪70年代，为了深入研究龙爪沟群，正在黑龙江省第一区域地质调查大队任总工程师的徐衍强，策划了用面、点结合的方法，即选择有龙爪沟群可能分布的5幅地形图，开展1∶20万区域地质调查，在调查的同时，增加了一个龙爪沟群专题研究项目。5年工作结束后，取得了丰硕成果，发现了双壳类和腹足类、介形虫、放射虫、有孔虫等多门类化石，出版了专著《黑龙江省东部侏罗系龙爪沟群》。在此基础上，由中国地质学会、中国煤炭学会、大庆石油学会和黑龙江省地质学会联合在现场召开了"黑龙江省中生代地层讨论会"。来自全国的生产、科研和教学单位的代表参加了此次盛会，其中包括顾知微（左二）和李星学（右二）两位院士（图4-1-7）。

图4-1-7 黑龙江省中生代地层讨论会

（据裘善文，1983）

在以后的研究中，纠正了化石鉴定中的错误，将龙爪沟群的时代修订为距今1.3亿~1.1亿年的早白垩世中到晚期。争论多年的辽宁产大量鸟和恐龙化石的热河群时代，也根据龙爪沟群中含有与热河群相同的植物化石而更正为早白垩世中到晚期，并取得共识。龙爪沟群中煤炭资源现已被密山市开采利用。（徐衍强撰写）

6. 宝清县煤矿区

宝清县煤矿区位于宝清县境内，面积约4020 km^2。主要包括七星河煤矿区、七星河南煤矿区、朝阳煤矿区（图4-1-8）、大和镇煤矿区和双河镇煤矿区。含煤地层为古近系虎林组、新近系富锦组（表4-1-8）。至2019年底，累计查明煤炭资源储量为 70.32×10^8 t，保有煤炭资源储量为 70.32×10^8 t。

图4-1-8　宝清县朝阳煤矿区露天开采现场
（李东锁提供）

表4-1-8　宝清县煤矿区成煤特征

含煤地层单位	含煤地层及煤层特征	煤类与煤质
富锦组	含煤地层610 m，共含煤12层，可采及局部可采煤层有5层，可采煤层总厚度为1.9~16.3 m	煤种为褐煤，属于中灰煤-高灰煤，且为特低磷、低硫、低热值煤
虎林组	含煤地层800 m，共含煤40层，可采及局部可采煤层有1~5层，可采煤层总厚度为3.7 m，多为高灰煤	煤种为褐煤，属于高灰煤，且为特低磷、低硫、低热值煤

朝阳露天煤矿，是黑龙江省内首个千万吨级特大型露天煤矿，开采的是热值低的褐煤，以前没有被广泛利用。已探明储量 8×10^8 t，按年产 1100×10^4 t计算，可开采80年。地面生产系统已建成，通过深度开发“原字号”，黑龙江的能源工业开始从精深加工、高附加值的思路重新审视自身资源优势。虽然褐煤形成时间短、热值低、含水量高，但它是优质化工原料。从中能提取褐煤蜡、腐殖酸。既有“煤头”又有“化尾”，让褐煤实现了华丽转身。褐煤蜡（可生产口红、汽车蜡等产品）一直被德国垄断，但宝清煤电化企业的产品已能与德国媲美。腐殖酸是很好的农业有机原料，已打入国际市场。褐煤还供应宝清电厂，实现清洁能源转化，既有“煤头”又有“电尾”，煤电化一体的产业布局。项目投产后，预计每年可为黑龙江省和邻近省份提供50多亿千瓦时的发电量，产生的效益，煤

矿加上电厂和将来的煤化工预计产值20多亿元，利税超过3亿元，能直接带动当地的就业达到1700多人（姜辉，2019）。

五、开发利用

黑龙江省最早煤矿始建于1904年，由官府开办了铁力金怀马煤场，此后陆续开办。俄国人与我国合办的鸡西梨树沟、碱场煤矿等37处，其中较大的穆棱煤矿和鹤岗煤矿为省内煤炭工业奠定了基础。

东北沦陷时期，日本侵略者为了掠夺煤炭，大肆强占煤矿，加速开发，到处开办煤矿、抢抓劳工、野蛮开采，犯下了滔天罪行。建立了密山炭矿（滴道）、三姓煤矿（依兰煤田）、东宁煤矿、宝清煤矿、瑷珲（黑河）、富锦（双鸭山）煤矿等。1940年原煤产量达301×10^4 t，1944年达到691×10^4 t。

【警钟长鸣】煤炭资源开发屈辱史 1931年，九一八事变后，日本帝国主义大肆侵略我国东北地区，在中国东北建立了伪满洲国傀儡政权，日伪勾结，建立了野蛮残酷的统治机构，大量掠夺煤炭资源，对煤矿区人民实行法西斯统治，把煤矿区变成了一座暗无天日的人间地狱。在东北，北起黑龙江，南到葫芦岛，凡是日本侵占时间较长的地方，都存在着数量不等的“万人坑”。当年东北的煤矿、铁矿全部为日本侵略者占据，矿工大部分是各类战俘和欺骗招募的劳工，为了采出更多的煤炭，日本侵略者逼迫中国劳工超负荷劳动，过着非人的生活，穿麻袋片、洋灰袋（水泥袋），喝脏水，吃橡子面。中华人民共和国成立后，黑龙江省鹤岗市、鸡西市均发现埋葬煤矿矿工的万人坑。

鹤岗东山万人坑 位于东山区东岗路北侧原新一煤矿办公大楼东约800 m处，原是一个长40 m、宽30 m、深近7 m的自然大坑，是日本帝国主义屠杀无辜矿工和抛弃死难矿工的场所。日本侵略者在鹤岗矿山每掠走1 t煤就要死4到5人，日积月累就形成了骇人听闻的“万人坑”。1968年10月，鹤岗市挖掘了万人坑的一角，仅在这个长10 m、宽8 m、深不及7 m的小坑内就堆积着死难者尸骨近千余具。为警醒后人，供群众凭吊，鹤岗市修建了保护性展室和围墙，被命名为“鹤岗矿务局阶级教育展览馆”。1981年，经黑龙江省人民政府决定，东山万人坑被列为黑龙江省重点革命文物保护单位，1991年被命名为“省级爱国主义教育基地”。1997年鹤岗市矿务局对展馆投入500万资金重新修复建设，1998年7月7日，正式对外开放。现有“东山万人坑”展览馆总占地面积400 m^2（图4-1-9），展厅共有图片35幅、文物52件，介绍和反映了当时的历史情况及日本侵略者对中国的血腥掠夺。鹤岗“东山万人坑”展览馆成立至今，已接待来自日本、美国、俄罗斯及国内的参观者50余万人次。每到“五四”“六一”等重大节日，就会有成千上万的参观者来这里接受爱国主义教育，年接待人数在5万人以上。

鸡西滴道河北万人坑 位于鸡西市滴道区。这处“万人坑”坐落在海拔315 m的无名山沟中，也是日本帝国主义侵略中国，实行经济掠夺的实物罪证。1966年12月，滴道矿在炼人炉遗址上建起了200多平方米的滴道矿史馆，2011年更名为侵华日军鸡西罪证陈列馆（图4-1-10）。现为省级文物保护单位，是“勿忘国耻，兴我中华”爱国主义教育基地。（徐衍强供稿）

图4-1-9 鹤岗矿业集团矿史馆
（李东锁提供）

图4-1-10 侵华日军鸡西罪证陈列馆
（李东锁提供）

中华人民共和国成立后，国家大力实现采掘机械化，生产能力不断增强，产量逐年上升，黑龙江省逐步形成了以统配煤矿为骨干，省、地、县、乡和个体多层次并有，大中小煤矿相结合的煤炭生产体系，成为国家重要煤炭生产基地之一。

“七五”期间黑龙江省原煤产量逐年增加，主要用于能源。自大庆油田开始生产以来，黑龙江省原煤构成能源比例逐渐减少，但在1975年以后，随原煤生产逐年增长，国内石油消耗和出口激增，使原煤构成比例又开始回升。至1985年，鹤岗突破煤炭产量 1500×10^4 t大关，鸡西以年生产煤炭 2000×10^4 t一度跃居全国第二，七台河成为我国三大优质煤炭基地之一，黑龙江省跻身全国重要煤炭生产基地之列，成为我国统配煤矿的中坚力量之一和东北老工业基地的重要组成部分。

至2003年，黑龙江省累计生产原煤 30×10^8 t，其中 5×10^8 t调往省外，为全国解放战争的胜利、中华人民共和国经济建设、地方经济发展做出了突出贡献。“十一五”期间，煤炭总产量首次登上亿吨台阶；“十二五”以后，受市场及政策影响，煤炭总产量逐年下降，全省煤矿企业总数逐年减少。

2004年末，黑龙江龙煤矿业控股集团成立（简称龙煤集团），是东北蒙东地区最大国有煤炭企业、黑龙江省属标志性国有骨干企业，由中央下放地方管理的鸡西、鹤岗、双鸭山、七台河4个国有重点矿区整合而成。是国家重要商品煤生产基地和国内三大焦煤生产基地之一。现有煤炭地质储量 74×10^8 t，可采储量 38×10^8 t，生产矿井41座，累计生产煤炭 30×10^8 t，上缴税费626亿元。企业主要生产焦煤、1/3焦煤、长焰煤、气煤、肥煤等27个品种，煤质属低硫、低磷、中灰、高热值，在东北地区煤种最齐全，焦煤、肥煤、瘦煤被国家列入稀缺保护煤种，享有“绿色能源”的美誉。煤田产品主要销往东北三省冶金、电力、化工、建筑等行业，并通过口岸、港口销往东南沿海地区和出口国外。

2005年以来，5项科技成果获煤炭工业科技进步奖，27项获国家专利；建成东北第一个智能化工作面，累厚煤层自然发火防治技术国内领先，2021年龙煤集团极薄煤层综采工艺工业试验获得成功，创造多个全国第一，填补全国极薄煤层综采生产的空白（龙煤集团官网：http://www.longmay.com.cn/jtgkl）。

除东北矿区外，东宁市老黑山煤田、林口县青山煤矿区、黑河市西岗子煤田、嫩江市黑宝山煤矿区、漠河市霍拉盆煤田（图4-1-11）也已开采，解决了西部缺煤问题，缓解了东煤西运和林区以木代煤的问题。

图4-1-11　漠河古莲露天煤矿采区

（吕长禄摄）

中华人民共和国成立以来的七十多年中，黑龙江省煤炭资源开发利用不仅为黑龙江省的国民经济建设发展做出了巨大贡献，也为国家经济建设做出了应有的贡献。黑龙江省处于中国东北寒冷地区，在一次性能源消费结构中，煤炭仍然占据主导地位。目前，黑龙江省的煤炭资源在储量表上的保有储量较多，但可供新建矿井的矿产地极少，且煤炭开采总量已经不能满足省内的需求，由于煤炭生产量逐年下降（6000×10^4 t以内），需求量在 0.9×10^8 ~ 1.1×10^8 t，每年缺口 3000×10^4 ~ 5000×10^4 t，均需要进口，已经成为省内短缺资源。特别是在国内也属于最优质的主焦煤，现保有储量严重不足，已经影响了特种冶金产品的质量提升。黑龙江省已经开发利用的煤炭资源主要为鸡西、鹤岗、双鸭山、七台河等矿区，经过近百年的开采，矿区老化、后备资源不足，应加强勘查力度，解决煤矿衰老接续问题，提高矿井规模，延长矿井服务年限。

【史话】东北最大的七台河优质炼焦煤生产基地诞生史 七台河煤田是黑龙江省东部四大煤田之一，面积9800 km^2，是东北地区最大的焦煤生产基地。因生产的主焦煤和1/3焦煤，具有低硫、低磷、中高灰、高发热量和高粘结性等特点，被列为全国三个保护性开采的煤田之一。至2010年10月底，已累计探明地质储量 22×10^8 t。七台河煤田早在1910年就由当地居民发现，并由私人经营开采。日本占领期间曾进行过调查。中华人民共和国成立后，1951年北京大学巩杰生、翟裕生、何锡麟在张炳熹教授指导下，去勃利县茄子河村煤矿调查，并写有调查报告。到了1956年，东北煤田第二地质勘探局一〇八勘探队派出以周其道为组长的普查组，在勃利县两个地方国有小煤窑基础上开展工作，结果发现了25层可采煤层，预测远景储量 8.44×10^8 t，由此打开了七台河煤田开发的新局面。由于前景可观，1958年10月，东北煤田地质勘探局决定在七台河设立二〇四勘探队，全面负责该区的地质勘探工作，直到现在。（徐衍强撰写）

第二节 煤层气

煤层气是指赋存在煤层中以甲烷为主要成分、以吸附在煤基质颗粒表面为主或游离于煤孔隙中，或溶解于煤层水中的烃类气体，是煤的伴生矿产资源，也是非常规油气资源。煤层气又称煤层瓦斯、煤层甲烷。

一、基本性质及主要用途

1. 基本性质

煤层气气体赋存以吸附气占绝大部分，游离气占一小部分，溶解气只占极少部分。它具有自生自储、与煤资源共伴生、资源量大、分布广等特点。煤层气是一种天然的洁净的气体燃料，且热效率高。纯甲烷热值约为35.53 MJ/m^3，与燃煤相比，煤层气燃烧后排放出的灰分仅为煤燃烧后排放的灰分的1/148（以1000 m^{3}甲烷相当于1.26 t标准煤计）。煤层气具有良好的压缩性（液化性），液化甲烷的体积是甲烷气的1/600，可采用运液专用车长途运输，运输投资少、见效快。

煤层气的组分以甲烷（CH_4）为主，占80%以上，其余为氮、二氧化碳和不等量的重烃。

甲烷为无色、无味、无臭、无毒的气体，但煤储层中往往含有少量其他芳香族碳氢气体，因此常伴着一些苹果的香味，是极难溶于水的可燃性气体。在地表常压0℃时，甲烷临界温度为-82.57℃，临界压强为4.60 MPa，沸点-161.49℃，液态密度0.425 g/cm^3，绝对密度（15.5℃）0.677 g/cm^3，相对密度0.544。甲烷比空气轻，当空气中混有5.3%~16.0%浓度的甲烷时，遇明火即可燃烧或爆炸；跟强酸、强碱或强氧化剂等一般不起反应，在适当条件下会发生氧化、热解及卤代等反应。

煤层气对环境的影响：甲烷对大气的化学及辐射特性有重要影响，从体积上，其温室效应是二氧化碳的25~30倍。在采煤之前如果先开采煤层气，煤矿瓦斯爆炸率将降低70%~85%。煤层气的开发利用具有一举多得的功效。

2. 主要用途

煤层气和天然气一样，用途广泛。首先，它是一种绿色清洁能源，可以代替煤直接用作工业动力及民用燃料，煤层气热值高，可适应不同类型的发动机，与煤相比，具有启动快、自动化程度高、污染小、热效率高于燃油和燃煤发电机近10%等特点，燃烧所排放的二氧化碳甚微，二氧化氮排放量可减少80%。也可用作日常生活的燃料和冬季取暖，煤层气液化后不仅可替代汽油、柴油用于机动车燃料，还可用于化工生产原料，生产甲醛、甲醇、炭黑和化肥等产品。

目前，我国经济结构和能源结构都处在一个转型的关键时期，积极开发利用煤层气，对于优化能源结构，改善煤矿生产安全条件以及减少大气污染，都具有重大的经济和社会效益。

二、地理分布

世界上有74个国家蕴藏着煤层气资源，其中资源量最丰富的是俄罗斯、美国、中国、加拿大、澳大利亚，其次是德国、波兰、英国、乌克兰、哈萨克斯坦、印度、南非。

中国煤层气资源丰富，居世界第三位，据《中国矿产资源报告（2019）》，至2018年底，我国煤层气剩余技术可采储量为$3046×10^8\ m^3$。主要分布在晋-陕-内蒙古、新疆、冀-豫-皖和云-贵-川-渝等4个含气区。

黑龙江省煤层气资源，截至2019年底，2000 m以浅煤层气预测资源量为$1766×10^8\ m^3$。主要分布于黑龙江省中部的依兰煤田及东部的鸡西煤田、鹤岗煤田、双鸭山煤田、勃利煤田、绥滨煤田中，主要储气层位分别为古近系达连河组和下白垩统鸡西群的滴道组、城子河组、穆棱组。

三、煤层气基本特征

黑龙江省白垩系煤田煤变质程度高，生气条件比较好，但经历的构造作用较多。经过1996年、1999年和2000年3次全面、系统的资源评价与研究表明，白垩系煤田的煤层多为薄-中厚煤层，含气量低-中等，煤层气丰度小，渗透性较差，储层压力较低（表4-2-1），地面开发条件较差。

表4-2-1 黑龙江省煤层气资源主要参数一览表

煤田	含煤时代	含气量 $(m^3 \cdot t^{-1})$	渗透率 μm^2	储层压强/MPa	资源丰度 $(10^8\ m^3 \cdot km^{-2})$
依兰煤田	古近纪	4.00~12.00	0.00114~0.00511	2.15	0.47
鹤岗煤田	早白垩世	0.86~10.50	0.024~0.404	5.4~8.233	2.97
绥滨煤田	早白垩世	4.00~14.00	—	—	1.48
双鸭山煤田	早白垩世	5.80~17.81	0.00115~0.00718	0~4.10	0.44
鸡西煤田	早白垩世	4.68~11.89	0.0001~0.0007	0.22~0.90	0.30
勃利煤田	早白垩世	4.00~8.00	0.00604~0.03134	0.21~0.64	0.27

古近系煤层虽然形成时代晚、埋藏浅，经历的构造作用较白垩系煤田少，但古近系煤田的煤层含气特征与白垩系煤田相似，煤层气丰度小，地面开发条件较差。主要以井下瓦斯抽放并配合通风来保证煤矿安全。

总之黑龙江省煤层气资源较为丰富，煤层气主要为热成因。但整体勘查程度较低。

四、开发利用

1. 煤矿瓦斯抽采利用

按照《煤矿瓦斯抽采达标暂行规定》（安监总煤装〔2011〕163号）要求，应当抽采瓦斯的生产矿井全部建立了抽采瓦斯系统，实施先抽后采。其中，煤与瓦斯突出和高瓦斯矿井全部建立了地面固定抽采瓦斯系统。龙煤控股集团10个（突出和高瓦斯）煤矿实现了双地面抽采系统，32个煤矿采取了地面和井下移动联合抽采方法。沈焦鸡西盛隆公司煤与瓦斯突出和高瓦斯矿井采取了双抽采系统实施高低压分源抽采。龙煤控股集团和沈焦鸡西隆盛公司国有煤矿大力推进瓦斯发电和民用燃气。煤矿瓦斯抽采和利用量逐步提高，瓦斯抽采率43.02%，瓦斯利用率24.86%。

2. 煤层气（地面）勘查开发

在依兰煤矿区、鸡西滴道煤矿区和鸡西梨树煤矿区，煤层气勘查开发工作取得了一定成果，目前依兰煤矿区进行煤层气小规模开发利用。

哈尔滨市是全国9个最早开发使用管道煤气的城市之一。哈尔滨市首座小型瓦斯实验厂设立于1942年。中华人民共和国成立后对设备进行更新改造，但日供气能力只有$10×10^4$ m^3，全市管道煤气气化率只有13%，远远满足不了社会需求。

1990年，哈尔滨开始建设哈依煤气工程。该管线从依兰县达连河镇至哈尔滨市区，全长247 km。工程规模在当时被专家称为“亚洲第一”煤气管道。1993年7月，哈依煤气向市区供气，气化厂一期工程形成日供气$60×10^4$ m^3能力，首期开栓用户分布全市7区共计5万余户。年底实现开栓供气20万户。此后，哈尔滨市燃气居民用户以年均5万户的速度发展。从此，冰城人逐步告别劈柴、烧煤、扛煤气罐的日子，迈进清洁、便捷的“大煤气”时代。

随着大庆油田天然气实现批量供应，2009年9月20日，哈依人工煤气进气阀门缓缓关闭——在过去16年间为哈市社会经济和居民生活做出巨大贡献的哈依人工煤气光荣完成了历史使命。哈依煤气结束对哈尔滨市供气后，煤气资源全部转产甲醇等化工产品，富余煤气供应佳木斯市使用。

第三节　石　油

石油是天然存在的呈气相、液相或固相产出的，以碳氢化合物（烃类）为主并含有少量杂质的混合物。原油埋藏在地下储油层中以液态存在，在地表压力和混合状态条件下，仍然为液态或半固态形式存在。石油又分为原油、天然气、天然气液及天然焦油等形式，但习惯上仍将“石油”作为“原油”的定义用，被称为“工业的血液”。世界上最早记载有关石油的文字，见于东汉史学家班固所著的《汉书》。历史上，石油曾被称为石漆、膏油、肥、石脂、可燃水等，直到北宋，沈括才在世界上第一次提出了“石油”这一科学的命名。

一、基本性质及主要用途

1. 基本性质

石油的化学成分复杂，主要由碳、氢、硫、氮、氧等组成。一般碳占84%~87%，氢占11%~14%，二者以烃类化合物的形式出现，占原油成分的97%~99%，硫、氮、氧总含量仅占1%~3%。

在石油中已鉴定出的烃类化合物在230种以上，以链状烷烃、环状烷烃、芳香烃含量最多。依据这些碳氢化合物含量，可将石油划分为不同类型。含硫化合物是石油中一种有害成分，会腐蚀炼油设备，降低石油产品的质量。石油的物理性质随其化学组成的不同而有明显差异，它是一种粘稠状的物质，属可燃的有机物。颜色从白色、淡黄色、黄褐色、深褐色、黑绿色至黑色，石油的颜色与所含胶质、沥青质含量有关。一般颜色深的密度大、粘度大，如大庆油田白垩系原油粘度为$19×10^{-3}$~$22×10^{-3}$ Pa·s，克拉玛依油田三叠系原油为$50×10^{-3}$ Pa·s。石油密度一般为0.76~1.0 g/cm^3。石油及其大部分产品具荧光性，不溶于水，溶于有机溶剂，如苯、醚等。石油的标准燃料系数为1.4286，平均低位发热量为41.87 MJ/kg。

重质油是指用常规原油开采技术难以开采的具有较大的粘度和密度的原油，在原始油层温度下脱气原油粘度为$100×10^{-3}$~$1000×10^{-3}$ Pa·s或者在15.6℃及0.1 MPa下密度为934~1000 kg/m^{3}的原油。与常规油相比包含了数量较多的高分子烃和杂原子化合物，在物理性质上，具有密度大、粘度大、含胶量高、含蜡量低、凝固点低的特点。

2. 主要用途

石油在经济建设中占有极其重要的地位，现已经能够从中提炼出5000多种产品，应用到各个领域。石油是宝贵的燃料、润滑油料及化工原料。从石油中提炼的汽油、煤油、柴油等是汽车、拖拉机、火车、飞机、轮船的优质动力燃料，超音速飞机、火箭、导弹、飞船等现代化武器的燃料也离不开石油产品，所以石油也是一种重要的战略资源。石油又是重要的润滑油料，广泛用于各种机器的润滑。炼油剩余物如石油焦可做电极、沥青，沥青也叫柏油，用于铺装路面。

石油也是重要的化工原料，乙烯、丙烯、丁二烯、苯、甲苯、二甲苯、乙炔、萘等化学工业应用的主要基础原料多来自石油和天然气。上述石油化工产品的应用范围很广，既包括各类染料、农药、医药；又包括三大合成材料，合成纤维是纺织原料，合成橡胶广泛应用于农业、国防、交通及日常生活中，合成塑料用于制作各种日用品。清洁用品如洗涤剂、洗发水、沐浴露、肥皂等都含有石油的衍生物。石油精炼或合成出来的油、石蜡、香精、染料等，是制作化妆品、化肥、杀虫剂和食品添加剂等的原料。还有重要的无机化工产品，如合成氨、硫黄等。

二、地理分布

世界石油资源丰富，已探明石油储量 1900×10^8 t，主要分布在委内瑞拉、沙特阿拉伯、加拿大、伊朗、伊拉克、科威特、阿联酋、俄罗斯、利比亚、美国、尼日利亚、哈萨克斯坦、中国等国。

我国石油资源较丰富，至 2018 年底，全国累计探明石油地质储量 389.65×10^8 t，据《中国矿产资源报告（2019）》，石油剩余技术可采储量 35.73×10^8 t，居世界第 13 位。主要分布在渤海湾、松辽、华北、塔里木、鄂尔多斯、准噶尔、珠江口、柴达木和东海陆架等盆地。

黑龙江省油（气）资源主要分布在大庆，另有少部分油（气）资源分布在方正盆地和汤原盆地内。

三、油田特征

1. 大庆油气田

大庆油气田位于松辽平原北部。滨州铁路、哈大齐高速公路从油田内横穿而过。大庆市距哈尔滨市 160 km，西距齐齐哈尔市约 130 km，交通十分便利。

【史话】大庆名字的由来 1959 年 9 月 26 日松基三井喷出工业油流，为庆祝松辽平原石油勘探取得历史性突破和油田的发现，1959 年 11 月 8 日在大同镇召开的有地质、石油两部领导和代表参加的大会上，中共黑龙江省委第一书记欧阳钦提出把大同改名为“大庆”，把新发现的这个油田定名为“大庆油田”，以纪念在中华人民共和国成立 10 周年大庆前夕喷出原油这一大喜事。从此，大庆油田的光辉名字载入史册，美名传遍祖国和全世界。

历经 60 年的勘探开发，松辽盆地北部共找到油气田 34 个（本志统称为大庆油气田），其中油田、油气田 27 个，气田 7 个，大庆油田是投入开发的主力油田，包括喇嘛甸、萨尔图、杏树岗、太平屯、高台子、葡萄花、敖包塔 7 个油田。在大庆长垣以西地区有龙虎泡、敖古拉、新店、齐家、金腾-萨西等 10 个油田和白音诺勒、二站-阿拉新 2 个气田；在大庆长垣以东地区有升平、宋芳屯、模范屯、徐家围子、朝阳沟等 8 个油田。大庆油田主体部分属大型背斜构造圈闭型矿床，南北长 140 km，东西宽 6~20 km。油层埋深 800~1200 m，生油层和储油层为白垩系陆相湖盆沉积岩。所产原油品质属高含蜡（20%~28%）、高粘度（20℃时为 $15\times10^{-3}\sim25\times10^{-3}$ Pa·s）、高凝固点（20~30℃）和低含硫量（0.02%~0.15%）。原油成分以饱和烃为主，天然气多为干气，甲烷含量约 95%，其次为乙烷、丙烷等。

在垂向上，大庆油气田自上而下主要在白垩系嫩江组、姚家组、青山口组、泉头组内发育有黑帝庙、萨尔图、葡萄花、高台子、扶余、杨大城子、农安 7 套含油气组合（图 4-3-1）。

大庆油田于 1959 年发现，1960 年开发，是我国最大的油田，也是世界上为数不多的特大型陆相砂岩油田之一。截至 2020 年底，已累计生产原油 24.33×10^8 t，天然气 1412×10^8 m^3，占中国同期陆上原油产量的 40%左右，累计上缴税费及各种资金 3 万亿元。在发展后劲上，大庆已探明 10×10^8 t 致密油储量，为建设“百年油田”带来新希望。

2. 汤原油气田

汤原油气田位于佳木斯市，面积 3320 km^2。总体上具有东西分带、南北分块的特点。

汤原油气田新生代包括 2 套生储盖组合，具有上气下油的组合特征。石油分布在下部组合的新安

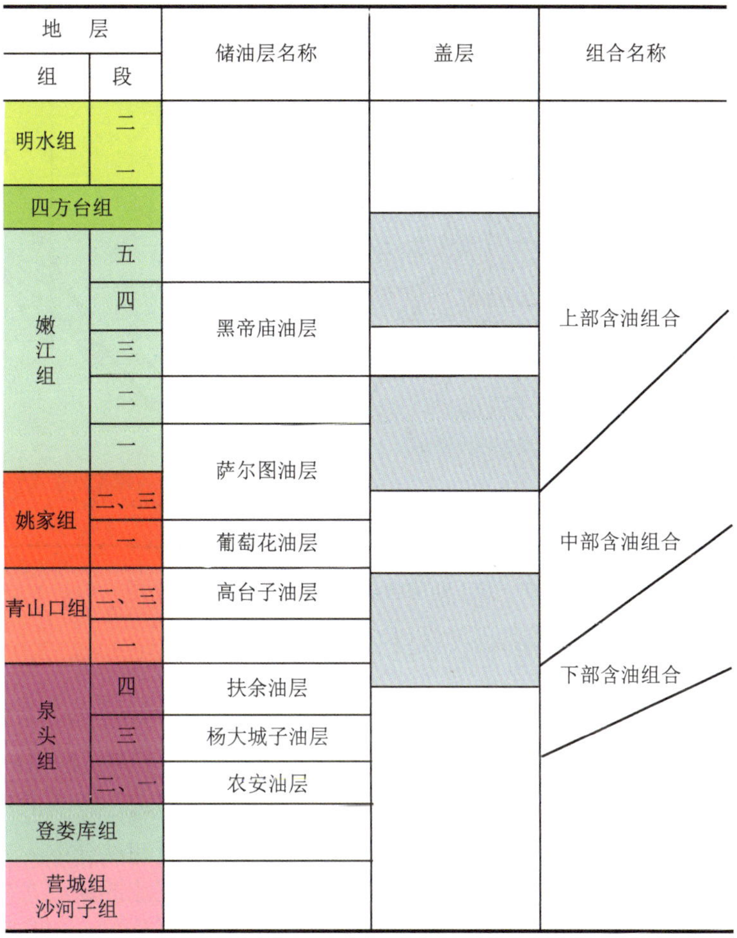

图 4-3-1　松辽盆地北部垂向油气组合

村+乌云组，具有自生自储特征；气藏分布在上部组合，达二段砂岩为储气层，达一段泥岩为生气层，具有下生上储特征。

从现今构造看，断陷具有“一凸二凹”构造格局，东、西两侧的凹陷带为生烃洼槽，中央凸起带夹持于两侧次凹之间，构造最为有利，应是油气的主要聚集区带。经钻探证实，中央凸起带只发现了气藏，未形成油藏，这与现今构造格局矛盾，但与盆地原型相一致，气藏主要分布在中央凸起上的吉祥屯构造和互助村构造。

3. 方正油气田

方正油气田位于方正县、通河县、延寿县境内，面积约 1460 km^2。

方正油气田主要来源于新安村+乌云组下部烃源岩，烃源岩与其相关的储集层之间就可以构成一套含油气系统，但东西凹陷隶属不同烃源灶，并且有机质丰度和热演化历史差异，控制油气形成的地质要素也不同。最终，以有效源岩为中心，根据生储盖的组合关系及油气源对比结果，将方正断陷平面上划分为两套含油气系统：西部凹陷含油气系统和东部凹陷含油气系统。西部凹陷含油气系统主要发育反向断层遮挡型油藏、岩性油藏和不整合面遮挡型气藏。东部凹陷含油气系统主要发育断层岩性油藏（图 4-3-2）。方正断陷含油气系统主要分布在柞树岗次凹及其坡折带、大林子次凹及其北部断块构造带、德善屯向斜构造、坡折带。

四、大庆油气田发展历程

1956 年发现克拉玛依油田，实现了中华人民共和国石油工业的第一个突破；1959 年大庆油田的

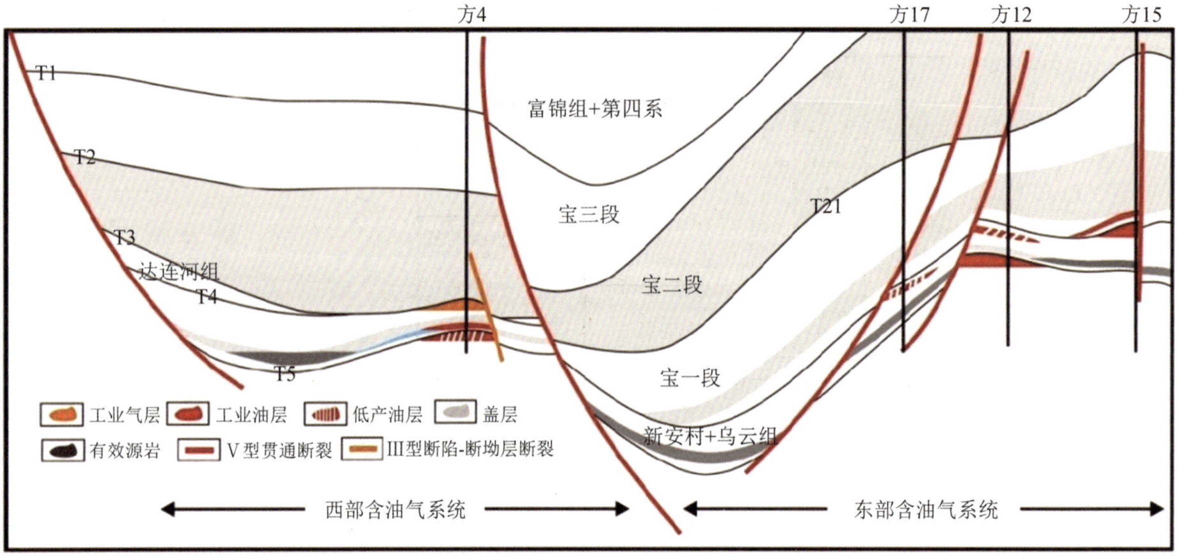

图 4-3-2 方正断陷含油气系统空间展布剖面图

（据平贵东，2014）

发现和投入开发，使中国在 20 世纪 60 年代初期实现了石油基本自给。

1959 年 9 月 26 日，以松基三井喜获工业油流为标志，勘探发现了大庆油田。1960 年初，数万石油大军从祖国四面八方挺进东北松嫩平原，面对恶劣的自然环境和财力、物力的严重匮乏，以铁人王进喜为代表的老一辈石油人，在极其困难的条件下，仅用三年多的时间就夺取了大会战的胜利，一举甩掉了中国贫油的帽子，实现了石油的基本自给，开创了中国石油工业的新纪元。

1963 年底，大庆油田结束试验性开发，进入全面开发建设，先后开发了萨尔图、杏树岗和喇嘛甸三大主力油田，以平均每年增长 300×10^4 t 的速度快速上产，年产油量于 1976 年上升到 5000×10^4 t，并在这一水平上实现连续 27 年高产稳产，之后又在年产 4000×10^4 t 台阶上持续稳产了 11 年，为维护国家石油供给安全，支持国民经济发展提供了重要的能源保障，做出了重大贡献。

与此同时，工程技术、工程建设、装备制造、油田化工、生产保障、矿区服务、多种经营等业务也取得了长足发展，现有业务几乎涉及石油行业的各个领域，具有较为完整的业务体系和综合一体化优势；自主创新了世界领先的大型陆相非均质砂岩油田开发技术系列，创新发展了以提高采收率为代表的一整套核心主导技术系列，水驱精细挖潜和三次采油等技术处于国际领先水平，先后三次荣获国家科技进步特等奖，油田勘探开发成果与“两弹一星”共同载入了我国科技发展的史册；主力油田采收率突破 50%，比国内外同类油田高出 10%~15%，创造了世界同类油田开发史上的奇迹。

余秋里同志在《余秋里回忆录》中对大庆油田作出了这样的评价：“没有哪一个企业的诞生和发展能与中华民族的精神和命运联系得如此紧密；没有哪一个城市在未诞生之前就有了自己的文化厚重底蕴；没有哪一个企业和城市走过短暂的历程却在中华民族的历史上铭刻一个辉煌的亮点。”

大庆油田的发展，得到了几代党和国家领导人的亲切关怀与高度关注。1964 年，毛泽东同志亲自发出“工业学大庆”的号召。1978 年，邓小平同志作出了“建设美丽的大庆油田”的重要指示。1990 年，江泽民同志视察大庆时，高度概括了“爱国、创业、求实、奉献”的大庆精神，并于 1995 年亲笔为大庆题词：“发扬大庆精神，搞好二次创业”。1996 年，胡锦涛同志在接见大庆油田主要负责同志时强调，要“珍惜大庆光荣史，再创大庆新辉煌”。2009 年，习近平同志在出席油田发现 50 周年庆祝大会时强调指出“大庆的成长和辉煌，见证了中华人民共和国的成长和辉煌；大庆的探索和成功，体现了党领导人民进行社会主义建设、进行改革开放的探索和成功；大庆的成绩和贡献，已经镌刻在伟大祖国的历史丰碑上”。

五、大庆油田的发现历史

早在1915年，美国美孚公司曾派人与中国技术人员一起到东北地区进行调查，1926年发表文章，指出“从岩层类型和年代上看，中国东北部的绝大部分是不可能有石油的”。

1928年李四光在《燃料的问题》一文中写道：“美孚的失败，并不能证明中国没有石油可办。”1935年，他在英国讲学，曾预测中国东部包括松辽盆地在内的新华夏构造体系沉降带可能找到“有重要经济价值的沉积物”。

最早提出东北地区可能有含油希望的是曾任苏联驻华使馆商务参赞并在北京大学地质系任过教的拖拉雷夫 B. P.，1930年他发表了《远东矿业》一书，其中谈道：“除新疆及东北外，中国其他部分的地质构造，都很少有找到石油的希望。”

日本侵占期间，他们仅仅把目光放在扎赉诺尔和辽宁阜新一带，而未曾在松辽盆地作过油气资源勘查工作。

1941年潘钟祥和1947年黄汲清先后提出了陆相生油学说。1948年翁文波将松辽平原列入具有含油远景的地区。

中华人民共和国成立后，设立了一系列石油管理、科研机构。1950年4月，燃料工业部下设了石油管理总局。1954年，国务院决定，除石油管理总局继续负责石油的勘探、开发外，由地质部、中国科学院分别承担石油资源的普查和科学研究工作，以扭转石油勘探的落后局面。1955年7月30日，燃料工业部撤销，改立石油工业部、煤炭工业部、电力工业部。此外，1954年春，地质部成立了矿产普查委员会（简称普委），以计划指导全国性的各种矿产普查勘探，从1955年起，普委的任务改为对全国油气资源进行勘探。地质部部长李四光兼任普委的主任委员，谢家荣、黄汲清作为主要的技术负责人分别担任了常务委员。1956年下半年，普委改组为石油地质局，黄汲清任总工程师，谢家荣转入新成立的地质研究所担任副所长。

早在1950年，燃料工业部就邀请了30位地质专家进行座谈，征询有关中国石油资源的前景和勘探方向。这次会议虽然没有确定对东北地区进行勘探，但是东北地区可能有石油的观点已经明确提了出来。1953年10月至1954年2月，以苏联科学院通讯院士特拉菲姆克 A. A. 为首的专家组，在我国考察了5个月后，在考察报告中谈道：“松辽平原，这个地区无疑值得给以极大的重视，并开展区域普查，对最有远景的构造进行详查。”1954年3月1日，燃料工业部在北京召开有苏联专家参加的座谈会，李四光应邀到会作了“从大地构造看中国石油勘探的远景”的演讲，指出我国陆地上石油远景最大的地区有三个，其中两个是华北平原和松辽平原。

中华人民共和国成立后，东北地区先后进行了多次油苗调查工作。1953年1~4月，根据当地群众的报矿消息，东北石油管理局派宗丕声等人到黑龙江尚志县进行过三次油苗调查，同年6月，石油管理总局地质处又派邱振馨等人再次前往调查。1954年，石油管理总局派地质处唐祖奎、姚国范等人对黑龙江省依兰县达连河地区的油页岩进行调查。

1955年1月20日至2月11日，地质部召开第一次石油普查工作会议，会上决定成立5个石油普查大队，但普查的目标中并没有东北、华北地区。到6月份，黄汲清提出并授意苏云山搜集资料起草了一份松辽平原石油普查设计任务书，由李奔签发，并下达到东北地质局。其后，谢家荣起草了《关于松辽平原石油地质踏勘工作方法》，并于8月29日发给了东北地质局。

1955年9月，根据地质部决定，东北地质局组成了以韩景行为组长的6人石油探勘组，沿松花江和哈沈铁路进行地质调查，了解地层含油情况。在踏勘报告中明确指出：松辽平原具有浓烈油味的泥岩，可能有生油层。认为松辽平原可能具有含油远景，建议进一步开展石油普查和物探工作。1956年1月，地质部第二次石油普查工作会议决定组成松辽石油普查队和一一二物探队，以及地质部九〇四航测队，在松辽盆地全面开展石油勘查。认为白垩系松花江统是一套良好的生、储、盖组合，在坳陷较深、沉积较厚之处为找油气理想部位，松辽盆地具有良好油气前景。

1956年9月，地质部副部长何长工在中共八大一次会议上提出：“应该注意解决东北地区和近海地区工业需求，加速进行石油及国家急需矿产的普查和勘探。”1957 年 1 月，地质部党组作出石油勘查战略重点东移的决定。1957 年 6 月，石油工业部派出西安地质调查处地质专题研究队到松辽盆地广泛收集各类资料，综合研究，为石油工业部的队伍进入松辽盆地作好准备。

1958 年 2 月，邓小平同志在听取石油工业部部长李聚奎、勘探司司长唐克汇报后指出：“石油勘探工作应从战略方面来考虑问题。”据此，地质、石油两部领导经过认真研究，共同商定：松辽平原作为全国油气勘查的重点，并提出“三年攻下松辽”和“尽快在我国东部找到油田”的目标。

为贯彻两部决定，地质部重新组建东北石油物探大队（后改名为第二物探大队）和松辽石油普查大队（后改名为第二普查勘探大队）。石油工业部于 1958 年 4 月成立松辽石油勘探大队，5 月成立松辽石油勘探处，6 月成立松辽石油勘探局，当年组建起 32 支勘探队。

1958 年，松辽石油普查大队完成 1：20 万地质普查 6400 km^2，钻井 73000 m。钻遇含油砂岩，证明松辽盆地生油。东北石油物探大队发现 30 个构造和隆起，包括大同镇构造带（后称大庆长垣）这个最有利突破的地区。松辽石油普查大队发现 15 个可能储油构造。1958 年，松辽石油勘探局负责详查和基准井钻探工作，当年钻井 3 口，包括松基一井和二井，均在 1959 年完成，松基二井在钻探过程中见到含油砂岩和油花，但试油后没有见到工业性油流。

1959 年 2 月，地质部何长工副部长，石油工业部余秋里部长、康世恩副部长在京商讨并确定松辽盆地 1959 年整体勘查部署及两部分工原则。石油工业部松辽石油勘探局负责松基三井施工和长垣的深部勘探。

1958 年 7 月，在石油工业部玉门会议上，松辽石油勘探局提出了在高台子构造上开钻松基三井的部署。8 月，根据东北物探大队提供的资料，由大队技术负责人朱大绶提出在高台子隆起顶部钻松基三井的建议。9 月 3 日，韩景行、朱大绶同松辽石油勘探局张文昭、钟其权、杨继良等再次讨论，一致同意松基三井选定在安达县西南 55 km 的高台构造上，后经石油工业部批准，由松辽石油勘探局 32118 井队（井队队长包世忠）施工。1959 年 4 月开钻，8 月钻到 1461.76 m 完井并转入试油，9 月 26 日喷出工业油流（图 4-3-3），日产原油 14.9 m^3，成为大庆油田第一口发现井（《中国矿床发现史·黑龙江卷》编委会，1996）。

图 4-3-3　1959 年 9 月 26 日松基三井喜喷工业油流，标志着大庆油田的发现
（据大庆油田有限责任公司，2019）

【史话】松基三井——大庆油田发现井　“1958 年，石油工业部‘大戏连台’。为实施中央石油勘探‘战略东移’战略，成立了松辽石油勘探大队，后将其扩升为松辽石油勘探局。紧接着，松辽盆地上的三口基准井陆

续开钻，轰鸣的钻机声唤醒了辽阔的亘古荒原。”

松基三井是继松基一井、松基二井之后的第三口井，对于大庆油田来说，它的名气也大于前两口井，因为它是大庆长垣构造带上的第一口探井，也是大庆油田的发现井。松基三井位于大同区高台子镇。提起这口井的诞生，吴国良非常激动，虽然往事已经消失于时间的长河之中，但它留下的光辉印记，却时刻被人们记起。

1959 年 3 月，北方的大地还没有春天的迹象，荒芜空旷的原野上，寒风呼啸往来。在这样的气候环境中，包世忠队长率领 32118 钻井队的队员来到井场，眼前简陋、恶劣的工作环境让包世忠倒吸一口冷气，但他并没有被困难所吓倒，反而激起了心中的万丈豪情。在缺少吊车和大型设备的情况下，包世忠带领钻井工人把钻机拆成几大件，把泥浆泵的泵头部分拆下来，化整为零，用 5 台解放牌卡车多次拉运，然后用倒车坑、倒链、滚杠等土办法装卸车。他们顶着料峭的寒风，打好混凝土基础，安装了井架设备，挖好了泥浆池，准备工作大体就绪。

1959 年 4 月 11 日，松基三井开钻，从井深 1050 m 处开始，连续在 6 个井段取出粉砂岩和细砂岩岩芯中，都见到了油浸和含油现象。石油工业部领导和专家经过认真研究，果断决定用原钻试油。当年的 9 月 26 日下午 4 时，松基三井旁聚集了很多人，他们有夜以继日为松基三井奋战的专家和钻井工人，也有附近闻讯而来的老乡们。

松基三井能否出油，即将揭晓，在场的人们全都全神贯注地盯着这口井。开井了，只见一股棕褐色油柱猛地自井口喷出，在场的人都情不自禁地欢呼跳跃起来。虽然他们的脸上、手上和衣服上都沾满了油污，但是胜利的喜悦，早已让他们顾不上这些了。自此，万人瞩目的大油田诞生了！

2001 年，松基三井被国家文物局列为第五批全国重点文物保护单位，成为中华人民共和国最年轻的文物；2004 年 4 月，被评为中国石油天然气集团公司企业精神教育基地。如今的松基三井（图 4-3-4），不仅吸引了国内外人士前来参观，还成为中小学弘扬大庆精神、会战传统和爱国主义精神的教育基地，以及企业培训、员工入厂教育的阵地。它向后人昭示，大庆油田从这里走来！（《大庆日报》记者卞鹤）

图 4-3-4　松基三井
（吴雨农提供）

六、大庆油田的勘探开发史

1959 年底，全国原油总产量 373.3×10^4 t，比“一五”末期增长一倍，但产量仍不能满足需求。1960 年，苏联停止对华的技术援助，再加上西方国家对我国石油工业进行封锁，我国石油产品严重紧缺，而且当时我国油气田都位于西部地区，主要消费却集中在东部地区。这种局面致使整个国家的经济、政治都处于被动局面，因此迫切需要建设一个大油田，而松辽地区的勘探成果燃起了我国石油工业的更大的希望。

从1960年开始，历时60多年，对松辽盆地进行系统的石油地质调查，共经历了6个勘探阶段。

1. 石油会战，拿下大庆油田（1960~1964年底）

至1960年1月底，松辽平原上共打井22口，其中6口井见油，可采储量1亿多吨。同时，地震资料表明，整个大庆长垣2000 km^2 的构造带内可能都有油。

石油工业部在1960年2月1日的党组扩大会议上，决定从1960年4月开始在大庆进行石油会战。为了会战顺利进行，会议决定由石油工业部党组直接领导这次会战，余秋里部长、孙敬文、康世恩副部长亲到前线指挥，从石油工业部机关抽调一半人员到大庆参加会战。党中央在接到石油工业部的报告后，不仅指示各地积极支援，更动员3万名退伍军人参加会战。到1960年4月底会战开始时，松辽地区共有调集来的设备器材7万多吨，会战职工4万多人，其中有司局级干部14人，技术干部4000多人。

从1960年5月1日至1960年12月，共打井322口，当年就在油田北部探明865 km^2 的面积，探明地质储量 22×10^8 t，可采储量 7×10^8 t，当年生产原油 97×10^4 t。

从1961年开始在萨尔图油田的生产试验区开展了“分层注产，分层配产”等十大开发试验，为合理开发油田提供依据。大庆油田的产量也逐步提高，至1964年，年产量已达到 625×10^4 t。

经过三年半的会战，石油工业部在松辽地区共打1000多口油井，建设了一个面积146 km^2、年产 600×10^4 t原油的大油田，累计生产原油 1166.2×10^4 t，占同期全国原油总产量的51.3%，对实现石油基本自给起到了决定性的作用。国家对大庆油田累计投资7.2亿元，而大庆油田上缴的财政收入为10.7亿元，除收回全部投资外，还为国家多缴资金3.54亿元。1963年11月17日，周恩来总理在第二届全国人民代表大会第四次会议上作政府工作报告，宣布中国的石油产品已经基本自给了。

【史话】“铁人”王进喜 20世纪60年代，中国的石油战线上捷报首传，大庆发现了大油田！这个振奋人心的消息立刻飞向了神州大地，也飞进了一个人的心里，他正是石油战线的杰出代表——王进喜。

王进喜，出身于甘肃玉门一个贫苦的农民家庭，从小靠讨饭为生，十五岁到玉门油矿做苦工。中华人民共和国成立后，王进喜成为我国第一批钻井工人。王进喜异常珍惜这得来不易的机会，以巨大的热情和精力投入到钻井工作中。他勤劳肯干、吃苦耐劳，积极改进钻井技术，由他带领的钻井队创造了当时月钻井进尺5009.3 m的全国最高纪录，并荣获石油工业部颁发的“钻井卫星”红旗。

1959年，作为“全国劳动模范”的王进喜到北京参加“群英会”。他看到大街上的公共汽车车顶上背着个重重的壳，觉得很奇怪，问道：“车顶上背的是啥呀？”同行的人告诉他：“因为中国缺少石油，没有石油就没汽油烧，汽车就只好烧煤气了。车顶上背的就是煤气包。”听到这儿，王进喜沉默了。他这才真真切切地感受到，虽然中华人民共和国成立十年了，但我们的国家还是那么缺乏石油！从此，王进喜经常告诫自己，也提醒工友们：“石油关系着国家的命脉，没有石油，工业无法发展，农业现代化也很难实现，我们的国家和民族正承受着巨大的压力和考验，作为国家的主人，我们理应为国分忧，这是我们石油工人的责任！”

1960年3月15日，一列破旧的火车轰鸣而过，载着王进喜和他的一二〇五钻井队，日夜兼程地从甘肃玉门油田赶到大庆，一场轰轰烈烈的石油大会战在此拉开序幕。作为石油大会战的主力军，王进喜和他的队伍肩负着让中华人民共和国甩掉“贫油”帽子的重任。一下火车，王进喜第一句话就问：“钻机到了没？我们的井位在哪里？”终于，钻机运到了，大家欣喜若狂。王进喜等不及天亮，就兴冲冲地带领工友们到车站取钻机。一到车站，满头大汗的大伙儿傻眼了——六十多吨重的钻机，沉沉地躺在车厢里，挑衅似的冷冷对着大家。没有吊车也没有拖拉机，只有几辆解放牌汽车，大家议论纷纷，焦急地想着办法。王进喜果断地对大伙儿说：“同志们，眼下我们的困难还很多，但是，我们不能坐着等，我们有条件要上，没有条件创造条件也要上！就算用大绳拉，用肩膀扛，我们也要把钻机卸下来，运到井场上安装，早开钻！大家看行不行？”“行！”工友们异口同声地回答道，“不能等，就是豁出命来也要上！”大家纷纷摩拳擦掌，找来能撬、能抬、能扛的工具，在王进喜的指挥下，钻机被拆成几大件，用方木加撬杠，拉的拉、撬的撬，手掌被棕绳勒出了血，肩膀被压得又肿又痛，大家都没有吭一声。就这样，王进喜和他的工友们硬是把六十多吨重的钻机一寸一寸、一尺一尺地运到十五里外的井位上，让四十多米高的井架终于在茫茫荒原上矗立起来。

1960 年 4 月，第一口油井打好之后，钻井队准备往第二口井搬家。在一次意外中，王进喜的右腿被滚落的钻杆砸伤。他顾不上住院，拄着拐杖就连夜回到了井场。谁知，第二口油井正发生井喷，没有重晶石粉，只能用水泥代替，没有搅拌机，水泥沉到泥浆池底，起不到作用。紧急关头，王进喜不顾腿伤，扔掉双拐，纵身跳进泥浆池，用身体搅拌泥浆。在他的带动下，工友们也纷纷跳进泥浆池。经过三小时多的奋战，井喷终于被制服了。房东赵大娘看到王进喜领着工人没日没夜地干，有时忙得连饭也顾不上吃一口，感慨地说："你们的王队长可真是个铁人哪!""铁人"（图 4-3-5）的名字从此传开了，蕴藏在他身上的"铁人精神"也传开了，一直激励和鼓舞着一代又一代的石油人奋勇前行。（资料来源：https://www.ppzuowen.com/book/yingxionggushi/164522.html）

图 4-3-5　大庆石油博物馆王进喜雕像

（吕长禄摄）

2. 油田建设飞速发展，勘探进入低潮阶段（1965~1972 年）

由于支援其他探区，大庆油田勘探力量减少，1965~1972 年是在松辽盆地勘探施工工作量最少的时期。地震工作主要是在大庆油田和其他几个评价钻探区进行构造细测，在长垣西侧、泰康等地区进行详查，并在绥化地区进行地震概查。每年钻探井 1~6 口，1970~1971 年达 13~14 口，主要是在已知含油区进行评价钻探，只在大庆长垣西侧和泰康等地区有少量探井进行预探和侦察。

3. 开展第二轮大规模勘探，油田持续稳产高产阶段（1973~1984 年）

1973 年 2 月，重新组建了大庆油田勘探指挥部，按照石油工业部对于大庆探区要开展二次勘探的指示，逐步扩充勘探队伍，加大勘探工作量（图 4-3-6）。并在 1976 年 12 月 31 日，大庆油田年生产原油 5030×10^4 t，首次实现了年产原油 5000×10^4 t 的目标，进入世界特大型油田的行列。

【史话】"新铁人"王启民：一生为祖国"加油"　他为石油而生。是他，挑战油田开发极限，推动大庆油田连续 27 年年产原油 5000×10^4 t 以上，创造了世界同类油田开发奇迹，为祖国建设和发展源源不断地"加油"。他叫王启民（图 4-3-7），大庆"新铁人"，也是"人民楷模"国家荣誉称号获得者。

"闯将在此"——毛头小伙儿"敢笑天下"。

记者眼前的王启民，像个邻家老人。由于长期野外作业，他早年患上类风湿强直性脊柱炎，有些驼背，但一谈起攻克的那些石油开采难题，便神采飞扬。

1960 年，还在北京石油学院读书的王启民，来到刚开发的大庆油田实习。"当时，几万会战职工住地窨子、啃窝窝头，人拉肩扛、爬冰卧雪也要为国家找油。"他被这种场景震撼，毕业后毅然重返大庆。当时，外国专家

图 4-3-6　1973 年 6 月 21 日召开的喇嘛甸油田会战祝捷大会

（据大庆油田有限责任公司，2019）

图 4-3-7　“新时期铁人”王启民

（来源：http：//union. china. com. cn/zhuanti/images/2018-09/14/2e2ef0b7-c31b-47df-a46e-168d9f057aaf. jpg）

的一席话深深刺痛了他的心。“他们说，中国人根本开发不了这样复杂的大油田。”王启民回忆。“可这个油田是国家之宝啊！”王启民说，“铁人王进喜说了，没有条件创造条件也要上，把国家的需求作为奋斗的方向，干劲就来了。”

王启民等几个年轻人写了一副对联——“莫看毛头小伙子，敢笑天下第一流”，横批“闯将在此”。“闯中有马，我们把‘马’字写得大大的，突破了‘门’框。”王启民说，我们一定要闯出天下一流的开发路子来。

挑战迎面而来。早期，由于缺少经验，大庆油田只能套用外国“温和注水，均衡开采”方法开发，结果造成油井含水上升快，原油采收率一度不到5%。长此以往，将对油田带来极大破坏。

“大庆油田地下构造千差万别，有富油层，也有薄差油层，怎么能以同一个水平开发呢?”王启民质疑。通过不断试验，他提出“非均匀”注采理论，使日产百吨以上的高产井成批涌现，为大庆油田原油上产提供了重要保证。

“宁肯把心血熬干，也要让油田稳产再高产”。

20世纪70年代，一面是国家急需更多的原油，一面是随着开采程度加大，油井平均含水明显上升，油田开发又一次面临严峻考验。1970年，王启民和试验组一行在油田中区西部开辟试验区。“有的井含水量上升，得赶快想办法。当父亲的干啥，就是给孩子治病啊。”他把油井当作自己的孩子。吃、住、办公几乎都在现场，王启民和团队坚持了10年。3000多个日夜，他们白天跑井，晚上做分析，和无言的地层“沟通”，终于绘制出了大庆油田第一张高含水期地下油水饱和度图，揭示了油田各个含水期的基本规律，发展形成了“六分四清”分层开采调整控制技术。1976年，大庆油田年产原油攀上5000×10^4 t。

为接续高产稳产，王启民又把目光瞄向了表外储层，这是被国内外学界认定为“废弃物”的油层。“这些油层虽然薄、差，但层数很多，储量丰富。”王启民认为，既然禁区是人设定的，就能打破它。在质疑声中，一次次失败、一次次纠错、一次次再来。王启民带队对1500多口井逐一分析，对4个试验区45口井进行试油试采，终于找到了开发表外储层的“金钥匙”。这项技术使得大庆油田新增地质储量7×10^8 t、可采储量2×10^8 t。

“既然选择了这条路，吃苦就是最基本的准备。宁肯把心血熬干，也要让油田稳产再高产。”这是“新铁人”的宣言。20世纪90年代中期，大庆油田主力油层含水超过90%。王启民坐不住了，带队开展“稳油控水”技术攻关，使3年含水上升不超过1%。到2002年，大庆油田实现了连续27年年5000×10^4 t以上的高产稳产。

一生只做一件事——为祖国献石油。

如今，83岁的王启民还坚持每天来到办公室。“退而不休”的他又开展起新能源技术研究。“我虽然岗位退了，但有责任为年轻科研人员成长当好人梯。”王启民说。

对于经手的技术报告，他关注到小小的标点符号，总是习惯用铅笔在报告上标注。“这是平等探讨。”王启民表示，如果有不同看法，可以随时改过来。“要有铁人的‘拼’，‘十年磨一剑’的‘傻’，向各种人物、事物学习的‘智’。”这是王启民自创、秉持的新“三字经”。从23岁北上来到大庆油田，王启民奋战在这片热土，整整60年。

“我只是个普通代表，荣誉属于大家。”王启民说，回首走过的岁月，感慨万千，仿佛又看到了“拼命也要拿下大油田”的震撼场面，又回到了探索先进勘探开发技术的火热一线。(新华社记者闫睿)

为表彰地质矿产部、石油工业部、中国科学院在发现大庆油田中所取得的突出成果和做出重大贡献的科学技术工作者，1982年他们参与的“大庆油田发现过程中的地球科学工作”被授予“国家自然科学奖一等奖”。获奖的主要人员有：地质矿产部李四光、黄汲清、谢家荣、韩景行、朱大绶、吕华、王懋基、朱夏、关士聪；石油工业部张文昭、杨继良、钟其权、翁文波、余伯良、邱钟健、田在光、胡朝元、赵声振、李德生；中国科学院张文佑、侯德封、顾功叙、顾知微。

4. 勘探取得新突破、新发展阶段（1985~2000年）

这一阶段，由于掌握了新的勘探技术和研究工作的深入，取得了显著的勘探成效，如三肇地区扶余、杨大城子油层大面积含油；中浅层天然气勘探取得重要进展；深层勘探宋芳屯构造登娄库组获工业气流等。

5. 岩性油气藏重点勘探阶段（2000~2010年）

研究形成了向斜区成藏认识，丰富了大型陆相坳陷湖盆油气勘探理论。发展了薄互层低渗透储层预测、复杂油水层识别及高精度三维地震勘探等技术。葡萄花油层实施勘探开发一体化，凹陷主体实现了满凹含油；扶余油层在三肇凹陷主体实现了含油连片，新增探明石油地质储量5.92×10^8 t，深层天然气勘探通过“三个转变”发现了中国东部地区第一大天然气田——徐深气田。总体提交探明石油地质储量11.34×10^8 t、探明天然气地质储量2317.53×10^8 m^3，平均每年探明石油（气当量）储量

13184.16×10^4 t，形成了大庆油田勘探史上第三次储量增长高峰。

【史话】第三代铁人李新民　“宁肯历尽千难万险，也要为祖国献石油”　李新民（图4-3-8），29年专注钻井事业，立誓“宁肯历尽千难万险，也要为祖国献石油”，带领1205钻井队实现了由单一井型向多种井型、速度型向效益型、国内作业向海外作业的三大跨越。先后荣获全国劳动模范、学习型职工标兵、创先争优“优秀共产党员”等多项殊荣。

图4-3-8　新一代“铁人”李新民

（据大庆油田有限责任公司，2019）

做铁人传人，思想领先、永争一流。刚到1205钻井队，李新民就下定决心：“来到铁人队，就要长出铁骨头!”。不管是当钻工、技术员，还是担任副队长，他都始终立足岗位、创先争优。当党支部书记、队长后，他更是告诫自己，一定要保持争第一、站排头的优良传统，“井打到哪里荣誉室就搬到哪里，思想教育就抓在哪里，党员作用就发挥在哪里”。他始终秉承铁人王进喜老队长“喊破嗓子，不如干出样子”的教诲，坚持做到“三带头四不离”，艰巨任务带头挑、艰苦工作带头干、艰险时刻带头上；没特殊情况不离井队、节假日不离井场、复杂工序不离现场、关键环节不离岗位。一次施工中，钻机的油壬突然刺漏，就像人的动脉被划了口子，控制不住会造成严重事故。他带领大家迅速爬上井架，刚砸开水龙带，泥浆一下子喷得满身都是。当时气温零下20多摄氏度，大锤结满了冰，戴手套抓不住，他就干脆光着手抡大锤，砸了半个多小时才修好，事故处理完成后，他的双手被粘掉一层皮，身上都结了冰。在他的带领下，1205钻井队向深度进军、向海外拓展，总进尺突破250×10^4 m，相当于钻透了283座珠穆朗玛峰，成为当时全国打井最多、创纪录最多的钻井队。

做铁人传人，工作争先、创业报国。“把井打到国外去”，是铁人王进喜老队长的夙愿。保障国家石油战略安全，是大庆石油人的使命。为了适应新形势，李新民带领队友学习前沿钻井技术、涉外商务知识，全队有7人一次性通过英语托福考试，顺利取得国际钻井资格认证。海外打井的第一站，就是多年战乱的苏丹。发电机在海运中被严重腐蚀，甲方认为开钻期限内不可能修好，要求钻井队撤离。他一夜没合眼，心中有一个坚定的信念，绝不能砸铁人队的牌子、丢中国人的脸，要像老队长那样，有条件要上，没有条件创造条件也要上。为了顺利开钻，他开着皮卡车，冒着流弹袭击的危险，3天跑了上千千米，终于找来一台待修的发电机，改装调试后如期开钻，只用17天就拿下了第一口井。苏丹推广水平井，可由于地层复杂，几家国际一流的钻井公司都没打成，得知情况后，他带着翔实的竞标资料几次去“请战”。为确保顺利开钻，他与技术人员认真梳理施工要领，制定多项预案，24小时“蹲”在井上，盯着每一米进尺，把住每一个环节。最终，井打得非常成功，产量是其他井的两三倍，成为中国石油海外市场“功勋井”。加拿大籍监督连声称赞：“Manager Li，No. 1!”此后，他和队友在苏丹先后共完成37口水平井，口口全优，创出23项钻井新纪录，两次获得苏丹颁发给服务方的最高荣誉——PDOC钻井杯。后来，中国石油在伊拉克战后石油钻井招标中中了第一标，凭着技术实力、苦干实干，很快在伊拉克打开了局面。

做铁人传人，奉献率先、不懈奋斗。当年，铁人老队长常说，“宁肯少活二十年，拼命也要拿下大油田。”李新民在工作中时刻要求自己，“宁肯历尽千难万险，也要为祖国献石油”。苏丹号称“世界火炉”，一年中有大半年地表温度达到六七十摄氏度，从早到晚都像在蒸桑拿。一天喝20多瓶水，都不用上厕所，全通过汗水蒸发了。在伊拉克打井，上下班得戴钢盔、穿防弹背心。即使这样，危险还是存在。有一次，3名队友去井场，一枚火箭弹穿车而过，差点车毁人亡。为防止劫匪袭击，甲方要求营房窗户都用钢板焊死，他却坚持在自己的窗户上留了观察口。一天夜里，听到外面有动静，他发现十几个持枪的武装分子直奔营房而来，便赶紧组织大家避险，整整躲了一天一夜。面对危险，他与同事们没有退却，团结一心，义无反顾地坚守着岗位。而这些事，他从来不对家人说。后来，李新民的妻子还是知道了，听他描述着危险的场景，担忧与恐惧使妻子不由得两腿打战，半天也站不起来。只要他回国，妻子总是变着法做他喜欢吃的东西，他也抢着帮她干家务；儿子总和他黏在一起，他也总是看着儿子睡了才休息；他更是珍惜与老母亲在一起的每一分钟，总是挤时间陪她唠唠嗑。母亲对他说："自打你出国，我的心老是揪着，总睡不着！"听了这话，他也特别难受，母亲快八十岁了，吃也吃不了多少，穿也穿不了啥，就想和儿子多待在一起。可是他知道，作为石油工人，作为共产党员，国家需要石油，再难再险也要上！

李新民先后当选第十一届全国人大代表、党的十八大代表、党的十九大代表，2018年3月当选第十三届全国政协委员。被中国石油党组授予"大庆新铁人"称号，成为大庆油田第三代铁人。2013年7月，李新民被中宣部定为全国重大典型——"新时期产业工人实现中国梦的优秀代表"，在人民大会堂及全国多地举行了先进事迹报告会。2019年9月15日，李新民被中央宣传部、中央组织部、中央统战部、中央和国家机关工委、中央党史和文献研究院、教育部、人力资源社会保障部、国务院国有资产监督管理委员会、中央军委政治工作部授予"最美奋斗者"称号。（资料来源：https://www.imsilkroad.com/news/p/383106.html）

6. 多类型油气藏勘探阶段（2011年至今）

随着老区勘探程度的不断提高，大庆油田逐步进入常规油气精细勘探、致密油气勘探和新区新领域勘探阶段。深化了斜坡区成藏认识，完善了大型陆相坳陷湖盆油气勘探理论，探索形成了致密油气勘探理论，建立了"甜点"识别与评价、水平井加大规模体积压裂等配套技术，常规油新增探明地质储量3.17×10^8 t，实现了持续规模增储。致密油新增控制和预测两级地质储量超4×10^8 t，成为现实增储领域；致密气新增探明地质储量189.24×10^8 m^3。松辽盆地北部双城断陷、海拉尔盆地红旗凹陷和大杨树盆地等新领域，勘探也获得工业发现。

七、大庆精神　铁人精神

【知识链接】**大庆精神**　概括地说就是"爱国、创业、求实、奉献"，即为国争光、为民族争气的爱国主义精神；独立自主、自力更生的艰苦创业精神；讲究科学、"三老四严"的求实精神；胸怀全局、为国分忧的奉献精神。

【知识链接】**铁人精神**　"为国分忧、为民族争气"的爱国主义精神；"宁可少活20年，拼命也要拿下大油田"的忘我拼搏精神；"有条件要上，没有条件创造条件也要上"的艰苦奋斗精神；"干工作要经得起子孙万代检查""为革命练一身硬功夫、真本事"的科学求实精神；"甘愿为党和人民当一辈子老黄牛"，埋头苦干的奉献精神等。

2019年9月，习近平总书记在致信祝贺大庆油田发现60周年时指出："大力弘扬大庆精神、铁人精神，不断改革创新，推动高质量发展，肩负起当好标杆旗帜、建设百年油田的重大责任，为实现'两个一百年'奋斗目标、实现中华民族伟大复兴的中国梦作出新的更大的贡献。"时光不老，精神永恒。历经半个多世纪风雨洗礼，大庆精神、铁人精神，已经成为中华民族伟大精神的重要组成部分，激励一代又一代中华民族优秀儿女不畏艰难、勇往直前。面对新冠肺炎疫情带来的诸多困难和挑战，我们要大力弘扬大庆精神、铁人精神，完成决战决胜脱贫攻坚目标任务，全面建成小康社会。

1. 为国争光、为民族争气的爱国精神

1959年9月26日，中华人民共和国成立10周年前夕，随着一股工业油流从松辽盆地北部的

“松基三井”喷涌而出，大庆油田正式诞生，粉碎了国际敌对势力以石油为武器，对新中国进行政治孤立、经济封锁、军事威胁的企图。从此，中国甩掉了“贫油”的帽子，中国石油工业屹立在世界东方。在此过程中，以铁人王进喜为代表的石油人，在“青天一顶星星亮，荒原一片篝火红”的艰苦条件下，践行“三要”（一要甩掉中国石油落后的帽子，二要高速度、高水平拿下大油田，三要赶超世界先进水平、为国争光）、“十不”（不怕苦、不怕死、不为名、不为利、不讲工作条件好坏、不讲工作时间长短、不计报酬多少、不分职务高低、不分分内分外、不分前方后方）的誓言，鏖战三年拿下大油田。大庆油田的卓越贡献已经镌刻在伟大祖国的历史丰碑上。大庆精神、铁人精神充分体现了大庆石油人以振兴国家石油事业为己任的强烈爱国主义情怀和担当奋进作为，成为激励中华儿女为国争光、为民族争气的一面时代旗帜。

2. 自力更生、艰苦奋斗的创业精神

国外一些学者曾经认为中国是贫油国家。我国科学家在大庆找到油田后，一些外国人又说，“大庆油田原油又黏又稠，只有搬到赤道才能开采”，离开他们，“中国人就不能开发这样大的油田”。然而大庆人不服输、不信邪，坚持“有条件要上，没有条件创造条件也要上”，克服环境、气候、地质、饥荒等种种常人难以想象的艰难困苦，仅用一年零三个月就从打出第一口井喷油发展到探明长垣面积，只用三年就实现我国石油基本自给。大庆石油人之所以能取得这一令世人惊叹的成就，得益于他们在波澜壮阔的石油大会战中锻造形成的“六个传家宝”，即：人拉肩扛精神、干打垒精神、修旧利废精神、缝补厂精神、回收队精神、五把铁锹闹革命精神。这“六个传家宝”，铸就了自力更生、艰苦奋斗的鲜明精神标识。

3. 讲求科学、“三老四严”的求实精神

回顾历史，大庆油田的高产稳产之路并不平坦，遭遇了数不清的困难和挑战。如 20 世纪 80 年代，有人发出大庆油田即将走向全面衰退，成为第二个巴库油田的悲观论调。事实证明，那些外国专家只看到大庆油田难产的地质特征，却忽视了大庆人在油田开发建设中培养出来的对待技术难题百折不挠、务实创新的科学精神和坚强意志。大庆科研工作者坚持实践第一观点，不断超越权威、超越前人、超越自我，形成了“三老四严”（即对待革命事业，要当老实人、说老实话、做老实事；干革命工作，要有严格的要求、严密的组织、严肃的态度、严明的纪律）和“四个一个样”“六股劲”的务实精神，创造了“两分法”“三个面向”“四勤四看”“五到现场”等科学方法，正是以这种对事业、对工作科学认真、求实严谨的精神为动力，以科学严明的规则作保障，大庆人战胜了各种困难挫折和干扰，依靠自主创新攻克多项关键核心技术，而且建成了国家能源陆相砂岩老油田持续开采研发中心、大庆油田智慧指挥中心，以及 10 个国家级和全行业的试验检验中心，主力油田采收率达到 50% 以上，比国外同类油田高出 10%~15%，把大庆油田的发展史，书写成了一部科技创新史和自强奋斗史。

4. 胸怀全局、为国分忧的奉献精神

大庆精神、铁人精神之所以能历久弥新，就是因为它深深植根于大庆石油工人高度的主人翁责任感，源于他们把个人价值和国家前途命运融合到一起的政治自觉，“奉献”是大庆精神、铁人精神的核心精髓。中华人民共和国成立初期，石油格外珍贵。时任全国人大常委会委员长的朱德同志忧心忡忡地说：“没有油，坦克、大炮还不如打狗棍。”面对此情此景，肩负全国期待，铁人王进喜作为第一批大庆石油人的代表喊出了“宁肯少活 20 年，拼命也要拿下大油田”的铮铮誓言。无数像王进喜那样的共和国建设者们，自觉自愿地用鲜血和生命履行了“为国分忧、为民奉献”的诺言，大庆精神、铁人精神中的奉献因子，就这样深深地刻印在一代又一代大庆石油人心中。同时，他们的赤子之心、奉献之魂，也不断影响、感召和激励着更多中华儿女作出为了国家和民族利益牺牲奉献的伟大抉择。

习近平总书记指出：“追梦需要激情和理想，圆梦需要奋斗和奉献。”奉献是中华民族的传统美德，更是共产党人的重要精神特质。我们党对国家、对民族、对人民的赤诚奉献，既通过推动中国历史变革的伟大成就来体现，也通过一个个共产党员的先锋模范作用来展现。大庆油田的创业史发展史，是对这种奉献精神最生动的诠释。这种奉献精神至今仍激励着一代代石油人不断书写为国为民奉献的感人故事。这些平凡英雄在为他们无限热爱的石油事业、为中华民族的伟大复兴默默奉献，也不断用自己的行动为大庆精神、铁人精神注入新的榜样力量和时代价值（赵周贤，2023）。

第四节　天然气

天然气是指自然界中天然存在的一切气体，包括大气圈、水圈和岩石圈中各种自然过程形成的气体。而人们长期以来通用的“天然气”的定义，是从能量角度出发的狭义定义，是指天然蕴藏于地层中的烃类和非烃类气体的混合物。在石油地质学中，通常指油田气和气田气。

一、基本性质及主要用途

1. 基本性质

天然气是地下天然储层中以气态存在，在地表压力与温度下仍为气态的烃类。是一种含碳氢物质的可燃气体，发热量 39.46 MJ/kg。它的基本成分为烃类，以甲烷为主，一般组成比（体积分数）为甲烷（85%）和少量乙烷（9%）、丙烷（3%）、氮（2%）和丁烷（1%）；非烃类成分主要是二氧化碳、氮、硫化氢、氢和惰性气体，含量少，一般不超过 15%。天然气是无色无味的气体，但当它混有硫化氢气体时，会出现强烈的刺鼻气味。在地表标准大气压下，天然气混合物的密度一般为 0.7~0.75 g/m^3。天然气的热值比较高，平均低位发热量 38.97 MJ/kg，标准燃料系数为 1.33。根据天然气中重烃（C_2 以上）的含量，把天然气分为干气（贫气）和湿气（富气）。重烃含量高于或等于 5%的为湿气，多与原油共存，也称为伴生气。湿气中的乙烷、丙烷、丁烷在增压后又可变为液态，故也称为液化石油气。重烃含量低于 5%的为干气，以甲烷为主。

2. 主要用途

天然气是气态的能源资源，可作为民用和工业用的动力燃料，也可压制分离出液化天然气作为液体动力燃料（天然气油）。与其他矿物能源比较，具有干净清洁、使用方便、燃烧效率高、价格低等优点。天然气还是重要的有机化学工业原料，如天然气中的甲烷是生产合成氨、甲醇的主要原料。天然气凝析油是裂解乙烯的优质原料，同时还可制造橡胶工业所需的炭黑。天然气发电在世界上发达国家中发展很快。

二、天然气种类

天然气按成因可以分为油田气、煤层气、生物气和水合物气 4 种。

在中国，常规的天然气储存形式是普遍存在的，包括气层气、溶解气、水溶气、凝析气。非常规天然气主要是指非常规油气、页岩气等。中国页岩气资源潜力大，将成为天然气的重要来源。

三、地理分布

世界天然气资源丰富，是 21 世纪的主要能源之一。2008 年世界探明天然气可采储量为 185×10^{12} m^3，主要分布在北美洲、中南美洲、欧洲及欧亚大陆、中东、非洲、亚太地区。

截至 2017 年底，中国累计探明天然气地质储量 12.29×10^{12} m^3（周立明等，2019），据《中国矿产资源报告（2019）》，截至 2018 年底，我国天然气剩余技术可采储量 5.79×10^{12} m^3。主要分布在塔里木、四川、鄂尔多斯、东海陆架、柴达木、松辽、莺歌海、琼东南和渤海湾九大盆地。

黑龙江省天然气资源主要分布在松辽盆地北部，大致以大庆长垣为界，以西主要是中部含油气组合及黑帝庙油层天然气分布区，以东主要是扶余、杨大城子油层，面积约 38000 km^2。登娄库组和基岩风化壳天然气分布区，从西北向东南可划分出 8 个含气带。

四、徐深气田

徐深气田位于大庆市与安达市境内，南北长约 45 km，东西宽约 10 km。

区域构造上处于松辽盆地北部深层徐家围子断陷区中部，从南向北由兴城、昌德、生平、汪家屯等 4 个区块组成，储集层分布在下白垩统营城组酸性喷出岩和登娄库组砂砾岩。产层深度：2700~4300 m，地层压力系数：1.05~1.13；地温梯度高：3.0~4.0℃/100 m；单井日产量：1×10^4~30×10^4 m^3，腐蚀性气体：天然气组成中普遍含 CO_2，多数井含量 0.5%~3.3%，个别井含量高达 24%（徐深 8 井），CO_2 分压在 0.21~9.32 MPa（数据由中国石油官网发布）。

2002 年 5 月 7 日，徐深 1 井完钻，徐深 1 井是我国东部最大气田——庆深气田的发现井。该井 2001 年 6 月 26 日开钻，井深 4548 m，日产气量 21×10^4 m^3 左右。徐深 1 井 “一气冲天”，揭开火山岩储层的神秘面纱，标志着大庆油田松辽盆地北部深层天然气勘探获得重大突破性进展，从此拉开庆深气田全面开发的历史序幕（徐正顺等，2008）。

盆地内存在两大套气源岩，多种天然气类型，垂向上有 8 个含气组合，平面上有 8 个含气带，垂向和平面分布上天然气演化阶段都存在着从未成熟至过成熟的完整系列。

垂向分布特征：松辽盆地北部天然气在垂向上分布广泛，自基岩风化壳到四方台组、明水组均有天然气的分布，含气剖面总长度在 3500 m 以上，含气储盖组合有 8 个，各层位天然气的含气组合（图 4-4-1）如下。

1）浅部含气组合：指明水组及其以上地层，天然气主要来源于中部组合气源岩，沿断层运移到浅部聚集起来，为次生气藏。

2）黑帝庙油层含气组合：指嫩二段—嫩四段，其天然气主要来自中部组合气源岩，少量为嫩江组自生天然气。

3）萨尔图、葡萄花、高台子油层含气组合：指青二、三段至嫩一段，其天然气主要来自嫩一段和青山口组厚层黑色泥岩所生成的原油伴生气，在古龙凹陷中心有部分高成熟湿气生成。

4）扶余及杨大城子上部油层含气组合：指泉三、四段，以泉头组所生原油伴生气及深层运移来的气为主。

5）杨大城子中下部油层含气组合：指杨大城子油层Ⅲ~Ⅴ组，以深层气源为主，混有少量的中浅层气源岩所生成的天然气。

6）泉一、二段含气组合：气源来自深层，以泉二段紫褐色、红色局部黑色泥质岩为主要盖层，盖层厚度一般可达 250 m 以上。

7）昌德含气组合：以营城组为主要气源，登二段所生的少量天然气为次要气源。

8）深部含气组合：指登一段到基底，以沙河子组和营城组所生的天然气为主要气源，以登一段和沙河子组、营城组的粗砂岩、砾岩、火山碎屑岩和基底的风化壳为储集层。

五、开发利用

2018 年我国天然气产量居世界第六位，为 1602.7×10^8 m^3，增长 8.3%，表观消费量 2850.0×10^8 m^3，增长 17.7%。新增 3 个千亿立方米气田，分别为鄂尔多斯盆地的苏里格气田和米脂气田、塔里木盆地的克拉苏气田。全国累计探明天然气田 273 个，分布在 26 个盆地（方圆等，2018）。

黑龙江省的天然气资源的开发利用，离不开大庆油田的勘探和发现，2008 年已具 2000×10^8 m^3 天然气储量规模，是大庆油田天然气开发的主要领域。2019 年天然气产量 45.53×10^8 m^3。

由于黑龙江省境内的天然气资源与原油勘探相互依存度颇高，对大庆徐深气田火山岩储层气藏地质、气藏工程、钻采工艺深入研究，形成了火山岩气藏开发技术体系，为我国在火山岩气藏开发技术方面积累了有益的经验。随着徐深气田的进一步开发利用，将改善黑龙江省能源结构。

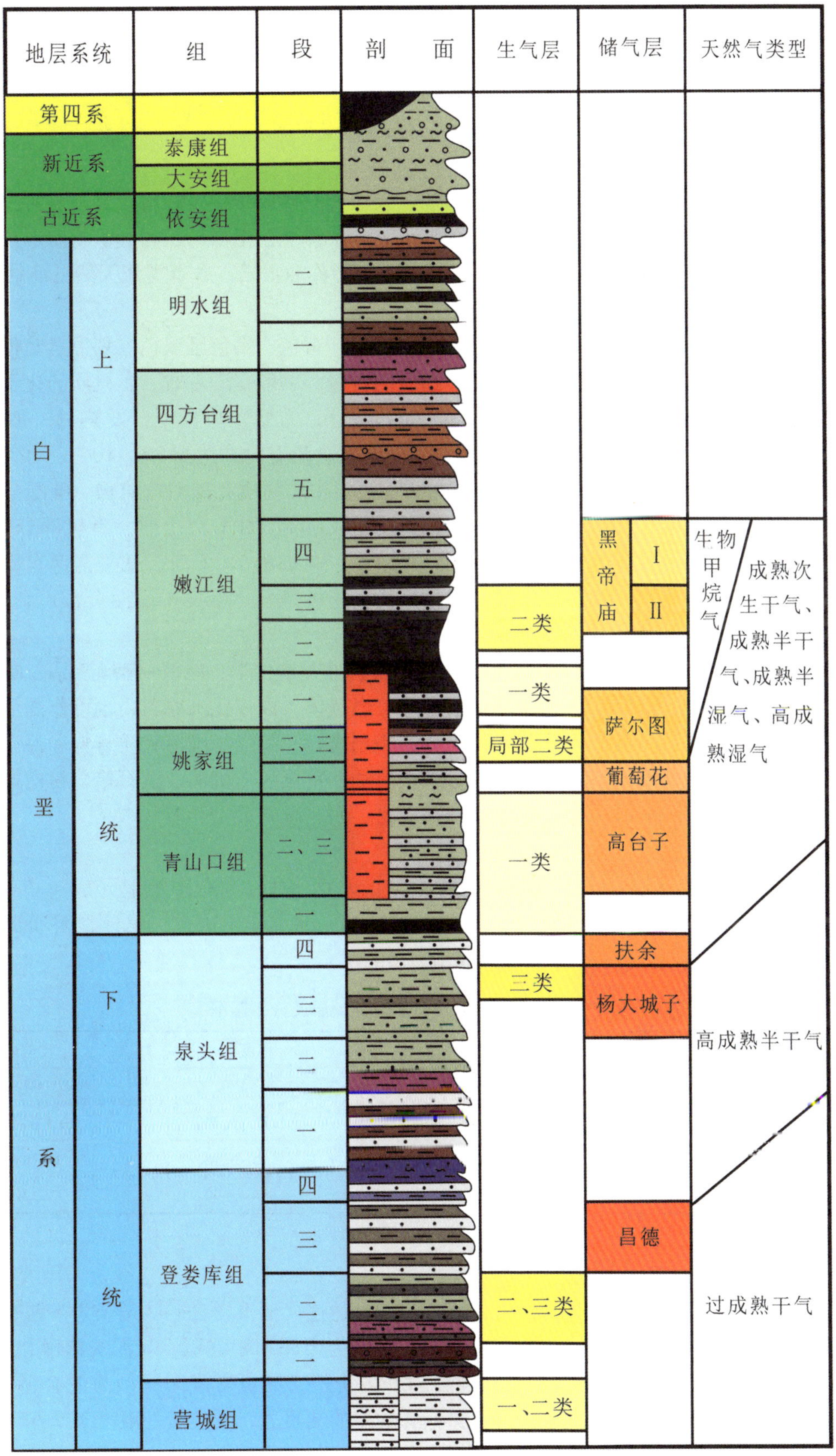

图 4-4-1 松辽盆地北部天然气垂向分布图

第五节 其他能源矿产

黑龙江省其他能源矿产还包括油页岩、页岩油、铀等。

一、油页岩

油页岩属于非常规油气资源，它与煤炭、石油、天然气一样属于化石燃料，是不可再生资源、一次能源，又称油母页岩。是内陆湖海或滨海潟湖深水还原条件下，由低等植物和矿物质形成的一种腐泥物质，是高灰分的腐泥煤。凡腐泥煤灰分为50%~70%者称油页岩，含有类似天然石油的页岩油。

1. 基本性质和主要用途

油页岩主要由有机质和矿物质组成，颜色可以从灰色、黄色、褐色至黑色。划痕呈暗褐色，泥岩状，质轻，具油腻感。相对密度主要取决于其矿物质的含量，一般在2左右。有机质的化学成分主要是碳、氢、氧、氮以及有机硫等，有机质是可燃有益组分，为低发热量型，发热量一般为4.18~16.74 MJ/kg，一般含油率3.5%~15%。油页岩中可燃基氢含量有时高达6.5%~10%；而碳含量则比煤低，油页岩中的氮含量变化较大，为0.5%~3%。油页岩中矿物质有硅酸盐矿物、碳酸盐矿物、石膏、黄铁矿等。油页岩韧性大，质轻易燃，燃点小于150℃，在150℃以上时，有机部分开始分解，释放气体；燃烧至350~400℃时，分解作用达到最高限度；燃烧至500℃时，几乎全部有机质转化为气体，气体冷却后的产物为页岩焦油。油页岩最主要质量指标是发热量（干燥油页岩）和焦油产率。油页岩产生的焦油其物理化学性质与石油很接近。

油页岩在能源和化学工业上具有独特的地位，可以获得大量化学、能源-燃料产品、建造材料及其他材料。油页岩主要用途是提出液体燃料页岩油和可燃气体，以作化工原料，也可作固体燃料用于发电、取暖和运输。干馏后的灰渣可作为水泥原料、烧制陶粒、陶瓷纤维等轻质骨料和保温材料。油页岩干馏产品有汽油、轻柴油一号、轻柴油二号、燃料油、重柴油、机油、黄石蜡、粉白蜡、硫铵和油焦一、油焦二号。化工方面油页岩可用于生产合成氨、酚、吡啶等150多种产品。

2. 地理分布

黑龙江省油页岩资源主要分布于依舒地堑的依兰、汤原、林口和东宁等地（表4-5-1）。截至2019年底，黑龙江省的油页岩矿产地2处，规模均为小型，属煤伴生矿产，累计查明油页岩资源储量5449.9×10^4 t，全省预测的油页岩矿产资源量62578×10^4 t。

表4-5-1 黑龙江省油页岩含矿地层及分布范围

含油页岩地层	分布范围	厚度/m	含油率/%
达连河组	依兰煤田	7.49~179.70	1.65~7.74
虎林组	林口柳树河盆地	1.35~8.70	3.5~24.8
宝泉岭组	汤原宝山-振兴一带	1.56~5.18	6.01~10.6
穆棱组	东宁煤盆地	1.85~2.90	13.95

3. 依兰盆地达连河油页岩含矿区

黑龙江依兰盆地是我国典型的煤与油页岩共生盆地，达连河油页岩含矿区是一个半地堑式断陷盆地，含油页岩地层为古近系达连河组，油页岩沉积相类型为半深湖相沉积，与泥炭沼泽相煤层伴生，为煤层的顶板，含油率为7.2%~13.6%，有较高的开采价值。油页岩成因类型为混合型和腐殖型。根据工业划分标准，达连河油页岩属于中灰分、低含油率的油页岩，发热量一般大于5.67 MJ/kg。估算油页岩资源量4.56×10^8 t，页岩油2900×10^4 t。

依兰油页岩的开采、加工成本和环境污染是阻碍油页岩开发的三大难题。随着开发利用技术的进步和环保意识的增强，全球趋向于充分利用油页岩资源。目前依兰三矿煤与油页岩联合开采关键技术研究已经开始，实现利用一套生产设备及系统，将伴生资源油页岩和煤炭两种能源同时有效回收。

4. 开发利用

黑龙江省油页岩的开发尚处起步阶段，油页岩矿产大多作为低热值的燃料与煤炭一同被开采出来。

黑龙江省牡丹江市五林油页岩矿建于2012年，建设规模为年产油页岩矿 60×10^4 t，主要目的是为“柳树河3万吨页岩油中试先导基地项目”页岩油炼厂提供油页岩矿石原料。但由于先期试验结果不理想等原因，该矿处于停产状态。

黑龙江省东宁市曾建有小型的炼油厂一处，经调查核实，该炼油厂已停产多年，具体情况不详。

根据大庆油田有限责任公司研究资料，松辽盆地北部油页岩分布广泛，含油页岩地层主要有嫩江组、青山口组，油页岩层位稳定。据估算，松辽盆地北部青一段页岩油总资源量为 158.25×10^8 t，有效资源量 96.41×10^8 t（柳波等，2014），显示了页岩油的巨大资源潜力，可以成为未来大庆油田常规油气的重要补充或接替资源。

二、页岩油

页岩油，以游离、吸附及溶解态等多种方式，赋存于有效生烃泥页岩地层层系中，且具有勘探开发意义的非气态烃类。也就是说，页岩油就是页岩层系中所含的石油资源。

1. 基本性质和主要用途

组成：页岩油的化合物主要有烃类、含硫化合物、含氧化合物、含氮化合物。与天然石油不同之处是页岩油中不饱和烃的含量极高，非烃化合物含量高。

性质：页岩油常温下为褐色膏状物，带有刺激性气味。轻馏分较少，汽油馏分一般仅为2.5%～2.7%；360℃以下馏分占40%～50%；含蜡重油馏分占25%～30%；渣油占20%～30%。页岩油中含大量石蜡，凝固点较高，含沥青质较低，含氮量高，属于含氮较高石蜡基油。

世界各地所产的页岩油由于组成和性质不同，在密度、含蜡量、凝固点、沥青质、元素组成方面有很大差别，但各地页岩油的碳氢重量比均在7～8之间，是最接近天然石油、最适于代替天然石油的液体燃料组成。

用途：页岩油中丰富的烷烃和烯烃可生产相关的高附加值化学品，如增塑剂、清洁剂原材料、作为脂肪醇和烷基硫化盐产品的原材料、生产各种低分子质量的烯烃，也可获得沥青和碳纤维。所含硫化物可提取硫用于制酸；所含氮氧化物主要为吡啶系氮化物，而吡啶碱是多用途的化工原料，可作有色金属矿的浮选剂、钢铁腐蚀抑制剂；含氧化合物的利用主要以酚类化合物为主，是塑料、染料、合成纤维、电气绝缘、防腐剂和药品等的主要化学原料，重质酚类还可作为浮选剂、粘合剂、农药杀虫剂等的原料。

2. 地理分布

全球页岩油资源丰富，截至2017年底，全球页岩油地质资源总量 9368.35×10^8 t，技术可采资源量为 618.47×10^8 t。主要分布在美国、俄罗斯、中国、沙特阿拉伯、阿根廷、利比亚、哥伦比亚、委内瑞拉等国家。中国排名第三位，技术可采资源量 43.93×10^8 t，约占全球的6%（方圆等，2018）。主要分布在松辽、鄂尔多斯、准噶尔、柴达木、伦坡拉、羌塘、茂名、大杨树、抚顺9个盆地。

3. 大庆油田古龙页岩油

大庆古龙陆相页岩油国家级示范区地处松辽盆地北部，位于大庆市杜尔伯特蒙古族自治县境内，覆盖面积2778 km^2。

中国石油大庆油田有限责任公司2021年8月25日发布消息，大庆油田实现松辽盆地陆相页岩油重点战略突破。实现了几代大庆石油人“大庆底下再找一个大庆”的梦想。

古龙页岩油颜色为草绿色，特点是油质轻、密度低、粘度低，每吨页岩油经加工、分离后可得轻烃占27%，较大庆常规原油具有更高的经济价值。古龙页岩油属于页理型页岩油，页岩主要由粒度小于0.0039 mm的粘土矿物组成，岩性细腻、肉眼可见的纹层不发育，是泥级纯页岩。

古页油平1井，于2019年4月开钻，同年8月完钻，于2020年2月21日开始见油。试油期间最高日产油30.5 t、日产气$1.3\times10^4\ m^3$。

古页油平1、英页1H、古页2HC等重点探井获日产油30 m^3以上高产且试采稳定，其中古页油平1井见油生产超500天，累产原油6000多吨，累产油气当量近万吨，实现松辽盆地陆相页岩油重大战略突破。平面上已有43口直井出油，5口水平井获高产，2021年落实含油面积1413 km^2，新增石油预测地质储量12.68×10^8 t（郭晓光等，2021）。

4. 开发利用

早在20世纪80年代，大庆油田就进行了页岩油的研究和勘探，但受理论认识和技术局限，一直未能实现高产和持续稳产。为此，大庆油田还曾邀请壳牌、BP等国际大公司对古龙页岩油开展前期评价研究，但他们给出的答案是：尚未在全球范围内发现类似具有商业开发价值的页岩油，勘探开发风险非常高。

但我们最不缺的就是铁人精神，经过坚持不懈的努力，在2018年终于迎来了突破口，油田科研人员在对50年前古龙地区提取的岩芯进行分析研究时，突发奇想，提出了一个大胆的理论设想，页岩的石油一部分运移到其他油层，形成常规油，所以应该还有很多滞留在页岩中。这就好比打开自来水管的水龙头，再关闭，那么水管中还有水。所有，只需要把页岩里的这部分油找到并开采出来就行。并最终成功试验了这个设想，创新形成地质理论颠覆性认识。同时，还取得了关键工程技术的重点突破，实现了优快水平钻井技术和复合压裂技术等核心技术体系。

大庆油田把古龙页岩油作为重要战略领域，正全力加速推进各项工作。2021年将实施100口井，已完钻58口井，试油27口井，已有25口井见油，17口井获工业油气流。目前正按“项目化管理、市场化运行、平台化布井、工厂化作业、智能化管控、低碳化发展”全新模式，开展开发先导试验，积极推动大庆古龙陆相页岩油国家级示范区建设。“十四五”将新增石油探明地质储量10×10^8 t以上。设计水平井井位500口，建设产能300×10^4 t，力争2025年年产油量100×10^4 t以上（郭晓光等，2021）。

大庆古龙页岩油将成为大庆百年油田建设的重要战略资源，这充分体现了大庆石油人肩负起当好标杆旗帜、建设百年油田重大责任的使命担当，对大庆油田可持续发展具有里程碑式意义。

三、铀

金属铀（U），最被人们熟知的身份是核电站燃料、原子弹核心。因其核裂变产生的巨大能效远远超过传统能源，而被用于电力、军事领域。而铀元素真正被人们认知的过程也颇为有趣。

【知识链接】铀的发现 1789年，德国化学家马丁·海因里希·克拉普罗特（Martin Heinrich Klaproth）在柏林实验室中将沥青铀矿进行溶解，得到黑色粉末，现推断为铀的氧化物（二氧化铀）。五十余年后，法国的化学家佩利戈特（E. M. Peligot）于1841年成功制得金属铀，成为世界上制得铀的第一人。1896年，法国物理学家安东尼·亨利·贝克勒尔（Antoine Henri Becquerel）发现“铀是一种能放射出射线的元素”。由此，贝克勒尔和居里夫妇于1903年共同获得了诺贝尔物理学奖。

1. 基本性质和主要用途

基本性质：铀是一种银白色金属，具有放射性和裂变现象。常温下，铀的密度为19.7 g/cm^3，与黄金密度相差不多。铀的硬度稍低于铜，熔点1130±2℃，沸点3818℃。铀的化学活性活泼，主要赋存在酸性火成岩中，地壳中丰度为2.7×10^{-6}。它的原子序数为92，是自然界至今发现的最重要的天然放射性元素。铀金属在接近绝对零度时具有超导性和延展性。

天然铀由三种同位素组成：^{238}U（99.283%）、^{235}U（0.71%）、^{234}U（0.0054%）。^{235}U能够为热中子所裂变，是现今原子能的能源，^{238}U和^{234}U只能为快中子所裂变，因此它们可应用于快中子反应堆。

铀的核裂变是它的一项重要特性。只需要在最初中子的撞击下，^{235}U发生裂变，同时释放两到三个中子。释放的中子继续轰击其他^{235}U，从而产生连锁的链式反应。就好比经典游戏打砖块中，一个球轰击过去很快就变为一堆球漫天飞舞的场景。核裂变的过程中会释放出大量的能量，这也是核电站和核武器的工作原理。同时这个过程也是伴随着大量辐射而发生的。

原生铀矿物主要有晶质铀矿、沥青铀矿、钛铀矿、铈铀钛铁矿、铌钽铀矿和铀石等。

主要用途：铀主要用作核原料，用于核电站、反应堆、同位素生产和核武器等方面。它是通过反应堆将铀的核能转变为热能，用来发电、开动舰艇和火车、供热等。由于原子核的分裂所产生的原子核辐射和人工制取的放射性同位素在钢铁工业、机械制造、地质勘查、仪器制造、农业、医学、食品工业和高科技研究等方面都得到广泛的应用，核技术已经成为现代科学、技术部门最新和最有效的研究方法。铀的氧化物在搪瓷工业、玻璃工业中可作颜料。可以说铀及其他元素的放射性被发现，对人类历史来讲具有划时代的意义。它的发现和研究在科学界引发了一场真正的革命，开创了原子能研究的应用领域，使人类进一步迈向现代文明。

2. 地理分布

我国铀矿资源从探明储量看，北方以火山岩型为主，占总储量的22%；南方以花岗岩型为主，占总储量38%。其他砂岩型占19.6%，碳硅泥岩型占16%等。

黑龙江省铀矿资源较少，分布于伊春-鹤岗以及鸡西-牡丹江地区，已发现矿产地11处，其中中型1处、小型3处、矿点7处。

3. 嘉荫县八家子铀矿

嘉荫县八家子铀矿位于嘉荫县八家子村附近。该铀矿是2010~2013年期间，通过飞机上安装的放射性测量仪器进行大面积测量时发现的高值异常区，并于2015年通过地面开展的伽马测谱仪进一步测量从而确定的矿产地位置。此铀矿类型为砂岩型，经勘探达中型规模。

4. 开发利用

从20世纪50年代后期开始，铀被越来越多地用作核发电的核燃料。1 kg ^{235}U完全裂变所释放的能量相当于燃烧2700 t优质煤所放出的能量。相比传统的火力发电，核电不但极其高效，还减少了对空气造成污染的排放。但是，核电站因为有着辐射泄漏的潜在隐患，也时常受到各界人士的反对和质疑。苏联切尔诺贝利核电站爆炸和日本福岛核电站泄漏造成的危害难以估量。

1964年10月16日，巨大的蘑菇云在新疆罗布泊荒漠腾空而起，中国第一颗原子弹爆炸成功，打破了超级大国的核垄断和核讹诈，提高了我国的国际地位，成为世界上第五个拥有核武器的国家。

黑龙江省铀矿地质工作始于1957年，发现的矿产地均未开发利用。2010~2012年核工业航测遥感中心开展了黑龙江省小兴安岭地区1：5万航空物探测量工作，经对少量异常进行初步查证，发现航放异常矿点一处，铀矿化点多处。在此基础上，2015年开展了黑龙江省嘉荫县嘉荫盆地铀矿资源调查评级，发现了八家子铀矿床。2015~2019年，中国地质调查局天津地质调查中心与大庆油田有限责任公司等企事业单位，在大庆长垣南端上白垩统四方台组（K_2s）下段发现了厚大铀工业矿体。铀矿化异常成带连片、面积大，取得了重要找矿发现和突破。揭示了松辽盆地北部（黑龙江省境内）具有很大的铀矿找矿潜力。

第五章　工业粮食——金属矿产

金属矿产是指能够从中提取金属原料的矿产资源。按工业用途及金属本身性质，金属矿产可分为黑色金属矿产、有色金属矿产、稀有金属矿产、贵金属矿产、稀土金属矿产、分散元素矿产；也有将放射性元素矿产归入其中的。

黑龙江省地域辽阔、金属矿产种类较全。截至 2019 年底，全省已查明资源储量的矿产有 31 种（不含亚种）。已查明的矿产按工业用途分为 4 大类，其中黑色金属矿产 4 种；有色金属矿产 11 种、贵金属矿产 6 种；稀有、稀土、稀散元素矿产 10 种。已发现尚未查明的各类矿产 8 种（表 5-0-1）。

表 5-0-1　黑龙江省已查明和已发现尚未查明矿产统计表

矿产类别	已查明资源储量矿产		已发现尚未查明资源储量矿产	
	矿种数	矿种名称	矿种数	矿种名称
黑色金属矿产	4	铁、钛、钒、锰	1	铬
有色金属矿产	11	铜、铅、锌、镁、镍、钴、钨、锡、铋、钼、锑	1	汞
贵金属矿产	6	金、银、铂、钯、铱、锇		
稀有、稀土、稀散元素矿产	10	钽、铍、镓、铟、铼、镉、硒、碲、铌、钇	6	镧、铈、镨、锗、锂、锆
合计	31		8	

第一节　黑色金属

黑色金属常被称为钢铁工业的原料，是指能提取铁、锰、铬、钛、钒 5 种金属元素的矿产。黑色金属一般人容易顾名思义，以为它们的颜色是黑色的，其实不然，它们的颜色没有一个是黑色的，相反都是以白色为主。铁是银灰色，铬、钛、钒是银白色，锰是灰白色。因铁易生锈，表面覆盖着一层黑色的四氧化三铁和棕褐色的氧化铁混合物，看上去是黑色的，人们便称其为“黑色金属”。黑色金属工业主要是指钢铁工业，一般常见的合金钢是锰钢或者是铬钢，因此，人们把锰、铬也称作“黑色金属”。黑色金属矿产是冶炼钢铁的主要原料，钢铁在国民经济发展中占有极其重要的地位。

截至 2019 年底，黑龙江省已发现的黑色金属矿产 5 种，其中已查明资源储量的有铁、钛、钒、锰 4 种，尚未查明资源储量的只有铬 1 种。铬矿省内仅发现一些矿化点。

黑龙江省已查明黑色金属矿产地 73 处，其中大型 1 处、中型 9 处、小型 59 处、矿点 4 处。全省累计查明铁矿石资源储量 4.51×10^8 t，钛铁矿（TiO_2）资源储量 94.69×10^4 t，钛铁矿砂矿资源储量（钛铁矿矿物）17.52×10^4 t，钒矿（V_2O_5）资源储量 0.5128×10^4 t。

一、铁

1. 基本性质及主要用途

铁（Fe）为银灰色金属。铁的化合物主要为正二价、正三价，个别为正六价，其中正三价的化合物最稳定。铁的密度为 7.86 g/cm^3，熔点为 1535℃，沸点为 3000℃。单质铁是具有光泽的白色金属，有铁磁性，是重要的基础结构材料。其化学性质为中等活泼性的金属，在高温下易和氧、硫、氯等非金属发生强烈反应，易溶于稀的无机酸溶液或浓盐酸溶液中，金属铁能被浓碱溶液侵蚀。

自然界中具有利用价值的铁矿物原料有磁铁矿、镜铁矿、赤铁矿、褐铁矿、针铁矿、菱铁矿等。

铁是钢铁工业的基本原料，广泛应用于国民经济的各个部门和人们日常生活的各个方面。铁矿石可冶炼成生铁（含碳量一般在 2%以上）、熟铁、铁合金、碳素钢、合金钢、特种钢等。纯磁铁矿还可作合成氮的催化剂；赤铁矿、镜铁矿、褐铁矿还是天然的矿物颜料、饲料添加剂和名贵药石（磁石）等。铁是世界上利用最广、用量最多的金属，其消耗量约占金属总消耗量的 95%。

【知识链接】模锻压力机 2013 年，由中国第二重型机械集团有限公司（简称中国二重）自主设计制造安装的世界最高等级 8 万吨模锻压力机投入试生产（图 5-1-1），中国成为拥有世界最高等级模锻装备的国家。此后，8 万吨模锻压力机有效支撑了我国大飞机等项目的研制，在航空、航天、船舶等国家重点领域解决了一系列关键构件加工的技术难题，实现了我国模锻件产品从小到大、从粗到精、从高端向世界领先水平的跨越，使中国大型整体模锻件技术迈入世界先进行列。2018 年，习近平总书记在两院院士大会上指出，“8 万吨模锻压力机等装备填补了多项国内空白”，充分肯定了 8 万吨模锻压力机为我国装备制造业提档升级、迈向产业中高端作出的贡献。2006 年 12 月，由中国第一重型机械集团有限公司（简称中国一重）自行设计、制造的当时世界上吨位最大、技术最先进的 1.5 万吨重型自由锻造水压机一次热负荷试车成功，成立 60 年来，中国一重为国民经济建设提供机器产品百万余吨，创造了许多项“中国第一”。

图 5-1-1　8 万吨模锻压力机

（来源：http://5b0988e595225.cdn.sohucs.com/images/20190927/8a817ef71a3e44a39d1741e4ffe18a76.jpeg）

图 5-1-2　500 米口径球面射电望远镜

（来源：http://www.xinhuanet.com/2021 02/05/1127070244_16123224178361n.jpeg）

【知识链接】500 米口径球面射电望远镜 被誉为“中国天眼”的 500 米口径球面射电望远镜（FAST）于 2016 年 9 月 25 日落成启用（图 5-1-2），是目前世界上最大、最灵敏的单口径射电望远镜，能够接收到 100 多亿光年以外的电磁信号，具有我国自主知识产权。“中国天眼”之父南仁东为“大国重器”倾其一生，2019 年被授予“人民科学家”国家荣誉称号。

FAST 位于贵州平塘县一个名叫大窝凼的喀斯特洼坑里。FAST 的反射镜边框是 1500 米长的环形钢梁，而钢索则依托钢梁，悬垂交错，呈现出球形网状结构，索网总重量约为 1300 余吨。FAST 的反射面总面积约 25 万平方米，相当于 30 个标准足球场那么大，用于汇聚无线电波、供馈源接收机接收。反射面板材 1 毫米厚，用掉 2000 多吨铝合金。以哈尔滨工业大学空间结构研究中心沈世钊院士为首的研究团队，负责反射面结构系统的设计，提出了主动反射面柔性索网结构方案，使多项关键技术成功应用于 FAST 项目，为超级“天眼”的国家立项和落成启用提供了强有力的技术支撑和保障。鉴于哈尔滨工业大学在 FAST 项目中作出的突出贡献，2010 年，哈工大 90 周年校庆之际，中国科学院国家天文台经国际天文联合会批准，特将 1996 年 6 月 7 日发现的一颗小行星命名为“哈工大星”。

2. 地理分布

据《全球矿业发展报告（2019）》，2018 年全球铁矿石储量 1700×10^8 t。铁矿主要分布在澳大利亚、巴西、俄罗斯和中国。我国铁矿资源总量不少，但贫矿较多。截至 2018 年底，查明铁矿石资源储量 852.19×10^8 t。规模大的铁矿集中分布在辽宁、四川、河北、山西、安徽、云南和内蒙古。中国人均拥有量仅为世界人均量的 34%，矿石品质较差，国际竞争力弱。

截至 2019 年底，黑龙江省累计查明铁矿石资源储量 4.51×10^8 t，保有铁矿石资源储量 3.93×10^8 t。主要分布在伊春市、牡丹江市、黑河市、双鸭山市、哈尔滨市阿城区、鸡西市、大兴安岭呼中区、呼玛县、塔河县等地（图 5-1-3）。黑龙江省上表矿床 61 处，未上表矿床 5 处，重要矿床 8 处（表 5-1-1）。

表 5-1-1　黑龙江省重要铁矿床一览表

序号	矿产地名称	所在地区	矿床规模	开发利用情况
1	双鸭山市羊鼻山铁钨矿床	双鸭山市	大型	1975 年 10 月投产
2	逊克县翠宏山铁钨钼多金属矿床	黑河市	中型	开采
3	嫩江市三矿沟铁铜矿床	黑河市	小型	1968 年 10 月投产，已闭坑
4	木兰县东升超贫磁铁矿床	哈尔滨市	中型	计划近期利用，露天开采
5	庆安县二股西山铁锌多金属矿床	绥化市	中型	开采
6	汤原县东风山金铁矿床	佳木斯市	中型	停采
7	宁安市镜泊铁矿床	牡丹江市	中型	停采
8	塔河县 439 高地磁铁矿床	大兴安岭	小型	推荐近期利用，露天-地下开采

3. 双鸭山市羊鼻山铁钨矿床

羊鼻山铁钨矿床又名“双鸭山铁矿”，是黑龙江省最大的受变质火山-沉积型铁矿，位于双鸭山市南西约 15 km 处。

1）勘查历史：1949 年前，日本人曾在此区进行过普查，认为是一个规模较小的铁矿床。

1950~1951 年东北地质专科学校尚曾选等在该区调查，推测了铁矿石储量 1.2×10^8 t。

1956~1961 年黑龙江省工业厅地质勘探队、合江专署地质局完达山地质队四分队、合江专署地质局第六地质队、黑龙江省冶金地质勘探公司普查队二分队等先后进行普查勘探。

1969 年 9 月~1977 年 3 月，黑龙江省冶金地质七〇一队一分队柳运久等对双鸭山铁矿开展勘探工作，查明铁矿石储量 1.4004×10^8 t，钨矿储量（WO_3）3.5867×10^4 t，成为黑龙江省唯一的大型铁矿。

【史话】黑龙江省最大的双鸭山铁矿发现史　双鸭山铁矿位于双鸭山市区，矿区面积 20 km^2。该市又盛产炼焦配煤——气煤，南邻七台河优质炼焦煤产地，交通方便，是黑龙江省发展钢铁工业的理想地区。

日本占领期间，曾进行过普查，认为是一个小矿。中华人民共和国成立后，先后有东北科学研究所、东北地质专科学校（长春地质学院前身）来此调查。1956 年，黑龙江省工业厅地质勘探队刘学思、王全庆经过普查后，提交了可利用矿石储量 1529×10^4 t。1958~1960 年，合江专署地质局两个地质队也在此工作过。之后，矿区普查工作移交给黑龙江省冶金工业厅。1969 年 9 月，黑龙江省冶金地质七〇一队第一分队对双鸭山铁矿北区开展普查找矿工作，经一年多工作，扩大了矿区远景。据此，黑龙江省冶金地质勘探公司组织了双鸭山铁矿北段的勘查会战。在北段会战的同时，展开了矿区外围的找矿工作。根据地质找矿规律，配合磁法测量，经钻探验证，发现双鸭山铁矿南段隐伏大矿体。又经两年工作，于 1975 年完成南段探矿任务。从 1949 年到 1975 年，其间除了近 9 年没有进行工作外，经过 9 个地质队 18 年的不懈努力，终于取得了找矿突破。除了找到一个省内最大的铁矿外，还找到一个共生的钨矿和一个晶质石墨矿。在开采过程中，还发现铁精矿粉中含有镓，可以综合利用。这次会战的牵头单位是冶金地质七〇一队，参加会战的有七〇二队、七〇三队、七〇六队、七〇七队和

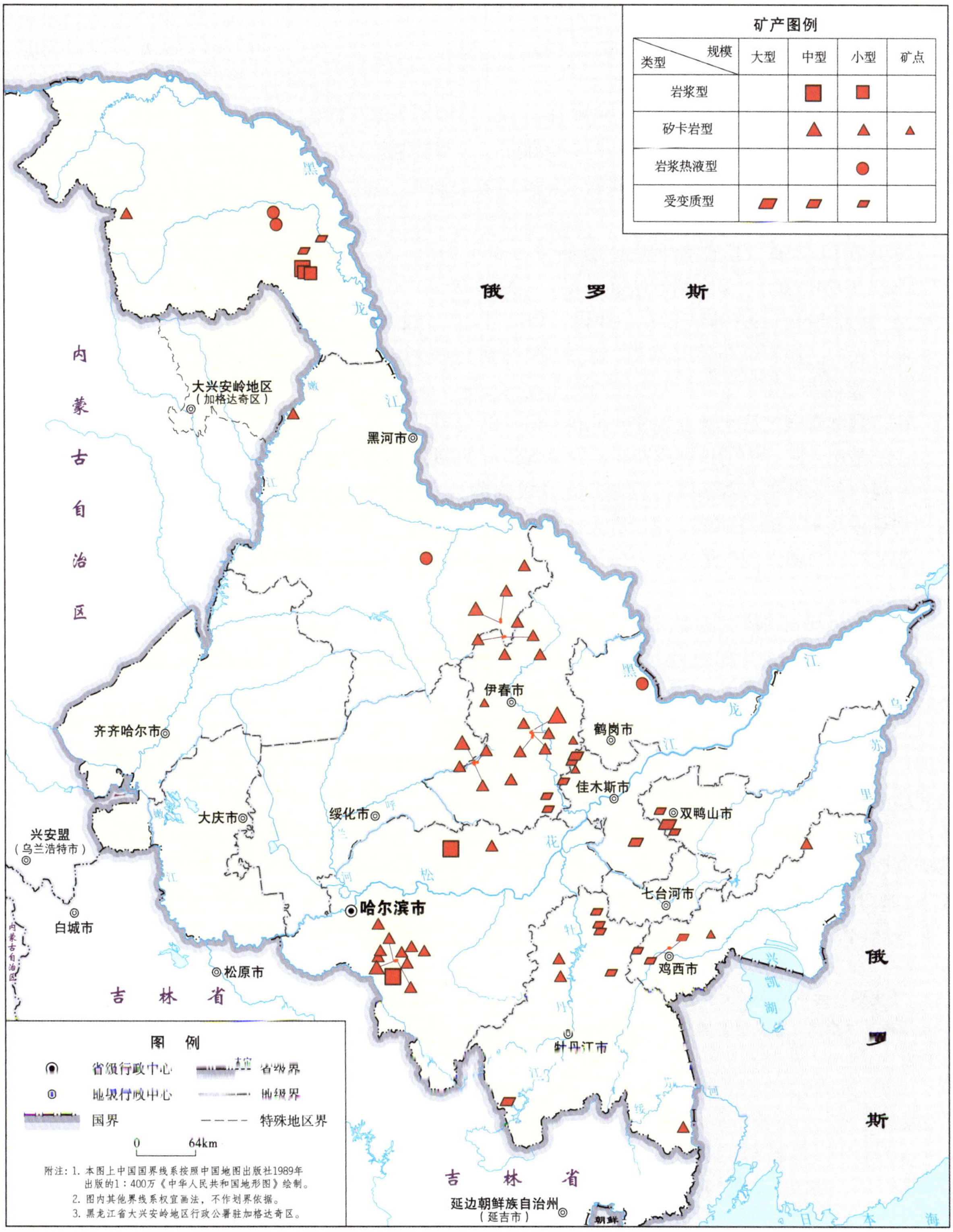

图 5-1-3 黑龙江省铁矿产地分布图

地球物理探矿队。会战期间，坚持冬季施工。1975 年末，黑龙江省冶金地质勘探公司召开了会战总结大会，七〇一队被评为会战有功单位。该队技术负责人陈福祥和会战区技术负责人邓翔云被评为会战有功人员。（徐衍强撰写）

2）矿床特征：铁矿床呈北西向展布，已发现和控制 14 条矿体。铁矿体主要呈层状、似层状产出，走向北西 320°~340°，倾向南西，倾角为 60°~85°。长几十米到 2000 m，宽 10~600 m，规模较大矿体厚度 7.04~11.18 m，最大厚度 28.4 m。全铁平均品位 29.48%~30.98%。铁矿石主要为磁铁贫矿，其次为赤铁贫矿。属受变质型。

白钨矿体呈透镜状和细脉状产于铁矿体底板围岩中，为隐伏矿体。矿体呈北西走向，探明 6 条矿体，其中Ⅰ号主矿体规模最大，长度大于 1000 m，平均厚度 11.60 m，向下延深约 305 m。平均品位为 0.4%，最高品位可达 2.8%。属接触交代矽卡岩型钨矿，成矿时代为早古生代（距今 5.2 亿年前）（马宇鹏等，2018）。

截至 2019 年底，累计查明铁矿石储量 1.18×10^8 t，保有铁矿石储量 9120×10^4 t；钨矿储量（WO_3）3.6424×10^4 t，保有钨矿储量（WO_3）2.6345×10^4 t。

3）开采状况：1970 年开始矿山建设，1975 年 10 月投产，开采单位为双鸭山市建龙矿业有限公司羊鼻山铁矿。矿石综合利用技术未解决，只开采上部铁矿，下部白钨矿未开采。

4. 开发利用

铁，是继青铜之后人类发现和开发利用最早的金属之一。人类使用铁器制品至少有 5000 多年历史。最早是用铁陨石中的铁制成铁器，如我国最早的陨铁文物是 1972 年河北藁城台西村商代中期遗址中发现的古兵器铁刃青铜钺。2009 年在甘肃临潭县磨沟寺洼文化墓发现了两块铁条，经检测，是由“块炼渗碳铜”锻打而成，属于真正的冶炼铁；经 ^{14}C 同位素检测，铁条年龄介于 3510~3310 年之间。这是我国目前发现的最古老冶炼铁器，说明商代中晚期，我们祖先已掌握了由铁矿石炼冶铁的技术。

中华人民共和国成立以来，铁矿勘查开发取得长足发展，目前已形成东北鞍山-海南 10 个生产基地。从 1949 年 10 月到 2018 年，我国铁矿石查明资源储量从 33.2×10^8 t 增至 852.19×10^8 t，增长 25 倍。

黑龙江省关于铁矿的最早记述见于《东三省纪略》（徐曦，1913），记述有铁矿 2 处。伪满洲国时期，“南满洲铁道株式会社（日）”“满洲矿业开发株式会社（日）”“伪满洲国地质调查所”等组织在 1932~1945 年间提交铁矿勘查报告十余份。至中华人民共和国成立前，黑龙江省只有 6 个铁矿点，没有查明储量。1958~1961 年和 1966~1979 年间，黑龙江省曾投入较多勘查工作，基本查明铁矿资源潜力。其间发现的铁矿床主要有双鸭山市羊鼻山铁钨矿床、桦南县孟家岗铁矿床、呼玛县兴隆沟-北西里钛铁矿床、逊克县翠宏山铁钨钼多金属矿床、庆安县二股西山铁锌多金属矿床、嫩江县三矿沟铁铜矿床、汤原县东风山金铁矿床、宁安市镜泊铁矿床、阿城区石发锌铁矿床等。

【史话】孟家岗铁矿大会战 翻开中国地图出版社 2003 年版《黑龙江省地图册》中的桦南县地图，你会看到从牡丹江到佳木斯的铁路线上，距孟家岗车站 3 km 处有一个村庄符号正好压在铁路线上，这就是孟家岗铁矿矿山的所在地。

1959 年，由时任黑龙江省地质局原合江专署地质局第五地质队技术负责人的徐衍强，率领李宝余、胡家汉、沈秉凯、刘俊杰、冯家本等一批地质技术人员在桦川县（今桦南县）进行 1∶20 万地质矿产调查，先后在前寒武纪变质地层中发现了周家屯和腰台两个小型沉积变质铁矿。与此同时，地质部航空测量大队九〇三队也在该县进行了 1∶20 万航空磁法测量，发现了长达 35 km 的航磁异常带。第五地质队发现的两个小铁矿，正好处在该异常带的南段。地质和航空物探工作的重大发现，立刻引起地质部和省政府的重视，指示第五地质队立即停止区域地质调查，转入航磁异常查证工作。随即黑龙江省地质局地球物理探矿大队对航磁异常进行了大比例尺地面磁法测量，先期在孟家岗地区发现了 5 个较好的磁异常。异常位于柳树河河谷及其东侧的谷坡上，在它上面正好有牡丹江到佳木斯的铁路线穿过。第五地质队选择其中最好的一个用浅井进行了检查。当浅井挖到七八米时，出现了险情，井壁的土不断地坍塌，下面挖土的工人随时有被活埋的危险。在这千钧一发之际，在现场的陈润队长和技术负责人徐衍强立即协助井旁提土的工人，硬是从坍塌的井中把工人拽了上来。浅井检查失败，调来钻机再干。果然喜讯传来，首孔就见到了铁矿，证明磁异常是由磁铁矿引起。当年冬天，五队几名地质人员在徐衍强的带领下，一边编写区域地质调查报告，一边编写来年的铁矿普查设计。春节临近时，突然接到省局节后上班就要审查设计的通知。当时本省职工已经放假回家过年，只有徐衍强和刘俊杰两名外地单身汉还没走。设计书还没有写完，剩下的时间已经不多。两人决定春节不回家，并天天加班到深夜。由于当时生活必需品供应紧张，为了照顾回不了家的旅客，市内最大的国营佳木斯饭店奉命给旅客发春节饺子票，凭票每人每天供应一斤饺子。专署地质局食堂也为不回家的职工准备了过年的饭菜。过年那几天，徐、刘两人每天都要跑一次饭店买回饺子，又要到食堂用餐券买回自己的饭菜。吃不完，就冻上，慢慢享用！此时设计编写已进入攻坚阶段，在家家户户都在家过团圆年时，他俩还在办公室通宵加班。除夕夜，当公安派出所到旅店查夜时，见缺了两人，问旅店值班人，值班人茫然不能答，还闹了一场误会。经过努力，他们终于完成了设计书送审任务。

从 1960 年到 1961 年，孟家岗铁矿勘查被列为部省级重点项目，要求大干快上，快速评价，冬季照样施工。为了适应形势需要，第五地质队改组为黑龙江省地质局直属第一勘探大队，任命了新的党委书记和大队长，技术负责人不变。人员不够，从合江专署地质局和牡丹江专署地质局各抽调一个地质队前来支援。钻机不足，局后勤部门从全局调配。一场铁矿勘查大会战从北起孟家岗北，南至马家街，在长达 35 km 的战线上迅速展开。参战人数最多时达千人以上，开动钻机最多时达到 12 台。为了加强领导，黑龙江省地质局刘起源和张欣两位副局长轮流到大队部坐镇指挥；地质部邹家尤副部长率工作组不定期到现场督察指导。我国著名前寒武纪地质学家程裕淇院士也亲自到孟家岗上山考察和指导，对矿床属于沉积变质成因给予了肯定。

对磁异常和铁矿的评价分两阶段进行。1960 年主要是作面上的评价。工作结果发现引起异常的原因很复杂：有的是磁铁矿引起，有的是磁黄铁矿引起，有的是二者共同引起；还有的是玄武岩引起。矿化最好的地段在孟家岗南面，长约 2 km，钻探几乎孔孔见矿。1961 年转入孟南详查和孟北低缓磁异常评价阶段。后者位于柳树河河床下，规模与孟南相当。但引起异常的原因大家分歧很大，技术负责人果断决策下钻验证，果然在深部见到铁矿，使铁矿远景资源量翻了一番。经过两年会战，计算了 5000×10^4 t 储量，不仅找到了省内当时最大的铁矿，而且还发现了共生的钴矿。到 20 世纪 70 年代，黑龙江省地质局第三地质大队对孟家岗铁矿进行了补充勘探，探明了工业可利用储量 3014×10^4 t（中型），如果加上推断的资源量，与当年计算的数字基本相当。此外，还探明可利用的钴矿储量 205 t（小型），硫铁矿（提炼硫黄的原料）矿石储量 875×10^4 t，晶质石墨矿物 50×10^4 t。孟家岗铁矿的发现为本省增添了一个中型规模的铁矿资源，开创了寻找隐伏矿床的先例，是区调普查-航磁普查-地面查证-地质验证综合找矿模式的成功范例，特别注意了综合找矿，使一矿变多矿，提高矿床经济价值。

1962 年初，中央对国民经济比例进行调整。孟家岗铁矿会战项目据此精神于当年上半年下马，队伍规模缩小，并东调宝清地区寻找国家急需的铬铁矿资源。（徐衍强撰写）

进入 20 世纪，发现的矿床有伊春市西林西大坡铁矿、塔河县安铁河铁锌矿床等。黑龙江省绝大部分铁矿床未进行开采或处于停采状态，目前只有少量矿床在开采中。1958 年 12 月，伊春市大西林铁矿区投产，是黑龙江省铁矿开发较早的矿区（图 5-1-4）。

庆安县二股西山铁锌多金属矿床 1967 年发现，2004 年帝圣矿业有限公司进驻矿山。2008 年矿产资源开发整合，通过技术改造，综合回收铁（图 5-1-5）、铜、铅、锌、银等共生、伴生矿产，综合回收率在 85%~90%之间。年处理矿石 50×10^4 t，2010 年实现利税 1300 万元，强力助推地方经济发展。

图 5-1-4　大西林铁矿石
（郭亚军摄）

图 5-1-5　二股西山磁铁矿石
（郭亚军摄）

嫩江市三矿沟铁铜矿床 1958 年发现，1968 年该矿正式开采，现已基本采空，已闭坑。汤原县东风山金铁矿床中的铁矿由于品位低和全铁中硅酸铁比例高未能规模开采，早已停采。宁安市镜泊铁矿床已停采。阿城区石发铁锌矿床曾开采过，但因含硫高难分离而停产。

【故事会】智退黑熊 1958年的中秋节前一天，为了解大荒山普查组的工作进展，我和助手刘俊杰同志计划从虎林县城队部出发，骑马经月牙泡、虎头镇和独木河村进山，途中遇见狼群脱险，当晚就住在月牙泡。第二天是中秋节，我们告别了月牙泡客栈，骑马直奔乌苏里江边的虎头镇。虎头镇不大，我俩在商店里买了月饼、火柴和防野兽的电筒、电池后，继续向北赶路。中途，路西突然出现一条地形图上没有的小路，方向直指我们要去的大荒山附近，比原计划进山的路线要近很多。于是决定闯一闯，骑马来到一处居民点，居民都是军人。一打听，原来是刚到不久的军垦战士，正在这里建设基地。战士们见到我们很热情，知道我俩是进山找矿的，比他们还辛苦，不仅告诉我俩这条路是他们踩出来的，这里是终点，还让伙房做了面条招待我们。我把这个新居民点标注在地形图上。有了这个新地标，就可以知道大荒山的方位和距离，凭着一块罗盘和两条腿，到达目的地，应该没有问题。

告别了军垦战士西行就进入了原始森林，密不透风的大树挡住了去路。我俩作了分工，老刘负责用罗盘打方向，我负责数步子、计算距离和在地形图上标出实际走的路线。森林调查队刚结束调查时砍出的测量线仍清晰可见，线上的树被砍掉后，留下来一条勉强可容一人通过的“小路”。“小路”的走向与我们要走的方向有一个小的夹角，所以前行时要不断地调整。我俩牵着马挤进了“小路”，偶尔在上面见到野兽的脚印，空气中散发着树叶腐烂的霉味。

太阳即将落山，再往前走会很不安全，我们决定就地露宿。晚餐吃的是月饼，餐后顺坡走到沟底，寻找合适的露宿地点。我们找到了一块没树的缓坡地，又精心挑选了一株枯树作骨架、折了不少新鲜榛条作编织物，很快就搭建起一座可容两人平卧的敞口的“茧”。秋日的露水打湿了我们的下半身。为了安全和烤火，我们首先要做的就是用桦树皮（引火柴）点燃窝棚四角的篝火。正在这时，老刘好像听见了什么，紧张地对我说：“什么声音?”话音刚落，一种沉闷的踩倒榛子树的脚步声，正由远而近有节奏地向我们走来，联想到沟中的熊迹，我俩几乎同时惊呼：“黑瞎子来了!”怎么办?我环顾四周，根据榛子树分布的范围和脚步声判断，它离我们的距离已接近20 m，庆幸的是它还未发现其前方会有不速之客挡住了它的去路，采用“出其不意，攻其不备”策略，也许能吓退它。我们身边的武器只有四样：大声喊叫、手电筒、装有饭勺的空饭盒和地质锤。我俩对着黑熊方向交替使用前三种手段。吼叫的人声，饭勺撞击饭盒的金属声，电筒射出的忽有忽无的光柱以及空山幽谷中的回声，在夜空中组成了震撼山野的交响曲。此举果然有效，黑瞎子被镇住了，在原地停了下来。双方相持约十几分钟后，黑瞎子终于调转方向绕道走了。我俩很快点燃了篝火，然后钻进了“安乐窝”，在地上铺上狍皮，再从里面用榛条把门封死。为了防止万一，我俩把电筒、饭盒、地质锤都放在身旁，一旦有野兽闯入，我们可以立即做出反应。也许是体力消耗太多太累，所以一钻进鸭绒袋就再也没有醒来，一觉睡到凌晨“小咬”把我们咬醒。篝火虽然已经熄灭，但还冒着烟，马仍在远处吃草。是继续前行，还是原路返回?前路漫漫，没有尽头，我们已经弹尽粮绝，往前迈一步，危险增一分，只能按原路返回走传统路线进山。回程很顺利，当晚就到了普查组基地。当我们把昨晚发生的人熊遭遇战讲给大家听时，伙伴们都为我们捏了一把汗。(徐衍强撰写)

1985年6月，在黑龙江省勃利县长兴乡马鞍村南约1.5 km，距地表2.5 m处出土一把大定二十九年铁战刀，同时出土的还有铁箭头。在刀背末端最宽处錾刻汉字楷书：“大定二十九年口府造”9个字（图5-1-6）。大定系金世宗完颜雍的年号，大定二十九年即公元1189年。这把战刀錾刻明确的锻造年款和地点，在黑龙江尚属首次发现，现由黑龙江省博物馆收藏。此外，黑龙江省博物馆还收藏有清代的龙纹大铁刀等铁金属文物（图5-1-7）。

二、钛钒

1. 基本性质

钛（Ti）是一种银白色金属，具有金属光泽，是典型的亲石元素，常以氧化物矿物出现，以正四价的化合物最稳定，具有熔点高（1675℃）、密度小（4.5 g/cm^3）、机械强度高（5）、耐低温（超低温度下电阻率几乎为0）、耐腐蚀、线钛塑性良好（能薄壁化使用）、不易氧化、还原性强等特点。中国主要利用的含钛矿物有金红石、钛铁矿和钛磁铁矿等。

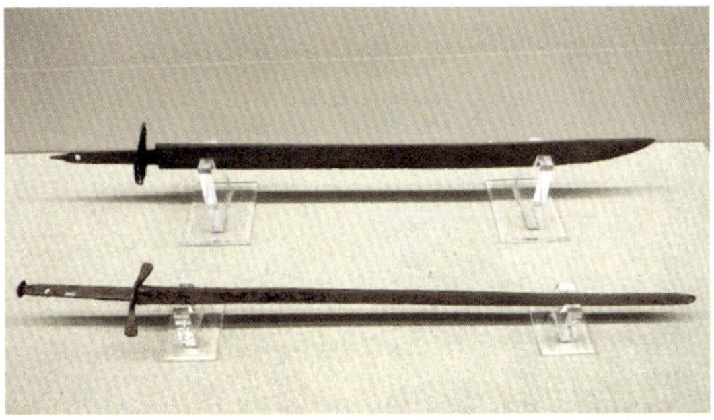

图 5-1-6　大定二十九年战刀、铁锏
（黑龙江省博物馆藏）

图 5-1-7　清代龙纹大铁刀、弓和弓囊
（黑龙江省博物馆藏）

钒（V）是银白色略带蓝色的金属，熔点高（1890±10℃），沸点为 3000℃，密度为 5.96 g/cm^3。钒金属具延展性，含有氧、氮、氢时则变脆、变硬；是电的不良导体，无磁性。钒在较高温度下与原子量较小的非金属形成稳定的化合物，在低温下有良好的耐腐性。钒进入合金可增强合金的强度，降低热膨胀系数，耐盐酸、稀硫酸、碱溶液及海水的腐蚀，空气中不被氧化。钒与铌、钽、钨、钼称难熔金属。含钒矿物有绿硫钒矿、钒云母、钒铜铅矿、钒铅矿、钒磁铁矿等。

2. 主要用途

钛的用途十分广泛，钛及其氧化物、合金产品是重要的涂料、新型结构材料、防腐材料，在航空、航天、舰船、军工、冶金、化工、机械、电力、海水淡化、交通运输、轻工、环境保护、医疗器械等多个领域，有着广泛的应用。二氧化钛（TiO_2），亦称钛白，被称为颜料之王。美国钛原料的96%用来生产钛白粉，钛白粉主要用于颜料和涂料、造纸、塑料。钛和钛合金大量用于航空和宇航工业，有“空间金属”之称。如飞机结构件骨架、蒙皮、机翼等，人造卫星外壳，火箭发动机壳体及风扇叶片、导弹等。海水淡化加热器用钛是钛工业发展中划时代的事件。钛铁合金和含钛钢，广泛用于汽车、船舶和石油钻探等方面，已发展成仅次于锰钢的第二大钢系。此外，钛合金可以做人造骨。碳纤维和钛制成的钛合金轮毂（图 5-1-8），其强度远远超过其他轮毂，将是未来轮毂发展方向。

图 5-1-8　HRE3D+钛合金轮毂
（来源：http：//5b0988e595225. cdn. sohucs. com/images/20181114/29541c78ff0a43d68f64c5a3330ee0f6. jpg）

【知识链接】“奋斗者”号深潜器　2020 年 11 月 20 日，中国“奋斗者”号全海深载人潜水器在马里亚纳海沟成功坐底，坐底深度 10909 m。这是我国自主研制的潜水器第一次把 3 名国人送达地球的“第四极”，而“奋斗者”号也是人类历史上第四台抵达“挑战者深渊”的载人深潜器，更是其中能力最强、技术最先进的一台。

“奋斗者”号下潜的马里亚纳海沟 10000 m 处，水压超过 110 MPa，相当于一个成年人背着 1 万辆 1.5 t 重的小汽车。那么“奋斗者”号外壳采用的是什么材料呢？它是我国自主研制的新型钛合金（图 5-1-9）。钛合金相对较轻（重量只有钢的 60%）、强度高（可达 1000 MPa 以上）、低磁性、耐化学腐蚀、表面易产生坚固的纯态氧化膜，具有较好的机械性能。“奋斗者”号的钛合金相关技术很容易转到潜艇研制上，促进我国开发出下潜深度更大、性能更稳定的潜艇。

图 5-1-9 “奋斗者”号深潜器
（来源：http://www.xinhuanet.com/tech/2021-02/06/1127071134_16125416293361n.jpg）

钒是冶炼合金钢的重要原料，世界上 90% 的钒用于冶炼合金钢。钒可提高钢的强度、延展性和韧性，生产高强度低合金钢、高速钢、工具钢、不锈钢和永久磁体等，用以生产切削、耐压、耐磨等部件。钒合金广泛用于交通运输、机械、建筑、桥梁、钢轨、输油气管道、压力储罐、输电塔架等。高强度耐热的钒钛合金广泛用于航空、火箭和宇航工业。在化学工业中，用来生产硫酸、精炼石油、制造染料的催化剂，还可作吸收紫外线、热射线的玻璃及陶瓷的着色剂。钒电池是目前发展势头强劲的优秀绿色环保蓄电池之一，因而应用领域十分广阔。

3. 地理分布

世界钛矿资源丰富，2014 年底世界查明钛矿（TiO_2）储量 7.2×10^8 t，主要分布在中国、澳大利亚、南非、印度、挪威等国家。世界钛矿资源以钛铁矿为主，约占世界钛资源总量的 90%。至 2014 年底全球钒金属储量 1500×10^4 t，主要分在中国、南非、俄罗斯、美国。据不完全统计，世界钒资源总量超过 6300×10^4 t。

中国钛、钒矿资源十分丰富，至 2018 年底，我国查明的钛矿资源储量（TiO_2）8.26×10^8 t、钒矿（V_2O_5）资源储量 6561.30×10^4 t，居世界第一。钛主要分布在四川攀枝花，其次为河北、海南、广东、湖北、广西、云南、陕西、山西等省（区）。钒主要分布在四川、湖南、广西、陕西、湖北、安徽、甘肃等省（区）。此外，石煤是中国一种独特的钒资源，蕴藏量丰富，以湖南、浙江最多。从中提取钒已成为中国利用钒资源的一个重要发展方向。

黑龙江省钛、钒矿资源较少，截至 2019 年底，查明钒钛磁铁矿中的钛铁矿（TiO_2）储量 94.69×10^4 t；查明钛铁矿砂矿中的钛铁矿矿物储量 17.52×10^4 t。已知钛铁矿产地 4 处，其中中型 1 处、小型 3 处，主要分布在呼玛县和密山市（表 5-1-2）。累计查明钒矿资源储量（V_2O_5）5127.8 t，已查明伴生钒的矿产地 2 处。

表 5-1-2 黑龙江省典型钛、钒矿产地一览表

矿种	序号	矿产地名称	所在地区	规模	开发利用情况
钛、钒	1	呼玛县北西里钛铁矿床	大兴安岭	钛中型 钒储量未计算	未开采
钛	2	密山市金银库钛铁砂矿床	鸡西市	小型	未开采
钒	3	宁安市镜泊铁矿床	牡丹江市	小型	停采
	4	伊春市西林西大坡铁矿床	伊春市	小型	未开采

4. 呼玛县兴隆沟-北西里钛铁矿床

该矿床是黑龙江省典型的岩浆型钛矿床，矿区南距嫩江市约 395 km。矿区分为 3 个矿山，即北西里矿、跃铁山矿和兴隆沟矿。共 14 个矿体，其中北西里矿最大，共 6 条矿体。矿体长几十米到大于 500 m，厚度 2～30 m，延伸长度在 50～250 m。可利用铁矿石储量 1563×10^4 t，伴生钛铁矿矿石储量 1118×10^4 t。贫矿石品位 20%～24. 99%，中等矿石品位 25%～44. 99%，富矿石品位等于或大于 45%。

5. 开发利用

我国钛、钒矿资源勘查开始于中华人民共和国成立后。钛精矿生产基地集中在四川攀枝花、海南和广西。陕西省宝鸡市是我国最大的以钛及钛合金为主的专业化稀有金属生产、销售、科研基地，享有“中国钛工业的摇篮和旗帜”及“中国钛谷之美誉”。四川攀钢和河北承钢结成的钒联盟集团占据国内钒产量的 2/3。市场预测每架 C919 机身钛使用量 4 t 左右。

截至 2019 年底，黑龙江省查明的钛铁矿尚未开发利用。钒矿有矿区 2 处，基本上未进行开发利用。宁安市镜泊铁矿床铁矿开采完毕，钒矿未利用，现已停采；伊春市西林西大坡铁矿床可供进一步工作。此外，呼玛县兴隆沟-北西里钛铁矿床，钒矿没有估算储量，为伴生矿产。该矿石磁选试验中的钒铁精矿已达高钛钒铁精矿质量要求，钒具有综合利用价值。

第二节　有色金属

有色金属，顾名思义，即有颜色的金属。狭义的有色金属又称非铁金属，是铁、锰、铬以外的所有金属的统称。广义的有色金属还包括有色合金，它是以一种有色金属为基体（通常含量大于 50%）加入一种或几种其他元素而构成的合金。我国习惯将铜、铅、锌、铝、镁、镍、钴、钨、锡、铋、钼、锑、汞 13 个矿种称作有色金属矿产。2016 年将铜、铝、镍、钴、钨、锡、钼、锑 8 种有色金属列为我国的战略性矿产资源。

截至 2019 年底，黑龙江省已发现 12 种有色金属矿产，其中铜、铅、锌、镁、镍、钴、钨、锡、铋、钼、锑 11 个矿种查明资源储量，而汞目前尚未查明资源储量。铜、钼矿是黑龙江省优势矿种，已查明的铜资源储量居东北三省的首位，居全国第六位。

已查明有色金属矿产地 197 处，其中超大型矿床 1 处、大型矿床 5 处、中型矿床 13 处、小型矿床 55 处、矿点 123 处。主要分布在大兴安岭、小兴安岭、双鸭山和哈尔滨一带。

一、铜

1. 基本性质及主要用途

铜（Cu）是一种紫红色的金属，纯铜是柔软的金属，表面刚切开时呈红橙色带金属光泽，硬度 2. 5～3，密度 8. 5～9 g/cm³，熔点 1083℃，沸点 2567℃。铜的延展性和导热性强，导电性高，但当采用纳米技术将铜材料切割至纳米级别的大小时，它便在磁场中失去了导电性。铜还有良好的化学稳定性和容易与锌、铅、镍、铝、钛等熔成合金的性能。

自然界中铜的主要矿物包括自然铜、孔雀石、蓝铜矿、黄铜矿、辉铜矿、铜蓝等。

铜被广泛应用于国民经济各部门中。铜是电气工业中用量最大的，此外，在国防、机械制造、有机化工及工艺美术、农业中均有使用。例如，铜用来制造电线、电缆、电机设备；铜的化合物在农业上用来作杀虫剂和除草剂。铜还是制造防腐油漆的主要成分，还有很强的杀菌作用。

【知识链接】 黄铜（铜与锌的合金，因色黄而得名）用来制造枪弹和炮弹，精密仪器、船舶零件、水龙头等，制作乐器如锣、钹、号等；白铜（铜与镍的合金，不易生锈）用来制造舰艇和发电设备冷凝器和热变换器、制造硬币、仪表和装饰品，无氧铜制造超高电子管；铍青铜（铜与铍的合金）用于制造航空仪表的弹性元件；锡青铜（铜与锡的合金，因色青而得名）用于制造轴承、轴套及各种板材、管材等；铝青铜（铜与铝的合金）用于制造物理仪器、精密仪器、齿轮及医疗器械；康铜（含镍 45% 的铜镍合金）和锰铜用作高温电阻材料；

铜基合金用于形状记忆金属；十八开金（6/24 的铜与 18/24 的金的合金）红黄色，用来制作首饰、装饰品，深受女性朋友喜爱。

2. 地理分布

世界上铜矿资源丰富，据《全球矿业发展报告（2019）》统计，截至 2018 年底，全球已查明铜金属基础储量共计 8.3×10^8 t，主要分布在智利、美国、印尼、秘鲁、波兰、墨西哥、中国、澳大利亚、俄罗斯、赞比亚等国。我国是世界上铜矿较多的国家之一，据《中国矿产资源报告（2019）》，2018 年我国铜矿资源储量 1.14×10^8 t，分布在江西、西藏、云南、内蒙古、山西、甘肃、新疆、四川、湖北等省（区）。

黑龙江省铜矿资源较丰富，已查明的资源储量居东北三省的首位，居全国第六位。省内已发现铜矿产地有 84 处（图 5-2-1），其中铜矿床 38 处，铜矿点 46 处，主要铜矿产地见表 5-2-1。主要分布在嫩江市、龙江县，此外在宾县、新林区、塔河县、铁力市、逊克县、黑河市、哈尔滨市阿城区、鸡西市等地也有分布。

表 5-2-1　黑龙江省主要铜矿产地一览表

序号	矿产地名称	所在地区	规模	开发利用情况
1	嫩江市多宝山铜钼矿床	黑河市	大型	开采
2	嫩江市铜山铜钼矿床	黑河市	大型	开采
3	龙江县六九山铜矿床	齐齐哈尔市	中型	开采
4	宾县弓棚子钨铜锌矿床	哈尔滨市	小型	开采接近尾声
5	嫩江市三矿沟铁铜矿床	黑河市	小型	已闭坑

3. 嫩江市多宝山铜钼矿床

多宝山铜钼矿床位于嫩江市北约 149 km，属多宝山镇管辖，有公路相通，交通方便。该矿床为国内第三大铜矿床，黑龙江省内第一大铜矿床。该矿特点是储量大、埋藏浅、易采易造，可露天开采，综合回收利用价值高。

1）勘查历史：1958~1962 年为第一阶段。1958 年黑龙江省地质局小兴安岭区域地质调查大队王莹、孟宪文等在该区开展 1∶20 万区域地质调查时发现了铜矿化。黑龙江省地质局第二勘探队对 1、2 号矿带进行普查勘探，探获铜储量 19×10^4 t，钼 1.2×10^4 t，同时发现了 3 号矿带。此外，1961 年在矿区开展 1∶1 万地质填图时，左巨虹等发现铜山Ⅰ号矿体。

1972~1983 年为第二阶段。1972 年黑龙江省地质局第四地质队重返多宝山开展铜矿普查，总工程师杜琦以 3 号矿带为突破口，继而发现了 4 号矿带和铜山Ⅱ、Ⅲ号矿体，使多宝山矿床一跃成为我国几个著名斑岩铜矿之一。相继在此工作的还有黑龙江省地质局物探三分队、中国地质科学院物探所电法组及化探组、黑龙江省地质局地质四队二分队、桂林冶金地质研究所化探室、黑龙江省地质局区测一大队二分队、长春地质学院、桂林冶金地质研究所、地质科学院、黑龙江省地质局实验室、黑龙江省地质局科研所及地质六队等多家单位。1983 年 9 月提交了《嫩江县多宝山铜矿床详查、初勘地质报告》，提交铜金属储量 237×10^4 t，为大型矿床，平均品位 0.47%。钼金属储量 8.1×10^4 t，品位 0.016%；伴生金储量 73.4 t，品位 0.144 g/t；银储量 1046 t，品位 2.059 g/t；铼储量 75 t，硒储量 1411 t，铂储量 185 kg，钯储量 303 kg，铱储量 344 kg，锇储量 972 kg。

1990 年以来为第三阶段，为配合第二轮普查，在多宝山矿床及外围开展了较多的科研和有针对性的勘查，取得新的勘查成果，使矿床列入资源储量表的铜资源储量进一步增加。

2）矿床特征：多宝山矿床由 4 个北西向矿带组成，共 215 个大、小矿体。矿体成条带状或透镜状，走向 310°~330°，倾角 70°~80°。其中 3 号矿带的Ⅹ号矿体规模最大，长 1400 m，宽 23~340 m，

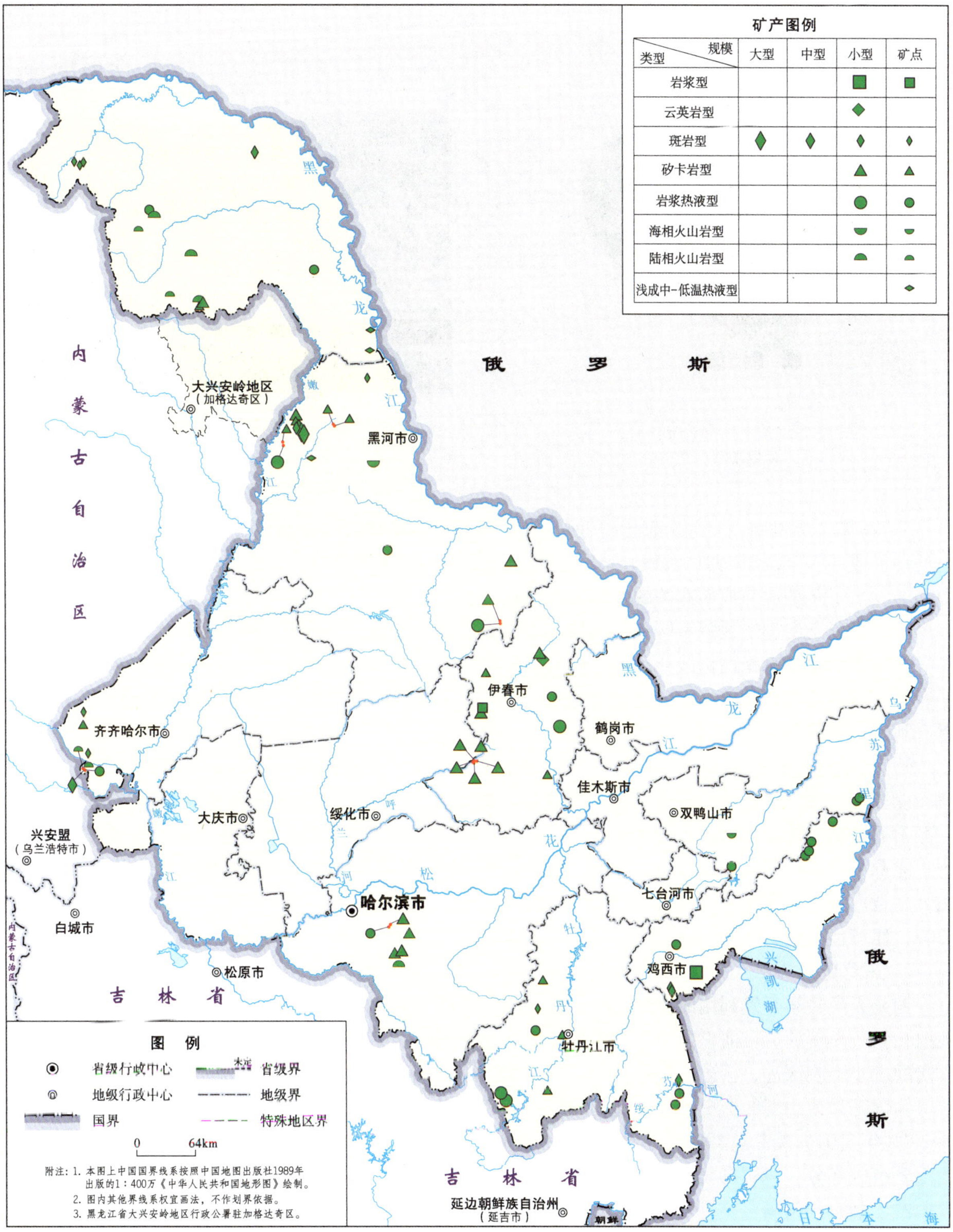

图 5-2-1　黑龙江省铜矿产地分布图

延深 300～1000 m。

截至 2019 年底，上表铜资源储量 195.33×10^4 t，品位 0.47%；钼资源储量 11.97×10^4 t，品位 0.016%，为一处大型铜钼矿床。该矿床伴生金储量 80.38 t，品位 0.144 g/t；银储量 816.68 t，品位 2.06 g/t。属斑岩型矿床，成矿时代以早-中奥陶世为主（距今 4.75 亿年前；向安平等，2012）。主要矿物有黄铜矿（图 5-2-2）、斑铜矿和辉钼矿，可综合利用矿物有自然金、银金矿、自然银、辉银矿和碲银矿。

图 5-2-2　多宝山铜矿石标本
（刘旭光摄）

图 5-2-3　露天开采多宝山铜矿区
（吕长禄摄）

3）矿床形成机制：多宝山矿床附近是早-中奥陶世的海底火山活动中心，早-中奥陶世的海底火山活动形成的多宝山组火山-沉积岩系中富集丰富的铜、钼等成矿组分，也是随后的岩浆侵入活动的中心，发生了多期次与成矿有关的强烈岩浆活动。在以花岗闪长斑岩为标志的主成矿期，成矿空间是一个巨大而复杂的构造裂隙系统。侵入体向上和减压方向运移，在适宜的构造部位沉积矿质，富集成矿。多宝山矿区发育张性构造活动的北西向弧形构造及其叠加的片理化带为含矿岩浆和水热流体提供了有效的运移通道和沉淀空间。多宝山矿床之所以发生强烈而集中的大规模成矿作用，是多种地质因素有利配合的结果。

4）开采状况：多宝山铜钼矿床虽然发现较早、前景可观，但由于矿区地处高寒地带，且受交通、能源等多种因素影响，一直未被开发利用。但是，1983 年以来，黑龙江省地质矿产局对多宝山矿区附近的黑宝山煤田及关鸟河大理岩进行详查和勘探，建立了露天煤矿、煤井和大型水泥矿山，解决了能源不足的问题。2012 年 9 月 13 日多宝山铜矿建成并进行试生产，开采单位为福建紫金矿业集团，是省内最大的铜矿开采基地。设计日处理矿石能力 2.5×10^4 t，年产金属铜约 3×10^4 t、金属钼 630 t，年产值可达 20 亿元，目前年处理矿石 900×10^4 t，为露天开采（图 5-2-3）。

4. 开发利用

铜是人类最早开发利用的金属之一。南美洲的智利，号称“铜矿之国”。那里有个大铜矿，就是根据孔雀石发现的。目前它是世界上最大的地下开采铜矿，年产铜锭 30×10^4 t。铜的使用对早期人类文明的进步影响深远，铜矿石被称为“人类文明的使者”。

我国开采使用铜的历史年代久远，大约在五六千年前，我们祖先初步掌握了金属冶炼技术；公元前 2000 年我国进入青铜器时代，经夏、商、西周、春秋、战国和秦汉，历经 15 个世纪，是我国文化的重要组成部分。1939 年河南安阳殷墟商代晚期墓出土的后母戊鼎是世界迄今为止出土最大最重的青铜器，享有“镇国之宝”的美誉。1978 年湖北随县战国早期（距今 2400 年前）曾侯乙墓出土的曾侯乙编钟是我国迄今发现数量最多、保存最好、音律最全、气势最宏伟的青铜编钟，具有重要的历史和观赏价值。

中国是世界上最早使用铸币的国家，早期使用的原料以铜为主。距今三千年前殷商晚期墓葬出土的不少“无文铜贝”，为最原始的金属货币。战国时期的货币主要有三大体系：布币、刀币、环币，为青铜货币。秦始皇统一全国后，将秦国的币制推行于全国，以黄金为上币，单位为镒，即二十两，以铜钱为下币，即“半两”钱。秦“半两”钱的出现（图 5-2-4），标志着中国金属货币进入一个新的时期，即重量名称和货币名称统一的记重货币。

图 5-2-4　秦“半两”
（黑龙江省博物馆藏）

图 5-2-5　三矿沟铜矿石、铜蓝
（郭亚军摄）

据考证，黑龙江省对铜的利用始于金代，有记载的铜矿勘查开发历史较短、文献很少。中华人民共和国成立前铜矿勘查程度非常低。仅见原松江省东宁县东南岔铜矿调查报告，原牡丹江省四道岭铜矿调查报告。

1950~1958 年在中、小比例尺区域地质测量中，发现数量不多的铜矿点及矿化点，进行了初步地表工程控制。1959~1969 年铜矿勘查达到高潮，相继发现普查了嫩江市多宝山铜钼矿床、嫩江市铜山铜钼矿床、嫩江市三矿沟铁铜矿床（图 5-2-5）、弓棚子钨铜锌矿床等多个矿床以及若干矿点。1970 年以后的 30 多年，省内的铜矿勘查近于停滞，仅对个别铜矿床进行了少量补充勘查和矿（化）点检查。2000 年以来，受国内市场对铜矿石需求增加的影响，省内铜矿勘查有所回升。除了对已知铜矿床进行补充勘查，新发现了若干具有资源潜力的矿床（如龙江县六九山铜矿床、塔源二支线铅锌铜矿床、东宁市洋灰洞子铜矿床等）及矿点（如漠河市霍洛台铜多金属矿点、新林区小柯勒河铜钼矿点）。此外还发现了一批有良好找矿潜力的铜矿远景区，目前正在勘查，有望再发现一批铜矿床。

【史话】多宝山（超）大型铜矿是怎么发现的　多宝山铜矿的储量达到 237×10^4 t，接近大型铜矿下限的 5 倍，属于（超）大型的铜矿。还有达到大矿规模的 8.1×10^4 t 共生钼矿。铜矿规模当时排全国第三位。此外，还伴生可以回收利用的金、银、硒、铼、铂、钯、铱、锇等珍贵矿产。1958 年发现该矿时，这里仍然荒无人烟，连个地名都没有。于是地质人就给它取了个“多宝山”这个好听的名字。多宝山铜钼矿地质勘查中大致分为两个阶段。

1958~1962 年是第一阶段。1958 年，小兴安岭区域地质调查大队第三分队王莹等人在进行地质调查时发现了铜矿化。随后多宝山勘探队（后改称黑龙江省地质局第二勘探队）王莹、袁纬等对 1 号和 2 号矿带进行了勘查，获得 19×10^4 t 铜储量，并发现了最有价值的 3 号矿带。1962 年中央对国民经济进行调整，项目下马。

1971 年是多宝山铜矿勘查工作的转折点。黑龙江省地质局地质处巩杰生等研究了多宝山铜矿资料，结合世界同类大型斑岩铜矿的特点，提出了重上多宝山项目的建议。1972~1983 年，多宝山铜矿进入第二阶段。其中从 1979 年开始，黑龙江省地质局组织了会战。黑龙江省第四地质队总工程师杜琦以 3 号矿带为突破口，开展普查找矿。继而又发现了 4 号矿带和铜山Ⅰ号、Ⅱ号矿体。普查勘探过程中，在 184 km^2 的矿田范围内，共发现激电异常 35 处，磁异常 24 处，化学探矿岩石原生晕异常 11 处，次生晕异常群 5 处。对上述异常择优进行了钻探，除在多宝山铜矿以南的铜山找到一个大型铜矿外，还在铜山以南发现了争光矿点（现在的黑河市争光大型岩金矿床）。之后的工作证实，它是一个大型的金矿。

随着大量资料的积累，1980 年地质部把多宝山铜矿列为全国重点研究的矿床之一，有多个单位参加了 10 个专题的研究并提交了研究报告。1981 年多宝山铜矿结束了野外工作，1983 年提交了最终报告。1984 年地质部授予黑龙江省地质局地质四队找矿一等奖，集体二等功；黑龙江省地质局中心实验室记二等功。（徐衍强撰写）

黑龙江省铜矿开采始于 20 世纪 70 年代，已发现的铜矿床多已开发或处于矿山建设中。其中在开采中的有嫩江市多宝山铜钼矿床、嫩江市铜山铜钼矿床、龙江县六九山铜矿床、阿城区白岭铜锌多金属矿床、宾县弓棚子钨铜锌矿床、新林区塔源铜银金矿床（图 5-2-6）等。已闭坑的有嫩江市三矿沟铁铜矿床、黑河市付地营子铜锌硫铁矿床等。此外有一些铜矿点也进行了小规模开采。

图 5-2-6　塔源铜矿石标本
（郭亚军摄）

弓棚子铜矿山始建于 1969 年 5 月，1972 年正式投产，1988 年完成 1000 t/d 铜锌采选配套项目改造工程，1994 年建成达产，日处理矿石 1000 t。昔日偏僻荒凉的山村，建成繁荣的工矿区，为发展黑龙江省有色金属工业做出了较大的贡献。2005 年矿山改制为松江铜业集团有限公司下属的松江铜业实业有限公司至今。2011 年 10 月 27 日国土资源部、财政部和黑龙江省人民政府共同签署了《关于建设矿产资源综合利用示范基地的合作协议》，哈尔滨松江铜业实业有限公司弓棚子铜矿井下资源开发利用示范工程是示范基地建设四项重大工程项目之一。为了不浪费贵重金属矿以及维系老矿山继续生产与矿山职工稳定生活，企业决定在进行铜锌矿残采的同时，开采伴生钨钼矿石，并设计拟建 1000 t/d 钨钼矿选矿能力的选矿厂，目前矿山正在生产中。

龙江县六九山铜矿床由黑龙江陆玖矿业公司于 2011 年开始筹建矿山。经改扩建，2019 年正式投入生产，已累计投资 11 亿元，年处理矿石 162×10^4 t，生产铜精粉 6×10^4 t，年可实现销售收入 5 亿元，上缴税金 1.2 亿元。为当地 500 多村民提供就业机会，平均每人每年增收 4 万元。

嫩江市铜山矿床铜资源储量为 96.14×10^4 t，为一大型斑岩型含钼铜矿床。矿山由黑龙江铜山矿业有限公司于 2012 年 5 月建成投产。2020 年 1 月，二期工程开始建设，采用露天开采+地采进行采矿，总投资 9.48 亿元，预计 3 年施工建设。建成后，日开采矿石 1×10^4 t，年采矿建设规模 300×10^4 t，铜金属量约 1.5×10^4 t，预计年新增产值 7 亿元、税金 1 亿元，保障就业岗位 1000 个，将助力多宝山铜矿成为东北地区最大、国内第二大产铜基地。

二、铅锌

1. 基本性质及主要用途

铅（Pb）是一种蓝灰色金属，新鲜面具强烈金属光泽，硬度 1.5，密度 10.67~11.34 g/cm^3，熔点 327.4℃，沸点 1749℃。铅是所有金属中最软的重金属，也是密度大的金属之一。铅的展性良好，延性甚微，是热和电的不良导体，具有较好的可锻性和抗磨性，并易与锌、锡、砷、锑等制成合金。铅的化学性质较稳定，在干燥的空气中和不含空气的水中不发生化学变化。盐酸和硫酸仅能作用于铅的表面，形成几乎不溶的氯化铅和硫酸铅薄膜，具有较好的防腐性。具有工业意义的铅矿物有方铅矿、白铅矿、铬铅矿、钼铅矿、铅矾、硫锑铅矿等 11 种。

锌（Zn）是蓝白色金属，新鲜断面具金属光泽，硬度2，常温下密度7.19 g/cm^3，熔点419.4℃，沸点906℃。锌在常温下发脆，在100~150℃时具有良好的压延性，但继续加热到250℃时又变为很脆，甚至成为粉末。锌的导热、导电性比铅强。锌易与多种金属制成合金。锌的化学性质较活泼，易溶于稀硫酸、盐酸和碱溶液，但在常温下的干燥空气中不被氧化。当在潮湿空气中时，锌表面易形成致密的碳酸锌和氢氧化锌薄膜，从而保护内部的锌金属不再被氧化。常见的含锌矿物有闪锌矿、菱锌矿、异极矿、硅锌矿、水锌矿等。

铅广泛应用于各种工业，大量用于制造铅酸蓄电池，占总消费量的60%。在化学和冶金工业中用以制作管件和设备的防腐内衬；原子能工业中铅用来制作防辐射外罩；国防工业中用来制造弹头；电气工业中制作电缆包皮和熔断保险丝。铅锡合金用来制造焊条；铅板和镀铅锡薄钢板用于建筑工业。

锌在工业上广泛用于制造各种合金，如黄铜、白铜、青铜等。锌含量在40%以下的黄铜使用价值最大。锌可用铸造法生产用途广泛的海绵金属。锌的另一个用途是大量用来镀锌，用以防止金属被腐蚀。高纯锌制造的银-锌电池，用于飞机和宇宙飞船的电气仪表。锌粉、锌片用于冶金工业中，可除去溶液中的杂质，置换出稀有金属、贵金属。锌的化合物可用于纺织工业及制造油漆、染料、颜料等；农业上制作杀虫剂。锌还可用以制造微晶锌板，用于传真制版和压铸合金等技术。此外，锌也是人体必需的微量元素之一，在人体生长发育过程中起重要作用。

2. 地理分布

世界铅锌矿资源丰富，据《全球矿业发展报告（2019）》统计，截至2018年底，全球已查明铅储量8300×10^4 t，锌储量2.3×10^8 t。主要分布于澳大利亚、中国、美国、哈萨克斯坦、加拿大、秘鲁、墨西哥等国。中国铅矿资源储量居世界第二位，锌矿资源储量居世界前列。

据《中国矿产资源报告（2019）》统计，截至2018年底，我国查明铅矿资源储量为9216.31×10^4 t，锌矿资源储量为1.87×10^8 t。主要分布在云南、内蒙古、广东、甘肃、湖南、四川、陕西、青海、广西、福建、河北、山西等省（区）。

黑龙江省铅锌矿资源较多，截至2019年底，已发现铅锌矿产地94处（图5-2-7），其中铅锌矿床47处（表5-2-2），铅锌矿点47处，尚发现大量铅锌矿（化）点。累计查明铅资源储量104×10^4 t，锌资源储量264×10^4 t。主要分布在黑河、伊春、绥化地区，哈尔滨市阿城区、塔河县、呼中区有少量分布。但品质不佳，铅锌品位大于8%的矿床很少。

表5-2-2　黑龙江省主要铅锌矿产地一览表

序号	矿产地名称	所在地区	规模	开发利用情况
1	伊春市小西林铅锌矿床	伊春市	大型	停采
2	逊克县翠宏山铁钨钼多金属矿床	黑河市	中型	停采
3	响水河锌多金属矿床	绥化市	中型	未开采
4	新林区塔源二支线铅锌铜矿床	大兴安岭	中型	未开采
5	庆安县二股西山铁锌多金属矿床	绥化市	中型	开采

3. 伊春市小西林铅锌矿床

小西林铅锌矿床位于伊春市伊春镇东南40 km处，是黑龙江省发现的最大铅锌矿床。

（1）勘查历史

1959年，王承祺带领黑龙江工学院地质系实习生在小西林地区后山开展土壤地球化学测量工作，并在发现Ⅰ号矿部位上圈出了化探异常。同年，松花江专署地质局第六分队曹大华等人在群众报矿的基础上，进入小西林后山开展铁矿普查，布置1号钻孔，打到矿体的主要部位，为随后的普查勘探工作奠定了基础。1961年黑龙江省地质局松花江综合地质大队第六地质队郑秉学等人完成铅山地段Ⅰ、Ⅱ、Ⅲ号矿体勘探工作，编写了《黑龙江省伊春市小西林铅锌矿储量说明书》。

1962~1963年黑龙江省地质局第三地质队张华等对铅山Ⅰ、Ⅱ、Ⅲ号矿体进行勘探；1960~1963

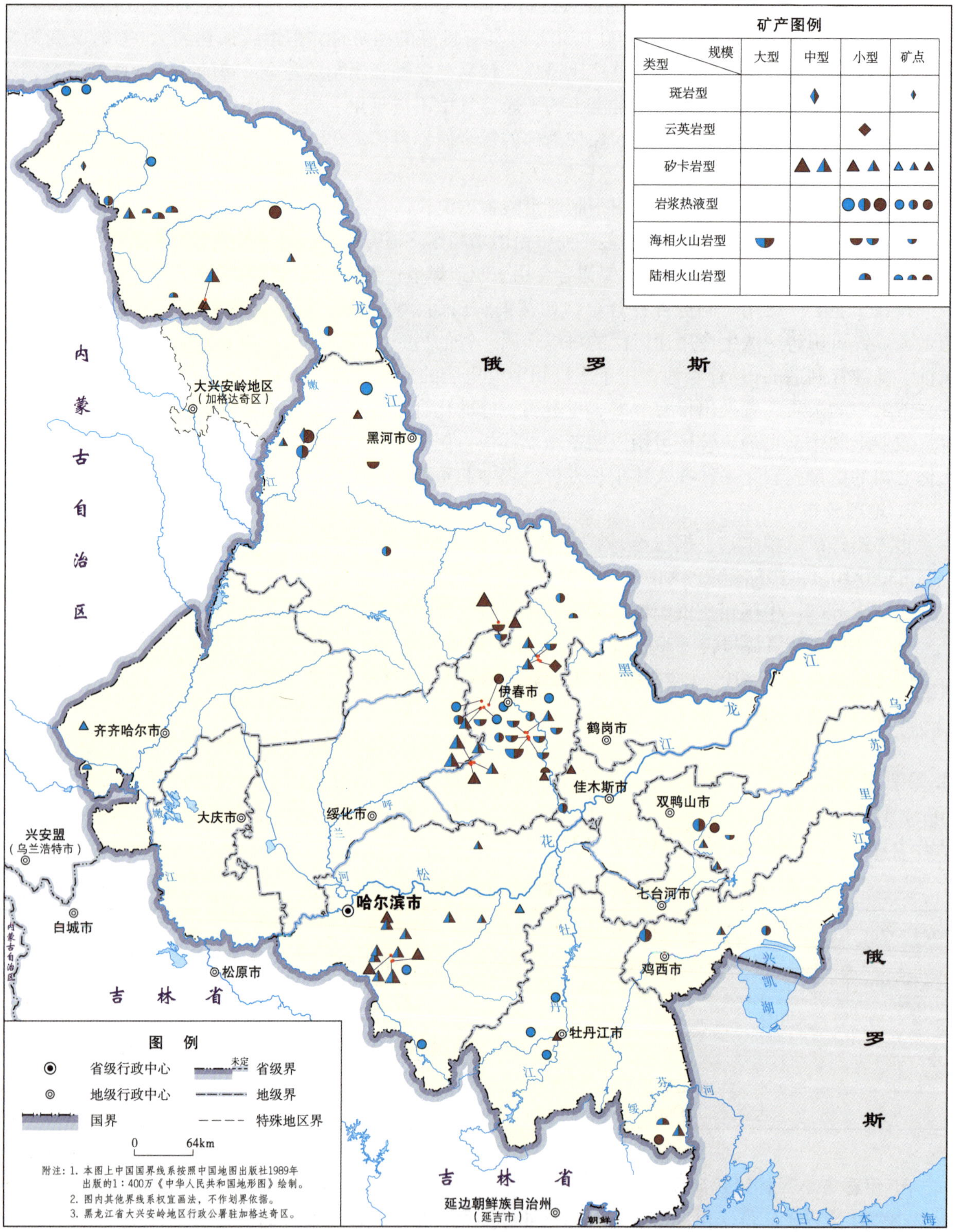

图 5-2-7　黑龙江省铅锌矿产地分布图

年第三地质队在矿区内先后发现南沟铅锌矿、老道庙沟铅锌矿、二段铅锌矿和后山铅锌矿、西大坡铁矿等，1965 年提交了《黑龙江省小西林铅锌矿铅山地段 I 号铅锌矿详细勘探报告》。1966 年第三地质队焦世纮等人提交了《黑龙江省伊春市小西林铅锌矿南沟地段详查报告》。

1972 年黑龙江省冶金地质勘探公司七〇七队夏源熙等人提交了《黑龙江省伊春市小西林铅锌矿铅山地段 V 号矿体群补充地质勘探报告》。1978～1980 年黑龙江省冶金地质勘探公司七〇七队王洪有等人对铅锌矿床二段进行找矿评价，编写了《黑龙江省伊春市小西林铅锌矿二段铅锌矿床找矿评价报告》。

（2）矿床特征

小西林铅锌矿包括小西林铅锌矿区、铅山地段Ⅴ号矿体、南沟地段铅锌矿和二段铅锌矿体等，总计 57 个大小矿体。含矿带南北长 1800 m，东西宽 200 m，主要由Ⅰ号和Ⅴ号两个矿体组成。Ⅰ号是主矿体，呈透镜状。地表出露长 500 余米，厚度为 2～45 m，向下延深达 500 m。倾向东，倾角 80°～85°。累计查明铅资源储量 39.9×10^4 t，品位 4.09%；锌 53.5×10^4 t，品位 4.3%～5.23%。共生铁矿 3.7×10^4 t；伴生镉 4255 t，品位 0.043%；铟 64 t，品位 0.0007%。金属矿物主要是磁黄铁矿，其次是闪锌矿、方铅矿（图 5-2-8）、黄铁矿和磁铁矿。

图 5-2-8　小西林铅锌矿石

（郭亚军摄）

该矿床成因类型为火山热液沉积-叠加中温热液脉型铅锌矿床。小西林矿段Ⅰ号矿体成矿时代主要为寒武纪（约 4.9 亿年前），老道庙沟矿段和新发现矿体为侏罗纪成矿（约 1.9 亿年前；黄维平，2013）。

（3）开采状况

20 世纪 60 年代在主矿区探明资源储量后由冶金系统进行开采，现由伊春金林矿业有限公司开采，但资源已枯竭。

4. 开发利用

中华民族的祖先对铅锌矿的开采、冶炼和利用曾做出过重要贡献。商代中期，在青铜器铸造中已用到了铅；西周的铅戈含铅达 99.75%。由于铅矿中多含有银，古代为了提取白银，因此大量开采并冶炼铅。我国还是最早发明炼锌的国家，据史料记载，最迟在 10 世纪的五代就已能冶炼锌。17 世纪初，开始向欧洲出口锌锭。1745 年从广州装运锌锭的一艘船在瑞典哥德堡触礁沉没，1872 年打捞起一部分锌锭，经分析锌含量达 98.99%，可见当时中国冶炼锌的水平已相当高。

中华人民共和国成立以来，铅矿查明资源储量从 118.1×10^4 t 增至 9216.31×10^4 t，增长 77 倍；锌矿从 103.1×10^4 t 增至 18755.67×10^4 t，增长 181 倍。1994 年以来，中国一直稳居铅锌矿第二大生产国（孙传跃等，2019）。

黑龙江省铅锌矿地质勘查工作主要始于中华人民共和国成立后，其中 1958～1980 年是铅锌矿勘查的重要时期，多数铅锌矿产地最早是在 1958 年前后全国范围大规模寻找铁矿时发现的。铅锌矿勘查工作程度较高的矿床集中分布在小兴安岭-张广才岭山区，先后发现伊春市小西林铅锌矿床、黑河市付地营子铜锌硫铁矿床、逊克县翠宏山铁钨钼多金属矿床、伊春市老道庙沟铅锌矿床、伊春市五营区五星铅锌矿床（图 5-2-9）、庆安县二股西山铁锌多金属矿床、宾县弓棚子钨铜锌矿床、庆安县徐老九沟铅锌多金属矿床、逊克县库尔滨铅锌矿床等。

图 5-2-9　伊春五星铅锌矿石

（郭亚军摄）

进入 21 世纪，先后发现新林区塔源二支线铅锌铜矿床、呼中区碧水铅锌矿床、呼中区下嘎来奥伊河上游铅锌多金属矿床，还发现一些铅锌矿点，待今后进一步勘查。

铅锌矿开采始于 20 世纪 70 年代，部分矿床已开采利用。伊春市小西林铅锌矿床是 1966 年开始建设矿山，是当时东北地区“七矿两厂”之一，目前小西林铅锌矿床已资源枯竭，逊克县库南铅锌矿床、伊春市五星（母树林）铅锌矿床、庆安县二股西山铁锌多金属矿床、逊克县翠宏山铁钨钼多金属矿床已经开采；庆安县徐老九沟铅锌多金属矿床等曾经开采或试产，目前已经停产；近年新发现的呼中区碧水铅锌矿床等尚未开发。

【史话】“七矿两厂”　20 世纪 50 年代初期，东北地区是我国开发较早的铅锌生产基地之一，其铅产量占全国铅产量的 80%以上，在中国铅锌生产居于重要地位。东北基地以七矿两厂为主，即青城子铅锌矿、八家子铅锌矿、柴河铅锌矿、恒仁铜锌矿、红透山铜锌矿、西林铅锌矿、天宝山铅锌矿和沈阳冶炼厂、葫芦岛锌厂。七矿两厂不仅是东北铅锌生产基地的支柱厂矿，也是培养造就科技人才的基地。六七十年代曾向全国新建的铅锌企业输送大批具有实践经验的科技和管理人才以及生产技术工人，为中国铅锌业的发展做出了积极贡献。

【故事会】黑瞎子掌下留情　陈国军死里逃生　1977 年 7 月 5 日，是我（陈国军）一辈子也忘不掉的日子。那天，我吃完早饭，和往常一样，包好馒头，灌满水壶，同赵德林、李保禄有说有笑地离开了驻地。谁想这一去差点就没回来。

那年我们填图是 1∶20 万白桦林场幅，住在伊春市友好区广川林场。这里地处小兴安岭北麓，四面环山，生长的多是次生林，交通相当闭塞，路线（地质调查工作中，路线地质调查的简称）特别难跑。那时路线长，一般都在 100 多里地以上，所以几乎天天 6 点多就得上山，快一点，下午三四点钟能下山，慢一慢就得贪黑。我是带线的，始终在前面开路，赵德林、李保禄跟在后边，距离一般在四五米远。因为全是一人来高的树木杂草，虽然离得不算远，但也只能“闻其声不见其人”。

有人说，什么事发生前都有预兆，出事的前些天，曾看到过两次黑瞎子，但都在南坡。第一次，和它有四五十米远，它没有发现我们；第二次距离只有七八米，是两只，它俩也瞅见我们了。我们像是陌生的路人，互相打量了一会儿，他俩便不慌不忙地走了。据说黑瞎子这东西挺讲“义气”，只要你不招它，它一般不先动手；而你要是敢惹它，它会和你拼命。

那天我们在北坡，上线后跑得比较快，傍晌午，已经跑了 80 多里，站在山上眺望，隐隐约约能看见山下的林场。那天天气特好，没有一丝云，没有一点风，像是下火一样，真要烤死个人。我们 3 人全都汗流浃背。谁也不敢轻易脱衣服坐在地上凉快一下，因为那地方蛇和各种各样的虫子贼多，一不小心就会受到它们的攻击。就连中午吃饭也是站着，每人 1 个馒头几块咸菜，也就是对付，不然没劲也跑不动。那天我们简单垫补一口就又继续前进。

大约走出 1 里多地，突然，一声吼叫声，从树丛中窜出一只黑瞎子，像是一面墙堵住了我的去路。那情景和武松在景阳冈遭遇老虎时差不多。当时我和黑瞎子也就 1 米多远，连黑瞎子喘气的声音都听得一清二楚。我想它当时可能正在“午休”，听到动静，以为是来袭击它的，便大为恼火。其实它是误会我了，我哪是它的对手，也绝不敢拿鸡蛋碰石头呀！可是它在气头上，怎么肯倾听我的解释呢。只见它怒目圆睁，如猛虎下山般像我扑来。我下意识地大叫一声：“黑瞎子！”扭头就往回跑，这后转弯还没转过来呢，它那高高扬起的巴掌就呼地一下子落了下来，重重地砸在我的头上。多亏我戴着安全帽，不然脑袋当时就得开瓢。但它这一巴掌还是把我拍了个大跟头，安全帽的前沿也干掉了。我当时手无寸铁，根本无法还手。好汉不吃眼前亏，我只是一门心思想逃跑，别叫它再给拍着。当我往起站还未站稳时，它又给我一耳光；当时就把我拍蒙了。人们常说，打人不打脸，揭人别揭短，可是这老家伙专门往脸上打。

它这一巴掌下来，我立刻感到脸上火辣辣粘糊糊的，这张脸皮就是叫它这第二巴掌给掀起来的，现在还有缝的印呢。也就是我身体好，它两巴掌并未把我彻底打倒。我的意识非常清醒，求生的欲望非常强烈，就是想活命，快速逃出“熊掌”。当我再次站起来的时候，它又劈头盖脸地给我一巴掌。这一巴掌比前两下轻一点，也许它看出来我并不是它的对手，或者是它看明白了，我真的不是和它过不去，只是无意之中撞上了，并不是想偷袭它。但它这一巴掌还是把我撂倒了，这时的我已经筋疲力尽了，如果它要是再来几下，我可能当时就上西天了。正在这时，赵德林，李保禄从后边连喊带叫冲过来，黑瞎子一看援兵已到，我也躺在地上不动，便大摇大摆的扬长而去。这场短兵相接的战斗我只有招架之功没有还手之力。虽然我在人堆里人高马大，但和这种庞然大物相比，便显得太渺小了。

赵德利、李保禄过来一看，我跟个血葫芦似的，都吓坏了，以为我这下完了。但一看我还有口气，就把我扶起来，想背我下山。然而他俩面对的是150多斤重的我，实在无能为力，只好搀扶着我走。大约走出50多米，我就什么也不知道了。后来，李保禄看着我，赵德林下山去找人。当时分队的人上山没回来，家里只有炊事员。他们便向林场人求援，纯朴的林区人呼啦一下来了十多个，把我抬了回去。因为林场没医院，伤口缝不了，简单处理一下，他们又把我送到伊春，我在那儿住了一段。出院后，大队安排我到北戴河疗养了3个月。第二年7月份我就上班了，一直在资料库，工作比较轻松。（陈国军口述，关伟整理）

大兴安岭塔源二支线铅锌铜矿床自2005年已累计探获铅锌资源量20×10^4 t（图5-2-10）、伴生铜资源量3600 t、伴生钼资源量83 t。目前由大兴安岭云冶矿业开发有限公司开发建设。

图5-2-10　塔源二支线铅锌矿石

（郭亚军摄）

三、钼

1. 基本性质及主要用途

基本性质：钼（Mo）是一种银白色金属，熔点2617℃，沸点4612℃，密度10.22 g/cm³（20℃），硬度5~5.5。其物理化学性质与钨相似，在高温下蒸汽压很低，蒸发速度小；常温下，钼在空气或水里是稳定的。钼的特殊性能是导电性和导热性强，膨胀系数小，硬度和强度极限比钨低，加工性能稳定，受压较易加工。在没有氧化剂的条件下，钼对无机酸具有突出的耐腐蚀性能。但在稀硝酸、沸腾的盐酸、热的王水、200~250℃浓硫酸、氢氧酸与硝酸的混合物中，能迅速地被溶解。

自然界中具有工业价值的（含）钼矿物主要是辉钼矿、钼华、胶硫钼矿、铁辉钼矿、钼钙矿等。

主要用途：钼是一种难熔的金属，是冶金、电气、化工、航空和航天等制造业中不可缺少的原料，素有“战争金属”称号。用于冶金工业，是生产合金钢的添加剂，可提高其耐高温强度、耐磨性和耐腐性，如钼和镍、铬的合金用于制造飞机的金属构件，机车、汽车上的耐蚀零件，石油开采的耐腐蚀钢管、取代钛用于海水淡化装置，铁轨和桥梁建设中的重要钢材。钼与钨、铬、钒的合金钢用于制造高速切削的刃具（图 5-2-11）、军舰的甲板（图 5-2-12）、坦克、枪炮、火箭、卫星合金构件和零部件。

图 5-2-11　盾构机

（来源：https：//p0. ssl. img. 360kuai. com/t0194ab22c066aba768. webp）

图 5-2-12　航空母舰——山东舰

（来源：https：//p0. ssl. img. 360kuai. com/t01cfd96b59caef51bd. webp）

【知识链接】盾构机　众所周知，盾构机是一种用于隧道掘进的专用工程机械，其前部的盾构刀具是主要部件，而刀具结构分为刀体和刀刃，刀刃镶嵌在刀体上，用于切削土体，刀刃材料一般添加铬、钼、硅、碳、钨等。

世界上第一个盾构机是法国工程师布鲁诺尔发明的，在日本、德国发展。2002 年，我国正式把盾构机列入“863”计划，2008 年我国研发出第一台具有知识产权的盾构机——中铁 1 号，打破了西方国家的技术垄断；2012 年我国的盾构机出口到马来西亚；2017 年，中铁装备研发出国内最大直径硬岩掘进机“彩云号”；2020 年，我国研发出国内最大直径盾构机“京华号”，最大开挖直径达 16 m。

钼大量用作高温电炉的发热材料和结构材料、真空管的大型电极和栅极、半导体及电光源材料，还可用作核反应堆的结构材料。钼的化合物主要用作催化剂、活化剂和润滑剂，在颜料、染料、涂料、陶瓷、玻璃、农业肥料等方面也有广泛用途。钼也是人体必需的微量元素。辉钼矿是下一代半导体材料，在制造超小型晶体管、发光二极管和太阳能电池方面具有广阔的前景。美国成功使用辉钼矿制造出辉钼基柔性微处理芯片，是同等硅基芯片的 20%大小，功耗极低，极薄，可以附着在人体皮肤上。钼还可以做成肥料，提高豆类植物、牧草及其他作物的质量和产量。

2. 地理分布

全球钼矿资源非常丰富，已查明钼资源量在 1900×10^4 t 以上。主要分布在中国、美国、智利、秘鲁、加拿大、俄罗斯、亚美尼亚、蒙古等国。

钼矿是我国的优势矿种之一，产量居世界前列，2018 年底查明钼矿资源储量 3028.61×10^4 t。集中分布在河南、陕西、吉林 3 省，黑龙江、山东、河北、辽宁、内蒙古、安徽等省（区）也有分布。陕西省渭南市华州区已探明钼金属储量 128×10^4 t，被中国矿业联合会授予“中国钼业之都”的称号。

钼矿是黑龙江省的优势矿种，在国内占有重要的地位，截至 2019 年底，已发现钼矿产地共 69 处，其中超大型 1 处、大型 3 处、中型 5 处（表 5-2-3）、小型矿床 20 处、矿点 40 处，累计查明钼金属资源储量 145.8×10^4 t。钼矿产地主要分布在铁力市、伊春市、逊克县及嫩江市（图 5-2-13），其次分布在大兴安岭、黑河、滨东等地。

表 5-2-3　黑龙江省重要钼矿产地一览表

序号	矿产地名称	所在地区	规模	开发利用情况
1	铁力市鹿鸣钼矿床	伊春市	超大型	开采中
2	逊克县霍吉河钼矿床	黑河市	大型	未开采
3	嫩江市多宝山铜钼矿床	黑河市	大型	开采中
4	逊克县翠宏山铁钨钼多金属矿床	黑河市	大型	开采中
5	阿城区五道岭钼矿床	哈尔滨市	中型	开采中

图 5-2-13　黑龙江省钼矿产地分布图

3. 铁力市鹿鸣钼矿床

鹿鸣钼矿床位于铁力林业局鹿鸣林场区内，距鹿鸣林场东北 2 km 处，是黑龙江省最早发现的超大型斑岩型独立钼矿床。

1）勘查历史：1987 年，黑龙江省地质矿产局地球物理勘查院开展 1：20 万水系沉积物测量时圈定“伊 87Hs-51”和“铁 88Hs-8”异常。1991 年，黑龙江省地质矿产局第二地质大队对“伊 87Hs-51”和“铁 88Hs-8”异常开展 1：5 万水系沉积物测量，圈出一处多金属成矿元素组合异常——鹿鸣异常。2002~2007 年，由黑龙江省地质调查研究总院承担，黑龙江省区域地质调查所、黑龙江省第五地质勘察院与第六地质勘察院参加，共同实施了黑龙江伊春-延寿地区铅锌钼多金属矿评价项目。2003~2005 年黑龙江省第五地质勘察院在鹿鸣工区进行异常查证，地表发现宽 43.9 m 的钼矿体，进而发现Ⅰ号和Ⅱ号矿体，探求（333+334）级钼资源量 38691.84 t。2006~2007 年黑龙江省地质调查研究总院和第五地质勘察院在此开展多金属矿评价和普查工作，提交普查报告，提交钼（333+334）级资源量 30.42×10^4 t。

探矿权转让后，2009~2010 年，伊春鹿鸣矿业有限公司委托黑龙江省第五地质勘察院对Ⅰ号矿体资源/储量进行核实。2010 年 11 月，提交储量核实报告，经国土资源部矿产资源储量评审中心评审，钼金属量（122b+333）799855 t，钼平均品位 0.093%，为一处超大型钼矿床。

2）矿床特征：矿区内主要有Ⅰ号一条矿体。数目众多小规模矿体分布在主矿体下部的南北两侧，属隐伏矿体。Ⅰ号矿体地表呈短轴状，地表出露长、宽均超过 1000 m，钼平均品位为 0.093%。矿石矿物主要为辉钼矿（图 5-2-14）、钼华、黄铜矿、铜蓝等，矿床成因属于斑岩型钼矿床，成矿作用发生在早侏罗世（1.8 亿~1.9 亿年前；唐臣等，2017）。

3）开采状况：伊春鹿鸣矿业有限公司，2006 年在伊春注册，取得采矿权，生产规模 100×10^4 t（矿石）/a（图 5-2-15）。该选厂为目前国内单系列规模最大的选矿厂，设计工艺先进、设备精良，实行全面的自动控制和监控技术，2011 年开始土建施工和设备安装，生产规模由 100×10^4 t/a 提高到 1000×10^4 t/a。

图 5-2-14　鹿鸣钼矿石

（郭亚军摄）

图 5-2-15　鹿鸣钼矿采场

（吕长禄摄）

钼为矿床的单一矿种，虽然铜平均品位只有 0.03%，没有达到综合评价指标要求，但企业在选矿中增加了一道铜精矿的扫选流程，回收的铜精矿销售收入极大地降低了选矿厂的运营成本。这是黑龙江省综合利用矿产资源的典型案例。2013 年 8 月 28 日，国内最大的两台钼矿球磨机一次性试车成功，标志着该公司从矿山基本建设转入试车生产阶段，拉开了其大型设备试运转的序幕。年处理矿石 1000×10^4 t，生产钼精粉 1×10^4 t，按钼精粉 18 万元/t 计算，年产值达 18 亿元，按该矿服务 50 年计算，潜在经济价值 900 亿元。2019 年第一季度钼产品销售收入超过 7 亿元，与去年同比增长 40%。

4. 开发利用

世界上第一个开发的钼矿是挪威的克纳本（Knaben）钼矿，该矿于 1885 年开始开采。我国钼矿首先发现于清朝末年，始采于第一次世界大战前夕。

黑龙江省钼矿地质勘查工作始于20世纪50年代，至2000年前，针对钼矿的勘查工作较少。黑龙江省冶金地质勘探公司七〇三队，广泛收集了滨东地区的地、物、化探等资料，确定阿城区五道岭矿床为靶区，开展评价及勘探工作，历时10年时间，找到了中型五道岭钼矿床。在1960~1980年，针对铁、铜及铅锌矿的大规模勘查中，同时评价了钼矿，查明钼矿的资源储量均为共生或伴生。探明的钼矿床类型多为矽卡岩型和斑岩型，如逊克县翠宏山铁钨钼多金属矿床、嫩江市多宝山铜钼矿床。

进入21世纪，随着国土资源大调查的开展，省级矿产资源补偿费的实施及中央勘查基金的投入，黑龙江省钼矿勘查达到了历史的高峰。2003年发现鹿鸣特大型钼矿床后，相继发现和评价了逊克县霍吉河钼矿床、伊春市查山林场钼矿床、鸡东县四山林场铜钼矿床、黑河市滨南林场钼矿床等。2008年发现了大兴安岭地区松岭区岔路口超大型钼矿床，获得钼金属量246×10^4 t，其中工业钼金属量176×10^4 t，平均品位0.087%，可与世界第二大钼矿——安徽省金寨县沙坪沟钼矿媲美，只是品位稍低。因其所在地属内蒙古自治区，由黑龙江省代管，矿床未列入普及本。

现已开采的有铁力市鹿鸣钼矿床、阿城区五道岭钼矿床、嫩江市多宝山铜钼矿床及宾县弓棚子钨铜锌矿床，逊克县茅宝沟铁钼矿床已停采。五道岭钼矿床现由黑龙江省哈尔滨松江钼业有限责任公司地下开采，设计采选能力33×10^4 t/a。黑龙江省已逐步成为我国重要的产钼省份之一。

四、钨

1. 基本性质及主要用途

基本性质：钨（W）呈银白色，是熔点最高的金属。金属钨质地致密，具有较强的光泽，钨粉为暗灰色，硬度大，高温强度好，其熔点3410±20℃，沸点5927℃，密度（单晶钨）19.3 g/cm^3，与黄金相近。钨的膨胀系数与压缩系数在所有金属中是最小的，在高温下的抗张强度超过任何金属。其导电性和导热性良好，散热系数低，电导率为18.1S（西门子），是铜的三分之一。

钨具有很强的化学稳定性，耐腐蚀，常温下钨在空气中是稳定的，不易被酸碱溶液和王水侵蚀，但可溶于硝酸和氢氟酸的混合酸中。常温下钨与氯、溴、碘、一氧化碳、二氧化碳和硫等起反应，但不与氢起反应。在800~1000℃下，钨与固体碳及含碳的气体（CO、CH_4等）发生反应，生成极为坚硬的钨的碳化物（W_2C和WC）。

目前已发现的钨矿物和含钨矿物有20余种，其中最具有工业价值的矿物是黑钨矿和白钨矿。

主要用途：钨是一种耐热金属，钨精矿用于生产金属钨、碳化物、钨合金及钨的其他化合物，广泛用于电力、电子、石油、化工及军事等领域。金属钨是电器、电子工业的重要材料，特别是制造灯丝的最好材料。碳化钨做硬质合金，用于制造高速钻头，高速切削工具及拉伸、冲压模具、冲击凿岩钻头等。钨与铬、铁、钴合金，用于制造金属表面硬化材料、燃气汽轮机叶片和燃烧管。钨与铌、钽、钼等可组成难熔合金。高密度的钨、镍、铜合金用作核反应堆的隔热与防辐射的防护屏、制造高穿透力的军用穿甲弹（图5-2-16），做陀螺转子（图5-2-17）材料在我国第一艘核潜艇的研制中同样发挥了重要作用。钨铜和钨银合金用于制造电气开关、断电器和点焊电极等。钨粉可烧结成各种孔隙的过滤器。钨的一些化合物应用于颜料、油漆、橡胶、纺织、石油、化工等工业。钨铝合金多用于宇航工业用作火箭喷嘴、喷管、离子火箭发动机的热离解器，核子工程用钨作盛液态金属的容器，高比重钨合金是制造飞机配重平衡块的优质材料等。20世纪60年代研制的第一代钨基重合金在我国第一颗人造卫星的导航仪中得到成功应用。美国北极星A-3导弹的喷嘴是采用加入10%~15%银的耐高温钨管做的，阿波罗宇宙飞船上的火箭也是钨制造的。

2. 地理分布

世界钨矿资源较丰富，截至2018年底，世界钨矿资源储量320×10^4 t（折合钨精矿WO_3 65%）。主要分布在中国、加拿大、俄罗斯、澳大利亚、美国、玻利维亚。白钨矿矿床是最重要的钨矿类型，储量约占世界总储量的50%；黑钨矿矿床是开采生产的最主要类型，储量约占世界总储量的25%。

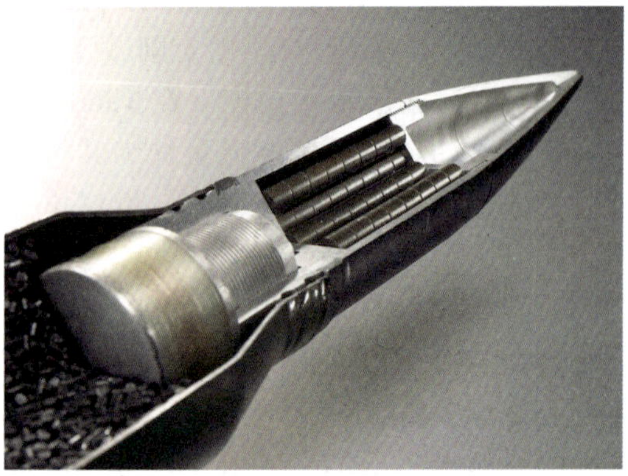

图 5-2-16　穿甲弹

（来源：https：//p1. ssl. qhimg. com/t01159d3029c18cc903. jpg）

图 5-2-17　陀螺仪转子

（来源：http：//5b0988e595225. cdn. sohucs. com/images/20181011/83bb38b61a8c44dd8a63a686994fa02c. jpeg）

我国是世界钨矿资源最丰富的国家，据《中国矿产资源报告（2019）》显示，截至 2018 年底，查明钨矿（WO_3）资源储量 1071.57×10^4 t，居世界第一，中国约占世界 WO_3 总储量的 65%。主要集中在湖南（柿竹园）、江西（赣南等）和河南（栾川）等地，三省的钨矿资源储量占全国总资源储量的 61%。

黑龙江省钨矿资源相对缺乏，截至 2019 年底，发现钨矿产地 21 处（图 5-2-18），其中大型 1 处、中型 2 处（表 5-2-4）、小型 8 处、矿点 10 处。主要分布在逊克县、宾县及双鸭山市，其次分布在伊春市、嫩江市、铁力市、庆安县等地。全省累计查明 WO_3 资源量 23.7×10^4 t，保有 18.6×10^4 t 以上。

表 5-2-4　黑龙江省典型钨矿产地一览表

序号	矿产地名称	所在地区	规模	开发利用情况
1	逊克县翠宏山铁钨钼多金属矿床	黑河市	大型	停采
2	双鸭山市羊鼻山铁钨矿床	双鸭山市	中型	开采铁矿为主，钨未利用
3	宾县弓棚子钨铜锌矿床	哈尔滨市	中型	开采
4	嫩江市关鸟河钨矿床	黑河市	小型	未开采

3. 逊克县翠宏山铁钨钼多金属矿床

翠宏山铁钨钼多金属矿床位于逊克县，在南岔-乌伊岭铁路友好站北偏西，直距 71 km。该矿床是一个含钨、钼、铁、锌、铅、铜，并伴生铟、镉、银、锡、硒等多种金属的综合矿床。

1）勘查历史：1960 年地质部物探大队九〇三航测队在 1∶20 万航空磁法测量时在该翠宏山地区发现 M71 异常。根据 1966 年 3 月黑龙江省经济委员会指示，黑龙江省地质局第三地质队组成铁矿普查分队，对 M71 航磁异常进行地面检查，于 1966 年上半年发现了翠宏山铁铜钼矿点，这是翠宏山矿区找矿史上的首次大突破。1966~1969 年黑龙江省地质局物探队、第三地质队开展物化探测量及普查工作，相继发现Ⅰ、Ⅱ、Ⅲ、Ⅴ、Ⅹ号等铁多金属矿体，是第二次重大突破。1970~1973 年黑龙江省地质局第三地质队开展详查及初步勘探工作，在翠岗发现隐伏的Ⅶ号厚大的磁铁矿体，是第三次重大突破，1973 年底提交初步勘探报告，查明翠宏山矿床是一大型钼、钨、镉、中型铁、锌、铅等多金属矽卡岩矿床。1974~1980 年，黑龙江省地质局第三地质队对翠南、翠岗地段进行深部普查，新发现Ⅹ、Ⅲ号隐伏的铁多金属矿体，是第四次重大突破，1980 年提交初勘地质报告。经黑龙江省地质局批准，钨金属储量 12.16×10^4 t、钼金属储量 93906 t，还有铜、铅、锌、铁等金属。1984 年，翠宏山铁多金属矿勘查项目获得地质矿产部找矿二等奖。

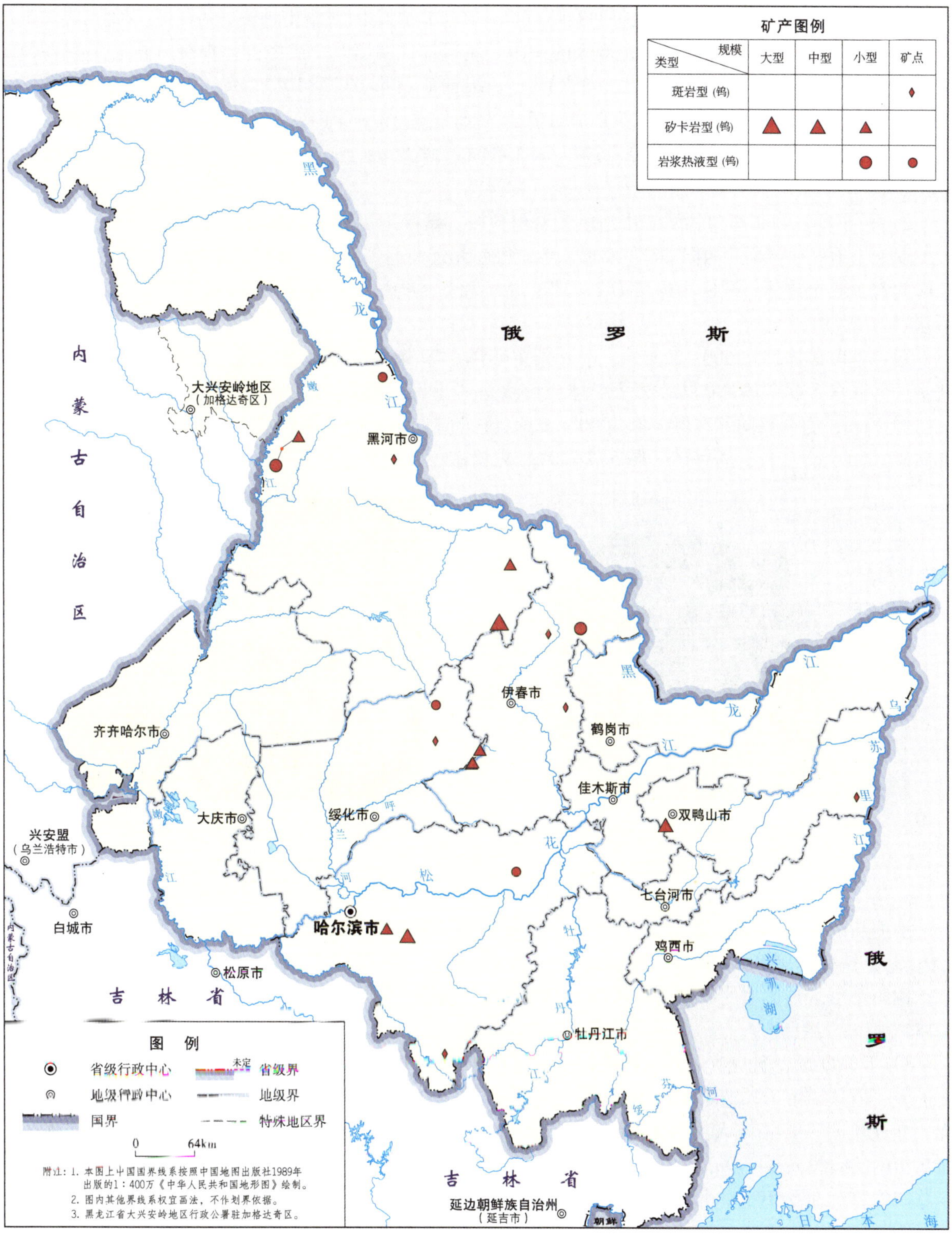

图 5-2-18　黑龙江省钨矿产地分布图

2004~2007 年，黑龙江省第六地质勘察院对翠宏山矿床的矿山首期开采地段 58~42 线范围内进行了勘探工作。探矿权范围内共计求得内蕴经济资源量（331+332+333）：磁铁矿石量 3271.8×10^4 t，钼金属量 81533 t、钨（WO_3）金属量 95421 t、锌金属量 281507 t、铅金属量 87032 t、铜金属量 1407 t、镉金属量 1508.63 t。2008 年提交了《黑龙江省逊克县翠宏山铁多金属矿床Ⅰ号富磁铁矿体勘探报告》。

2011~2017 年黑龙江省第六地质勘察院和黑龙江省矿业集团对翠中地段开展了铁多金属矿普查及详查工作，在深部 600~1500 m 发现厚大的铁多金属矿体，圈出 6 个矿体群，提交《翠宏山铁多金属矿床普查初勘地质报告》。初步估算（332+333）级铁矿石量 6327×10^4 t、钨（WO_3）金属量 5.24×10^4 t、钼金属 1.86×10^4 t、铅金属量 3.10×10^4 t、锌金属量 18.05×10^4 t；平均品位：全铁 43.08%、三氧化钨 0.242%、钼 0.085%、铅 2.26%、锌 1.54%；伴生银（Ag）金属量 358.34 t，银平均品位 4.06 g/t。

2）矿床特征：矿床包括翠宏山地段、翠南地段、翠岗地段和翠中地段。

翠宏山地段矿带呈北西向“U”字形。主矿段南北延伸近 2200 m，北部宽 400 m，向南变窄至 50 m。全区共有 106 个矿体。翠宏山地段为主矿带，由 6 条矿体组成。矿体呈层状、似层状、脉状、复杂透镜状。

翠中地段矿体埋深 600~1200 m，由 6 条主矿体、70 余条从属矿体构成，整体向北北西陡倾斜。其中Ⅳ号铁多金属矿体是矿床中最大矿体，大致呈“上凹下凸”的复杂透镜状，中部最宽约 700 m、最厚约 22 m，西南翼向北东倾，倾角 40°~60°，东北翼向南西倾，倾角约 30°~60°。金属矿物主要有磁铁矿（图 5-2-19）、闪锌矿（图 5-2-20）、方铅矿、黄铜矿、白钨矿、辉钼矿等。

图 5-2-19　翠宏山磁铁矿石

（郭亚军摄）

图 5-2-20　翠宏山闪锌矿石

（黑龙江省地质博物馆藏）

根据新的勘查成果，重新统计翠宏山矿床资源储量如下：累计查明资源储量钨 147821 t、钼 100133 t，铁矿石 9598.8×10^4 t、锌 462007 t、铅 118032 t，铜 1407 t。钨、钼属大型，铁、铅、锌属中型，铜属小型。是典型的矽卡岩型矿床，形成于晚三叠世—早侏罗世（2.2 亿~1.8 亿年间；徐博文，2015）。

3）开采状况：逊克县翠宏山铁钨钼多金属矿床是西林钢铁集团有限公司（简称“西钢”）的接续资源，但该矿由于采选难度大等问题，一直未开采。2018 年末，北京建龙重工集团有限公司（简称“建龙集团”）正式入主西林钢铁集团有限公司，2019 年西钢产量将突破 400×10^4 t。建龙集团将在 2 年内陆续投入 34 亿元，用于西钢的安全环保治理和工艺改造升级。技改项目完成后，西林钢铁年总产能将达 580×10^4 t，年销售收入 250 亿元、年纳税总额 10 亿元，直接和间接解决当地就业 3 万人以上。翠宏山铁钨钼多金属矿的开发和开采，为西钢集团的发展和升级奠定了坚实的资源基础，将为拉动地方经济发展和社会进步做出更大贡献。

4. 开发利用

1783 年，自从西班牙人首次从黑钨矿中提取金属钨以来，世界钨矿的勘查和开发利用经历了 200 多年的历史。1907 年，我国在江西省大余县西华山首次发现钨矿，1915~1916 年开始了钨矿的开发利用，是世界著名的“钨都”。直至当今，我国钨产量仍稳居世界第一。

中华人民共和国成立前，黑龙江省钨矿几乎没有勘查。1950~1970 年，在地质测量和矿产调查中，发现数量不多的钨矿点及矿化点，对其进行了初步地表工程控制。1970 年以来，黑龙江省内钨矿勘查取得了较好成果。相继发现了宾县弓棚子钨铜锌矿床、双鸭山市羊鼻山铁钨矿床、庆安县二股西山铁锌多金属矿床、逊克县翠宏山铁钨锌多金属矿床、庆安县徐老九沟铅锌多金属矿床、逊克县阿廷河钨铜矿床、伊春市连珠山金锑钨矿床等，并对钨矿床进行了勘查，钨矿床达到详查或勘探程度。

黑龙江省内已探明的钨矿资源近一半已开发利用。宾县弓棚子钨铜锌矿床及嫩江市关鸟河钨矿床现以钨矿为主在开采，双鸭山市羊鼻山铁钨矿床以开采铁矿为主，钨矿尚未开采利用，庆安县二股西山铁锌多金属矿床、庆安县徐老九沟铅锌多金属矿床以开采铁、铅锌矿为主。嘉荫县连珠山金锑钨矿床以开采金矿为主，现处于停采状态。逊克县翠宏山铁钨锌多金属矿床铁矿段已开采，钨钼矿段尚未开采。

五、锑锡铋

（一）锑矿

1. 基本性质及主要用途

锑（Sb）为银白色金属，性脆、无延展性，通常呈鳞片状晶体结构，密度为 6.6 g/cm^3，熔点 630.5℃，沸点 1750℃。锑在元素周期表中为 VA 族元素，有 4 种同素异形体，即灰锑、黑锑、黄锑和爆锑，后 3 种均不稳定。灰锑是常见的金属锑。锑的物理化学性质与砷及铋有许多相似之处。锑具有较好的化学稳定性，常温下不易被氧化，耐酸；具有冷胀热缩性能；机械性能很差，无法单独利用。主要锑矿物有自然锑、辉锑矿、方锑矿、锑华、黄锑华、脆硫锑铅矿等。

锑金属的用量很少，而含锑合金及锑化合物则用途十分广泛。锑产品主要为精锑及锑的化合物，即三氧化二锑（Sb_2O_3，亦称锑白）、三硫化二锑（Sb_2S_3，亦称生锑）。精锑含锑量为 99%以上，主要用于生产锑铅合金，其中大量用于蓄电池极板、轴承、硬铅、家庭用具合金、海底电缆包皮、军事工业上制造枪弹、炮弹的弹头；高纯度的锑用于电子工业制造半导体及热电装置，用作超高电导率的掺杂剂，生产二极管、红外线探测器和霍尔效应元件。锑的氧化物作遮盖剂、阻燃剂、脱色剂、触媒保护剂、催化剂等；锑硫化物用于引爆、引燃。在生物学、医学领域，曾用作治疗血吸虫病的药物，锑及其化合物也被用于兽医药剂。

2. 地理分布

据《世界矿产资源年评（2019）》，截至 2018 年底，世界锑金属探明储量为 210×10^4 t，基础储量为 430×10^4 t，主要分布在中国、俄罗斯、泰国、玻利维亚、美国、塔吉克斯坦、南非。

中国是世界上锑资源大国，截至 2018 年底，锑矿查明资源储量 327.68×10^4 t，主要分布在湖南、广西、云南、贵州、甘肃、广东 6 省（区），其锑资源储量合计占中国锑查明资源储量的 80%。

黑龙江省锑矿零星分布，已发现锑矿产地 9 处，其中，中型 1 处、小型 1 处（表 5-2-5）、矿点 7 处。主要分布于漠河市、黑河市、嘉荫县、牡丹江市、哈尔滨市等地。已查明资源储量 12951 t，集中分布在漠河市大雷子山锑矿床与嘉荫县连珠山金锑钨矿床内。

表 5-2-5　黑龙江省主要锑矿产地一览表

序号	矿产地名称	所在地区	规模	开发利用情况
1	漠河市大雷子山锑矿床	大兴安岭	中型	未开采
2	嘉荫县连珠山金锑钨矿床	伊春市	小型	未开采

3. 漠河市大雷子山锑矿床

大雷子山锑矿床位于漠河市兴安镇南西 30 km，距阿木尔林业局所在地劲涛镇北东 86 km。

勘查历史：2000 年，黑龙江省地质调查研究总院在七号林场-二十四站一带开展 1∶5 万水系沉积物测量，在大雷子山异常区作了三条土壤剖面，各元素均有异常。地表硅化角砾岩转石拣块分析，金品位为 0.3 g/t。但没有再对该异常进行追踪。

2007~2012 年，黑龙江金大地质矿业有限责任公司对 2000 年黑龙江省地质调查研究总院发现的 Hs-4、Hs-5、Hs-6 号组合异常进行异常查证，发现锑矿体后转入普查。黑龙江省有色金属地质勘查七〇三队刘同常等对其进行普查。

矿床特征：矿床分布 3 条锑矿体、6 条锑矿化体。形态为层状，控制延长 65~300 m，矿体厚 1.88~5 m，平均品位 3.33%~4.05%。矿体走向 0°~20°，倾向北西，倾角 25°~45°。金属矿物主要有辉锑矿，已探明锑金属量 12394 t。属热液脉状锑矿床，成矿时代为早白垩世（刘同常等，2018）。该矿床目前未开采。

4. 开发利用

早在公元前 3100 年的埃及前王朝时代，化妆品刚被发明，三硫化二锑就用作化妆用的眼影粉。

中国是世界上发现、利用锑较早的国家之一。秦墓出土文物的秦代箭，经光谱分析含锑，由此可知中国对锑的利用很早，当时不叫锑，而称“连锡”。

湖南省冷水江市的锡矿山是著名的“世界锑都”，盛产锑，锑产品生产量居全国第一，年产量占全国的 1/3。矿区发现于明嘉靖二十年，当时把锑误认为是锡，所以称为“锡矿山”，但因炼不出锡，遂被弃置。清光绪十六年经化验始知是锑。1949 年共有 9 家冶炼厂。

黑龙江省单一锑矿产地很少，多与金矿伴生，在勘查金矿的同时对锑矿进行综合评价。在 20 世纪 80 年代发现连珠山金锑钨矿床，2000 年后发现了大雷子山中型锑矿床及一些锑矿点。现嘉荫县连珠山金锑钨矿床已停采，开采矿种为金矿，锑未被综合利用。大雷子山锑矿床尚未开发利用。

（二）锡矿

1. 基本性质及主要用途

锡（Sn）是人类最早发现和使用的金属之一。在常温下呈银白色。随温度变化锡有三种同素异形体，在 13.2~161℃为 β 锡（白锡），161℃以上为 γ 锡（脆锡），13.2℃以下为 α 锡（灰锡），剧冷则变为粉末状（1912 年，国外的一支探险队去南极探险，所用的汽油桶都是用锡焊的，在南极的冰天雪地中，焊锡变成粉末状的灰锡，汽油都漏光了）。β 锡密度为 7.31 g/cm^3（20℃），α 锡为 5.75 g/cm^3（13.2℃）。熔点 231.968℃，沸点 2270℃，硬度 3.75。锡具有展性强、防锈、耐腐蚀等特性。锡能够同其他金属及类金属形成各种合金，易于镀在许多金属表面。特别是锡的表面耐腐不锈，同有机酸及其盐类反应的生成物无毒。具有工业意义的主要矿物有锡石、圆柱锡矿、黄锡矿、硫锡铅矿等。

锡有许多优良的性能。2010 年前，制马口铁的锡约占锡消费量的 50%，马口铁这个名字，是由于它是从西藏阿里部马口地方输入（英国经印度从马口输入）而得名的；另 50%是用锡的合金及化合物来使用。纯锡可用于制造镀锡薄板，可做食品包装材料（牙膏壳、锡箔包装香烟、糖果），也可用于某些机械零件的镀层。锡易于加工成管、箔、丝、条等，也可制成细粉，用于粉末冶金。锡合金如焊锡、锡青铜等，制作轴承、船舶、化工、建造、铸币等工业。含锡特种合金，如锆基合金，在原子能工业中作核燃料包装材料。钛基合金、巴比特合金等用于航空、造船、原子能、宇宙飞船等制造高尖端技术领域，及化学、医疗器械等工业；铌锡合金可用作超导材料；锡银汞合金用于牙科材料；锡的化合物用于陶瓷的瓷釉材料、印染丝织品的媒染剂、塑料热稳定剂，也可用作杀虫剂和杀菌剂。锡的化合物，用作金色颜料、制造搪瓷、白釉与乳白玻璃，二氧化锡做催化剂用于防止空气污染。未来，一种“无焊料”技术，将为锡金属的应用带来前所未有的好处，在平板电脑、智能手机等领域应用会随其发生变化。锡在锂电池领域对阳极炭的取代、在不锈钢领域对铬镍的替代、在 PVC 领域对铅的替代在逐步推进。

2. 地理分布

世界锡矿资源较为丰富。据《世界矿产资源年评（2019）》，至 2018 年底，世界锡探明储量为 560×10^4 t，主要分布在中国、巴西、马来西亚、印度尼西亚、玻利维亚、秘鲁、俄罗斯、澳大利亚等国。目前，锡矿主要有两类：原生锡矿和砂锡矿。

中国是世界上锡矿资源最丰富的国家之一。截至 2018 年底，锡矿查明资源储量 453×10^4 t。主要集中在云南、广西、湖南、内蒙古、广东和江西 6 省（区），合计占全国总查明资源储量的 98%。

黑龙江省锡矿较贫乏，至 2019 年底，全省累计查明锡资源储量 6550 t，主要分布在宝清县、伊春市、铁力市及庆安县。已发现锡矿产地 7 处，其中小型 5 处、矿点 2 处（表 5-2-6）。

表 5-2-6　黑龙江省主要锡矿产地简表

序号	矿产地名称	所在地区	规模	开发利用情况
1	宝清县河口林场锡矿床	双鸭山市	小型	未开采
2	庆安县徐老九沟铅锌多金属矿床	绥化市	小型	未开采
3	伊春市五星南沟锡矿床	伊春市	小型	未开采
4	逊克县翠宏山铁钨钼多金属矿床	黑河市	小型	未开采
5	庆安县二股西山铁锌多金属矿床	绥化市	小型	未开采

3. 宝清县河口林场锡矿床

河口林场锡矿床位于宝清县，距县城北东方向 90 km。为东北地区东部首个斑岩型锡多金属矿床。

勘查历史：2008~2010 年，黑龙江省第六地质勘察院在黑龙江省饶河县大坝北山-河口林场地区开展锰、金矿预查，发现锡、铅矿（化）体。2011 年 9 月至 2013 年 8 月，黑龙江省第六地质勘察院开展河口林场锡铅矿普查。

矿床特征：矿床分布 8 条锡边界品位和工业品位矿体。矿体呈脉状产出，倾向 275°~325°左右，倾角 25°~30°之间，厚度一般在 1~5 m；锡品位 0.11%~0.38%、平均品位 0.29%。矿石金属矿物为锡石、黄铁矿、闪锌矿等。已查明锡金属资源储量 4116 t，为一小型锡矿床。矿床成因属斑岩型，成矿时代为早白垩世（距今 1.2 亿年）（郝宇杰等，2020）。目前正在勘探中。

4. 开发利用

锡器历史悠久，可追溯到公元前 3700 年，古人常在井底放上锡块，净化水质；日本宫廷中，用锡器盛酒清冽爽口，装茶叶锡壶泡茶特别清香，锡瓶插花不易枯萎。18 世纪末 19 世纪初，锡用来做保鲜罐头。锡器平和柔滑、高贵典雅、历久常新光泽，深受贵族人士青睐，在欧洲更成为古典文化的一种象征。

1949 年之前，黑龙江省锡矿几乎没有勘查。1950~1970 年，在中、小比例尺区域地质测量、区域地质矿产调查中，发现数量不多的锡矿点及矿化点，对其进行了初步地表工程控制。1970 年以来，黑龙江省内矿产勘查相继发现了伊春市五星南沟锡矿床、庆安县二股西山铁锌多金属矿床、庆安县徐老九沟铅锌多金属矿床、逊克县翠宏山铁钨钼多金属矿床。近 10 年，发现宝清县河口林场锡矿床。这些矿床锡资源储量规模多为小型，锡矿在黑龙江省的勘查一直未有大的突破，也未开采利用。

（三）铋矿

1. 基本性质及主要用途

铋（Bi）是无毒灰白带粉红色的金属，熔点较低，易挥发，熔点为 271℃，沸点 1580℃，密度 9.80 g/cm³。铋在凝固时体积增大，膨胀率为 3.3%。此外，铋性脆，导电、导热性较差，室温下铋在湿空气中轻微氧化，加热到熔点则燃烧成三氧化二铋（Bi_2O_3）。铋同盐酸反应缓慢，同硫酸反应放出二氧化硫气体，同硝酸反应生成硝酸盐。铋的主要矿物有自然铋、铋华、辉铋矿、菱铋矿、铜铋矿等，其中以辉铋矿与铋华最重要。我国2014年报道首次发现天然硅铋石（$Bi_4Si_3O_{12}$）。

铋最早用于医药工业，可制收敛剂及消炎药等。随着新用途的开发，铋广泛用于冶金、化工、电子、半导体、阻燃剂、核能和航天等行业。铋在航空工业上用作制造飞机上的薄质软管及雷达设备的零件。铋和锡、锑、铜的合金是一种低熔合金，制造轴的衬里，在消防和电气安全装置上有特殊的重要性，如做自动喷水器的热敏元件、避雷器、压敏电阻和陶瓷电容、锅炉和压缩空气缸的安全塞；制作磁力测定仪，铋锰合金可用作永磁材料，碲化铋广泛用于太阳能电池，可提高计算机芯片的运行速度和效率。含锑11%的铋合金用于制造红外线检测计。铋系高温超导材料的研究成为世界关注热点，启明星Ⅲ号（中国核工业集团有限公司，2019），是中国首座铅铋合金零功率反应堆（图5-2-21），未来铅铋合金反应堆不仅能服务于百万千瓦级的大型电厂，还可以被设计为兆瓦级小型模块化核电源。届时，家用轿车都有望装载移动式的小型核电源。

图5-2-21　铅铋合金零功率反应堆

（来源：http：//www. sasac. gov. cn/n2588025/n2588124/c12351336/part/12351347. jpg）

2. 地理分布

中国铋矿资源丰富，居世界第一，已有铋矿70多处。其中湖南、广东、内蒙古、江西4省（区）资源储量约占全国的90%。中国拥有世界上最大的铋矿山——湖南柿竹园钨锡钼铋矿山，该矿山是世界上独一无二的超大型铋矿床，也是中国重要的铋资源基地。

黑龙江省铋矿很少，截至2019年底，累计查明铋资源储量871 t。发现共生矿床2处（均为小型），分布在铁力市；发现铋矿化点2处，分别位于黑河市及嫩江市。铋集中分布在庆安县二股西山铁锌多金属矿床和铁力市二股东山铁多金属矿床中，均为共生矿产。目前省内铋矿尚未开发利用。

第三节　贵金属

贵金属矿产，是指金、银及铂族金属（钌、铑、钯、锇、铱、铂）共8种元素富集形成的矿产。此类矿产在地壳中含量很少，多数在以单质形式存在时具有美丽的色泽，兼有较强的抗腐蚀能力，常温下化学性质稳定，常用作首饰和经济储备，其中金、银自古以来就被用于制作货币，贵金属也因此得名。特别是黄金，拥有商品和货币的双重属性，是全球性战略资产和国家金融储备体系的基础，起到维护国家金融稳定、经济安全的重要作用。

黑龙江省已发现并查明大量的金、银矿产资源，在全国占有重要地位；其他铂族元素铂、钯、铱、锇也陆续有所发现，但相对较少。

一、金

（一）基本性质及主要用途

1. 基本性质

金（Au）呈金黄色，具强金属光泽，属铜族元素。金是很不活跃的金属，密度为19.32 g/cm³（20℃时），熔点1064.43℃，沸点2807℃，硬度2.2。金质软而有良好的延展性，可压成厚度只有0.01 μm的金箔，可拉成只有0.5 mg/m重的金丝。金的电导率仅次于银和铜，热导率为银的74%。在自然界中，金多以单质不规则的形状（微粒-块状、树枝状等）存在于岩石及现代冲积层中。

金的化学性质稳定，一般不与氧或硫等元素发生反应，不溶于一般的酸和碱，但可溶于王水和碱金属氰化物。金与汞接触易形成银白色的汞齐，其属于二者机械混合、浸润和表面反应产物，逐步淘汰的混汞法提炼金就是利用金的这一特性。金常与亲硫的银、铜等金属和亲铁的铂族金属形成金属互化物。

常见金矿物和含金矿物的有47种，而工业矿物仅20余种，主要有自然金、碲金矿、针碲金银矿、金汞齐。

【知识链接】黑龙江的狗头金 1988年，武警黄金第五支队战士姚金凤在小兴安岭团结沟开采砂金时，意外发现一块沾满泥沙的石头。细心的姚金凤将它冲洗后发现，这是一块黄灿灿的金疙瘩——重2155.8 g，含金70%以上的“狗头金”（为一种天然产出的、质地不纯的、大而形态不规则的块金）。这块金子形状酷似中国版图（图5-3-1），又称“版图金”，这是我国目前发现的最大的砂金，现陈列在中国国家博物馆。

图5-3-1 自然狗头金
（中国历史博物馆藏）

2. 主要用途

金是一种贵金属，主要作为国家的硬通货储备和制作装饰品。目前，黄金仍是国际货币结算手段和货币信用基础。

金还广泛应用于珠宝业及陶瓷、镶牙、制笔等方面。随着科学技术的发展，特别是尖端技术的发展，黄金及其合金在电子、电气、医疗、化工设备、宇航和国防尖端工业中有特殊用途。如横穿大西洋的海底电缆、扩大器使用金，以避免海水侵蚀，确保电话畅通；玻璃表面镀上一层小于1 μm的金膜，可以使自然光最大限度通过，并可消除过多的阳光辐射，冬季可以把热源发射到室内；金箔可用于治疗神经受损的烧伤、皮肤溃疡等。

（二）地理分布

据《全球矿业发展报告（2019）》统计，截至2018年底，全球金储量5.4×10^4 t，2018年产量3260 t。主要分布在南非、俄罗斯、澳大利亚、美国、印度尼西亚、秘鲁、加拿大和中国。据估计，世界黄金资源总量为10×10^4 t，其中15%～20%为其他金属矿产中的共、伴生资源。南非约占世界黄金资源的50%，巴西和英国各占9%。

我国金矿资源比较丰富，分布广泛。截至2018年底，金矿查明基础储量13638.40 t。岩金以山东最为丰富，其次为甘肃、河南、贵州、云南、吉林、陕西、江西等省（区）；砂金以四川为最多，其次为黑龙江、陕西、甘肃、江西、吉林、辽宁等省。

黑龙江省岩金矿资源在国内占有一定地位，截至2019年底，累计查明岩金资源储量422.09 t。主要分布在黑河市、嫩江市、漠河市、逊克县、嘉荫县、东宁市和勃利县等地（图5-3-2）。发现岩金矿产地共137处，其中大型6处（表5-3-1），中型8处，小型46处，矿点77处。

表5-3-1　黑龙江省主要岩金矿产地一览表

序号	矿产地名称	所在地区	规模	开发利用情况
1	嘉荫县团结沟金矿床	伊春市	大型	停采
2	漠河市砂宝斯金矿床	大兴安岭	大型	停采
3	勃利县老柞山金矿床	七台河市	大型	开采
4	逊克县东安金矿床	黑河市	大型	开采
5	黑河市争光金矿床		大型	开采
6	黑河市三道湾子金（银碲）矿床		中型	开采

黑龙江省砂金矿产资源丰富，查明砂金资源储量373.45 t，占全省黄金资源总量的46.94%。主要分布在自西北向东南一线的山地沟谷中（图5-3-3）。地域上集中分布在北起漠河，沿呼玛、黑河、嘉荫-萝北、佳木斯-桦南直至牡丹江-东宁6个砂金产区内。在黑龙江、松花江、绥芬河水系为主河谷的各级支谷中均有埋藏。它们是在漫长的地质历史时期，古老的含金岩石经过大自然千百万年的风吹日晒雨淋，逐渐分崩离析成碎石和砂土，在自然重力及流水冲积下带入沟谷中，不同粒级的金粒再与泥沙沉淀聚集在一定的层位，形成冲积型砂金矿。

全省已查明砂金矿产地210处，其中超大型矿床1处，大型矿床9处（表5-3-2）、中型矿床35处、小型矿床110处、矿点55处。至2002年底，因多年砂金无序开采和对环境的严重破坏，黑龙江省砂金矿已全部禁采。

（三）典型矿床

1. 漠河市砂宝斯金矿床

砂宝斯金矿床位于漠河市城西北，直距45 km，行政区划隶属漠河市管辖。目前是大兴安岭北部发现的唯一大型岩金矿床。

1）勘查历史：最早由中国人民武装警察部队黄金一总队第三支队（简称武警黄金第三支队）1990年开展的水系沉积物测量发现金异常，第二年对异常开展查证工作，直至2006年发现了金矿化体。2007年黑龙江省漠河市砂宝斯金矿矿业权转给北京农业集团，由武警黄金第三支队继续开展进一步勘查工作，于2008年发现该处为一个大型金矿，提交《黑龙江省漠河县砂宝斯矿区Ⅱ-1号矿体东段岩金矿详查报告》，查明金资源/储量25.723 t。2016年黑龙江省第四地质勘查院提交《黑龙江省漠河县砂宝斯岩金矿区Ⅲ矿体勘探报告》，提交金资源/储量6.667 t。

2）矿床特征：已查明的5条工业矿体呈透镜状、条带状、似层状和脉状，大致平行状态产出；矿体长度一般在350～600 m，平均厚度2.40～8.83 m，向下最大延展深度100～1400 m，平均含量

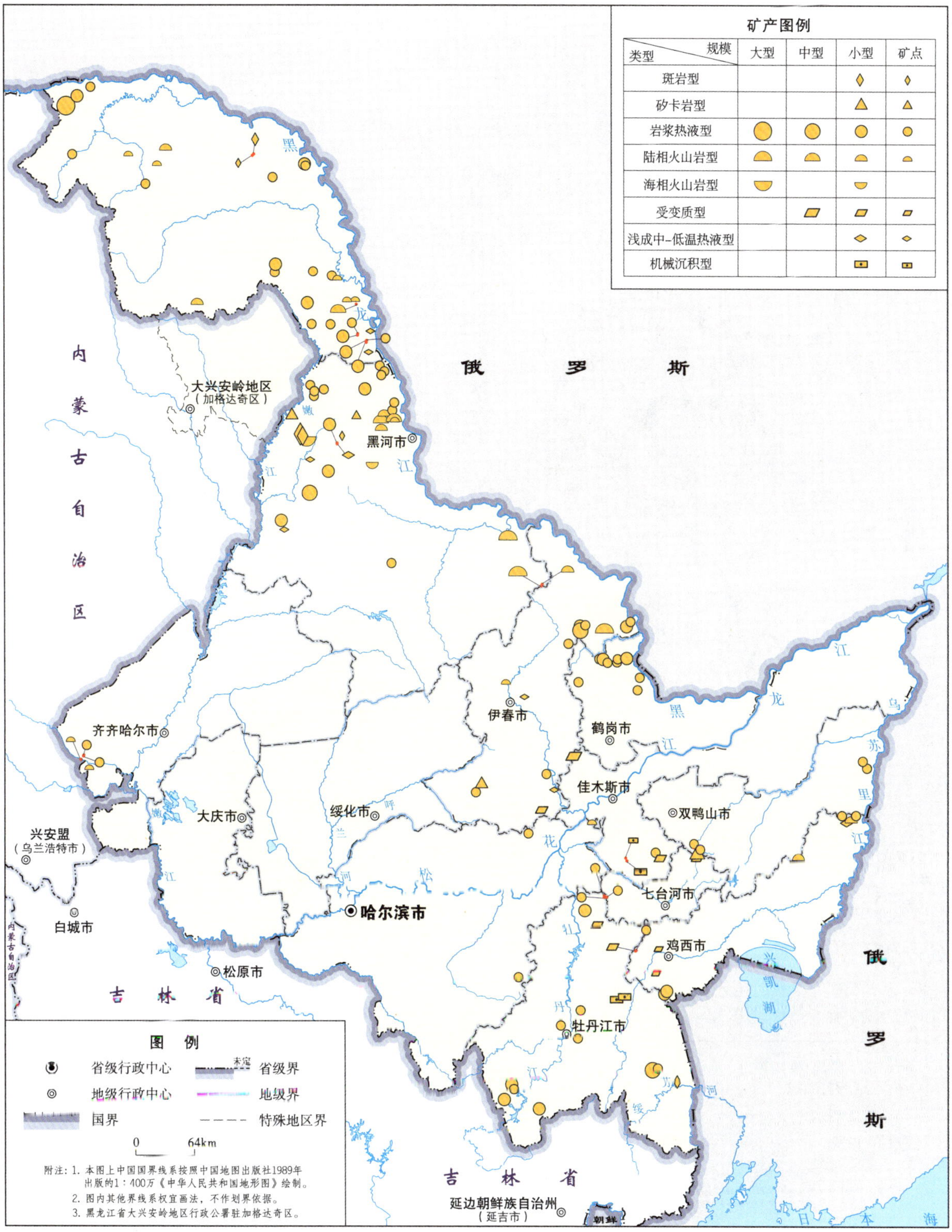

图 5-3-2　黑龙江省岩金矿产地分布图

2.73~3.72 g/t。金以独立的自然金、银金矿为主，呈微细粒（小于 0.03 mm）不规则的麦粒状及长角状被黄铁矿、毒砂及石英等颗粒包裹于其中（图 5-3-4），少见较大颗粒。为岩浆热液型矿床（破碎-蚀变岩亚型），成矿时代为早白垩世（距今约 1.3 亿年）。截至 2019 年底，砂宝斯金矿床累计查明金资源储量 33.157 t，保有金资源/储量 15.647 t。

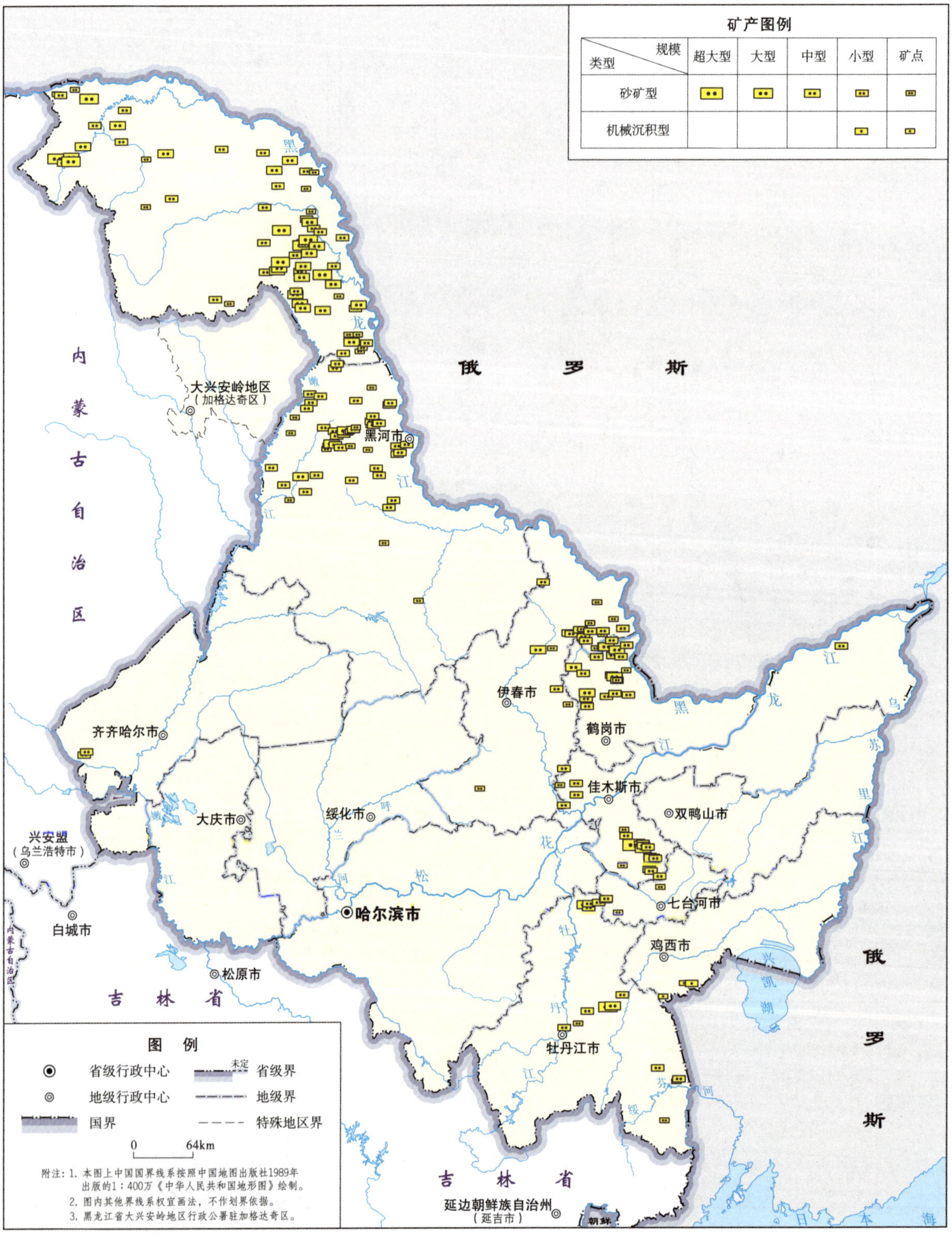

图 5-3-3　黑龙江省砂金矿产地分布图

3）开采状况：砂宝斯金矿床一部分由漠河砂宝斯矿业有限公司建设矿山开发，占用金储量 10.235 t，余下部分尚未利用。矿山于 2011 年 12 月投产，设计采、选矿能力为 13.5×10^4 t/a，由于矿石难选，实际采、选 0.5×10^4 t/a 左右，目前该矿已停采。

表 5-3-2　黑龙江省主要砂金矿产地一览表

序号	矿产地名称	所在地区	规模	开发利用情况
1	桦南县桦南砂金矿床	佳木斯市	超大型	停采
2	漠河市古莲河砂金矿床	大兴安岭	大型	停采
3	呼玛县兴隆沟砂金矿床		大型	停采
4	塔河县查拉班河砂金矿床		大型	停采
5	漠河市大林河砂金矿床		大型	停采
6	漠河市老沟河砂金矿床		大型	停采
7	呼玛县韩家园子砂金矿床		大型	停采
8	呼玛县达拉罕砂金矿床		大型	停采
9	呼玛县韩家园子-富西里砂金矿床		大型	停采
10	穆棱市雷锋沟砂金矿床	牡丹江市	大型	停采

图 5-3-4　砂宝斯石英脉型含金矿石
（郭亚军摄）

2. 嘉荫县团结沟金矿床

团结沟金矿床（又称乌拉嘎金矿床）位于伊春市嘉荫县城南西方向 61 km，乌拉嘎镇旁，隶属嘉荫县管辖。团结沟金矿床为黑龙江省内最大的金矿床。

1）勘查历史：团结沟金矿床最早是在 1959 年，由黑河专署七分队在逊克到嘉荫地区进行 1∶100 万地质测量，提出乌拉嘎河流域具有原生金成矿远景区。1962 年黑龙江省地质局第三普查勘探大队第二分队对团结沟岩金矿点进行普查，发现金矿体，编写了《嘉荫县乌拉嘎地区岩金矿普查报告》。1965~1975 年，原黑龙江省有色金属地质勘探公司第五勘探队（后为黑龙江省冶金地质勘探公司七〇四队）开展普查及勘探工作，编写《黑龙江省嘉荫县团结沟金矿地质勘探总结报告》，提交金资源/储量 74.442 t，矿床平均品位 4.01 g/t。

【史话】大型团结沟岩金矿重生记　1962 年，黑龙江省地质局第三普查勘探大队第二分队徐烈、古秀容夫妇等在对团结沟岩金矿点进行普查时，将强烈蚀变的片岩砸碎、淘洗后的重砂（即人工重砂）样品中，发现天然金粒 483 粒；又用同样方法在石英脉中发现 300 余粒黄金；他们还在小河、溪谷中淘洗的自然重砂中，发现了金的富集异常区。据此，他们指出寻找金矿的最好地区位于小的花岗斑岩与古老的片岩接触带附近。他们还在探槽中取样分析，发现金的含量达到了工业可利用的标准。遗憾的是，收到分析结果的时候，该分队已经撤队。在他们编写的《黑龙江省嘉荫县乌拉嘎地区岩金矿普查报告》中，他们建议有进一步工作的必要。可惜地质局当时执行的是“以铁、磷为重点”的找矿方针，这样好的金矿找矿线索也没有引起重视。1965 年 5 月，原黑龙江省有色金属地质勘探公司第五勘探队（后改称黑龙江省冶金地质勘探公司七〇四队）在该区开展普查找矿时，获得较好的地球物理和地球化学综合异常。第二年，他们在原黑龙江省地质局徐烈等人发现金矿体的探槽中，重新取样分析，也发现了含金较富的地段。1966 年 8 月至 1975 年完成勘探工作，提交可开采利用的黄金储量 74.4 t，成为黑龙江省金矿规模之王。1975 年乌拉嘎金矿局开始开采团结沟金矿，目前该矿已停采。（徐衍强撰写）

2）矿床特征：矿区内已探明 95 条矿体，主矿体 6 个。区内最大 1 号矿体，长 925 m，倾斜延深 320 m，最大厚度 68.3 m，矿体走向北西西，倾向北北东，倾角多在 20°~25°。6 条矿体占总资源量的 94.1%，金的平均品位 4.01 g/t。矿石矿物有自然金（图 5-3-5）、黄铁矿及少量的辉锑矿、自然汞等。西矿区矿体隐伏于地下。属陆相火山岩型岩金矿床，形成于早白垩世（距今约 1 亿年）。

图 5-3-5　团结沟角砾状含金矿石
（郭亚军摄）

3）开采状况：该矿当时由冶金工业部黑龙江乌拉嘎金矿局建立矿山，采用露天方式开采，浮选+氰化方法选矿，1975 年正式投产开采。目前矿山资源开采殆尽，已接近闭坑。

3. 黑河市三道湾子金（银碲）矿床

三道湾子金（银碲）矿床位于黑河市北西方向 50 km，三道湾子村疙瘩沟北山。隶属黑河市瑷珲区管辖，交通方便。

1）勘查历史：最早是由黑龙江省地质调查研究总院齐齐哈尔分院在 1996~1999 年开展的区域地质调查中于疙瘩沟北坡发现找矿线索，2000~2005 年，黑龙江省地质调查研究总院齐齐哈尔分院赵寒冬、岳帮江、王洪波、吕军等人在本区先后开展普查工作，发现了金矿体，圈定出 40 条矿体，提交《黑龙江省黑河市三道湾子岩金矿Ⅰ、Ⅲ号矿带详查报告》，提交金资源/储量（333 级以上）10.641 t，伴生银储量 32.10 t。2007 年，中国地质大学刘俊来教授等在三道湾子金矿石中首次发现了金、银碲化物，从而发现三道湾子金矿是一个比较独特的碲型金矿床，引起了国内外学者的重视。

2007~2011 年，探矿权转让后，金矿委托黑龙江省地质调查研究总院齐齐哈尔分院，继续对三道湾子金矿区深部及外围进行勘查。该矿在开拓生产巷道时，先后发现了两个富矿囊，虽然富矿囊规模不大，但含金品位极高，最高超过 10000 g/t，因此矿床储量增加了近 10 t。截至 2013 年底在三道湾子矿区 $Ⅰ_2+Ⅰ_3+Ⅰ_4+Ⅰ_5+Ⅲ_1$ 矿体及 $Ⅰ_2$ 矿体富矿段共求得金资源储量（122b+333）20.1279 t，伴生银资源储量（122b+333）114.881 t，伴生碲资源量（333）29.644 t，金矿床规模已达大型（据三道湾子截至2013年资源量估算报告），伴生碲、银矿为小型。

【史话】三道湾子金矿是如何发现的 1996~1999年，黑龙江省地质调查研究总院齐齐哈尔分院二分队在新峰-山神府一带开展1∶5万新峰等四幅区域地质调查。1999年，也就是项目的最后一年，韩彦东在三道湾子地区路线调查时发现疙瘩沟北山石英脉露头，凭借多年工作经验，认为有含金的可能，于是他爬上陡崖采集了样品。项目负责人赵海滨在联图过程中发现该标本，结合化探异常，认为有成矿的可能，于是在临撤队前又开车送韩彦东、王洪杰去取了化学样。10月份，化验室主任拿着分析报告找到赵海滨，金品位很高；汇报给院里后，总工表尚虎带领赵海滨、张昱、司机贾松涛等人开车去野外实地调查并再次取样。由于当时去露头点没有路，只能开车过法别拉河，河宽20 m，深超过半米，深的地方超过1 m。过去的时候还算顺利，可回来时却发生了意想不到的事，快到岸边时，车前轮陷到深坑中，水很快进入车内，这时其他人下车蹚水过到对岸，赵海滨在车里把照相机、样品扔给对岸的人，水很快浸满车厢，他来不及抢救其他物品，只得游到对岸，后来找四轮车把吉普车拽了出来。好在样品没被冲走，后来经分析果然够品位。现在回想起来，当时在场的几个人都心有余悸！齐齐哈尔分院根据这个成果，申立了普查项目，以后经过勘查及储量估算，达到大型金矿床规模。后来在矿石中发现了金、银碲化物，从而发现三道湾子金矿是一个比较独特的碲型金矿床，局部含金品位极高，最高超过10000 g/t，国内少见。（据当事人回忆，刘旭光整理）

2）矿床特征：矿区圈定Ⅰ、Ⅱ、Ⅲ号3条矿带，共有金矿体40条，均呈北西向展布，石英脉为主要含金载体，次为硅化粗面安山岩，矿体形态以脉状、透镜状为主。地表上3条矿带规模长度210~510 m，平均宽度0.56~70 m；所含矿体长度最大延深至230 m，平均厚度3.8~6 m。矿体品位变化较大，在0.43~254.72 g/t之间，平均8.03~14.15 g/t。金、银主要以碲化物的形式存在，包括碲金矿、斜方碲金矿、针碲金银矿、碲金银矿（图5-3-6）、碲银矿等，与之共生的还有碲铅矿和碲汞矿。目前上表金资源量10.641 t，保有资源储量4.781 t；上表银资源量32.10 t，保有资源储量26.04 t。三道湾子矿床属陆相火山岩型金（银碲）矿床，成矿时代早白垩世（距今1.1亿年）（吕军等，2009）。

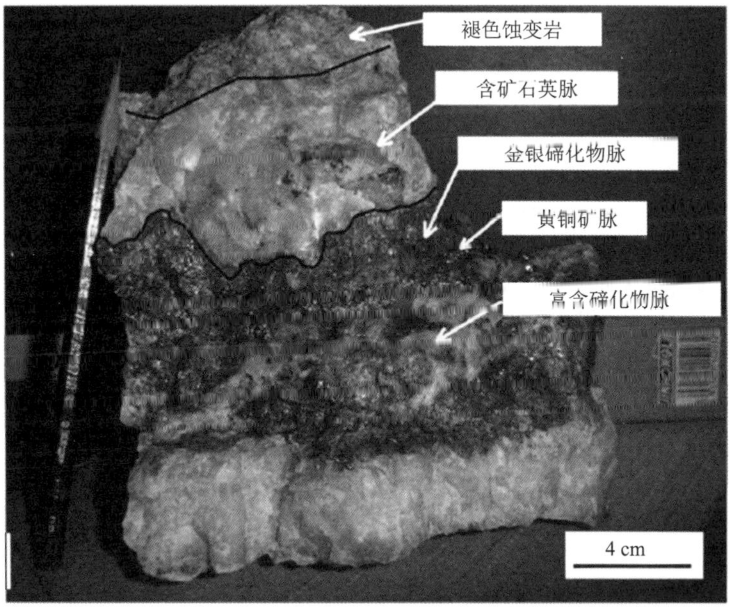

图5-3-6 三道湾子金矿石标本

（据赵胜金等，2010）

3）开采状况：2005年，三道湾子金矿有限公司组建，2006年初矿山投入试开采，2007年矿山正式开采运营。到2011年累计采矿石30×10^4 t以上，金金属量11 t。产生巨大的经济效益，拉动了当地经济发展，上缴利税超3亿元。目前正小规模开采和尾矿回收，同时在外围开展普查工作。

4. 桦南县桦南砂金矿床

桦南砂金矿地处佳木斯市南的桦南县（旧称桦川县）境内。各矿区均有公路相通。桦南县是全国著名产金区之一，砂金集中分布在倭肯河支流的七虎力、八虎力河、来财河的中上游地段，范围近2000 km^2。行政区属桦南县的石头河子镇、驼腰子镇、明义乡。矿区包括石头河子、七道沟、驼腰子、秋皮沟、大沟、苗甫6个砂金矿区。

桦南砂金矿矿体有42个，主矿体为4号矿体，长6780 m，宽763 m，厚16.08 m，埋深2.5~32 m，矿区累计探明储量26126 kg，为大型矿床。砂金矿为第四纪成矿，成因类型属冲积砂矿。

桦南砂金矿的开采历史悠久。早在清代同治年间就有官商合办的土法采金业，日伪时期更盛。1933~1944年，日本人在桦南境内1700 km^2 范围内的50多个砂金矿点作了地质调查，投入不少的砂钻工程，并建立了5 m^3 和15 m^3 的7条采金船进行掠夺式开采。据不完全统计，日本人掠走黄金2 t之多。

1945年后，先后有完达山地质八队、合江地质五队、中国科学院吉林分院等单位对桦南地区进行地质调查，为后来的砂金普查勘探工作提供了大量的有益资料。

1962年秋，黑龙江省冶金地质勘探公司七〇一队（原第一勘探队）在交通不便情况下，人拉肩扛，克服恶劣条件，首先在石头河子区开展砂金普查工作。1963年成立两个砂钻分队，全面开展普查，在发现有希望地段加密施工转入勘探。截至1966年末，七〇一队尤恩沛、王鸿翔、任良等人在短短5年时间就查清了砂金矿的分布，发现砂金矿体34条，获得砂金可利用储量29.7 t，提交了石头河子、七道沟、驼腰子、苗甫、六马架、大沟、秋皮沟、柳树河、铁岭河等区的砂金普查报告、储量计算说明书及储量报告，为桦南金矿局生存和发展、为我国黄金事业做出了一定的贡献。

所发现的砂金矿体形态，在平面上与河流走向基本一致，呈长条状；在剖面上呈层状、似层状或透镜状。分支复合和膨缩现象明显。矿体最长8500 m，最短400 m。矿体最宽270 m，最窄为20 m。属地面开采矿体的砂金品位为0.111~0.807 g/m^3，属地下开采矿体的砂金品位为1.396~4.111 g/m^3。

桦南砂金矿原属桦南金矿局开发，先后共建50~300 m^3 采金船9条，年产量7000~10000两。

【史话】王震是如何抓黄金生产的 大家知道王震是军事家，1955年被授予上将军衔，但很少有人知道他也是中华人民共和国黄金工业的奠基人。

遵照周恩来总理的指示，在邓小平、李先念、陈云等中央领导同志的支持下，从1975年开始，时任国务院副总理王震同志抓黄金生产和建设工作。6月26日，国家计委地质局根据王震同志的指示，召开了第一次全国黄金地质工作座谈会，这次座谈会后，投入黄金勘探的地质力量成倍增长。8月12日，王震一行到达哈尔滨，听取汇报后，王震提出该省黄金生产建设要大上。桦南、黑河、乌拉嘎金矿局的领导同志也汇报了当年生产和1976年到1980年的奋斗目标。为了保证计划的实现，王震同志批准拨给一批推土机，作为开采砂金和建设12艘采金船的配套设备。同时决定由铁道兵派部队并自带采掘运输装备负责建设团结沟金矿。王震同志亲自主持起草了以冶金工业部、国家计委地质局名义上报国务院的《关于大力发展黄金、白银的报告》。这是我国第一个全面系统的关于发展黄金生产的正式报告。1979年，在王震的提议下，我国一支特殊部队——中国黄金部队诞生，1985年起列入武警部队序列，全称“中国人民武装警察部队黄金指挥部”。从1975年到1986年的11年中，我国黄金生产连年增长，平均每年递增速度在10%以上。我国黄金战线的广大职工也始终铭记着王震同志等老一辈无产阶级革命家对黄金事业的关怀和支持，它永远是推动我国黄金工业不断前进、不断发展的动力！（段丁波撰写）

5. 开发利用

有史以来，黄金就被人类认知并高度重视。尤其是它金黄的光泽和“真金不怕火炼”的稳定性，逐步在早期的铜、铁、银等金属发现后而广泛应用。但是，在19世纪以前数千年间，其主要用途仍为珠宝装饰、首饰和祭祀仪式。其后，随着国际贸易和世界市场的形成，黄金开始逐步登上世界通用货币的宝座。投资也是黄金的重要消费形式。

黑龙江省贵金属矿产主要以金（银）矿为主，金矿采冶历史悠久，金矿主要沿黑龙江右岸分布，素有“金镶边”和“沿江数千里，无处不有金”之美称，故用“千里黑龙金镶边”形容更为贴切。金矿属黑龙江省优势矿种之一，尤其是砂金矿储量居全国第二位。一部金矿的采冶历史足以代表着整个黑龙江贵金属的采冶历史。

据文献记载，黑龙江流域的采金史可追溯到唐代天宝年间。据北齐《魏书》记载，东北在公元504~508年以前就开始淘沙采金。《元史》记载1283年有六千多淘金者在今为俄罗斯的乌苏里斯克（双城子）采金。《金史》也曾记载，金国的国号就是出自一条产金河流的名称。清嘉庆二十一年，桦南驼腰子沟砂金矿已经开采。到清康熙、光绪年间，还出现了一条从嫩江到额木尔河、再到漠河，长达一千多里的“黄金之路”。

【知识链接】黄金之路 翻开黑龙江省地图，沿嫩江上游东岸和大兴安岭北段，可看到二站、三站、四站、直到三十三站等地名。这些地名有什么来头？说来话长，它们与清朝康熙和光绪两位皇帝有关。

康熙二十一年（1682年）春，康熙帝东巡盛京（今沈阳市），祭祀列祖列宗，告慰“三藩”（指南方吴三桂、尚之信、耿精忠三个割据一方的藩王）已平。接着继续北巡，视察防务，并派兵侦查了被沙俄侵占的我国边疆古城雅克萨（今俄罗斯的阿尔巴津诺）的俄军布防情况，命令做好反侵略战争的准备。此次北疆之行，为两年后反侵略战争设立驿站提供了重要地理信息。这条驿道共设驿站25站，从墨尔根（今嫩江市）起为头站，依次为二站、三站，直到雅克萨对岸的额木尔河口，全长1400余华里。各站间距离50至70里不等，每站拨15至20名士兵驻守。康熙二十四年五月，清军收复雅克萨，并经此驿道，只用11天就将捷报送达康熙帝，可谓神速。因此，这条驿道便称为“奏捷之驿”。

雅克萨战役结束后，清军从驿站撤走，驿站逐渐荒芜。直到光绪十三年（1887年）李金镛从墨尔根赴漠河督办金矿时，寻着当年康熙皇帝的“奏捷之驿”老驿道痕迹，走到漠河。光绪十四年（1888年）又开通了由墨尔根直达漠河的运送黄金的线路。这条长1700余华里的崎岖山路，共设33个驿站。每个驿站有站官一人，站丁五至十几人。配有牛、马及车辆，还有卧室，供来往官吏和客商住宿。多数驿站在1931年“九一八”事变前还存在，有人管理。伪满时期，日本侵略者借口这一带是国境线，强行把居民赶走，并将驿站烧毁或拆掉。虽然现在已无迹可寻，但站名在地图上仍然保留了下来。（徐衍强供稿）

但黑龙江省内金矿的地质矿产勘查工作始于清朝后期（1840~1911年），主要在漠河、呼玛、瑷珲（今黑河市）等地开采砂金矿，实行边采边探。1863~1927年为砂金盛采时期，其间李金镛创办了我国近代最成功的矿业——漠河金矿，1889年开采创年产黄金62000两的记录。

【史话】李金镛与胭脂沟 李金镛（1835~1890年）是晚清著名企业家和爱国官员，他为收回沙俄武装金匪越境开采的漠河金矿，呕心沥血创办了我国近代最成功的矿业——漠河金矿。

胭脂沟又称老金沟，全长14 km，是额木尔河的一条支流，以盛产黄金闻名于世。该沟也即漠河金矿所在地，位于今漠河市西林吉镇以北43 km，北极村以南32 km处。

咸丰末年，鄂伦春人在漠河河谷挖坑葬马，无意获得金粒若干。消息很快被俄国人谢列特金所知，派人越境试采，收获颇丰。于是附近哥萨克人很快云集于此进行盗采。仅1883年到1884年两年就被盗采21.9万余两。俄人采金头目谢列特金不仅成立了采金事务所，还建立了150人的金矿武装，用以保护他们盗采的黄金和镇压金矿工人。1886年（光绪十二年）黑龙江将军文绪奏请清政府后，派兵将俄国越境淘金者驱逐。同年5月，清政府批准了黑龙江将军开采漠河金矿的奏请，并令北洋大臣李鸿章会同办理。1887年李鸿章委派当时吉林候补知府李金镛督办漠河金矿。

1888年（光绪十四年）10月，李金镛率兵500和粮草，穿过茫茫雪原和无人荒野，走了36天才来到漠河。当时的漠河是个苦寒之地，物资缺乏，但他胸有成竹，制定一整套办矿方针。他听说距漠河三百里上游之奇乾河也有人盗采黄金，于是亲赴勘查之后，又新开了奇乾河、洛古河、西北沟三处金厂。1889年（光绪十五年）漠河产金1.9万余两，1895年获5万多两。传说，一次慈禧太后收到从老金沟贡来的黄金后，封老金沟为“胭脂沟”，意思是老金沟是供她买胭脂粉的财源之地。

1890年9月17日，李金镛因积劳成疾，病逝任所。他逝世后，因为他的“兴利实边”政绩，清政府颁旨：在国史馆立传，阴袭一子入国子监读书，准予在漠河和原籍无锡建立祠堂。在民间，李金镛被尊为“金圣”，淘金人在淘金前必先来此拜祭。原祠堂在民国末年被毁，1997 年在原址上复建（图 5-3-7），祠堂内设有李金镛排位、生平及当时采金所使用过的工具。现在漠河的李金镛祠堂已成为旅游胜地。李金镛的事迹不仅编写成书，而且拍成了多部影视剧，如《李金镛传奇》《闯关东前传》《李金镛传奇之老金沟》《李金镛传奇之北极光》等。（徐衍强供稿）

图 5-3-7　漠河市李金镛祠堂

（来源：http://image97.360doc.com/DownloadImg/2016/06/1610/74027970_15.jpg）

早期大量砂金矿的发现，引起了中外地质学者对黑龙江省金矿远景的注意，如谢家荣先生于 1925 年对黑龙江省金矿资源总量进行过估算，翁文灏先生 1929 年写有《黑龙江金矿调查记》；日本人门仓三能在 1919~1934 年曾三次来东北调查，著有《北满金矿资源》；俄人阿乜尔特于 1925 年对东北进行过矿产调查，著有《北满矿产》，托尔加谢夫著有《远东矿产工业》。此外，英国人也在黑龙江沿岸一带进行过砂金调查。砂金的丰富资源引来日本对东北的侵占和疯狂的寻找和开采，日本侵占东北后，于 1931~1945 年之间，先后专门对黑龙江省呼玛县、萝北县、漠河县、穆棱县、桦南县等地进行小沟富矿的勘查和掠夺式开采。

【史话】从矿山走出来的军长　祁致中（1913—1939 年），原名祁宝堂。祁宝堂 1913 年出生于山东省曹县，由于家庭生活极其困难，1931 年闯关东来到桦南（原桦川县南部）驼腰子金矿当工人。九一八事变之后，日本侵略者占领了金矿，疯狂掠夺矿产资源、残酷剥削工人。矿工祁宝堂、孙继武、尤成录等 6 人不堪忍受日本侵略者的奴役和压榨，用他们多年积攒下来的积蓄买了两把短枪，于 1933 年 6 月 22 日举行起义，打死 7 名守矿日军，缴获机枪 1 挺、步枪 6 支、手枪 2 支、子弹 700 余发。起义成功后，当时就有 20 多名矿工报名参加抗日，并在十二马架屯正式成立了“东北山林义勇军”，祁宝堂为首领，报号“明山”。他们以梨树沟为根据地进行抗日活动，并制定了严格的纪律。1933 年 7 月初，首战杨马家店，伏击日军送给养汽车队，打死日军 11 人，缴获大批物资。8 月，在范家店北山截击往佳木斯送黄金的车队，打死日伪军 20 多人，缴获全部黄金和 3 辆大车给养，明山队无一人伤亡，成为黑土地抗日队伍打击敌人的经典成功战绩之一。1934 年 4 月 23 日，明山队与土龙山农民暴动建立的农民救国军联合攻击驼腰子金矿，歼灭日伪军 60 余人，缴获大量枪支弹药，矿金 400 余两。1934 年冬，明山队与“大刀队”联合，攻打来财河的日本开拓团，打死日本开拓团 100 多人。明山队连战连捷，壮大了抗日队伍的军威，明山队也发展到 300 多人。1935 年 2 月，在方正县窝里村与共产党领导的东北人民革命军第三军会师，祁宝堂拜访了军长赵尚志和政治部主任冯仲云。冯仲云劝他改名为“祁致中”，意为“致力于中华民族解放事业”，同年冬加入中国共产党。1936 年夏，所部改编为东北抗日联军第三军独立师，在七星砬子上里建立后方根据地，成立修械所、被服厂、学校、兵工厂；1937 年 10 月，独立师改编为东北抗日联军第十一军，祁致中任军长，在富锦、宝清、桦川等地和同江县开展游击战斗。（中国共产党新闻网：http://dangshi.people.com.cn/n/2014/0325/c85037-24730375.html）

穆棱市位于黑龙江省东南部，穆棱市得名于“穆棱河”。自古就有“金城”的美誉，源于其境内河西镇曾盛产黄金（图5-3-8）；穆棱河西“大东北淘金谷”淘金史更有着150余年的悠久历史。

清光绪十年，此地私人采金人数达五六千人。光绪二十四年，开办凉水泉子金矿；到光绪三十四年，矿工人数达4000余人。民国期间，官方在凉水泉子办金矿，矿工达七八千人。凉水泉子有采金点七处，分别是头道沟、炮手沟、碾子沟、大崴子沟、干沟子、青金沟、老金沟。采金范围不断扩大，在大山中绵延百里。伪满时期，黄金谷又成了日本侵略者掠夺我国地下财富的炼狱场，他们联合伪满政府成立采金株式会社、八面通矿业所等采金组织，在“百里金川”布下四条大采金船，机械和人工采金并用（图5-3-9），并从山东抓来数千劳工，对黄金谷进行毁灭性的大量盗采。同时，大批良田被毁，山体被掏空，大量金脉被挖断。日伪统治时期，先后从河西黄金谷及周边乡镇掠夺黄金20000余两，毁坏良田20000余公顷。

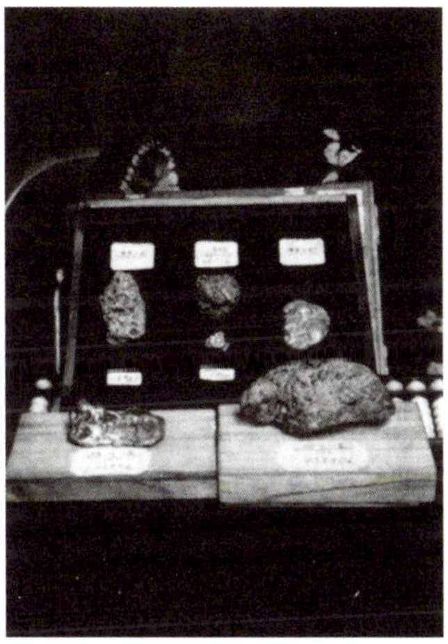

图5-3-8　穆棱河狗头金

（来源：http://image109.360doc.com/DownloadImg/2021/03/0716/217105363_10_20210307045858599.jpg）

图5-3-9　淘金工人用簸箕淘砂金

（来源：http://pic-bucket.ws.126.net/photo/0001/2017-11-02/D27QQ6376R2E0001NOS.jpg）

中华人民共和国成立后，从20世纪60年代起加强了金矿地质研究和地质勘探工作，在岩金找矿方面取得了重大突破，先后发现了团结沟金矿、老柞山金矿、东风山金铁矿、四道沟东山金矿、旁开门金银矿等。

【史话】**东风山铁矿是怎样变成金矿的**　东风山铁矿位于鹤岗市西南39 km，与伊春市接壤，属汤原县管辖。1959年合江专署地质局第二队在该区进行1∶20万地质测量时，发现含铁石英岩转石。1960~1961年黑龙江省地质局、黑龙江省煤田地质局和黑龙江省冶金地质勘探公司都曾开展过工作。1970年中苏边境战云密布，中央提出建设战略后方，于是大小三线建设全面铺开。在这样的背景下，黑龙江省又掀起了新一轮大搞钢铁运动。1970~1972年，鹤岗市在地质队还没有搞清楚东风山铁矿性质的情况下，就盲目进行了开采。结果因铁精矿的回收率太低，刚建成的选矿厂还未开工就成了废铁。1973~1975年，黑龙江省地质局地质二队第一分队用三年时间完成了该矿的勘查。1974年7月，地质局派出了以副总工程师王承祺为首的验收组到现场验收。在验收时，验收组成员徐衍强在检查岩矿芯时，发现东风山铁矿的岩石组合与孟家岗铁矿非常相似，在紧贴铁矿体的上、下部也有含锰的石榴子石岩。就是在这种含锰的岩石中，含有工业可利用的稀有钴矿。由于没有经验，该分队并没有采样进行分析。验收组要求他们选择代表性钻孔补采化学分析钴的样品。1975年从黑龙江省地质局实验室传来喜讯，果然在送来的3个钻孔样品中均含有达到工业利用含量的钴。随后，黑龙江省地质局实验室吴素筠在鉴定含钴矿物时，不仅发现了辉钴矿，还发现了自然金。该样经过分析，含金高达62.53 g/t。根据地质局指示，该分队将局实验室保存的全部铁矿副样和补送的部分铁矿体底板岩石样品做了试金分析，结果在10个钻孔中见金，圈出了3个金矿体。经过3年工作，该队共探明铁矿储量1812×10^4 t，钴金属储量332 t，黄金远景储量2 t。

1976~1979 年，地质二队重返东风山，按照金矿勘查规范要求，对金矿作了补充勘查。探明黄金远景储量 5.4 t，但选矿回收率低的问题没有解决。

1986 年，黑龙江省地质矿产局重点科研项目“东风山金矿典型矿床研究”启动。项目委托黑龙江省地质矿产局地质科学研究所刘静兰课题组承担。经过研究，他们对前人工作有三处重要发现：一是 1976 年开始的补充勘查，有 10 处存在丢、漏矿现象；二是该铁矿虽然铁平均含量已达到 32.56%，达到了工业利用的要求，但多数铁是不能利用的硅酸铁，貌似铁矿，实非铁矿；三是前人认为自然金主要包裹在磁黄铁矿和毒砂等矿物中是错误的。自然金绝大部分存在于石榴石和角闪石中，而且很细。把磁黄铁矿和毒砂当作选矿对象也是错的。不能利用的原因找到了，刘静兰正式向省有关部门提出了“尽快勘探，开发利用东风山金矿”的建议，并被采纳立项。经过 4 年勘查，不仅解决了选矿问题，还新增了 2.3 t 金储量。1994 年 10 月，该矿建成投产。至 2009 年底，采出铁矿石量 51.2×10^4 t，产金 2.35 t，之后金矿停采。

东风山金矿从 1959 年发现铁矿开始，到 2009 年开采金矿闭坑，前后经历了 51 年。由铁矿变金矿，其间经过了三段曲折复杂的过程。从 1959 年到 1974 年，计 16 年间，有多支队伍把它当作铁矿进行勘查；当地政府还把它当作铁矿进行开采，建了选矿厂，浪费了大量人、财、物资源，以失败告终。从 1974 年到 1987 年，计 14 年间，因勘查钻矿而发现了共生的金矿，又用了 3 年对金矿进行了补充勘查。因对含金矿物没有研究明白，导致选矿工艺流程错误，黄金的回收率很低，东风山金矿又被荒废 12 年。从 1988 年到 2009 年，计 22 年间，因为搞了金矿专题研究，找到了该矿不能利用的原因，使其重新焕发了生机，得到开发利用。

东风山金矿虽然只是中等规模的金矿，但它在指导金矿找矿上却有着重要意义。这种类型金矿在国外常常形成百吨或千吨黄金的大金矿。在我国这是第一次发现，其价值远在其经济价值之上。我国地质界老前辈、国际著名前寒武纪地质学家程裕淇先生曾撰文评价说：“东风山金矿床是我国前寒武纪条带状含铁建造金矿床的典型代表……我国前寒武纪含铁建造分布广泛，在矿区外围乃至国内其他地区有同类矿床存在的可能性。我们深信通过广大地质工作者的共同努力，定能找到更多的东风山式金矿床。”果然，在山西省五台山地区，根据东风山金矿的找矿经验，陆续找到了一批同类型金矿床和大量金矿点。（徐衍强撰写）

1980 年以来，随着对金矿地质的高度重视，各种有效勘查方法的广泛应用，金矿储量剧增，到 20 世纪 90 年代全省金矿地质工作已由找砂金为主，逐渐转向寻找原生金矿阶段。至 2002 年底，黑龙江省砂金矿已全部禁采（图 5-3-10）。

21 世纪以来，随着国土资源大调查和省级资源补偿费矿产项目的实施，以及矿业权市场对国内民营企业和外资企业的开放，黑龙江省金矿勘查工作进入历史的最高峰时期，亦是金矿发现和资源储量增加最高时期。发现大型金矿床有东安金矿床及争光金矿床，中型金矿床有高松山金矿床、三道湾子金矿床、上马场金矿床、永新金矿床等。目前，团结沟金矿床、砂宝斯金矿床和四平山金矿床已停产；老柞山金矿床、金厂金矿床、东安金矿床、争光金矿床（图 5-3-11）、三道湾子金矿床等正在开采中；孟德河金矿床、高松山金矿床、富强金矿床、上马场金矿床、旁开门金银矿床、永新金矿床尚未开采。

图 5-3-10　呼玛县达拉罕砂金矿床采金遗迹

（梁科伟摄）

图 5-3-11　争光含金矿石

（郭亚军摄）

二、银

（一）基本性质及主要用途

1. 基本性质

银（Ag）是白色金属，属铜族元素，在常见氧化物中为正一价，密度 10.5 g/cm^3，硬度 2.7，熔点 960.8℃，沸点 2212℃。银具有很强的导电性、延展性和热传导性。银可以压成几乎透明的 3×10^{-5} mm 厚的薄片，1 g 纯银可以拉成近 2000 m 的细丝。银的可塑性好、易于抛光、造型，还能与许多金属组成合金，并且具有较强的抗腐蚀性，耐有机酸、碱性。银在所有金属中发射率最高。银在自然界中有单质存在，但绝大部分是以化合态的形式存在于银矿石中。

目前发现的自然银和含银矿物有 20 余种，其中主要含银矿物有辉银矿，其次是角银矿、自然银。此外还有脆银矿、硫锑银矿等。

【科学窗】银真的能验毒吗？ 喜欢听评书和看武侠小说的朋友都知道，侠客在吃饭或喝水时，会暗地里从头发上拔出银簪或从百宝囊中拿出银针或银筷子在碗里蘸一下，如果没变黑，就说明饭菜或水里没毒；如果变黑，就说明有毒，接下来就是一场刀光剑影的好戏。银能验毒，这是真的吗？科学实验证明，一般人较熟悉的剧毒物，如砒霜、氰化物、农药、蛇毒等，都不与银直接发生化学反应，所以说，银没有验毒本领。那么古人的验毒方法是骗人的吗？原来，问题出现在毒物——砒霜上，由于古人的砒霜提炼技术不高，提得不纯，常含有少量硫化物，而银会和硫起反应，生成发黑的硫化银，这就是古人验毒的秘密所在。

2. 主要用途

银的用途较广泛，传统上用作制造货币和首饰，在制作装饰品方面仅次于金。由于科技的不断发展，银逐渐转移到工业领域，同时也是一种良好的投资品种。

在工业上，电子电器是用银的最大行业，可用作电接触材料、复合材料和焊接材料，以及制作灵敏度极高的物理仪器元件；各种自动化装置、火箭、潜水艇、计算机、核装置以及通信系统设备中的大量接触点都是用银制成；在能源工业领域，将银涂在巨大的弧形玻璃镜面上，可聚集太阳光，用于获得热能和电能。银锌、银镉电池比普通电池强 20 倍以上；随着电子工业的发展，银作为高比容量的微型电池用量陡增。在高温超导线领域，陶瓷芯复合银套的高温超导线已开发用于新的发电厂和配电网。卤化银是重要的感光材料；银的配合物主要用于镀银工业上，碘化银可用于人工降雨。在医学上，硝酸银用作消毒剂和防腐剂；银有卓越的抗生素及灭菌作用，可加速创口愈合、预防感染、净化水质和保鲜防腐的作用；中医针灸用的银针，银金、银锡合金被用作牙齿的修补充填材料；美军的沙漠作战军装中普遍使用银离子材料进行杀菌、除臭，在服装领域，白银已经成为新的应用领域。预计在汽车行业和电动汽车，包括相关的基础设施；太阳能行业和 5G 宽带蜂窝网络，白银将做出重大贡献。

（二）地理分布

截至 2015 年，全球银储量 57×10^4 t（据美国地质调查局）。银矿储量前三位的国家为澳大利亚、秘鲁、波兰，其次分布在智利、中国、墨西哥、美国、玻利维亚和加拿大等国。

据《中国矿产资源报告（2019）》，截至 2018 年底，我国查明银资源储量 32.91×10^4 t，居世界第六位。主要分布在内蒙古、江西、云南、广东、湖北、广西、甘肃、四川、安徽、青海、河南等省（区）。

黑龙江省已发现银矿产地 74 处，累计查明银资源储量 5796.04 t。主要分布在嫩江市、黑河市、伊春市、铁力市等（图 5-3-12）。其中大型 1 处、中型 5 处（表 5-3-3）、小型 39 处、矿点 29 处。

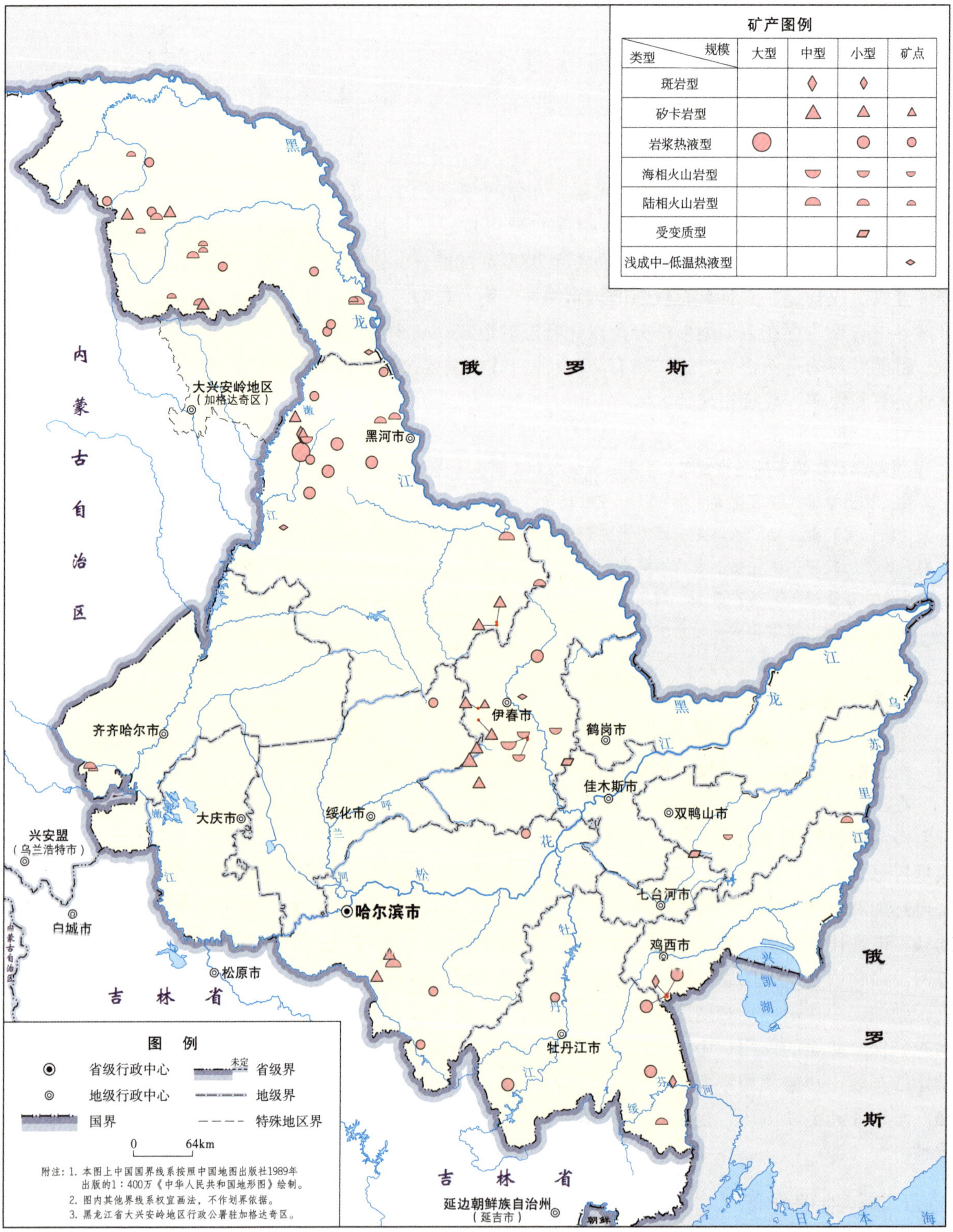

图 5-3-12　黑龙江省银矿产地分布图

（三）嫩江市二道坎村银矿床

二道坎村银矿床位于嫩江市多宝山镇南约 10 km，隶属嫩江市霍龙门乡。该银矿为黑龙江省发现的第一个大型银多金属矿床。

1）勘查历史：2011~2013 年，黑龙江省地质调查研究总院在该地区开展“黑龙江 1：5 万星火公社-罕达气地区矿产远景调查”工作时，发现本区银矿点。随后开展了“黑龙江省嫩江县星火镇矿南村银多金属矿普查”工作。2016~2019年，黑龙江省地质调查研究总院先后开展多次普查，最终查明该矿为一大型银多金属矿床。

表5-3-3　黑龙江省主要银矿产地一览表

序号	代表性矿床	所在地区	矿床规模	开采状况
1	嫩江市二道坎村银矿床	黑河市	大型	未开采
2	嫩江市多宝山铜钼矿床	黑河市	中型	开采
3	伊春市小西林铅锌矿床	伊春市	中型	停采
4	庆安县二股西山铁锌多金属矿床	绥化市	中型	开采
5	嫩江市铜山铜钼矿床	黑河市	中型	开采
6	逊克县东安金矿床	黑河市	中型	开采

2）矿床特征：矿区圈出银主矿体两条。Ⅰ号银矿体长度356 m，矿体向下最大延深151 m，形态为透镜状或楔形脉状；矿体最大厚度29.48 m，平均真厚度6.24 m，走向290°，矿体倾角83°~87°。银品位42.80~10940.97 g/t，平均品位558.76 g/t。

Ⅱ号银矿体长度462 m，局部出露地表。矿体向下最大延深225 m，矿体形态为透镜状或楔形脉状；矿体最大厚度27.19 m，平均真厚度14.10 m，走向284°，倾向14°，近于直立状态。银品位42.24~6704.66 g/t，平均品位505.82 g/t，银金属量1535.74 t。伴生有用组分：铅金属量1.92×10^4 t，平均品位0.65%；锌金属量0.94×10^4 t，平均品位0.41%；锰矿石量296.48×10^4 t，平均品位7.92%。金属硫化物以黄铁矿为主，次为方铅矿及闪锌矿等（图5-3-13）。贵金属矿物主要为辉银矿，少量的深红银矿、脆银矿、自然银及少银黄铁矿等。锰矿物以菱锰矿及菱锰铁矿、菱铁锰矿为主。矿床属中低温热液型银多金属矿床。

图5-3-13　二道坎村含银铅锌锰角砾状矿石
（鲍希波提供）

3）开采现状：2019年12月，黑龙江坤源矿业有限公司以5亿元价格获得嫩江市二道坎村银多金属矿床详查探矿权，目前正在勘探中。

（四）开发利用

银是人类最早发现和开采利用的金属之一，其具有普通商品、货币、投资三重属性。在公元前4000年的迦勒底、美索不达米亚、埃及及希腊的古墓中均发现了最早的银制品餐具和装饰品；公元前3000年的安纳托利亚（现土耳其）地区被认为是人类首个规模化开采白银的地区；公元前2500年，成熟的银提取加工技术被发明出来，占星家使用“灰吹法”从铅银矿中回收银；1492年哥伦布发现新大陆，从而在墨西哥、玻利维亚和秘鲁等地发现储量巨大的银矿。

【小贴士】银的杀菌功效 约公元前300年，马其顿王国皇帝亚历山大带领军队东征时，受到热带痢疾的感染，大多数士兵得病死亡，东征被迫终止。但是，皇帝和军官们却很少染疾。这个谜直到现代才被解开。原来皇帝和军官们的餐具都是用银制造的，而士兵的餐具都是用锡制造的。银在水中能分解出极微量的银离子，这种银离子能吸附水中的微生物，使微生物赖以呼吸的酶失去作用，从而杀死微生物。银离子的杀菌能力十分惊人，十亿分之几毫克的银就能净化1 kg水。

我国早在4000多年前便发现了银。古代对银的开发利用虽晚于金，但甘肃火烧沟文化遗址（夏代）已经发现银质饰物。考古发现战国时代错银器物出现。在《天工开物》下卷五金中记录了银矿的找矿方法。除民间传说火烧法直接提取矿石中的银外，明代陆容《菽园杂记》中还记载了灰吹法对含铅矿物中的银的详细提取过程。

世界银的消费领域主要在制造业中，包括工业用途占51%，照相业占14%，首饰和银器占25%，货币领域占4%，其他6%。未来对白银实物需求推动力最大的产业将集中在电子电器业、光伏产业以及新型催化剂、抗菌器材设备、高性能电池、白银导电油墨等新兴领域。

黑龙江省单一银矿产地极少，银矿多与金、铅锌、铜钼等矿床共伴生，在勘查金、铅锌、铜钼的同时对银矿进行综合评价，在开采其他矿种时被回收。近5年，黑龙江省银矿找矿工作有所突破，新发现了银矿床1处，即嫩江市二道坎村银多金属矿，为一大型银矿床。目前，正在勘探开发中。

三、铂族金属

1. 基本性质

铂（Pt）、钯（Pd）、铑（Rh）、铱（Ir）、钌（Ru）、锇（Os）这6种金属，根据密度差异，钌、铑、钯为轻铂元素，密度为12 g/cm^{3}左右；锇、铱、铂为重铂元素，密度为22 g/cm^{3}左右。它们不论在地球化学性质还是在物理化学性质上，都有很多相似之处，在自然界常常赋存在一起，故统称为铂族金属。除锇为蓝灰色金属外，其他均为银白色金属，熔点高（1552~3050℃），耐腐蚀性、稳定的热电性、抗电火花的蚀耗性好，具优良的高温抗氧化性能和良好的催化作用。

目前发现的铂族矿物、含铂族元素的矿物已经超过80种，常见矿物有自然铂、铁自然铂、铱砷铂矿、碲钯矿、硫砷铑矿、砷钌矿、硫锇矿、锇铱矿等。

2. 主要用途

铂族元素除在饰品上的应用外，在工业上有广泛的用途，特别是在国防、化工、石油化工、仪器仪表、电子、机械制造和医疗等领域。它们虽然有共同特性，但各自也有其独特的性质，因而在用途上也就不尽相同。

铂具有良好的催化作用和耐腐蚀性，电阻及电阻温度系数很稳定。铂在石油化工及化学工业上作催化剂，还可作化学及电化学工业设备的防腐材料、燃料电池的电极、阴极保护防腐装置、电解、电镀探照灯及医疗器械；是电子和电工的测温材料、触点材料、电阻材料、发动机火花塞电极和永磁材料；在环保方面用作控制大气污染和汽车尾气净化催化剂；在玻璃工业上用作铂坩埚，熔化和处理熔融的光学和特殊用途的玻璃；在玻璃纤维和合成纤维的生产中，铂合金喷丝头和喷嘴是关键材料；铂合金用作航天器涡轮机叶片、人造卫星涂层及宇宙空间站用电阻加热电离式发动机材料等；含铂药物用于多种癌症的治疗。

钯主要用于电工、仪表工业作低电流摩擦接触器和化工人造纤维的催化剂；钯合金可制造提高制氢气纯度的扩散设备，钯吸氢能力最强，常温下1体积钯能吸收900~2800体积的氢；汽车工业中，铂族催化剂能将汽车尾气中90%以上的氮氢化合物、碳氢和一氧化碳转化为水、氮气和二氧化碳；

钎焊的钯焊料；亦是牙科、制药、首饰工业的原料。

铑可制造工业镜及反射镜的镀层；在电子仪表工业用于制造仪表零件、电阻丝和导线等；化学工业作催化剂和生产玻璃纤维的加热器；铑可作为铂、钯的添加剂来提高它们的强度，铂铑合金是应用最广泛的贵金属测温材料，可满足核场测温需求；也用于制作首饰及装饰用镀层，增强表面的光泽和耐磨性。

铱作铂、钯的添加剂，可提高其硬度、耐腐蚀性和熔点；化工上作催化剂和颜料；仪器仪表工业用作制造电位计、热电偶等；并可制造钢笔尖、唱针和医疗器具；也用于航空和机器制造工业。

钌主要作为铂、钯的添加剂，可提高其性能；在有机化学工业用作催化剂，涂钌和铂的钛阳极代替石墨阳极，提高电解效率，延长电极寿命；也用于无线电、仪表和制药工业。

锇主要作为铂、钯的添加剂和化工产品的催化剂；亦用于照相、电影技术、仪表和制药工业。

3. 地理分布

据美国地质调查局统计，2018 年世界铂族金属储量为 6.9×10^4 t，储量排名前五的国家是南非、俄罗斯、津巴布韦、美国、加拿大。其中，90%的储量产于南非的布什维尔德杂岩体中。

中国铂族金属资源比较贫乏。据《中国矿产资源报告（2019）》，截至 2018 年底，我国查明铂族金属资源储量 401 t，较 2017 年增长 9.8%。主要集中在甘肃金川铜镍矿、云南弥渡金宝山铂钯矿、四川丹巴杨柳坪铂钯矿。

截至 2019 年，黑龙江省查明铂钯资源储量 12.138 t、铱资源储量 0.344 t、锇资源储量 0.972 t。主要分布在鸡西市、嫩江市（表 5-3-4）。查明的铂族金属矿床有 3 处，其中含有铂、钯、铱、锇 4 种铂族元素。其中独立矿仅有 1 处，即鸡东县五星铂钯（铜镍）矿床，伴生铂族金属矿 2 处，分别是嫩江市多宝山铜钼矿床和嫩江市铜山铜钼矿床。

表 5-3-4 黑龙江省铂族金属矿产资源储量一览表

编号	名称	查明资源储量/t				伴生品位/($g\cdot t^{-1}$)				矿床类型	开采状况
		Pt	Pd	Ir	Os	Pt	Pd	Ir	Os		
1	鸡东县五星铂钯（铜镍）矿床	8.947		—		0.49		—	—	岩浆型	未开采
2	嫩江市多宝山铜钼矿床	0.185	0.303	0.344	0.972	0.005	0.007	0.002	0.002	斑岩型	开采
3	嫩江市铜山铜钼矿床	0.203	2.50	—	—	0.0035	0.0425	—	—	斑岩型	开采

4. 鸡东县五星铂钯矿床

五星铂钯矿床位于鸡东县下亮子乡境内，距鸡东县城东南方向 22.5 km，该矿床是我国北方重要的中型铂钯矿床。

1）勘查历史：该矿在 1958 年由当地农民牛宪章等人发现，当时发现主要是铁矿。1959~1960 年牡丹江市地质局密山地质队和完达山地质队先后做过普查，求得一定的铜、镍、钴矿储量，认定为中、小型矿床。1962~1963 年黑龙江省地质局第一普查勘探大队再次进行了普查。1971~1975 年黑龙江省地质局第七地质队对二营、三营超基性岩体内的铂钯矿床进行了详细调查和评价，1976 年提交了《黑龙江省鸡东县五星铂钯矿区详查报告》，铂钯储量 8330 kg。中国科学院贵阳地化所研究人员通过对铂族矿物的研究，发现一批世界上首次发现的新矿物（王秀璋等，1997）。该铂钯矿床的发现，填补了黑龙江省铂钯矿的空白。2002~2004 年黑龙江省第一地质勘察院对五星铂钯矿区开发进行了论证，提交《黑龙江省鸡东县五星铂钯矿区铂钯及铜镍钴硫化矿石可选性试验研究、矿床开发及深部远景找矿勘查报告》，探求资源储量，全区累计查明 C+D 级，铂+钯 8.95 t。

2）矿床特征：矿床分为二营和三营两个地段，有四条含矿带，共查出铂钯矿体 57 条，其中较大的 14 条，宽几米至几十米，长几十米至几百米，铂品位最高 1.98 g/t，一般为 0.1~0.3 g/t，平均 0.29 g/t。钯品位最高 5.5 g/t，平均 0.493 g/t。圈出铜镍钴矿体 17 条，厚度不大于 4.5 m，一般为 2~3 m，长度 20~100 m，向下延深不大于 160 m，一般为 10~15 m，品位：铜最高 0.68%，钴 0.104%~0.075%，镍 0.203%。金属矿物以砷铂矿、锑钯矿、黄铜矿、镍黄铁矿、辉砷钴矿为主。

矿床查明的铂钯资源储量 8.947 t，平均品位 0.49 g/t，属中型矿床；钴资源储量 2051t，平均品位 0.015%，属中型矿床；镍资源储量 9682 t，平均品位 0.086%，属小型矿床；铜资源储量 18229 t，平均品位 0.156%，属小型矿床。矿床类型为岩浆型矿床。由于矿床有用组分含量偏低，目前尚未开采。

5. 开发利用

铂系金属以其特别可贵的性能和资源珍稀而著称，但其发现与利用相对于金、银来说要晚得多。其中铂发现最早，1735 年由尤尔洛发现，其余几种元素都迟至 19 世纪才陆续有所了解。现已广泛应用于现代工业和尖端技术中，因此被称为“现代贵金属”。

铂系金属早期主要用作首饰，20 世纪 50 年代后开始大量应用于石油、汽车、电子、化工、原子能，以至环境保护行业。它们在这些工业中用量不大，但起着关键的作用。铂和钯对气体有很强的吸附能力，故它们有良好的催化特性。用于汽车尾气净化催化剂，即铂-钯-铑三元催化剂，将汽车尾气排出的有害气体变为无害的气体。铂族金属能在减少温室气体排放中发挥积极作用。

近几年，世界发达国家先后制定了氢能发展战略，氢燃料电池汽车产业快速发展，预计到 2030 年，我国氢燃料电池车辆保有量将达到 200 万辆。铂是氢燃料电池中必需的催化剂，氢燃料汽车的快速发展将成为未来铂金属需求增长的新动力之一。

黑龙江省铂族金属地质勘查工作始于 20 世纪 70 年代，在铜矿普查工作基础上，对鸡东县五星二营、三营超基性岩体内的铂钯含矿性进行了详细评价，发现了铂钯中型矿床，还伴生有铜、镍、钴元素。此外，20 世纪 70 年代末至 80 年代初，对嫩江市多宝山铜钼矿床和嫩江市铜山铜钼矿床开展详查、初勘地质工作，对伴生有益组分进行了研究，查明了铂、钯、铱、锇 4 种伴生铂族元素的资源储量。目前，黑龙江省铂族金属尚未开发利用。

第四节　稀有金属

稀有金属是指在自然界中含量少或分布稀散的金属，包括铌（Nb）、钽（Ta）、铍（Be）、锂（Li）、锆（Zr）、锶（Sr）、铪（Hf）、铷（Rb）、铯（Cs）。稀有金属在自然界极少有独立矿物或矿床存在，大多以共生状态、伴生状态或赋存在其他矿物中。

19 世纪即有稀有元素（rare elements）一词，20 世纪 20 年代在此基础上定名为稀有金属。它们难以从原料中提取，在工业上制备和应用的时期较晚，所以有时还称为新金属（new metals）。日常生活中，我们常见的比如新能源汽车中的锂电池，手表游丝中含有的铍等都属于稀有金属。可以说随着科技的快速进步，稀有金属的开发利用价值在日益升高。

稀有金属是黑龙江省弱势矿产资源，目前已发现稀有金属共 5 种，分别为铌、钽、铍、锂、锆。其中已查明具有一定资源储量的为铌、钽、铍 3 种（表 5-4-1）。集中分布在黑龙江北部及中东部一带。

一、铌钽

1. 基本性质

铌（Nb）金属呈银白色，熔点 2468℃，沸点 5127℃，密度 8.66 g/cm^3。其特点是难熔、质地硬、延展性好、耐高温、耐腐蚀、抗疲劳、抗变形、热电传导性好，高温下具有极好的电子发射性能，热中子俘获截面较小，超导性能极佳等特点。

表 5-4-1　黑龙江省已发现稀有金属矿产地一览表

	金属	矿产地名称	矿床规模	开采状况
已查明资源量	铌	漠河市 782 高地铌钽矿床	中型	未开采
	钽	庆安县二股西山铁锌多金属矿床	小型	开采
	铍	萝北县廿十里河子铍矿床	小型	未开采
		林口县大盘道铍矿床	小型	未开采
未查明资源量	锂	林口大盘道铍矿普查中发现 6 条具有锂化的伟晶岩带，含量不高，品位在 0.1%左右		
	锆	仅在黑龙江省密山市杨木乡 811 高地铀矿床报告中记载锆加铪品位 0.338%，试算金属量锆加铪约 2460 t		

钽（Ta）金属呈深灰色，熔点 2996℃，仅次于钨、铼，沸点 5427℃，密度 17.10 g/cm^3。钽具有延性好、热导率大、耐高温、抗腐蚀、冷加工和焊接性能好等特性。纯钽在冷状态下无须中间退火就可以轧成小于 0.01 mm 薄的箔。它的耐腐蚀性更是可以与玻璃相媲美，在 150℃的情况下，只有氟、氢氟酸、三氧化硫、强碱和某些熔盐可以腐蚀钽。钽能形成稳定的阳极氧化膜，因此具有优良的整流和介电性能。

常见的铌、钽矿物和含钽、铌的矿物有 30 多种，主要有铌铁矿-钽铁矿、钽铁矿-钛铁矿、褐钇铌矿、易解石、烧绿石、细晶石、锰钽矿、重钽铁矿、铌铁金红石等。

2. 主要用途

铌广泛应用于冶金、航空航天、原子能、军事、电子、化学、超导材料、医疗仪器制造等行业。因其自身具有的特殊性能，铌作为优良的合金元素，帮助人类解决了许多重大的工程问题，如恶劣气候条件下油气输送管线问题、轻体汽车问题、大型建筑工程问题等。

钢铁则是铌在我国甚至全球范围内最大的消费领域，我国达到 95%的铌都用于钢铁制造业。其中大部分用来制造高强度合金钢，其余小部分用来制造不锈钢、无间隙钢，多制成管线用钢、汽车用钢以及其他结构用钢。这种含少量铌的钢铁可以大大提高钢的强度，并且可以减轻钢铁自重，增加钢铁的易弯性，还可以提高高温抗氧化性、抗辐射性。其余部分的铌还用于以下产业，如超导材料制造业：超导发电机、核磁共振成像设备等；航天航空业：生产火箭、飞船的发动机和耐热部件，燃气轮机的叶片及热防护材料或结构材料（图 5-4-1）；原子能工业：核燃料的包套材料，核反应堆热交换器；电子工业：制作电容用的铌酸盐陶瓷，用于红外线、激光技术中的铌酸物制造的电子学晶体；医疗领域：制造接骨板、颅骨板骨螺钉、种植牙根、外科手术用具；其他领域：蒸煮器、汽车气缸盖、活塞环、刹车盘、金银纪念币、光学镜片、街灯精密支架等。

钽是电子工业和空间技术发展不可缺少的战略原料，主要用于电子、冶金、化工、原子能、超导技术、汽车、航空航天、医疗卫生等领域。其中钽式电容以其耐高温、寿命长的优点常用于高端电子产品、军工科技电子产品上，每年有超过三分之一产量的钽都用在了制作电容方面。其余的分别应用于制造超级合金、溅射靶材、钽化合物、工业设备和医学材料以及碳化钽硬质合金等方面，如常见的望远镜、相机、电池充电器、计算机硬盘、传感报警器、汽车 ABS 部件、安全气囊激活部件、切削工具、防腐蚀材料以及医用代替骨骼的骨科材料等都会用到钽金属。钽合金已应用于阿吉娜宇宙飞船的鼻锥和燃烧室、阿波罗的燃烧室以及火箭发动机喷管的燃气扰流片；宇航核动力装置的强化结构材料。

3. 地理分布

据统计全球查明铌储量为 430×10^4 t，主要分布在巴西、加拿大、尼日利亚、安哥拉、澳大利亚、中国、格陵兰、马拉维、俄罗斯和美国。其中巴西铌储量占全球储量的 95%。

中国的铌矿资源主要分布在内蒙古白云鄂博铌钽矿、新疆阿勒泰伟晶岩铌钽矿和江西宜春铌钽矿。中国铌钽氧化物主要分布在内蒙古、湖北、江西、广东、福建、新疆、广西、湖南等省（区）。

黑龙江省铌钽矿资源很少，截至 2018 年底，已查明钽（Ta_2O_5）资源储量 15 t。发现矿产地 3

图 5-4-1　搭载“天问一号”探测器的火箭（左）及“祝融号”火星车（右）
（来源：左—http：//image. yjcf360. com/u/cms/www/202008/26113624jt6n. jpg
右—https：//inews. gtimg. com/newsapp_bt/0/13432537765/1000）

处，其中中型 1 处、小型 1 处、矿点 1 处，分布在漠河市、铁力市和齐齐哈尔市。

4. 漠河市 782 高地铌钽矿床

782 高地铌钽矿床位于漠河市西北方向约 38 km 处。为我国首例以褐钇铌矿、黑稀金矿为主的原生铌钽矿床，也是黑龙江省首例具有中型规模储量的独立铌钽矿床。

1）勘查历史：2008 年，核工业航测遥感中心在漠河地区开展 1：5 万航空物探测量，在漠河市西北部圈定出 HF2013-11 航磁航空放射性异常。2013 年，黑龙江省地质调查研究总院在针对 HF2013-11 异常及 HFU-09 异常开展查证时，从施工钻孔中发现大段的低品位原生铌矿，伴有钽、钇金属的出现，初步确定了该处稀有稀土矿点。2016～2017 年对该矿点开展矿产普查工作，并于 2018 年提交了《黑龙江省漠河市 782 高地铌钽稀土矿普查报告》。

2）矿床特征：矿体分布在晚寒武世—早奥陶世碱长花岗岩中，共发现铌矿体 1 条，低品位矿体 5 条，伴生钽、稀土（富钇）、锆矿产。Ⅰ号主矿体为似层状，长度 360 m，倾向延深大于 526 m，平均厚度 36. 25 m，倾向北西，倾角在 39°～69°之间。铌（Nb_2O_5）资源量 1.16×10^4 t，平均品位 0. 120%，达到中型；钽（Ta_2O_5）资源量 844. 83 t（未列入储量表），平均品位 0. 0087%；稀土资源量 2.5×10^4 t，平均含稀土 0. 256%，其中 Y_2O_3 资源量为 1.05×10^4 t，平均含量为 0. 108%，属小型矿床，以褐钇铌矿、黑稀金矿为主要矿石矿物（徐文喜等，2020），属岩浆型矿床，形成于约 4. 5 亿年前。该矿床需进一步勘探，目前尚未开采。

5. 开发利用

绥化市境内已发现的庆安县二股西山铁锌多金属矿床中，钽为伴生矿。其钽分布在磁铁矿矿石与含硼镁铁矿和锡石的磁铁矿石中。钽的资源量通过单工程控制推算，已查明氧化钽资源储量 15 t，为小型矿产地。

齐齐哈尔市碾子山铌钽矿点，圈定低品位铌钽矿体 3 条，矿化体 8 条。矿体呈脉状，长度 50～60 m，倾向延深 54～63 m，厚度 2～20 m。岩体为早白垩世含钠闪石碱性花岗岩。矿物有独居石、黑稀金矿、褐钇铌矿、氟碳铈矿、重钽铁矿、硅钛铈矿等。矿床成因类型为岩浆热液型，需进一步工作。

二、铍

1798 年，法国化学家沃克兰（L. N. Vauquelin）对绿柱石和祖母绿进行化学分析时发现了铍。但是，单质铍是在 30 年后的 1828 年由德国化学家维勒（Friedrich Wohler）用金属钾还原熔融的氯化铍而得到的。

1. 基本性质

铍（Be）为稀有轻金属，致密的铍呈浅灰色，粉状为深灰色，密度 1.85 g/cm³，熔点 1284℃。有良好的耐腐蚀性和高温强度，热导率大，具良好的辐射透过性和对中子慢化、反射及红外线的反射性能。铍的氧化物无色、无味，易挥发，容易使人中毒。铍和锂一样，在空气中形成保护性氧化层，故在空气中即使红热时也很稳定。不溶于冷水，微溶于热水，可溶于稀盐酸，稀硫酸和氢氧化钾溶液而放出氢。铍的化学性质活泼，已发现的铍同位素共有 8 种，除了铍 9 比较稳定以外，其他同位素均具有放射性。

世界上已发现的铍矿物和含铍矿物有绿柱石、硅铍石、羟硅铍石、金绿宝石、日光榴石。含铍的矿石有许多透明的、色彩美丽的变种，自古以来就是名贵的宝石。

2. 主要用途

铍金属从 20 世纪 50 年代起开始被人们重视，从无名小众的金属元素一跃成为科学家们众星捧月的抢手货。铍已经广泛应用于航天、核反应堆、矿井炸药工厂、特殊金属制造业等。

铍有“原子能工业之宝”的美称，各种各样的原子反应堆（图 5-4-2）和小型原子锅炉都离不开铍金属。在核反应堆中，铍是一种很高效的中子源。同时，它还应用于反应堆防护的中子反射体，使反应炉中的中子返回反应区。一方面可以防止射线伤害工作人员，另一方面使得核裂变减少损耗。

图 5-4-2　铍用于核反应堆

（来源：https://www.sohu.com/a/246221944_441013）

铍与铜和镍的合金在与石头和其他金属撞击时，不会迸发出火花。这一特性使得铍合金制作的锤子、凿子、刀铲等工具可以用于矿井、炸药工厂、基地等易爆区域，为减少爆炸事故和火灾事故做出了贡献。此外，在普通青铜合金中掺入少量的铍元素，可以提高合金的机械性。这种合金耐高温、抗腐蚀、导电性好，因此常用于制作手表游丝、高速轴承和海底电缆。

3. 地理分布

据美国地质调查局（USGS）公布数据统计，全球铍资源储量总计 48.1×10⁴ t，主要分布在美国、巴西、俄罗斯、印度、中国、阿根廷。其中美国占已查明储量的 60%以上。中国铍矿资源丰富，主要分布在新疆、内蒙古、云南、四川、江西、甘肃、湖南等省（区），其中前 4 个省（区）占全国总储量的 89.5%。

黑龙江省铍资源很少，截至 2018 年底，已查明铍（BeO）资源储量 25 t。目前已发现铍矿产地 2 处，均为小型矿床。分布在萝北县和林口县，均未开发利用。

4. 典型矿床

萝北县廿十里河子铍矿床：位于鹤岗市萝北县凤翔城外的廿十里河子林场，是合江专员公署地质局一队于1959年在该地区进行伟晶岩普查时发现。含矿岩体为花岗伟晶岩，绿柱石矿就发育其中，含矿岩脉有6条。所见到的绿柱石颜色较浅，多为灰白色、浅绿色和浅黄色，其中含 BeO 11%～13.5%。全区共有矿石量5000 t，铍（BeO）资源储量14 t，为小型铍矿床、绿柱石伟晶岩型铍矿。

林口县大盘道铍矿床：矿床位于牡丹江市林口县境内。含矿岩体为绿柱石伟晶岩，查明含绿柱石的有11条，其中有2条具有工业意义。含有铌、钽、铁矿的4条。全区不分品级 BeO 平均含量0.128%，铍（BeO）资源储量11 t，矿石量9000 t，为小型铍矿床。黑龙江省铍矿未开发利用。

第五节　稀土金属

稀土是历史遗留下来的名称。稀土是从18世纪末开始陆续发现，当时人们常把不溶于水的固体氧化物称为土，例如，将氧化铝称为"陶土"，氧化钙称为"碱土"等。稀土一般是以氧化物状态分离出来的，当时比较稀少，因而得名稀土（Rare Earth，简称 RE 或 R）。

稀土金属属于不可再生资源，通常可分为轻稀土和重稀土两类，重稀土更具有价值。稀土元素拥有优良的光电磁等物理特性，微量的稀土元素加入其他材料后，往往可以大幅度提高产品质量和性能，起到"点石成金"的作用，被誉为现代工业的"维生素"。

一、基本性质及主要用途

1. 基本性质

稀土金属共包括17种元素。其中轻稀土元素也称为铈组稀土元素，它包括镧（La）、铈（Ce）、镨（Pr）、钕（Nd）、钷（Pm）、钐（Sm）、铕（Eu）。重稀土元素也称为钇组元素，包括钆（Gd）、铽（Tb）、镝（Dy）、钬（Ho）、铒（Er）、铥（Tm）、镱（Yb）、镥（Lu）、钇（Y）。还有一个钪（Sc）元素与其他稀土元素性质相似，因此划入稀土类，但钪不与其他稀土元素共生。

稀土金属颜色为灰色，熔点798～1663℃，沸点1196～3520℃，密度（24℃时）6.146～9.841 g/cm^3，多有延展性。稀土元素都是活泼金属，性质极为相似，易形成稳定的配化合物。

主要的稀土矿物有20余种，其中有工业价值的矿物有独居石、氟碳铈矿、氟碳铈镧矿、褐帘石、烧绿石、磷钇矿、铈铌钙钛矿、硅钛铈铁矿等。

2. 主要用途

稀土金属在工业部门中用途广泛，主要用于冶金、石油、玻璃、化工、电子、原子能等。

在传统用途方面，稀土金属被大量用于冶金工业，如在冶炼钢铁时加入稀土氧化物可去除钢铁中的杂质；用稀土氧化物烧成的高强度低合金钢，可制造汽车部件、舰船甲板机械结构材料、轻型装甲车结构件，并可压成钢板、钢管，用于制造输油管及输气管。在石油工业中稀土被用作催化裂解剂，提高轻质油的产出率。还用作汽车尾气的催化净化剂、油漆催干剂、塑料热稳定剂、制造合成橡胶、人造羊毛、尼龙等化工产品。在玻璃、陶瓷工业上主要用作玻璃澄清、抛光、染色、脱色剂和陶瓷颜料。中国首次将稀土用于农业，作为多元复合肥的微量元素，促进农业增产。

在高科技应用方面，钇、铽、铕的氧化物广泛用于彩色电视、各类显示系统的红色荧光体及制造三基色荧光灯荧光粉。制造各种超级永磁铁，在各类电机、核磁共振成像装置、磁悬浮列车以及光电子等高技术领域有着广泛的应用前景。镧玻璃广泛用作各种透镜、镜头材料和光纤材料。铈玻璃用作防辐射材料，钕玻璃是重要的极光材料。在电子工业上，添加氧化钕、氧化镧、氧化钇的各类陶瓷被用作各类电容器材料。稀土金属用于制造镍氢充电电池。在原子能工业上，氧化钇被用于制造核反应堆的控制棒。轻稀土元素与铝、镁制成的轻量耐热合金被用于航空航天工业，以制造飞机、宇宙飞船、导弹、火箭等的零部件，大幅提高军事武器的性能。稀土元素也用于超导材料、磁性伸缩材料、激光材料、磁致冷材料、储氢材料等。

【知识链接】磁悬浮列车 磁悬浮列车是一种现代高科技轨道交通工具，它通过电磁力实现列车与轨道之间的无接触的悬浮和导向，再利用直线电机产生的电磁力牵引列车运行。我国第一辆磁悬浮列车由中德两国合作开发，2003 年 1 月 4 日正式开始商业运营，是世界第一条商业运营的磁悬浮专线。设计速度 430 km/h，实际速度约 380 km/h，转弯处半径达 8000 m。这列当今世界上最酷的列车，14 分钟内能在上海市区和浦东机场之间打个来回（专线全长 29.863 km）。置身其中，您将亲身体验到这架“陆地客机”所带来的奇异感受。

2021 年 6 月 21 日，由中国中车四方股份公司研制的速度 600 km/h 高速磁浮试验样车在上海同济大学磁浮试验线上成功试跑（图 5-5-1），标志着我国高速磁浮研发取得重要新突破。假如列车以这样的速度行驶，从北京到上海只需要 2 个多小时。

图 5-5-1 磁悬浮列车

（来源：https://p1.ifengimg.com/2019_21/E92361C97D48E33271A86A5020D069C08DB61E46_w1044_h554.jpg）

二、地理分布

据美国地质调查局 2019 年报道，全球稀土金属氧化物储量 1.2×10^8 t，前三位的是中国、巴西、越南，俄罗斯、美国、澳大利亚、印度、马来西亚等国也有分布。全世界大约有 36%的稀土储量在中国。

我国已有 22 个省（区）先后发现稀土矿，国内稀土资源总量的 98%分布在内蒙古、江西、广东、四川、山东等省（区），并呈现“北轻南重”的特点。轻稀土矿主要分布在内蒙古包头等北方地区和四川凉山，离子型中、重稀土矿分布于江西赣州、福建龙岩、广西粤北等南方地区（王登红等，2016）。

黑龙江省稀土资源较少，截至 2019 年底，全省共发现稀土矿产地 2 处，均为伴生矿，即漠河市 782 高地铌钽矿床（小型）和齐齐哈尔市碾子山铌钽稀土矿点。

三、开发利用

稀土金属亦被称作“工业黄金”，在新材料、新能源和信息技术等新兴产业具有不可替代的重大用途。我国将稀土金属矿产列为战略性矿产资源。可以说，稀土金属在世界各国的战略布局和经济贸易中都占有相当重要的地位。

从全球角度看，稀土矿集中分布在中国、美国、巴西和澳大利亚等少数国家。近年来，日本和我国科学家相继在太平洋和印度洋水深 3500～5000 m 的远洋软泥中发现大量吸附型稀土。据估计，海底稀土资源量是陆地的 800 倍，品位高达 400×10^{-6}～2200×10^{-6}，低于陆地稀土矿的品位，但是容易提取且重稀土含量高，可能是未来的稀土资源。

随着科技的进步和对清洁能源需求的日益增长，以稀土永磁为代表的新兴市场在稀土应用中所占的比例越来越大。例如，现如今全球竞争到白热化的手机行业快速增长、钕铁硼音响的日渐受欢迎、新能源电动汽车和混合动力车对电池需求的拉动作用等，都使得镨、钕、镝、铽需求日益增加。

随着我国徐光宪院士发明了稀土萃取分离技术，我国已经从稀土出口第一大国跃升为稀土产业第一大国。仅2018年我国稀土氧化物产量就达到12×10^4 t，约占全球产量的70%。

黑龙江省对稀土金属的研究始于1980年，编制了黑龙江省及邻区稀有分散放射性矿产分布图。在密山市连珠山、伊春市永续林场、齐齐哈尔市碾子山发现稀土矿（化）点；林口县龙爪、余庆圈出4条稀土矿化体；黑龙江省东南部地区圈定稀土成矿远景区1处，圈定稀土找矿靶区8处。在黑龙江省仅见于鸡西市的石场、柳毛、余庆等地混合岩及混合岩化花岗岩中，也具有找矿潜力。

第六节　分散元素

分散元素是指在地壳中含量较低、自然界呈分散状态存在的一组元素，包括镉、镓、锗、铟、硒、碲、铊和铼8种。它们一般不形成自己的独立矿床，往往以伴生元素的方式存在于其他元素的矿床内。他们被誉为“现代工业、国防与尖端技术的维生素，创造人间奇迹的桥梁”“是当代高技术新材料的支撑材料”。

除锗和铊以外，黑龙江省已发现其他6种分散元素，它们均伴生在铜、铁、铅、锌、钼等矿床中。

一、镓

1. 基本性质

镓（Ga）是一种银白色的软金属，是在人体温度下（37℃）能融化成液体的金属之一。镓在常温空气中稳定，因为表面覆有一层薄的氧化膜，即使在烧红加热时也不再被空气所氧化。镓的熔点低，沸点高，是液态范围最大的金属，熔点29.78℃，沸点2403℃，密度（29.6℃时）5.904 g/cm^3。

镓主要赋存在闪锌矿、霞石、白云母、锂辉石、铝土矿以及煤矿中。在自然界仅发现灰镓矿含镓35.4%，水镓石含镓66.8%，工业上没有直接使用的镓矿物。当前制取镓的主要来源是在铝生产中顺便回收。

2. 主要用途

镓的主要用途是制备新型半导体的材料，砷化镓主要用于制造集成电路（IC）和光电元件，其中包括激光发光二极管、LED、光电探测器等，用于显示器制作、发光照明设备、计算机芯片、手机核心电路、太阳能电池（图5-6-1）以及光电传输等方面。

而氮化镓由于具有耐高温的特性，主要用于制造晶片半导体等光电器件，用于石油化工、军事和航空等领域，是新兴的半导体光电产业核心材料。此外，镓金属由于其熔点低的特点，还被用于自动化、电子工业信号系统、过真空的密封、涂润金属改善性能和自动防火装置等方面。镓可用作金属和陶瓷间的冷焊剂，镓卤化物可用于聚合和脱水工艺，镓的合金可以用作牙科医疗器械和医用材料。

随着全球普通照明用LED的快速发展，预计LED将成为未来镓金属的主要消费市场。

3. 地理分布

从美国地质调查局2019年发布的数据来看，全球镓的主要生产国有中国、俄罗斯、乌克兰、日本和韩国等。中国以39×10^4 t的年产量遥遥领先于其他国家。

中国镓资源丰富，其中四川攀枝花钒钛磁铁矿中的镓金属占全国储量的50%以上，这里的镓金属主要赋存在钒钛磁铁矿中；河南、吉林、山东、广西等省（区）的镓主要存在于铝土矿中；云南等省则主要赋存在锡矿中；湖南等省的镓主要赋存在闪锌矿中。

黑龙江省目前仅发现一处小型镓矿产地，即嫩江市三矿沟铁铜矿床中，镓以伴生的形式出现，品位0.081%，镓资源量10 t，矿石量360×10^4 t，为矽卡岩型矿床。

图 5-6-1　我国空间站使用的砷化镓太阳能电池板

（来源：https：//p0. ssl. img. 360kuai. com/t010eb44deb080b5970. webp）

二、铟

1. 基本性质

铟（In）是一种银白色并略带淡蓝色光泽的金属，熔点 156. 61℃，沸点 2080℃，密度（20℃时）7. 31 g/cm^3。它质地非常软，能用指甲刻痕，可塑性强，延展性好，可压成极薄的铟片。常温下金属铟不被空气或硫氧化，加热到熔点时，可迅速与氧和硫化合。铟具有轻微放射性，长期接触对身体有害。液态铟能浸润玻璃，并且会粘附在接触过的表面上留下黑色的痕迹。

铟主要存在于铁闪锌矿、赤铁矿、方铅矿以及其他多金属硫化物矿石中。已知含铟的矿物有：硫铟铜矿、硫铟铁矿、水铟矿、硫铟铜锌矿。原生铟尚未发现单独矿床。工业上也未直接从铟矿物中提炼，铟的主要来源是从闪锌矿、赤铁矿、钨铁矿冶炼的过程中作为副产品回收获得。

2. 主要用途

金属铟被广泛应用于航空、无线电和电子工业、医疗、国防、高新技术、能源等领域。因为铟具有较好的光渗透性和导电性，由高纯氧化铟和氧化锡的玻璃态复合物（ITO）应用于生产等离子电视和液晶显示屏中。全球 70%的铟金属都用于生产 ITO 靶材。铟具有沸点高、低电阻和抗腐蚀性，也常用于制作电子半导体和无线电当中的特殊接触装置。合金中掺入铟金属可以提高强度、延展性和抗磨损性，因此被用于制作太阳能电池、现代化大型建筑的玻璃幕墙等。此外含铟镀层轴承、工艺镜子、反光镜、保险丝、熔断器以及合金假牙等都是铟金属常见的应用领域。

3. 地理分布

全球铟资源比较丰富的国家有中国、秘鲁、美国、加拿大和俄罗斯。

中国铟资源储量占全球首位，主要伴生于铅锌矿床和铜金矿床中，保有储量约 13×10^4 t，分布在 15 个省（区）。其中云南、广西两地储量占全国储量的 70%以上。

黑龙江省铟查明资源储量 440 t，资源储量居全国第 6 位，集中分布在庆安县、逊克县、嫩江市、宾县。矿产资源均伴生在其他矿床中。查明有 4 处伴生铟矿床，中型规模 1 处（逊克县翠宏山铁钨钼多金属矿床），小型规模 3 处，即庆安县二股西山铁锌矿床、嫩江市三矿沟铁铜矿床和宾县明礼铅锌矿床。

宾县明礼铅锌矿床：位于宾县宁远镇明礼村刘大华屯南。该矿床是 1958 年群众报矿发现的，由黑龙江省地质局第一地质大队完成普查工作。矿区由 3 条矿化带组成，铅金属量 13452 t、锌金属量 45658 t，铟金属量 11 t，镉金属量 238 t，硒金属量 5 t，碲金属量 13 t，均为小型规模。

三、铼

1. 基本性质

铼（Re）是一种银白色的难熔金属，其熔点（3180℃）在所有元素中排第三位，沸点（5627℃）居首位，密度（20℃时）为21.0 g/cm^3，则排在第四位。金属铼坚硬、耐磨、耐腐蚀，它在空气中稳定，300℃时开始氧化，高温下与硫蒸气化合成二硫化铼。铼不溶于盐酸，但溶于硝酸和热的浓硫酸。商业用的铼一般呈粉末状，可在真空或氢气中经压制或燃烧制成高密度固体，其密度为金属状态下的90%。铼金属在退火时延展性很高，可被弯曲、卷起。

铼的矿物很少，多以微量伴生于钼、铜、铅、锌、铂、钯等矿物中，主要集中于辉钼矿中，辉铜矿及斑铜矿也含少量铼。迄今只有俄罗斯发现了一种铜铼硫化物——辉铜铼矿，同时俄罗斯还宣布在南千岛群岛的依图鲁普岛上发现了储量丰富的纯铼矿，这是世界上发现的首处纯铼矿。工业上辉钼矿是铼的主要制备来源。

2. 主要用途

据2018年统计，全球铼金属产量的约80%用于制造喷射引擎的高温合金部件。铼镍合金已经成为现代喷气引擎的核心材料（图5-6-2）。铼及其合金还可作电子管元件和超高温加热器以蒸发金属。钨铼热电偶在3100℃也不软化，钨或钼合金加25%的铼可增加延展性能。铼在火箭、导弹上作高温涂层用，宇宙飞船用的仪表和高温部件如热屏蔽、电弧放电、电接触器等都需要铼。

图5-6-2　金属铼及其用于制造飞机引擎涡轮叶片

（来源：https：//baike.baidu.com/item/%E9%93%BC/712400？fr=aladdin）

另有约15%的铼用于作石油工业催化剂，可以提高重整反应的深度，增加汽油、芳烃和氢气的产率，可用来生产无铅汽油。铼具有很高的电子发射性能，广泛应用于无线电、电视和真空技术。铼具有高的熔点，是一种主要的高温仪表材料。

3. 地理分布

全球铼资源较丰富，根据美国地质调查局2019年发布的数据，全球铼资源查明储量2400 t。主要分布在美洲和欧洲，其中智利的铼资源最为丰富，储量达1300 t。其次为美国、俄罗斯、哈萨克斯坦、亚美尼亚、秘鲁以及加拿大等国。

我国铼的资源量约占全球储量的7%。主要分布在黑龙江、陕西、河南、湖南、广东、福建等省。中国铼矿几乎全部伴生于钼矿中。

黑龙江省查明铼资源储量99 t，居全国第一位。发现矿产地2处，其中嫩江市多宝山铜钼矿床，铼储量75 t，规模为大型；嫩江市铜山铜钼矿床，铼储量24 t，规模为中型。

四、镉

1. 基本性质

镉金属（Cd）呈银白色，略带有淡蓝色光泽，质软耐磨，富有韧性和延展性。镉的熔点

320.9℃，沸点765℃。密度（20℃时）为8.65 g/cm³，是显著的亲硫元素。镉在湿空气中缓慢氧化并失去光泽，加热时生成棕色的氧化层。镉蒸气燃烧产生棕色的镉烟雾。镉不溶于碱液，与硫酸、盐酸和硝酸作用生成相应的镉盐。

镉的主要矿物有硫镉矿、菱镉矿、方镉矿等，但均不形成单独矿床，而是主要赋存于锌矿、铅锌矿和铜铅锌矿石当中，特别是在浅色的闪锌矿中含量最高。

2. 主要用途

镉金属最主要的应用领域为电池行业，每年产量约90%镉金属都用于制作镉镍电池。其余的镉大多用于制作颜料和涂料。还有少量的镉被用于生产合金、太阳能电池板和稳定器。随着科技的进步和镉污染问题被日益重视，如今家用领域充电电池已大部分被锂离子电池和镍氢电池所取代。

在工业生产等领域中，镍镉电池常用于需要高功率放电的工业、军事、航空等领域，如铁路机车的启动电源、电力系统的开关、矿产应急电源、火炮及装甲车辆的启动电源、飞机发动机和发电机的启动电源等。相比于更先进的锂电池，镉镍电池具有优越的稳定性和可靠性，所以在这些工业应用领域当中，镉镍电池依然保持其被高频使用的地位。

世界卫生组织将镉列为重点研究的食品污染，国际癌症研究机构（IARC）将镉归为人类致癌物。我国也将镉列为实施排放总量控制的重点监测指标之一。所以废旧镉镍电池在垃圾分类中需要作为有害垃圾或单独回收处理。

3. 地理分布

美国、澳大利亚、加拿大、日本、墨西哥等国是镉的主要资源国，世界锌资源中伴生的镉资源量总计600×10⁴ t。而从2018年镉金属产量上来看，中国、韩国、日本、加拿大、俄罗斯等都是镉资源的产出大国，全年全球共产出镉金属2.6×10⁴ t。

中国的镉资源丰富，主要集中在云南、四川、广东、广西、湖南、甘肃、内蒙古、青海、江西等省（区）。代表性的矿山有：广西南丹大厂、河池，江西大余漂塘。云南兰坪金顶铅锌矿是中国特大型的伴生镉矿床。

黑龙江省目前已查明的镉矿产地有7处，中型规模2处（逊克县翠宏山铁钨钼多金属矿床和庆安县二股西山铁锌矿床）、小型规模5处。累计查明镉金属量4217 t，主要分布在伊春市周边、阿城区、宾县以及逊克县。

五、硒

1. 基本性质

硒（Se）是半金属元素，灰色金属光泽，性质与硫相似，但金属性比硫强。硒的最显著特性是在光照下的导电性比在黑暗中成千倍地增加。密度9.81 g/cm³，熔点220℃，沸点685℃，是典型的半导体，性脆。常温下硒不会被氧化，在空气中加热会燃烧生成二氧化硒，在一定温度下（灰硒约为71℃）可被水氧化，可溶于强碱溶液中形成硒化物。

主要的硒矿物有硒铜矿、硒铋矿、硒铜银矿、硒银矿、硒银铅矿等，一般不形成单独矿床。硒主要赋存在黄铜矿、黄铁矿、方铅矿中，大多数硒矿资源都是作为铜矿加工过程中的副产品综合回收。

2. 主要用途

硒的应用领域涉及电子、玻璃、冶金、化工、医疗保健、农业等。尤其是在玻璃制造业中，工业纯硒用于玻璃的着色和脱色颜料；发射高质量信号用的透镜玻璃含硒2%；加入硒的平板玻璃用作太阳能的热传输板和激光器窗口红外过渡器；富含硒的黑色玻璃具有降低光强度和传热速度的特性，被广泛应用于建筑物和汽车上。硒可改善碳素钢、不锈钢和铜的切削加工性能，大约30%的硒以高纯形式（99.99%）与其他元素制成合金，用以制造低压整流器、光电池、热电材料以及各种复印、复写的光接收器。硒加入橡胶中可增加耐磨性质。硒及硒化合物加入润滑脂中，可用于超高压润滑。而在电子、电池行业中，随着科技的进步，硒元素逐渐被新的替代品所取代。

硒是人体必需的微量元素之一，主要作用在于提高人体免疫力，抗氧化、延缓衰老，保护修复细胞，防癌抗癌，防治心脑血管疾病和胃病等。目前富硒农副产品逐渐被大家所认知和推崇，走上了百姓的餐桌。硒资源的研究方向和研究深度也因此得到拓展，从而进一步提高了百姓的健康水平。

3. 地理分布

世界硒资源分布十分广泛。据美国地质调查局2019年年报统计，硒的全球储量约9.9×10^4 t，主要集中在中国、俄罗斯、美国、秘鲁、加拿大和波兰等国。

中国是硒资源储量大国，也是产量大国。储量最大的是甘肃省，其次为广东省、黑龙江省、湖北省和青海省。而绝大部分硒矿产都是伴生于铜矿、铁矿、铅矿以及辉钼矿等其他矿产当中，仅有一处例外。这座独立硒矿位于湖北恩施市，它是迄今为止全球唯一查明独立硒矿，境内硒矿蕴藏量居世界第一，被誉为“世界第一天然富硒生物圈”，恩施市也因此获得“世界硒都”的称号。

黑龙江省是全国五大富硒省份之一，全省累计查明硒资源量1684 t。共发现6处伴生硒矿产地，其中，大型规模1处、中型规模1处、小型规模2处、矿点2处，多位于黑龙江省北部和中东部地区。

嫩江市多宝山铜钼矿床是省内已查明含硒量最大的矿床，累计查明硒1411 t，硒平均品位0.0003%，硒主要赋存在金属硫化物当中，属于大型硒矿床。

黑龙江省内还有多处富硒土壤地区，如海伦市、集贤县、富锦市、绥棱县、宝清县等，富硒农产品已经形成产业规模。

4. 开发利用

19世纪70年代中期，沃纳·西门子首先将硒应用于商品当中，1879年硒电池被应用到贝尔发明的电话中。20世纪30年代早期至70年代期间，硒整流器替代氧化铜整流器被广泛应用，它具有耐负荷、耐高温、电稳定性好的特点，直至更高效的硅整流器的出现。1970年，硒的最主要应用领域是作为普通复印机的感光鼓，高纯度硒和硒合金在光电复印机中是主要吸收光的介质。

近十几年来，黑龙江省地质调查研究总院通过实施1∶25万多目标地球化学调查以及黑土地土壤固碳潜力研究等项目，发现了两条富硒土壤带，分别为松嫩平原富硒土壤带呈南北向分布在海伦-绥化-望奎一带；三江平原富硒土壤带呈北东向分布在富锦-宝清一带，共圈定出多达1.2×10^4 km^2 的富硒土壤远景区，共涉及4个市（县）、13个乡镇及12个国有大农场（孙梓耀等，2016）。两条带均为基本农田以及高标准农田分布区，土壤肥沃，耕地平整，适宜大面积机械化耕作，是天然的富硒农产品生产地。在富硒土壤带采集的农作物样品，经过分析表明水稻、大豆等农产品均达到了富硒食品要求。

海伦的富硒大米因地处松嫩平原富硒核心带，其寒地黑土厚度达到70 cm以上，土壤中含铁、锌、钙、锰等多种微量元素，有机质含量高达3%～5%。全市465万亩耕地中，富硒耕地达到近30%，足硒耕地达到70%，所以民间有“一两土二两油”的说法。如今海伦市已有20余家富硒农产品加工企业，产品包括大米、大豆、杂粮、鲜食玉米、马铃薯、蒲公英茶、山产品、干菜、富锶矿泉水、酒类共九大类百余种富硒产品。“杂交水稻之父”袁隆平为海伦市题词“中国黑土硒都，食在健康海伦”（图5-6-3）。该地区更是依托“硒+旅游”“硒+健康”“硒+养生”来全方位打造“中国黑土硒都”，使得富硒走上产业发展品牌化道路。

【故事会】猖狂的田鼠——沸腾的北大荒　北大荒有多大？有多荒？不同历史时期有不同的说法。清朝时期，整个黑龙江省都是北大荒，是宁古塔将军的辖区，是流放犯人的地方。中华人民共和国成立后，开始了建设，北大荒范围缩小到三江平原兴凯湖平原和完达山范围。

1958年，北大荒进入了大开发时期，10万转业官兵来了，带枪入驻，军垦戍边；森林调查队来了，了解原始森林的面积、蓄积量、生长量和枯损量等；地质找矿队也来了，为了寻找国家急需的矿产资源。黑龙江省地质局第一普查大队第二分队就是其中的一支。该队的工作区在著名的853农场范围内，距离雁窝岛很近，是北大荒的核心区。队部周围有大量的黑土荒地没有开发。这里的黑土黑得乌油发亮，亮得可以挤出油来。民间流传着“捏把黑土冒油花，插双筷子也发芽”的赞语。该队进入以后，就把队部周围的荒地开垦出来，种上了玉米、向日葵、黄豆、萝卜等。秋天，玉米熟了，向日葵也在结籽，是一个丰收年。没想到野地里的田鼠也成群

图 5-6-3　海伦富硒大米、富硒农产品及袁隆平题词

（来源：https://heilongjiang.dbw.cn/system/2018/09/28/058079073.shtml；https://www.sohu.com/a/258890629_100181404）

出来了。它们白天钻进他们的帐篷，在地上穿来穿去，甚至爬到绘图员的图板上，转上一圈再下去，吓得正在绘图的女绘图员嗷嗷叫。晚上，它们还会在帐篷里互相撕咬，发出吱吱的尖叫声。这种老鼠长 2 到 3 寸，栗子色，背脊有一条黑色条纹。善攀缘，近两米高的玉米植株，居然能爬上去，把已经成熟或即将成熟的玉米穗啃得遍体鳞伤；弯着脑袋、茎秆细长的向日葵，它也能爬到植株顶部，把向日葵籽吃得精光。天黑以后，大地就成了老鼠的天下，它们成群出洞，集体出来用餐。从帐篷外传来了老鼠肯吃玉米穗的沙沙声。春耕秋收，即将到手的果实，瞬间变为泡影！

这种田鼠并不怕人，夜晚是它们活动的高峰。有一次，当大家正在熟睡的时候，田鼠爬上了炕，把一个行政人员的耳朵咬出了血。还有一次，该队技术负责人把吃剩的馒头装在中山服口袋里，晚上被田鼠咬破了口袋，吃掉了馒头。到了深秋十月，田鼠晚上找不到吃的，白天也出来找食。白菜、倭瓜、肥皂、糨糊、辣椒……，什么都吃。有人在饭盒里放了两个馒头，田鼠居然能把盒盖掀开，吃掉了里面的馒头，还在里面拉了一些屎。（徐衍强撰写）

六、碲

1. 基本性质

碲是具有金属属性的非金属元素，又称为准金属元素。碲有两种同素异形体，一种属六方晶系，原子排列呈螺旋形，具有银白色金属光泽；另一种为无定型，呈黑色粉末。碲的熔点 449.8℃，沸点 1390℃，在 20℃时，结晶碲的密度为 6.24 g/cm^3，无定形碲的密度为 6.015 g/cm^3。性脆，化学性质与锑相似，碲在空气中燃烧带有蓝色火焰，生成二氧化碲。碲可同卤族元素发生强烈反应，生成碲的卤化物。和硒相反，在高温下碲几乎不同氢发生反应。人体吸入极低浓度的碲后，在呼吸、汗尿中会产生一种令人不愉快的大蒜臭气。

碲主要赋存于黄铁矿、黄铜矿、闪锌矿、金银矿、锡石等硫化物矿中，含量仅 0.001%~0.01%。主要碲矿物有碲铅矿、碲金矿、碲铜矿、碲银矿、针碲金银矿等，以上矿物很少见，均无工业价值。工业上主要从电解精炼铜和铅的阳极泥及处理金、银矿时回收碲。

2. 主要用途

碲与硒的用途相似，主要用于冶金工业，加入少量碲，可以改善低碳钢、不锈钢和铜的切削加工性能。在白口铸铁中用作碳化物稳定剂，使表面坚固耐磨。在铅中添加碲可提高材料的抗蚀性能，用作海底电缆的护套；也能增加铅的硬度，用来制作电极板。工业上碲可用作石油裂解催化剂的添加剂以及制取乙二醇的催化剂。氧化碲用作玻璃的着色剂。高纯碲用作温差电材料的合金组分，其中碲化铋为最好的制冷材料。化合物半导体是制作电子计算机存储器的材料。在光电子领域，涉及红外线到紫外线光谱的激光器、光二极管、光接收器等均采用半导体部件碲化锌、碲化镉等，碲是生产红外材料的重要原材料，碲镉汞化合物是用于军事和航天系统红外探测器的主要光敏材料。碲化合物具有明显的抗肿瘤作用，还具有抑制白血病细胞增殖的效应。此外，它可以用于杀虫剂、杀菌剂，用于生产放射性同位素等。

20 世纪末期，随着碲化镉薄膜太阳能电池的出现，碲的用途开始由传统行业向新能源行业转移。利用碲化镉薄膜制作出来的发电玻璃可以通过光进行发电，并用于普通建筑物上，被有关学者称为“挂在墙上的油田”。对破损的碲化镉发电玻璃的碎片，无法做到完全回收，这也是制约该项技术在各国普及的一个重要因素。

3. 地理分布

碲在自然界与硒共生，但碲资源远比硒资源少。美国地质调查局（USGS）2019 年报告显示，全球碲资源储量达 3.2×10^4 t。中国、美国、加拿大和瑞典储量丰富，其中中国储量最大，产量也最高。

我国碲矿资源较为丰富，主要分布在广东、江西、甘肃、四川等省。绝大部分碲矿均伴生于铜、铅锌等金属矿产中，几乎没有独立矿床存在，除了四川省境内的石棉县大水沟碲矿，它是目前世界上发现的唯一的独立碲矿床，使我国成为碲矿资源大国。广东曲江大宝山、江西九江城门山和甘肃金川白家嘴子为中国 3 个大型-特大型伴生碲矿床，占全国总储量的 90%以上。

黑龙江省碲矿资源很匮乏，仅发现 2 处小型伴生碲矿床，累计查明资源储量 42 t，即宾县明礼铅锌矿床和黑河市三道湾子金矿床，均为小型规模。此外，永新金矿床等均发现有碲矿物，可在处理金矿时回收碲。

第六章　生存基石——非金属矿产

非金属矿产是指金属矿产和能源矿产、水气矿产以外的，自然产出的一切可供提取的有用非金属元素，或可供选取有某种功能而为人类利用的矿物与岩石，技术经济上有开发利用价值的矿产资源。该类矿产多数不是以化学元素，而是以有用矿物或岩石为利用对象，因而又称其为工业矿物与岩石（赵东甫等，1992）。

非金属矿产对人类的发展起过决定性的作用。人类的历史是从用石头做工具开始的，在距今250万~1万年前的旧石器时代，人类的祖先就利用随手可得的石头制作简单的工具——石刀、石斧等；其后的新石器时代（公元前8000~3000年）人类就开始制作磨制石器，并利用粘土制作陶器。尽管由于金属的应用，非金属矿产曾一度黯然失色，但随着近代科学技术进步和材料结构的多元化，在现代工业、农业及尖端技术领域有了更多的应用，新用途、新类型的研究和发展，使得非金属矿产的应用范围日益扩大，在国民经济中的地位不断上升。

我国已发现工业矿物和工业岩石（土）两大类非金属矿产95种135个亚类。

截至2019年底，黑龙江省发现非金属矿产54种，查明资源储量的44种（按矿种分类）。发现非金属矿产地（含矿点）383处，列入2019年《黑龙江省矿产资源储量表》的矿产地257处，其中超大型21处、大型42处、中型105处、小型89处。黑龙江省非金属矿产资源主要分布在哈尔滨-绥化与牡丹江-双鸭山之间的中东部地区，其次在西部、北部的齐齐哈尔、黑河、大兴安岭地区也有少量分布。

第一节　工业矿物

黑龙江省工业矿物资源较丰富，种类繁多。截至2019年底，已发现矿产25种，列入2019年《黑龙江省矿产资源储量表》的矿产有18种（表3-1-1）。

黑龙江省非金属矿产保有资源储量在国内占重要地位，探明资源储量名列全国之首的工业矿物有晶质石墨、矽线石；名列全国前十名的矿种有压电水晶、熔炼水晶、长石、沸石。另外，云母、硫铁矿、硅灰石、石棉、叶蜡石、萤石等储量也比较丰富。

一、石墨

（一）基本性质及主要用途

1. 基本性质

石墨是由碳元素（C）组成的自然元素矿物，与金刚石是同质多象变体，为鳞片状晶体或块状集合体，铅灰色，不透明，半金属光泽，硬度具异向性，垂直解理方向硬度3~5、平行解理方向1~2，密度2.09~2.23 g/cm^3，容重1.5~1.8 g/cm^3，具有滑腻感，易染手。

石墨是一种特殊的非金属材料，有金属的优良性能，具有涂敷性、润滑性、耐高温、耐腐蚀、耐酸碱、可塑性、导热性、导电性、化学稳定性及在高温下所具有的特殊抗热性能，熔点3850±50℃，沸点4250℃。石墨热膨胀系数很小，在20~100℃时为1.2×10^{-6}，是已知的最耐高温轻质矿物之一。

石墨根据结晶程度分晶质石墨（又称鳞片石墨）和土状石墨（又称隐晶质石墨、微晶质石墨或无定形石墨）两大类。晶质石墨呈单个晶体或片状晶体的连生体产出，其片径大于1 μm；土状石墨为细小的微粒晶（粒径 1~0.01 μm）构成的集合体，其晶形只有用高倍显微镜才能辨别。

2. 主要用途

石墨主要用作耐火材料、热金属成型材料、导电材料、耐磨材料、润滑剂、密封材料、耐腐蚀耐高温以及隔热材料、环境保护材料、防辐射材料、军工和航空航天材料。

晶质石墨用途有：①作为高级耐火材料；②作为固体润滑剂和摩擦、制动材料；③作各种电碳制品、显像管的涂料、半导体的石墨基体；④作器皿、管道及设备的耐腐蚀、耐高温和密封材料，其中柔性石墨是一种新型动、静密封材料，用于石油、化工、火力发电站、核电站和宇航工业中；⑤作固体润滑剂；⑥作砚墨、铅笔芯、油墨、橡胶和火药的填料、防锈涂料、油漆和染料的颜料、铸造脱模机、玻璃和造纸工业中的抛光剂、电池和轴承等的碳制品；⑦作核反应堆的减速剂和防辐射材料及宇航工业中的高强耐温材料和导电性结构材料；⑧军事上用作制造石墨炸弹破坏对方电网；⑨制成膨胀石墨，用于环境保护、作敷料代替医用纱布、制造汽车等用的无汞高能燃料电池，以及用于宇航、军事（制作隐形材料）、石油、化工、机械、冶金和电子工业；⑩制作石墨烯，石墨烯具有优异的光学、电学、力学特性，在材料学、微纳加工、能源、生物医学和药物传递等方面具有重要的应用前景，被认为是一种未来革命性的材料。

土状石墨用途较窄，主要用于作耐火材料；也可用于制造功能性的水泥和非金属电热元件。

【科学窗】柔性石墨 又称膨胀石墨，它是把天然鳞片石墨中的杂质除去、再经强氧化混合酸处理后得到的氧化石墨。氧化石墨受热分解放出二氧化碳，体积急剧膨胀，变成了质地疏松、柔软而又有韧性的柔性石墨。

石墨炸弹又名软炸弹、断电炸弹，俗称“电力杀手”，因其只破坏敌方供电系统、不以杀伤敌方兵员为目的而得名。石墨炸弹是选用经过特殊处理的、每根纤维丝直径仅有几千分之一厘米的纯碳纤维丝制成。主要攻击对象是城市的电力输配系统，并将其瘫痪。海湾战争时，石墨炸弹在“沙漠风暴”行动中首次登场。当时，美国海军发射舰载战斧式巡航导弹，向伊拉克投掷石墨炸弹，攻击其供电设施，使伊拉克全国供电系统 85%瘫痪。1999 年 5 月 2 日在以美国为首的北约对南斯拉夫联盟共和国的空袭中，美国空军使用 F-117A 隐形战斗机投射 BLU-114/B 型石墨炸弹，对南电网进行攻击，造成南联盟全国 70%的地区断电。

石墨烯 2004 年，两位英国科学家安得列·盖姆和康斯坦丁·诺沃消洛夫从晶质石墨中获得了石墨烯，震惊了世界。他们将石墨薄片两面粘在一种特殊的胶带上，撕开胶带，就能把石墨片一分为二。不断地这样操作，于是薄片越来越薄，最后他们得到了仅由一层碳原子构成的薄片，这就是石墨烯。石墨烯是一种由单层或多层碳原子排列成六边形晶格的二维纳米材料（图 6-1-1 左）。一层层叠起来就是石墨，厚 1 mm 的石墨大约包含 300 万层石墨烯。石墨烯是已知强度最高的材料之一，同时还具有很好的韧性，可以弯曲；它的电子传导效应超过硅材料的 10 倍，又是一种零距离的半导体；它具有非常好的热传导性能和非常好的光学特性，后者看上去几乎是透明的；它还具有超疏水性和超亲油性；它还可以吸附和脱附各种原子和分子等。现在它已开始在移动设备（图 6-1-1 右）、新能源电池、海水淡化、感光元件复合材料和航空航天等领域广泛应用，被誉为“21 世纪材料之王”。

（二）地理分布

中国石墨矿产资源相当丰富，截至 2018 年底，查明晶质石墨矿物资源储量 4.37×10^{8} t，资源储量居世界第一位。全国 20 个省（区）有石墨矿产出，晶质石墨矿以大、中型规模为主，主要分布在黑龙江、内蒙古、四川、山东和山西等省（区）；隐晶质石墨矿以中小型规模为主，主要分布在内蒙古、湖南、陕西和吉林等省（区）。

石墨矿是黑龙江省优势矿产之一，资源极为丰富。据《中国矿业》2015 年 S2 期资料统计，中国的晶质石墨占世界的 72%，其中 80%来自黑龙江省，黑龙江省晶质石墨不仅居全国首位，也居世界首位。晶质石墨矿集中分布在东部地区的萝北-双鸭山-勃利-鸡西-穆棱一带（图 6-1-2），形成一条南北长 350 km、东西宽 100 km 的晶质石墨成矿带；其次在大兴安岭漠河也有分布。土状石墨矿资源主要分布在铁力市。

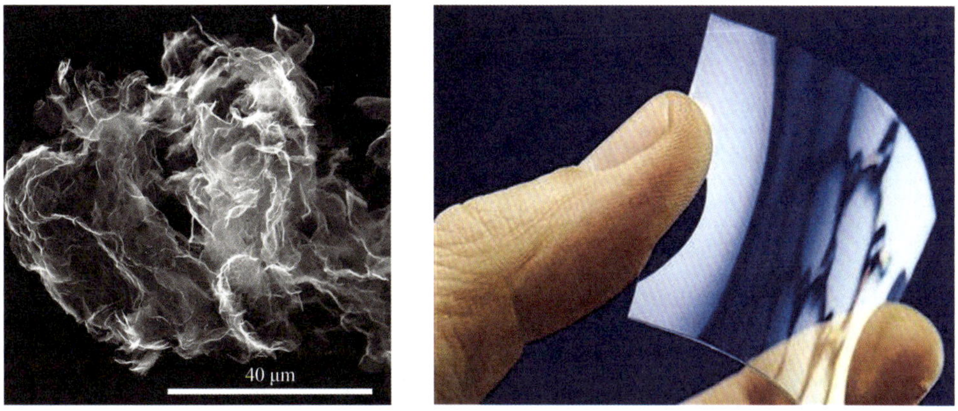

图 6-1-1　石墨烯（左）及石墨烯柔性显示屏（右）

（左—http：//tzsunano. com/；右—https：//baijiahao. baidu. com/s？ id=1596053025359497412&wfr=spider&for=pc）

截至 2019 年底，已发现石墨矿产地 55 处，其中超大型矿床 13 处，大型矿床 11 处，中型矿床 11 处（表 6-1-1），小型矿床 10 处，矿点 10 处。列入《黑龙江省矿产资源储量表》矿产地有 35 处，其中超大型矿床 11 处，大型矿床 9 处，中型矿床 9 处，小型矿床 6 处，累计查明石墨矿物资源储量 2.9×10^8 t。

表 6-1-1　黑龙江省主要晶质石墨矿简表

序号	矿产地名称	所在地区	矿床规模	开发利用情况
1	萝北县云山石墨矿床		超大型	开采
2	萝北县 260 高地石墨矿床		超大型	未开采
3	萝北县工农村石墨矿床		超大型	未开采
4	萝北县四方山创西沟石墨矿床		超大型	未开采
5	萝北县七马架石墨矿床（48~78 勘探线）	鹤岗市	超大型	未开采
6	萝北县伟东林场石墨矿床		超大型	未开采
7	萝北县延军农场十七连北山石墨矿床		大型	未开采
8	萝北县四方山林场东部石墨矿床		大型	未开采
9	萝北县延军山面粉厂石墨矿床		中型	未开采
10	鸡西市柳毛石墨矿床		超大型	开采
11	密山市马来山石墨矿床		超大型	开采
12	鸡西滴道区平安石墨矿床		超大型	未开采
13	鸡西市麻山区民主南山石墨矿床		大型	未开采
14	鸡西市石场石墨矿床		大型	开采
15	密山市黑台石墨矿床		大型	未开采
16	鸡西市烟袋岭石墨矿床		大型	未开采
17	鸡西市岭南石墨矿床	鸡西市	中型	开采
18	鸡西市土顶子和平石墨矿床		中型	开采
19	鸡东县哈达乡东大顶子石墨矿床		中型	未开采
20	鸡西市共荣土顶子山石墨矿床		中型	开采
21	鸡西市三道沟东段石墨矿床		中型	开采
22	鸡西市梨树区东沟石墨矿床		中型	未开采
23	鸡西市永台安山石墨矿床		中型	未开采
24	鸡西市三道沟石墨矿床		中型	开采

续表

序号	矿产地名称	所在地区	矿床规模	开发利用情况
25	林口县五义屯石墨矿床（含奎山）	牡丹江市	大型	未开采
26	林口县西北楞石墨矿床		超大型	未开采
27	穆棱市光义石墨矿床		大型	开采
28	穆棱市寨山石墨矿床		大型	未开采
29	勃利县佛岭石墨矿床	七台河市	超大型	未开采
30	七台河市密林石墨矿床		超大型	开采
31	勃利县双河石墨矿床		中型	未开采
32	双鸭山市西沟石墨矿床	双鸭山市	超大型	未开采
33	双鸭山市岭东区岭西石灰窑石墨矿床		大型	未开采
34	双鸭山市羊鼻山石墨矿床		大型	未开采
35	漠河市门都里石墨矿床	大兴安岭	中型	未开采

（三）典型矿床特征

黑龙江省石墨矿床主要为区域变质型晶质石墨矿床，其次为接触变质型土状石墨矿床。

1. 萝北县云山石墨矿床

云山石墨矿床位于凤翔镇（萝北县城）北西 32 km 处。

1）勘查历史：1959 年黑龙江省合江专署地质局第一队开展 1：20 万区域地质测量时发现云山石墨矿；1982~1984 年黑龙江省地矿局第三地质大队对云山石墨矿开展了普查工作，确定其为超大型石墨矿床；1987~1988 年黑龙江省地矿局第三地质大队对云山石墨矿区东矿段 12~20 线间开展勘探工作。累计查明石墨矿物资源储量 4244.9×10^4 t，固定碳平均含量为 10.36%，矿床规模为超大型。

2）矿体特征：云山石墨矿床赋矿地层为大盘道岩组，矿体以复矿形式出现。矿床内共有 26 条工业矿体。平面上矿体呈条带状近南北向展布，总体由北向南散开；剖面上呈层状倾斜，倾向 61°~110°，倾角 20°~60°，长度 79~1720 m、厚度 5.05~207.20 m。固定碳含量一般 3.08%~23.59%，平均含量 10.36%。截至 2019 年底保有石墨矿物资源储量 6363.20×10^4 t。

3）云山石墨成矿机制：云山石墨矿原岩为一套碎屑岩-碳酸盐建造，该建造部分层位富含碳质，形成环境为浅海环境。中-新元古代遭受区域变质作用及混合岩化作用，原岩经变质作用形成片岩、片麻岩、变粒岩及大理岩等，同时，原岩中的碳质经变质作用富集、集中、结晶形成石墨矿，富含碳质的岩层形成石墨矿体。矿床基本上受沉积因素控制。为多阶段性的沉积旋回，形成多层的复矿层，变质后仍具层控特征。混合岩化作用对矿体的影响表现在两个方面，既有对已形成的矿体及矿石在一定程度上进行改造，导致石墨品位局部富集，又有造成矿体形态的复杂化及不连续。

4）开采现状：萝北县云山石墨采矿有限责任公司于 2000 年 4 月建成矿山开始生产，设计生产规模 20×10^4 t/a，露天开采（图 6-1-3），矿山实际生产规模 180.0×10^4 t/a。

2. 鸡西市柳毛石墨矿床

柳毛石墨矿床位于鸡西市西南约 18 km 处。

1）勘查历史：1937 年，鸡西市柳毛石墨矿由日本人江川山发现；1942 年，日本人在此开采并建立了两个选矿厂；1960~1963 年黑龙江省牡丹江专员公署地质局第一地质勘探队及黑龙江省地质局第一普查勘探大队相继对该矿床进行了勘探和补充勘探工作；1980~1983 年，黑龙江省地质局第一调查研究所对柳毛石墨矿大西沟矿段重新进行了详细勘探、并对站前矿段和郎家沟矿段

图 6-1-2　黑龙江省石墨矿产地分布图

进行了普查；1989~1990 年黑龙江省第一区域地质调查大队对柳毛矿区郎家沟岭南石墨矿段进行了详细普查；1990~1992 年中国建筑材料工业地质勘查中心黑龙江总队对鸡西市柳毛石墨矿区郎家沟矿段进行了勘探。

2）矿体特征：石墨矿体主要赋存在中-新元古界西麻山岩组上部钒榴石榴透辉石墨片岩及石墨

矽线石英片岩中（图 6-1-4），其固定碳含量较高，品位稳定，一般在 10%~20%。矿区主要分四个矿段，工业矿体有 57 个。大西沟矿段是柳毛石墨矿的最重要矿段，该矿段主矿体平面上呈“S”形北东—南西向展布，长 100~1600 m，宽 4~60 m。剖面上呈层状，延深最大 800 m。截至 2019 年底，累计查明石墨矿物资源储量 3325.3×10^4 t，属超大型矿床，成因类型为区域变质型晶质石墨矿。

图 6-1-3　云山石墨露天开采矿区
（吕长禄摄）

图 6-1-4　柳毛晶质石墨
（郭亚军摄）

3）开采现状：目前柳毛石墨矿有矿山 6 座，年生产能力 4×10^4 t。可以生产高纯石墨、高碳石墨、中碳石墨、可膨胀石墨、天然石墨电极等产品，产品畅销国内外 30 多个国家和地区。

（四）开发利用

黑龙江省石墨矿勘查研究较早，主要集中在 20 世纪七八十年代及 2014~2017 年。工作范围主要集中于东部的鸡西、萝北、勃利、密山、虎林、穆棱、林口等地。已开发利用的矿产地 14 处，建立矿山 25 座。鸡西市被中国矿业联合会授予“中国石墨之都”称号；双鸭山市西沟石墨矿床获中国地质学会“2018 年度全国十大地质找矿成果”之一；林口县三合村探明超大型石墨矿床获中国地质协会“2019 年度十大地质找矿成果”之一。黑龙江省已初步形成鸡西、鹤岗两大石墨产业生产加工基地。全省石墨采选及加工企业 96 户，其中规模以上企业 41 户。2018 年末，全省规模以上石墨企业实现产值近 40 亿元。全省石墨矿石年开采能力达到 1100×10^4 t；石墨精粉年生产能力达到 110×10^4 t，占全国三分之二以上。黑龙江省石墨产业已经开始向石墨精深加工制品等产业转型（黑龙江日报，2019）。

【扩展链接】　目前，全球已有 80 多个国家投入石墨烯材料的研发，美国、英国、韩国、日本等更将石墨烯研究提升至国家战略高度。我国已是石墨烯研究和应用开发最为活跃的国家之一。数据显示，全球范围内，我国申请的石墨烯专利数量最多，已超过 2200 项，占全球的 1/3。2017 年 6 月 26 日，全国石墨烯团体标准 T/CGIA001-2017《石墨烯材料的术语、定义及代号》（1 号标准）正式发布。而随着 2017 年 9 月《南京宣言》的发布，我国成为全球石墨烯产业的引领者。2017 年 11 月 28 日，诺贝尔物理学奖得主安德烈·盖姆当选为中国科学院外籍院士。12 月 4 日，深圳盖姆石墨烯研究中心正式揭牌，该研究中心将依托清华-伯克利深圳学院和清华大学深圳研究生院建设国际顶尖的石墨烯科研平台。“中国正引领全球石墨烯商业化进程”，对于中国石墨烯应用产业发展现状，安德烈·盖姆曾如此评价。

2016 年，习近平总书记在黑龙江省考察调研时，就对石墨烯开发利用和发展给予了高度关注。他要求黑龙江省做好“三篇大文章”，做大做优做强石墨新材料产业。据此，黑龙江省政府已经编制了《石墨产业科技发展专项规划》和《石墨产业科技发展实施方案》，发布了《黑龙江省石墨烯产业三年行动计划》，规划了近百个石墨项目。到2025年，石墨产业技术创新能力全面提高，石墨烯关键技术研发实现重大突破，石墨精深加工下游产品市场全面打开，主营业收入达到1000亿元以上。

打造“中国石墨之都”这是鸡西的“金字招牌”，石墨产业已成为龙江新宠，是鸡西着力打造的百亿级产业，也是未来支撑鸡西专项发展的主导产业。近几年，建成了3个石墨产业园区，目前全市现有石墨企业51户，深加工企业34户，深加工企业占比80%，形成密封材料、传导材料、超硬材料、蓄能材料、石墨烯材料6个产业链，有负极材料、石墨纸等17个深加工产品。园区、实验室、全国非金属矿产品及制品标准化技术委员会鳞片石墨分技术委员会、国家石墨产品质量监督检验中心（黑龙江）的建立，增强了我国石墨产业“话语权”。

释放“黑金”后发优势的双鸭山、“中国石墨烯小镇”的七台河、“千亿级中国石墨城”的鹤岗突飞猛进。2019年，鹤岗市萝北县又迎来了世界500强企业——中国五金矿产进出口集团公司（简称中国五矿集团）的投资，成立了中国五矿集团石墨产业有限公司。该公司将在整合萝北云山石墨资源基础上，建设世界一流的绿色智能化矿山，打造涵盖石墨资源储备、采选、球形石墨及负极材料等深加工产业的一体化石墨产业链，建立起“资源+产能+新材料”的新能原材料产业集群。

2021年，唐山建华集团计划投资3.5亿元建设的年产三百吨高品质低成本石墨烯项目落户哈尔滨新区，预计十月份正式投产，这也是黑龙江省最大的石墨烯项目。该生产线填补了黑龙江省石墨烯批量生产的空白，也为今后石墨烯的发展起到引领和带头作用。投产后，预计年可实现产值9亿元，也将带动石墨烯上下游企业，形成一百亿以上的产业规模（哈尔滨日报要闻，2021）。

可以预见，黑龙江省的晶质石墨资源优势一旦转化为经济优势和产业优势，将推动这个老工业基地重振旧日雄风！

二、矽线石

（一）基本性质及主要用途

1. 基本性质

矽线石、红柱石、蓝晶石，统称为红柱石类矿物，是 Al_2SiO_5 的同质多象变体。它们物质成分相同，但由于成矿时经受的温度和压力不同，遂形成不同的矿物晶体。

矽线石晶体呈针状，集合体呈放射状和纤维状，灰白、褐或灰绿色，玻璃光泽，硬度7，密度3.23~3.25 g/cm³，高温下分解成为富铝红柱石，转化温度为1560~1750℃，体积膨胀率6%~7.2%，是标准的变质矿物。矽线石具有在高温下一次性膨胀转化为莫来石后不再收缩的特性，是优质的耐火原料。它有良好的化学稳定性，抗化学腐蚀、抗磨、热导率高、高温下有良好的物理性能；热稳定性好、机械强度大，有耐急冷急热性，耐火度可达1800℃。转换温度1350~1530℃，体积膨胀率4%~5.4%，其高温下膨胀率与矿物晶体粒度、矿石纯度、转化温度有密切关系。

2. 主要用途

矽线石的用途有：①是高级耐火材料，主要作不定型耐火材料；可制成各种耐火砖、耐火球等用于各种窑业，以提高冶炼炉的寿命；还可以制造各种坩埚、陶瓷匣钵、热交换管、玻璃拉管生产线上用的旋转管、电火花塞、高温计套管、耐火胶泥。②作喷料、捣打料和耐热耐磨化学性能稳定的各种金属件的涂料。③制造耐高温与耐酸碱的高级陶瓷器皿与面砖。④制成焊接材料。⑤生产硅铝合金、铝金属及金属纤维。⑥尾矿可以作水泥的铝质校正原料和生产加气砖。⑦可制成工艺品。

（二）地理分布

世界矽线石主要分布在南非、俄罗斯、法国、加纳和美国。中国矽线石主要分布在黑龙江、山东、河北等省。

黑龙江省矽线石资源储量居全国首位，截至2019年底，累计查明矽线石矿物资源储量为774.55×10^4 t，为黑龙江省重要非金属矿产之一。主要分布在鸡西市、林口县，其次为双鸭山市、萝北县（图6-1-5）。省内已发现矿产地10处，其中，大型矿床1处，中型矿床2处，小型矿床7处（表6-1-2），列入2019年《黑龙江省矿产资源储量表》有4处，其中大型1处、中型1处、小型2处。

图6-1-5 黑龙江省矽线石矿产地分布图

表 6-1-2　黑龙江省主要矽线石矿产地简表

序号	矿床名称	所在地区	矿床规模	开发利用现状
1	鸡西市三道沟矽线石矿床	鸡西市	大型	停采
2	鸡西市柳毛矿区矽线石矿床		小型	未开采
3	集贤县石门矽线石矿床（西山矿段）	双鸭山市	中型	未开采
4	林口县龙爪山矽线石矿床	牡丹江市	中型	开采
5	林口县碾子沟矽线石矿床		小型	停采

（三）鸡西市三道沟矽线石矿床

三道沟矽线石矿床位于鸡西市石磷车站北约 5 km 的三道沟附近。

1）勘查历史：1962 年牡丹江专员公署地质局第六地质队焦世宏等人在开展磷矿普查时发现了该矿床；1980~1986 年，黑龙江省地质局第一地质调查研究所对三道沟矽线石矿进行了普查、勘探工作，黑龙江省地质实验测试中心实验室完成规模试验流程。三道沟矽线石矿工业试验成功，填补了我国矽线石选矿工业的空白，该项成果达到了国内先进水平。初探成果于 1984 年荣获地矿部找矿一等奖，黑龙江省地矿局第一地质调查所和牡丹江专员公署地质局第六地质队获集体奖，三分队记集体二等功，黑龙江省地质实验测试中心实验室记集体二等功，局机关获集体奖。

2）矿体特征：矿体产于中-新元古界西麻山岩组下部含矽线石片岩内。矿体呈东西向层状、似层状分布。横向上划分为西山矿段、中段矿带和东山矿带。西山矿段为矿床的主要矿段，由 6 条工业矿体组成，构成复式层状矿带，长度 1700 m，宽度几十米至二百余米，平均厚度 94 m。带内矿体间隔 2~30 m，矿体长度大于 450 m，最长达 1040 m，厚度一般十几米至三十余米，总体倾向北—北东 20°，倾角 35°~45°，产状局部变陡，向深部变缓。平均品位 17. 77%。矽线石以纤维柱状为主，矿物长 0. 5~3 mm，最长达 5 mm。累计查明矽线石矿物资源储量 684×10^4 t，为大型矽线石矿床。

3）开发利用：三道沟矽线石矿于 1970 年建矿开发磷矿资源（鸡西磷矿），用于制造磷肥。1982 年企业转制，开始开发矽线石资源，生产高级耐火砖，企业归属于鸡西市非金属矿工业公司；1986 年建成我国第一条矽线石生产线，年产精矿 4000 t，产品当时在国内供不应求，是鸡西市财政支柱单位之一。2010 年因市场原因，矿山停产。该矿床累计开采矿石量大于 20×10^4 t。

黑龙江省矽线石矿地质勘查集中在 20 世纪 60 年代至 80 年代，历史上鸡西市三道沟、林口县龙爪山及碾子沟等矿区进行了少量开采，现处于停采状态。

三、沸石

（一）基本性质及主要用途

1. 基本性质

沸石（zeolite）最早发现于 1756 年。瑞典的矿物学家克朗斯提（Cronstedt）发现有一类天然硅铝酸盐矿石在灼烧时会产生沸腾现象，因此命名为“沸石”（瑞典文 zeolit）。在希腊文中意为“沸腾”（zeo）的“石头”（lithos）。

沸石是架状结构硅酸盐沸石族矿物的总称，包含有 40 多种属于沸石族的矿物，其中最常见的有斜发沸石、丝光沸石、菱沸石、毛沸石、片沸石等。工业上利用的是以斜发沸石和丝光沸石为主要组成的沸石岩。斜发沸石，晶体呈板状或片状，集合体片状或放射状，白色、红色、褐色，玻璃光泽，硬度 3. 5~4，密度 2. 20 g/cm^3。丝光沸石，单晶针状，集合体放射状或似棉花状，白色、淡黄色、淡紫色，玻璃-丝绢光泽，硬度 3~4，密度 2. 15 g/cm^3。沸石内部充满了细微的孔穴和通道，比蜂房结构还要复杂。其具有强吸附性、离子交换性、催化性、分子筛、耐酸碱耐高温腐蚀等特性，因此被西方国家誉为“生命之石，活力之石”。

2. 主要用途

沸石广泛用于建筑、轻工、环保、新能源和国防领域。其主要用途有：①用作水泥活性混合材料（世界约40%、中国约90%用于水泥生产），粉碎后直接掺入水泥熟料中不降低水泥标号，但能降低水泥的生产成本；②在建筑业中用作轻质材料；③环境保护业用沸石作除臭剂、清污控制剂、饮用水清洁剂和其他用途的优质吸附剂；④烧制外墙砖、陶粒；⑤轻工、化工作离子交换材料和催化剂载体；⑥空间技术、国防工业、超真空技术上作吸附分离剂和干燥剂；⑦可作为储存太阳能的新型材料。

【科学窗】固态锂-空气电池 吉林大学于吉红院士和徐吉静教授等利用沸石作为无机固体电解质材料，制成了高度稳定、可集成和柔性的固态锂-空气电池，该研究于2021年4月21日在全球顶级科研期刊《Nature》发表。该技术可扩展到其他能量存储系统，如锂离子电池、钠-空气电池和钠离子电池，可以说“沸石电池”的时代马上就要到来！

吸附放射性物质 1986年，苏联切尔诺贝利核电站发生严重核泄漏，15年内6万~8万人死亡，13万人遭受各种程度的辐射疾病折磨。科学家们经过反复研究、试验，在辐射区域铺满了沸石，使得受严重辐射的地区很快恢复了生机。日本福岛核电站泄漏后，周围海域同样被投放了这种神奇石头，用来吸附放射性物质铯137，并且亦取得了良好的修复效果。（据国投盛世，2021）

（二）地理分布

世界沸石资源量约 100×10^{8} t，主要分布在中国、俄罗斯、美国、日本、匈牙利和保加利亚。

中国沸石矿资源丰富，截至2008年底，查明沸石基础储量 4.3×10^{8} t，位居世界前列。主要分布在黑龙江、河北、山西、浙江、河南、内蒙古、吉林、辽宁和海南等省（区）。

截至2018年底，黑龙江省累计查明沸石矿石资源储量 1.23×10^{8} t，居全国首位。主要分布在嫩江、龙江、勃利、海林、穆棱等地。已发现沸石矿产地5处，其中大型矿床2处、小型矿床3处（表6-1-3）。列入《黑龙江省矿产资源储量表》的有4处，其中大型矿床2处、小型矿床2处。

表6-1-3 黑龙江省沸石矿产地简表

序号	矿区名称	所在地区	规模	开发利用情况
1	嫩江市大石砬子沸石矿床	黑河市	大型	开采
2	海林市海林沸石膨润土矿床	牡丹江市	大型	停采
3	穆棱市太安屯斜发沸石矿床		小型	未开采
4	龙江县对宝沸石矿床	齐齐哈尔市	小型	未开采
5	勃利县团山子沸石膨润土矿床	七台河市	小型	停采

（三）嫩江市大石砬子沸石矿床

大石砬子沸石矿床位于嫩江市临江乡大石砬子村，距嫩江市13 km，有嫩江-临江公路可达矿区，交通方便。

1）勘查历史：1979年由黑龙江省第二地质调查所高连奎发现，1982~1983年该所完成了对矿床的普查-详查工作。该矿是省内最大的、全国有名的沸石矿床，质量极佳，是全国少有的优质矿石。

2）矿床特征：矿床的5个矿体赋存于下白垩统光华组英安质火山碎屑岩中，矿体多为层状产出，平面上呈似环状、透镜状。矿体控制最大厚度80.29 m，最小11.66 m。查明沸石矿石资源储量 6426.6×10^{4} t，为大型矿床。矿石类型有凝灰细型、凝灰粗型、珍珠岩型、凝灰熔岩型等4种类型。矿石吸氨量平均在110~120 mol/100g，最高171.46 mol/100 g，以凝灰细型品位最高，特别是Ⅱ、Ⅲ

号矿体中的凝灰细型斜发沸石岩（图6-1-6左），沸石矿物含量在70%以上。

3）开发利用：大石砬子沸石矿自1979年发现后，嫩江县政府成立了矿山管理局，负责沸石矿开采，为露头开采。1981年黑龙江省政府及科学技术委员会将“嫩江斜发沸石综合应用研究”作为省重点研究项目，由嫩江县科学技术委员会完成了沸石综合利用的研究工作。该矿属高品级斜发沸石矿，是催化、干燥、吸附、离子交换、洗涤、农牧业的优质矿石资源，是制备耐酸干燥剂等的理想矿石原料。1983年开采后，年产矿石量10×10^4 t，产品畅销黑龙江省内外21个单位。现有矿山9座（图6-1-6右），主要用于水泥填料和外掺。该矿床的开发利用还较落后，但在以下方面的应用已获成功：作书写有光纸和新闻纸填料；在都柿酒、都柿奶糖生产中，利用沸石粉脱色，可使都柿酒颜色变淡，味清香，不涩不挂齿；可处理含Cu^{2+}、Ni^{2+}、NH_4^-及Pb的废水，处理1 t废水仅0.23元，如广泛利用可取得较好的经济效益、环境效益和社会效益。

图6-1-6　嫩江市大石砬子凝灰细型沸石矿石（左）及沸石矿露天采场（右）
（左—于再江提供；右—张金莲提供）

黑龙江省沸石矿的地质勘查研究工作主要在20世纪70年代后期，多数已开发利用，主要作为水泥掺合料、复合肥原料、配合饲料的添加料等。海林市海林沸石矿，属高品级斜发沸石矿，其应用前景与嫩江大石砬子沸石矿类同，但其又是备制高标号水泥和水泥材料的理想沸石原料。该矿露头开采，年采矿石量9×10^4~13×10^4 t。对沸石的利用，应该从“数量速度型”转向“质量效益型”。

四、水晶

（一）基本性质及主要用途

1. 基本性质

水晶是一种氧化物矿物，广义上是指以结晶体产出的透明石英，化学式为SiO_2，晶体呈六方柱状，晶面具横纹，通常呈晶簇或粒状产出，晶体内有时含有气态、液态或固态包裹体，玻璃光泽，化学性质稳定，耐酸、耐碱，但溶于氢氟酸，质坚，硬度7，断口贝壳状并呈油脂光泽，密度2.65~2.66 g/cm^3，熔点1713℃，具旋光性和压电性。纯净水晶无色透明，因含杂质形成不同的变种，具紫色的叫紫水晶，烟黄色和暗褐色的称为烟水晶，浅玫瑰色的叫芙蓉石，又叫蔷薇石英。还有黑、绿、蓝等色的水晶，以及发晶、墨彩水晶等。水晶目前仅作为低档宝石和工艺品材料，工业用水晶已不再专门勘查。根据水晶的用途又可划分为压电水晶和熔炼水晶等。

2. 主要用途

20世纪五六十年代天然水晶是一种军用物资。以后天然水晶由人造水晶完全代替，天然水晶作为压电水晶和光学石英资源成为历史。

水晶历史上的用途：①压电水晶主要用于制作滤波器、谐振器，用于电子计算机、各种自动化武器、飞机、导弹、核武器、卫星等的遥控、遥测、电子、电动零件和设备上；②光学水晶作为透镜，用在电子显微镜、折射仪、光谱仪、摄谱仪上。

水晶当前用途只是作为低档宝石和工艺品，其晶簇则作为观赏石。采矿时采废的石英晶体碎片与石英质矿渣，可作为熔炼石英的原料。熔炼石英主要用来制造各种石英玻璃制品，如光学玻璃、石英坩埚、石英栅、化学医疗器皿、高档日用玻璃器皿。

（二）地理分布

中国探明的各类水晶资源不多。主要分布在山西、辽宁、四川、广西、贵州、黑龙江、福建、吉林、青海、广东、海南、西藏和新疆等省（区）。

黑龙江省水晶资源较丰富，居全国第四位。截至 2018 年底，累计查明熔炼水晶矿石资源储量 1498 t、压电水晶矿物资源储量 8.70 t。主要分布在哈尔滨市通河县、方正县、尚志市、五常市，牡丹江市、海林市及伊春市等地。共发现熔炼水晶（石英）矿产地 8 处，其中超大型矿床 1 处、大型矿床 2 处、中型矿床 3 处、小型矿床 1 处（表 6-1-4）；压电水晶矿床（与熔炼水晶矿床共生）4 处。上表熔炼水晶矿床 6 处、压电水晶矿床 2 处。

表 6-1-4　黑龙江省主要水晶矿产地简表

序号	矿产地名称	所在地区	矿床规模	开发利用现状
1	通河县自然屯熔炼水晶矿床	哈尔滨市	超大型	未开采
2	通河县东方熔炼水晶矿床		大型	未开采
3	尚志市石头河子熔炼水晶矿床		中型	未开采
4	五常市高桥窝棚熔炼水晶矿床		中型	未开采
5	海林市长汀青云山中间压电水晶矿床	牡丹江市	中型	未开采
6	伊春市东风压电（熔炼）水晶矿床	伊春市	大型	停采

（三）伊春市东风压电（熔炼）水晶矿床

东风压电（熔炼）水晶矿床位于伊春市西林镇北东 1.5 km 处。

1966~1975 年黑龙江省地质局六三三队对该矿开展了普查、详查、勘探工作。

矿体产于晚三叠世—早侏罗世正长花岗岩中的石英脉内，共发现含水晶石英脉 29 条。含水晶石英脉呈单一脉状、树枝状和网脉状 3 种类型，单一脉状规模最大（178×4）~（196×5.1）m；树枝状石英脉单脉宽 5~50 cm，最宽达 4 m；网状脉单脉宽 0.05~9.1 m。探明熔炼水晶矿物资源储量 435 t、压电水晶单晶资源储量 8.65 t，为一处大型水晶矿床，成矿类型为热液石英脉型矿床。

单一脉状中晶体以短柱状为主，透明度较高，单个体重 50~100 g 者占总数的 64%，100~200 g 者占 22%；树枝状石英脉中晶体以柱状、短柱状为主，亦有双锥状，颜色为茶色、无色；网状脉矿脉晶体为柱状、双锥状，个体重 50~100 g 者占 83%，100~200 g 者占 10%。

东风压电水晶矿原有矿山 1 座，开采熔炼水晶 7 t、压电水晶 0.17 t，现已停采。

黑龙江省对水晶矿产地质研究工作始于 1957 年，主要集中在 20 世纪 60~80 年代，随着科学技术的进步，人造水晶代替了天然水晶，从此不再开展水晶矿勘查工作。

五、长石

（一）基本性质及主要用途

1. 基本性质

长石类矿物是地壳中分布最广和最重要的造岩矿物，约占整个地壳总重量的一半。其中，在岩浆岩中占59%，变质岩中占30%，沉积岩中占10%~11%。

长石是长石族矿物的总称，是钾、钠、钙及钡的铝硅酸盐。按化学组成不同可分为正长石亚族（又称钾长石亚族）、斜长石亚族和钡长石亚族。长石种类数十种，工业上用的主要是钾长石和钠长石；另外斜长石和天河石优质者是玉石材料。

钾长石亚族是钾长石和钠长石的连续类质同象系列矿物，属碱性长石。

钾长石是3个同质多象变体正长石、透长石和微斜长石的总称，晶体短柱状或厚板状，集合体粒状或块状，多为肉红色，有时为褐色、灰白色，玻璃光泽，硬度6~6.5，密度2.57 g/cm^3，熔点1200℃左右。钾长石在1170℃开始分解为白榴石，在1686℃时被溶解。

钠长石晶体呈板状或扁柱状，集合体呈粒状或块状，白色-暗灰色，间或绿色、肉红色，玻璃光泽，硬度6~6.5，密度2.61 g/cm^3，熔点1180℃。

天河石是微斜长石中富含铷、铯的亚种，晶体柱状，半透明-微透明，玻璃光泽，以具蓝色、绿色为特点，其中以鲜绿色和天蓝色者为佳。

2. 主要用途

钾长石、钠长石的用途有：①主要用作陶瓷原料；在烧成时作为熔剂；在釉料中作为配料。②可作制玻璃的助熔剂，改善玻璃液的折晶倾向；作搪瓷珐琅的配料。③在造纸、化工、化妆品、涂料、塑料、油漆、橡胶、清洁剂、电焊条、耐火材料工业中作填料或原料；作研磨轮的陶瓷粘结物组分，代替浮石等作为软磨料。④可制彩色电视机的阴极射线管。⑤钾长石可用以制成人工合成的白榴石晶熔块，在金属与陶瓷组成的复合材料中具有弥补金属与陶瓷膨胀系数差值的重要作用。⑥部分优质斜长石岩是玉石材料，如“独山玉”。⑦天河石（微斜长石）和表面有强烈彩虹的月光长石也是玉石原料，达不到玉石要求而有一定块度的天河石是花岗石饰面石材资源。

（二）地理分布

中国长石矿产地主要分布在黑龙江、新疆、陕西、青海、山东、湖北、湖南、云南、浙江、安徽等省（区）。

黑龙江省长石资源较丰富，居全国第二位。截至2018年底，累计查明矿石资源储量1.8×10^8 t。主要分布于密山、鸡西、双鸭山、五常、讷河等地（表6-1-5）。已发现矿产地6处，其中，超大型矿床2处、大型矿床1处、小型矿床3处。截至2019年底，列入《黑龙江省矿产资源储量表》有5处，其中，超大型矿床2处、大型矿床1处、小型矿床2处。

表6-1-5 黑龙江省主要长石矿产地简表

序号	矿床产地名称	所在地区	矿床规模	开发利用情况
1	密山市杨木乡插旗山钾长石矿床	鸡西市	超大型	未开采
2	鸡西市柳毛钾长石矿床		超大型	未开采
3	讷河市全胜高岭土钾长石石英砂矿床	齐齐哈尔市	大型	未开采
4	双鸭山市爱林林场钾长石矿床	双鸭山市	小型	未开采
5	五常市北沙河子长石矿床	哈尔滨市	小型	未开采

（三）密山市杨木乡插旗山钾长石矿床

插旗山钾长石矿床位于密山市东58 km处。矿区有公路与密山市相通，交通较便利。

勘查历史：20世纪80年代后期，黑龙江省地质矿产局第一地质勘查所在插旗山地区开展寻找玻璃陶瓷原料的工作，对该矿进行了初步评价；1993年和1998年黑龙江省地质矿产局第一地质勘查所对该矿开展了普查和详查工作，查明提交铝、生产钾肥矿石量6307.11×10^4 t，或用于玻璃陶瓷用钾长石矿石资源量6243.27×10^4 t；2012年进行补充详查，估算（332+333）资源量6710.07×10^4 t。

矿床特征：钾长石矿赋存于插旗山（白云母化）霞石正长岩岩体中，岩体即为矿体。岩（矿）体呈透镜状，东西向展布，长度2400 m、平均宽度350 m、控制最大厚度192.1 m。为一处超大型霞石正长岩型钾长石矿床。白云母化霞石正长岩是最主要矿石类型，轻微蚀变的霞石正长岩为低品位矿石，钾长伟晶岩为K_2O含量接近15%的富矿石。

开发利用：插旗山钾长石矿规模大，钾、铝品位高，化学成分稳定，矿体形态简单，适合露天开采。矿石可供玻璃、陶瓷工业用，尾矿可作为制取钾肥的原料。目前未开发利用。

黑龙江省对长石资源的勘查研究工作始于1957年，总体勘查程度较低，均未开发利用。

【日记】难忘的双节 这是一个根据地质人员的日记编写的真实故事（引号内是原文，用的是第一人称），反映了地质职工在野外的工作条件和生活条件十分艰苦环境下的乐观主义精神。为了寻找地下宝藏，地质工作者往往工作在荒山野岭中，住帐篷，吃咸菜和水煮黄豆；他们听不到广播，看不到报纸，长期与外界隔绝。搞区域地质调查的队伍，更是艰苦，三天两头就要搬家。爬山时常常是汗水湿透了衣服，渴了喝溪流中的凉水，饿了吃干冷的馒头。每天上山、下山，总要踏着齐腰的荒草，清晨和黄昏的露水，一天两次浸透他们的衣裤和鞋袜。雨季的阵雨，又常常把他们浇成“落汤鸡”。河上没有桥，大家就淌水过河。常年的风吹日晒，雨水、露水和河水的浸泡，饮食的不正规，导致许多地质工作者得了胃病、关节炎、腰痛等疾病。即使这样，地质工作者仍然以乐观的态度、探险的精神，在人们没有走过的地方，踏上第一个脚印，敲下第一块矿石，探索着地下宝藏的秘密。

对比上述情况，黑龙江省地质局第一普查大队第二分队是幸运的。他们进入的工作地区是土地肥沃的世界三大黑土地之一，又与著名的851农场为邻，在工作和生活上得到农场的支持和帮助。因为曾经有过的缺粮、缺肉、缺油的经历，所以队伍一到驻地，队领导就组织职工开荒种地、养猪。工会也积极组织文娱活动，强调劳逸结合。这一年的中秋节和国庆节就是在这样的宽松气氛中来到的！

“9月13日是中秋节。久雨逢晴，是个难得的晴天。虽然不是法定假日，但队长还是决定休息一天。队上杀了三口猪，还从农场买了蔬菜和月饼。当天两顿饭，吃得不错，价钱也不贵。早餐大米饭，五菜一汤，有蘑菇炒肉、木耳炒肉、芹菜炒肉、洋葱炒肉等。晚餐吃饺子，自己包。月饼每人限购两块。这两顿饭今天看起来很普通，一般人家随时都可以吃，但在当时，对我们这些曾经一年多不知肉味，主食‘瓜菜代’的人来说，简直就是过大年，不用说有多高兴了！

秋天正是木耳、蘑菇等山货收获的季节。因为周围没有人家，所以年年自生自灭。早餐后，我与老李相约进山采蘑菇，不一会就装满了地质背包，满载而归。

上午10点钟左右，队部旁边农场小卖部屋顶的广播喇叭传来了首都群众游行的实况，许多人自发地聚拢在小卖部周围，有的站着，有的坐着，大家的情绪随着广播喇叭里传出的欢呼声、口号声、掌声而起伏。游行前，陈毅副总理讲了话，他宣布：我们的困难过去了！是的，困难过去了！即使在几千公里外偏远的北大荒，我们也已经感受到了这种实惠：小卖店里的香烟可以随便买了，城里卖的脸盆、暖瓶也不要票了。

因为昨天的‘黑瞎子’下山事件，使队部周边的安全形势变得严峻起来。假期第二天，队长下令，任何人不得进山活动。于是，大家到工会借来了象棋、扑克、麻将等，自发组织起文娱活动。一时间，地质组办公室立马变成了俱乐部，人声鼎沸，好不热闹！这边桌子上，四个人正在兴高采烈的打麻将，不时发出阵阵的哄笑声或惋惜声。胡家汉的嗓门高，经常听到他在吆喝：‘拿大牛来’‘回笼’……他运气好，总和牌，那种得意忘形的叫声和笑声，压倒了其他三人的苦笑声和说话声。在麻将桌的旁边，一群象棋爱好者正在酣战，两位主角面对面坐着，周围还有不少观战者，有的坐在桌子上，有的背着双手站着。这些‘观战者’不仅动嘴，还动手。有时好几只手同时伸进棋盘抓自己钟爱的棋子，相互吵吵嚷嚷的。还是玩扑克的一组人比较文静，这里没有参谋，出牌完全按照自己的意愿进行。赢了的自然很高兴，输了的也服输。以老宁为首的一群音乐爱好者，在另一个角落处，看着歌本在低声吟唱，有时又在讨论着什么。

1962年的双节，就是在这种久违的欢乐气氛中度过的。尽管这里没有城市里的电影院、文化宫、公园等游乐场所，但有广阔的蓝天、起伏的群山、秋虫的鸣叫，我们与大自然一起共度佳节，欢乐中充满了野趣！”（徐衍强撰写）

第二节 工业岩石（土）

黑龙江省工业岩石（土）资源储量丰富。截至2019年底，已发现矿产29种，列入2019年《黑龙江省矿产资源储量表》的矿产26种（见表3-1-1）。

黑龙江省颜料用黄粘土矿是世界少有、国内独有的特色矿产；水泥用大理岩、玄武岩、火山灰及浮岩等储量居全国第一位，是黑龙江省的优势矿产；资源储量比较丰富的还有灰岩、高岭土、膨润土、陶粒用、制陶用粘土岩类、天然石英砂、泥炭、饰面用花岗岩等。

一、石灰岩、大理岩

（一）基本性质及主要用途

1. 基本性质

石灰岩：简称灰岩，是一种以方解石为主要成分的沉积岩。常伴有白云石、黄铁矿、石膏和硬石膏、海绿石等矿物，并常混入粘土、粉砂等杂质，灰色或灰白色，性脆，硬度3左右，滴稀盐酸会剧烈起泡，密度2.6~2.7 g/cm^3，煅烧温度大于900℃时分解转化为石灰，即氧化钙，析出二氧化碳。

【科学窗】喀斯特地貌（karst landform） 喀斯特地貌是在具有溶蚀力的水对可溶性岩石（大多为石灰岩）进行溶蚀、流水冲蚀和潜蚀、坍陷等机械侵蚀作用下形成的地表和地下形态的总称，又称岩溶地貌。喀斯特地表形态类型主要有峰林、孤峰、石芽、落水洞、干谷、喀斯特嶂谷（峡谷）等。地下形态类型主要有溶洞、地下河、地下湖等，其中常见有石笋、石柱、石钟乳等奇特景观。桂林山水、阳朔风光、昆明石林等都为著名的喀斯特地貌旅游风景区。

大理岩：因其盛产于中国云南大理而得名，又称云石。是重结晶的石灰岩，主要成分是$CaCO_3$。根据大理岩中主要碳酸盐矿物（方解石、白云石）含量可以划分为大理岩（方解石含量大于90%）、白云石大理岩（白云石含量大于90%）及其之间的过渡类型。这里指的大理岩是指由石灰岩经变质而成的大理岩，方解石重结晶，并含有少量蛇纹石、金云母、透闪石、透辉石等变质矿物，一般呈白色，因含杂质可出现不同的色彩与花纹，硬度3，密度2.5~2.8 g/cm^3。

2. 主要用途

石灰岩用途：熔剂灰岩用在冶金工业上，CaO可使矿石中的杂质变成炉渣，炼铁时可去除硫、磷等有害杂质；电石灰岩主要用于化学工业，制作电石（碳化钙CaC_2），用来制作乙炔（C_2H_2）；水泥用灰岩是制作水泥的主要原料（图6-2-1）；制生石灰用灰岩用以制作生石灰，生石灰用于砌筑或抹灰工程、灰砂砖、粉煤灰砖及建筑物的基础、地面的垫层及道路的路面基层等。石灰岩除了上述特定用途外，还可以制造土壤肥料、制糖和石油工业中的净化剂、玻璃制造的配料、饰面石材、建筑材料、砚石材料（如“松花石砚”），还可以用来制造“石头纸”。

【知识链接】白鹤滩水电站 金沙江白鹤滩水电站首批机组于2021年6月28日安全准点投产发电，标志着我国大型水电工程建设完成从“中国制造”到“中国创造”的历史性跨越。中共中央总书记习近平发来贺电，表示热烈祝贺。贺电中说：“白鹤滩水电站是实施‘西电东送’的国家重大工程，是当今世界在建规模最大、技术难度最高的水电工程……这充分说明，社会主义是干出来的，新时代是奋斗出来的……”白鹤滩水电站坝高289 m，相当于100层楼房，坝顶弧长约709 m，整体浇筑我国自主研制的低热混凝土803×10^4 m^3，“体积”超过3个胡夫金字塔。总装机1600×10^4 kW，共安装16台我国自主研制的全球单机容量最大功率百万千瓦水轮发电机组。首批2台机组已投产发电。全部投产后，将成为仅次于三峡工程的世界第二大水电站。其中，右岸8台百万千瓦机组由哈尔滨电气集团有限责任公司研制（图6-2-2）。白鹤滩水电站投产后，年平均发电量624.43×10^8 kW·h，接近成都2018年全社会用电量，如果以生活用电折算的话，届时一天的发电量就可满足50万人一

图 6-2-1　白鹤滩水电站

（来源：https://p0.ssl.img.360kuai.com/t01551e7a08d5c365ae.webp）

图 6-2-2　哈电集团研制百万千瓦机组转子

（来源：http://www.powerchina.cn/picture/0/2106281648592532345）

年的生活用电。建成后，每年可节约标准煤 1968×10^4 t，减少排放二氧化碳 5160×10^4 t、二氧化硫 17×10^4 t、氮氧化物约 15×10^4 t，将助力碳达峰、碳中和目标实现。

大理岩用途：主要用于制作水泥的原料，也可以用于制作生石灰及作冶金工业的熔剂、化学工业的原料，工业要求与石灰岩相同。其次，优质而合乎要求者可用以制作大理石饰面石材（如北京房山的“汉白玉”）、重质碳酸钙，也是制作“石头纸”的重要原料。

【科学窗】石头纸　用 80%的石灰岩或大理岩粉末代替 60%的木浆和草浆，与 15%的聚乙烯和 5%的胶合剂混合，在不需水、无废气废水、无有害物质的工艺下，可制造成可降解、可回收再利用、不易燃、防水防潮、书写与印刷性能良好、清晰度高的“石头纸”。

（二）地理分布

世界上石灰岩资源分布广泛，主要分布在中国、俄罗斯、美国、德国、日本、波兰、法国、巴西和墨西哥等国。中国石灰岩资源丰富，截至 2018 年底，探明水泥用灰岩矿石资源储量 1432×10^8 t，居世界第一位。中国大理岩矿资源主要分布在黑龙江、浙江、山东、安徽、北京、辽宁等省（市）。

大理岩、石灰岩矿产是黑龙江省优势非金属矿种之一，水泥、制灰、熔剂、电石用大理岩及石灰岩已查明矿产地73处，饰面用大理岩6处。其中超大型7处、大型12处、中型38处、小型18处、矿点4处。截至2019年底，累计查明大理岩及石灰岩矿石资源储量 22.25×10^8 t，饰面用大理岩石材资源储量 1516.1×10^4 m^3。2019年底列入《黑龙江省矿产资源储量表》查明大理岩和石灰岩矿石资源储量 20.39×10^8 t，饰面用大理岩石材资源储量 688×10^4 m^3。

已发现水泥用大理岩、石灰岩矿床57处，其中超大型7处、大型10处（表6-2-1）、中型31处、小型7处、矿点2处，累计查明资源储量 21.02×10^8 t。2019年底列入《黑龙江省矿产资源储量表》的矿产地40处，其中超大型7处、大型10处、中型20处、小型3处。

表6-2-1　黑龙江省主要水泥用大理岩矿产地简表

序号	矿床产地名称	所在地区	矿床规模	开发利用情况
1	哈尔滨市阿城区新明水泥用大理岩矿床	哈尔滨市	超大型	开采
2	密山市金银库大理岩矿床	鸡西市	超大型	开采
3	嫩江市关鸟河水泥用大理岩矿床	黑河市	超大型	开采
4	伊春市浩良河大理岩矿床	伊春市	超大型	开采
5	桦南县老秃顶子大理岩矿床	佳木斯市	超大型	开采
6	宾县孙家窑大理岩矿床	哈尔滨市	超大型	开采
7	勃利县白石砬子大理岩矿床	七台河市	超大型	未开采

制灰用石灰岩矿石资源储量 1327×10^4 t，主要分布在哈尔滨市方正县、依兰县，黑河市嫩江市，伊春市及双鸭山市宝清县、友谊县等地（表6-2-2）。已发现6处矿产地，列入《黑龙江省矿产资源储量表》6处。

表6-2-2　黑龙江省主要制生石灰用大理岩、灰岩矿产地简表

序号	矿产地名称	所在地区	矿床规模	开发利用情况
1	方正县白灰厂制灰用大理岩矿床	哈尔滨市	中型	停采
2	嫩江市嫩北农场制灰用石灰岩矿床	黑河市	小型	开采
3	宝清县胜利屯石灰岩矿床	双鸭山市	中型	未开采
4	友谊县白灰厂白云石大理岩矿床		大型	未开采

截至2019年底，黑龙江省熔剂用灰岩矿石资源储量 4804.10×10^4 t，玻璃用大理岩矿石资源储量 2820×10^4 t，主要分布在牡丹江、黑河逊克、伊春等地（表6-2-3），发现矿产地6处，其中，中型1处、小型4处、矿点1处。列入《黑龙江省矿产资源储量表》矿产地4处。

表6-2-3　黑龙江省主要熔剂用大理岩、灰岩矿产地简表

序号	矿产地名称	所在地区	矿床规模	开发利用情况
1	牡丹江市拉古熔剂大理岩矿床	牡丹江市	小型	开采
2	逊克县翠岗熔剂石灰岩矿床	黑河市	小型	未开采
3	伊春市晨明熔剂大理岩矿床	伊春市	小型	开采
4	伊春市五星熔剂石灰岩矿床		中型	开采

截至2019年底，黑龙江省查明饰面用大理岩矿石资源储量 668×10^4 m^3，分布在哈尔滨、伊春等

图 6-2-3　黑龙江省大理岩、灰岩矿产地分布图

地。已发现矿产地 6 处（表 6-2-4），其中，中型 3 处，小型 3 处。列入《黑龙江省矿产资源储量表》矿产地 3 处。

黑龙江省电石用灰岩资源见于鸡西市鸡东县，为小型电石用灰岩矿床，探明资源储量 955.05×10^4 t。

表 6-2-4　黑龙江省主要饰面大理岩矿产地简表

序号	矿床产地名称	所在地区	矿床规模	开发利用情况
1	延寿县生产沟饰面大理岩矿床	哈尔滨市	中型	停采
2	通河县六道河北端大理岩矿床		中型	未开采
3	通河县二十二林大理岩矿床		中型	未开采
4	铁力市神树大理岩饰面石材矿床	伊春市	小型	未开采

（三）典型矿床特征

1. 哈尔滨市阿城区新明水泥用大理岩矿床

新明水泥用大理岩矿床位于阿城区山河乡新明屯东山。自矿区有 17 km 专用铁路与滨绥线平山火车站相通，并有公路可通汽车，交通方便。

1963 年，黑龙江省区域地质测量大队三分队、物探大队三分队，对铁矿进行普查时，对大理岩作了少量采样分析，估计水泥原料大理岩 4500×10^4 t。1967 年，黑龙江省地质局第一地质队，在矿区进行多金属普查，化验证实大理岩质量较佳，估算水泥原料大理岩 4200×10^4 t，肯定了大理岩矿的远景。1972—1974 年，黑龙江省非金属地质队第二分队对该矿床进行勘探，探明水泥用大理岩储量 9875×10^4 t，为大型矿床。

大理岩矿层产在中二叠统交界屯组中，呈北东—南西向延伸。东西矿体均为巨厚层状，呈单斜产出。东矿体：东西长 520 m，南北宽 280 m，最宽 345 m，平均厚度 225. 88 m。矿体倾向南东，倾角 60°左右。西矿体：东西长 1400 m，南北宽 340 m 左右，最宽 375 m，平均厚度 277. 46 m。矿体倾向北东，倾角 60°左右。矿石主要成分为方解石（图 6-2-4），颜色以灰白色、乳白色、白色为主。累计探明矿石储量 1.66×10^8 t，为一超大型矿床。

图 6-2-4　新明条带状大理岩

（吕长禄摄）

新明水泥厂建厂后，于 1979 年正式露天开采（图 6-2-5）。2009 年 5 月更名为亚泰集团哈尔滨水泥（阿城）有限公司，现有员工 180 人，日产 5000 t 水泥熟料，年处理矿石 260×10^4 t（图 6-2-6）。产品畅销哈尔滨、大庆、齐齐哈尔、绥化、黑河等市场。为促进地方的繁荣稳定、营造良好投资环境，做出重大贡献。历年都为哈尔滨市阿城区工业企业纳税大户。

图 6-2-5　哈尔滨市阿城区新明露天采矿场

（刘旭光摄）

图 6-2-6　哈尔滨市阿城区新明大理岩生产车间

（吕长禄摄）

2. 伊春市五星熔剂石灰岩矿床

五星熔剂石灰岩矿床位于伊春市丰林县五星南山，位于五星车站南 1.5 km 处，交通方便。

1969 年黑龙江省地质局地质三队开展了五星熔剂用石灰岩矿床的详查工作；2004 年黑龙江省第六地质勘察院对该矿开展了资源储量核实工作。查明熔剂用石灰岩矿石资源储量 2243.6×10^4 t，为一中型规模海相化学沉积型熔剂用灰岩矿床。

矿体赋存于下-中泥盆统黑台组结晶灰岩中。矿体（层）4 个，主矿体长 700 m，宽 220 m，厚 18.8 m，呈层状。矿石中主要矿物为方解石（图 6-2-7），含量在 95%以上，次要矿物为白云石，含量小于 8%。矿石 CaO 含量多在 54%~55%，MgO 在 0.2%左右，SiO_2 多在 0.9%左右。矿石耐磨性更强，对炼铁来说是上好的熔剂。

矿区专用线于 1968 年夏与国铁接轨。五星熔剂灰岩供应给原伊春市大西林钢铁厂。

3. 鸡东县前卫乡倒背岭石灰岩矿床（水泥用、电石用）

倒背岭石灰岩矿床位于鸡东县平阳镇南 14 km，矿区有至平阳镇公路相通，交通较方便。

1993 年黑龙江省第一地质勘查所对该矿进行详查工作。矿体赋存在上石炭统—下二叠统平阳镇

图 6-2-7　五星结晶灰岩

（郭亚军摄）

组结晶灰岩中，由两个矿体组成，Ⅰ号矿体呈北东向展布，长度 1171.74 m，厚度 35.04~53.51 m，层状；Ⅱ号矿体倾向 130°，倾角 70°，长约 800 m，平均厚度 24.85 m。矿床平均含量 CaO 53.08%，MgO 0.48%，SiO_2 1.86%。查明水泥用矿石资源储量 1556×10^4 t，其中 954×10^4 t 可作电石用，为一中型水泥用、小型电石用灰岩矿床，矿床成因类型为海相化学沉积型灰岩矿床。

4. 延寿县生产沟饰面大理岩矿床

生产沟饰面大理岩矿床位于延寿县六团乡生产沟屯与太安乡黎明屯之间，延寿县城东北 30 km 处，矿区距滨绥线尚志火车站 76 km，交通方便。

1986~1988 年黑龙江省地质矿产局第一地质勘查所对该矿开展了详查工作，查明大理石饰面石材矿石资源量 526×10^4 m^3。

矿体赋存于下-中泥盆统黑龙宫组下部大理岩中，圈出矿体 13 条，矿体呈层状、透镜状北西向展布。矿石品种有白色中细粒大理石（商业名称“延寿雪花白”）、白色粗粒大理石、棕色条纹大理石（商业名称“棕寿纹”）和灰色条纹大理石（商业名称“延寿云花”），以白色中细粒大理石矿石为主，占 80%左右。为中型矿床，荒料率 29.9%，目前在小规模开采。

（四）开发利用

黑龙江省大理岩、灰岩矿勘查主要集中于 20 世纪的 60~90 年代，勘查及利用程度较高。

林口县大云山大理岩矿床为大型水泥用大理岩矿床，1996 年起有 11 家矿山企业对其开发利用，截至 2019 年底保有资源储量为 5992.6×10^4 t。

铁力市神树大理岩饰面石材矿床隶属铁力市神山玉石开发有限公司，生产规模 0.3×10^4 m^3/a，开采主矿种大理岩饰面石材，资源量（333）矿石量 36.28×10^4 m^3。开采方式为露天开采，后改为地下开采，由开采大理岩饰面石材现在开采金属钼。因林地资源未审批而停产。应理清投资关系，以利于进一步开发利用矿山资源，实现大理岩、玉石、钼等矿种综合开采。

二、陶粒用粘土岩类

（一）基本性质及主要用途

1. 基本性质

陶粒是一种人造轻质集料，是由粘土岩类以及工业废粉煤灰在回转炉中高温焙烧、膨胀而成的一种粒径为 5~30 mm，内部有均匀、细小而又不连续的蜂窝状气孔的陶质颗粒物。陶粒具坚硬的外壳，内部具封闭的微孔结构，质轻、高强、隔热、耐火、耐水、耐化学与细菌腐蚀及抗冻、抗震等良好性能。

具有烧胀性能的粘土及粘土岩类（包括页岩、粉砂岩、泥质岩、板岩等）均可作为陶粒原料。目前粘土限制开采，故主要以其他粘土岩类作为陶粒原料。

页岩是一种具薄页状或薄片状层理的粘土岩，由粘土经成岩作用而成，颜色有青、绿、黄、红、褐、黑等色，质地致密坚硬。

泥岩又称粘土岩，主要由粘土颗粒组成的含有大量高岭石、蒙脱石、水云母等矿物的块状沉积岩。

板岩是由粘土岩、粉砂岩和酸性凝灰岩经轻微变质作用而形成的板状岩石。外表呈致密隐晶质，矿物基本没有重结晶或只有部分结晶，颗粒细小，肉眼难以鉴别，有绢云母和绿泥石等新生矿物，具有较杂的颜色。

2. 主要用途

陶粒广泛用于建筑业作轻质骨料，可代替砂、卵石作为高层建筑混凝土的集料，使建筑物减轻自重30%~35%，节约钢材10%，同时提高建筑的整体性能和抗震、保温、隔音、隔热性能。陶粒还可以用于净化水厂的过滤材料，园林中的无土基床材料。此外，陶粒还用于化学工业、冶金及农业领域。

（二）地理分布

中国陶粒用粘土岩矿资源主要分布在吉林、湖南、黑龙江、河北、北京、福建、新疆等省（区、市）。

黑龙江省陶粒用粘土岩分布较集中，储量颇丰，累计查明陶粒用粘土矿石资源储量 2978.7×10^4 t，陶粒用板岩矿石资源储量 5648.3×10^4 t，储量与质量均居国内前列，陶粒用页岩矿石资源储量 2114.9×10^4 t。陶粒用粘土岩类资源主要呈南北向分布在哈尔滨阿城区、宾县-绥化市庆安县、绥棱县一带，其次在齐齐哈尔市龙江县、穆棱市及佳木斯市、鹤岗市、伊春市等地亦有分布。目前已发现陶粒用粘土岩矿床18处，其中：大型9处、中型6处（表6-2-5）。截至2019年列入《黑龙江省矿产资源储量表》矿产地8处。

表6-2-5　黑龙江省主要陶粒用粘土岩类矿产地简表

序号	矿产地名称	矿石类型	所在地区	矿床规模	开发利用情况
1	木兰县新胜乡新强泥岩陶粒原料矿床	泥岩	哈尔滨市	大型	未开采
2	宾县永丰陶粒用板岩矿床	板岩		大型	未开采
3	延寿县延河镇团山子陶粒页岩矿床	页岩		大型	未开采
4	绥棱县东林陶粒用泥岩矿床	泥岩	绥化市	中型	开采
5	望奎县前二里二村陶粒用泥岩矿床	泥岩		中型	未开采

（三）典型矿床特征

1. 望奎县前二里二村陶粒用泥岩矿床

前二里二村陶粒用泥岩矿床位于望奎镇东35 km处。

2006年望奎县国土资源局发现了泥岩露头、黑龙江省有色金属地质勘查七〇七队进行了简单地质工作，确定泥岩可作陶粒用原料；2009年黑龙江省时代国土资产评估咨询有限责任公司完成了普查工作；2014年黑龙江鑫三源地质勘查有限责任公司完成了详查工作。查明陶粒用泥岩矿石资源储量 188.58×10^4 t，为湖相沉积型陶粒用泥岩矿床。

圈定矿体1条，呈近水平层状南北向展布于上白垩统明水组顶部，长度1028 m，最大宽度350 m、平均宽度280 m，矿体平均厚度3.5 m。矿石呈灰黑色、棕黄色，风化呈棕红色-灰黄色，矿石矿物主要为伊利石、水云母、蒙脱石、高岭石等。堆积密度以300~400级居多，其中300级占80%、400级占20%。矿石焙烧温度范围大于40℃，最佳焙烧温度1160℃。

2. 延寿县延河镇团山子陶粒页岩矿床

团山子陶粒页岩矿床位于哈尔滨市延寿县东24 km处。

2003~2004年黑龙江省地球物理勘察院对团山子陶粒页岩矿床进行了普查、详查工作，查明陶粒用页岩矿石资源储量946×10^4 t，为一大型河湖相与煤共生的陶粒用页岩（泥岩）矿床。

矿床赋存在古近系宝泉岭组油页岩及泥岩、泥页岩中。矿体近水平产出，北东—南西向展布，长大于900 m、宽度大于370 m，厚度5~30 m。矿石膨胀率一般在2~3倍，个别达到4~5倍，吸水率一般为8%~15%；堆积密度等级以300级和400级、500级为主，个别为200级；烧胀温度在1180~1280℃之间；筒压强度500级为2.3 MPa，软化系数为0.9。

3. 宾县永丰陶粒用板岩矿床

永丰陶粒用板岩矿床位于宾州镇南15 km处。

1999年、2001~2002年黑龙江省区域地质调查所对该矿开展了普查、详查工作，查明陶粒用板岩矿石资源储量637.44×10^4 t，为一大型区域变质型陶粒用板岩矿床。

矿体赋存在中二叠统土门岭组上部含粉砂泥质板岩中，呈北北东向分布，矿体长800 m，水平宽48.5~164.5 m，垂直厚26~128.10 m；矿体在平面上呈近似的长方形，在剖面上呈倒梯形；矿石为深灰-灰黑色含粉砂泥质板岩。矿石焙烧温度范围40~60℃占85.26%，最佳焙烧温度1200℃占54.98%、1180℃占24.70%、1220℃占18.73%。陶粒颗粒表观密度0.75~0.94 g/cm^3占39.04%、0.95~1.12 g/cm^3占55.78%、1.13~1.31 g/cm^3占5.18%；陶粒堆积密度变化范围420~605 kg/m^3，500级占38.25%、600级占58.96%。矿石焙烧性能优良。

20世纪70年代开始，黑龙江省先后对18处陶粒用粘土岩类矿产地开展了勘查工作，目前已开发利用的矿产地2处。

三、高岭土

（一）基本性质及主要用途

1. 基本性质

高岭土因盛产于江西省景德镇高岭村而得名，由“高岭”的中文读音演变为“Kaolin”，而成为国际性的名词。高岭土是以高岭石族矿物为主组成的粘土或岩石的总称。高岭石族矿物主要有珍珠石（又称珍珠陶土）、地开石（又称迪开石、迪凯石）、高岭石、埃洛石（旧称多水高岭石、叙永石）4种，其中以高岭石和埃洛石为主。

不同成因高岭土矿床中高岭土的矿物成分、化学成分和工艺特性差别很大。高岭土中的土状者，一般为白色，含铁呈黄色者质不佳，有时因含有机质而呈灰色或灰黑色，但烧后即成白色，常为致密块状、土状或角砾状，具强可塑性和粘结力，高耐火度和烧结度，良好的化学稳定性、耐酸性和绝缘性。石状者有两大类：一类呈透镜状或不规则状产于火山凝灰岩中，矿石呈灰白色、灰绿色、肉红色，微透明，团块状或致密块状，硬度3~4，具棱角，油脂-蜡状光泽，磨细前无吸水性和可塑性，常与叶蜡石、明矾石伴生；另一类在含煤地层中成层产出，有呈土状的软质和呈石状的硬质两种。

2. 主要用途

高岭土因具有分散性、可塑性、粘结性、烧结性、耐火性、离子交换性和物理化学上的稳定性，应用范围颇广，具体用途有：①是日用陶瓷、艺术陶瓷、建筑卫生陶瓷、电瓷的主要原料；还可制成工业陶瓷和特种陶瓷。②高岭土、刚玉、金刚石砂混合物可制成各种形状的红外、远红外辐射用的陶瓷元件；优质高岭土还可供作原子反应堆、喷气飞机和火箭的燃烧室或喷嘴用的高温陶瓷涂料。③高白度（>85%）的高岭土用作纸张填料；纯度和白度更高者用作高级纸张高速涂布的涂层剂。白度高而质地细腻者在橡胶、塑料、油漆、油墨、颜料、化妆品、清洁剂、医药、纺织工业中作填料、增强剂；质量差者则作铅笔、漂白粉的填料。④可制成人工合成的分子筛，广泛用于石油精炼、催化以及各种化学工业。⑤用来制作过滤材料。⑥用作各种研磨材料；煅烧高岭土被用作抛光剂。⑦用作农药、化肥的载体。⑧作石油钻井的泥浆材料。⑨作中药，在制药业中用作填料。⑩在冶金工业中制作高温模铸模型和耐火材料。⑪在复合材料工业中，作制造玻璃纤维的配料。⑫用来制作熔炼坩埚、拉制玻璃纤维的各种拉丝坩埚。⑬制成高岭土复合钛白颜料，用于化妆品等工业。⑭作为生产硫酸铝和金属铝的原料。⑮作白水泥的原料、粘结剂、增白剂和充填料；制作油毛毡、屋面涂料和防水剂；用作配制高强度高性能混凝土的矿物外加剂。

（二）地理分布

世界大型优质高岭土矿床主要分布在美国、巴西、英国和中国等少数国家。

中国高岭土资源丰富，截至 2018 年底，查明高岭土矿石资源储量 34.96×10^8 t，居世界第二位。主要分布在广东、广西、陕西、福建、江西、黑龙江等省（区），其次分布在安徽、湖南、江苏、海南、甘肃和浙江等省。

黑龙江省高岭土资源较丰富，截至 2019 年底，累计查明矿石资源储量 1.69×10^8 t。主要分布在依安县、讷河市、嫩江市、延寿县等地。发现高岭土矿床 5 处（表 6-2-6），2019 年列入《黑龙江省矿产资源储量表》2 处，资源储量 2004×10^4 t。

表 6-2-6　黑龙江省高岭土矿产地简表

序号	矿产地名称	所在地区	矿床规模	开发利用情况
1	依安县红星砖厂砂质高岭土矿床	齐齐哈尔市	超大型	开采
2	依安县红星陶瓷用砂质高岭土矿床	齐齐哈尔市	大型	开采
3	讷河市全胜高岭土钾长石石英砂矿床	齐齐哈尔市	中型	未开采
4	嫩江市板桥子南山砂质高岭土矿床	黑河市	大型	未开采
5	延寿县延安高岭土矿床	哈尔滨市	小型	未开采

（三）依安县红星砖厂砂质高岭土矿床

红星砖厂砂质高岭土矿床位于依安镇北 10 km 处。

1987~1988 年黑龙江省地质矿产局第三地质勘查所在开展黑龙江省西北部粘土矿产资源开发前景研究时，发现了依安-克山砂质高岭土矿成矿带；2012~2013 年黑龙江省齐齐哈尔矿产勘查开发总院开展了依安-克山高岭土矿远景调查及普查工作，2016~2017 年开展了红星砖厂砂质高岭土矿详查工作，累计查明陶瓷用高岭土淘洗精矿资源储量 1.41×10^8 t，为一超大型陶瓷用砂质高岭土矿床。

该矿床共圈出 3 层矿体，赋存在下-中更新统林甸组下部。矿体近水平状产出，总体形态简单，呈厚板状、层状。长度 1199~3402 m，宽度 1547~4000 m，平均厚度 8.18~15.56 m。

矿石类型为砂质高岭土、含砾砂质高岭土，颜色为灰白色。矿石中有益组分为 Al_2O_3，含量 26.26%~26.92%、有害组分为 Fe_2O_3、TiO_2 符合一般工业要求。矿石中砂质含量高，原矿石一般含砂 60%~80%，松散，可塑性弱，除砂后可塑性大大增强，淘洗后一般含砂 32%~33%。

矿石自然白度：1 号矿体平均 68.00%；2 号矿体平均 62.15%；3 号矿体平均 63.40%。矿石烧成白度：1 号矿体平均 70.225%；2 号矿体平均 65.75%；3 号矿体平均 66.10%。矿体耐火度 1640~1680℃；矿体塑性指数 6.2~14.7，属于中塑性高岭土；砂质高岭土干燥收缩率较低一般在-0.1%~0.2%。矿石经淘洗、漂白等处理后，可作为制造建筑及日用瓷原料。

现有高岭土矿矿山企业一个，每年都有数吨矿土销往外地。

（四）开发利用

据国土资源部信息中心《世界矿产资源年评（2016）》，全球高岭土消费结构为：造纸工业占40%左右，陶瓷及涂料工业占45%~50%，橡胶、塑料等工业占15%左右。

黑龙江省对高岭土矿的勘查工作始于20世纪80年代，小规模的开采利用从90年代开始，近年来对高岭土矿的开发利用力度逐渐增强。黑龙江省高岭土资源主要分布在依安县，现查明资源储量1.586×10^8 t。依安县以高岭土资源为依托，以打造“东北瓷都”为目标，以生活陶瓷艺术化、艺术陶瓷特色化为方向，形成了一批体现地域特色、影响力较强的工艺陶瓷品牌，成为树立当地文化形象、促进文化旅游经济发展、助推经济结构调整的特色产业。

四、制陶用粘土（岩）

（一）基本性质及主要用途

1. 基本性质

用来制作陶器的粘土和粘土岩类，工业上习惯称为陶土，专指主要由水云母、高岭土、蒙脱石、石英和长石等矿物组成的可供烧制陶器的粉砂质粘土和泥岩。陶土的化学成分和一般粘土相似，与高岭土、膨润土比较，Al_2O_3 含量较低、SiO_2 和 Fe_2O_3 含量较高的特点。陶土常呈灰色、黄色、紫色，材料较粗，加水后塑性中等，干燥和烧结性能较好。

2. 主要用途

陶土和制陶粘土岩类是制造陶器的主要原料。

【科学窗】陶器　陶器的发明是人类文明的重要进程——是人类第一次利用天然物，按照自己的意志创造出来的一种崭新的东西。中国陶器的产生距今已有11700多年的悠久历史。从目前所知的考古资料来看，陶器中的精品有旧石器时代晚期距今1万多年的灰陶、有8000多年前的磁山文化的红陶、有7000多年的仰韶文化的彩陶、有6000多年的大汶口的蛋壳黑陶、有4000多年的商代白陶、有3000多年的西周硬陶，还有秦代的兵马俑、汉代的釉陶、唐代的唐三彩等。到了宋代，瓷器的生产迅猛发展，制陶业趋于没落，但是有些特殊的陶器品种仍然具有独特的魅力，如宋、辽三彩器和明、清至今的紫砂壶、琉璃、法花器及广东石湾的陶塑等，都是别具一格，倍受赞赏。

生活在黑龙江省的古代先民很早以前就开始制作并使用陶器，兴凯湖畔新开流文化遗址中，发现有6000多年前古代肃慎人制作的陶器；6000~7000年前的昂昂溪古文化遗址见有精美的陶纺锤、陶珠、陶罐等。

绥棱黑陶　清末民初时期，山东省莱州府人寇化林利用绥棱县西部特有的细腻黄土，经手工拉坯、修形、绘画、雕刻、压磨、烧制，再经“熏烟渗碳”工序，研制成功了失传近4000年的黑陶制作技艺，被称为“中国现代黑陶第一窑”。1979年，绥棱黑陶在上海第二届中国陶瓷博览会上被评为“中国陶瓷十大品牌”；2007年2月8日，“绥棱黑陶制作技艺”入选第一批黑龙江省非物质文化遗产名录。具有黑如漆、明如镜、硬如瓷、声如磬的艺术特点，可与景德镇瓷器、宜兴紫砂陶器相媲美，堪称陶中“花魁”。现已开发出灵透黑陶、灵光黑陶和多彩灵透黑陶三个系列产品。灵透黑陶（图6-2-8）：黑中透亮、亮中透柔、柔中润着灵妙、灵妙中蕴藏着灵气；早晨看“黑中透青”，中午看“黑中透紫”，晚上看“黑中透亮”。灵光黑陶在阳光下呈现出贝壳般斑斓的色彩，非常奇妙。多彩灵透黑陶（图6-2-9）是在灵透黑陶基础上研发的一款更具美学价值的陶艺新品种，它是把灵透黑陶的局部图案烧制上了多彩颜色，极具美的冲击力。（绥棱现代黑陶文化艺术有限公司供稿）

黑龙江省境内有史可查最早的黑陶制品是“黑陶鬲”，产自杜尔伯特蒙古族自治县官地村，距今约3000年（周全，2012）。

（二）地理分布

中国陶土矿床在寒武系、泥盆系、石炭系、侏罗系和白垩系中分布，在古新统、全新统中常与其他粘土伴生，往往需要选矿后才能使用。江苏宜兴为中国著名的陶器工业生产基地。此外，陶土矿在各地大多属小规模开采。

图 6-2-8　绥棱灵透黑陶
（绥棱现代黑陶文化艺术有限公司提供）

图 6-2-9　绥棱多彩灵透黑陶
（绥棱现代黑陶文化艺术有限公司提供）

黑龙江省累计查明制陶用粘土（陶瓷土）矿石资源储量 19745×10^4 t。主要分布在绥化市绥棱县，齐齐哈尔市克东县、克山县、依安县，牡丹江市林口县、东宁市、海林市，黑河市北安区、五大连池市、嫩江市，鸡西市鸡东县及伊春市等地（表 6-2-7）。已发现制陶用粘土岩类矿床 12 处，其中：超大型 1 处、大型 1 处、中型 10 处，2019 年底列入《黑龙江省矿产资源储量表》8 处，资源储量 2021.7×10^4 t。

表 6-2-7　黑龙江省主要制陶用粘土岩类矿产地简表

序号	矿床产地名称	矿石类型	所在地区	矿床规模	开发利用情况
1	绥棱县张家湾陶瓷土矿床	粘土	绥化市	超大型	未开采
2	伊春市带岭林业实验局红光林场粘土矿床	泥岩	伊春市	大型	未开采
3	东宁市民主陶瓷用粘土矿床	泥岩	牡丹江市	中型	未开采
4	北安市东胜乡东利村红陶土矿床	粘土	黑河市	中型	未开采
5	克东县兴国、福建、治安红陶土矿床	粘土	齐齐哈尔市	中型	未开采
6	鸡东县明德白粘土矿床	泥岩	鸡西市	中型	未开采

（三）东宁市民主陶瓷用粘土矿床

民主陶瓷用粘土矿床，距东宁镇东 4 km 处。

1977 年前当地企业对该矿进行小规模开采；2000~2001 年黑龙江省第一区域地质调查所受东宁县煤炭总公司的委托对民主陶瓷用粘土矿开展了地质普查、详查工作。累计查明制陶用粘土矿石资源量 356.87×10^4 t，矿床为中型湖相沉积型制陶用粘土矿床。

矿床赋存于新近系富锦组中上部，见有 2 条矿体，呈层状近水平产出，内部结构简单，略向北东倾斜。Ⅰ号矿体为主矿体，地表出露长度 120 m、宽度 80 m、厚度 1.2~2.0 m，呈板状；Ⅱ号矿体呈不规则层状，长度 1000 m、宽度 800 m。矿体在剖面上呈两端薄中间厚的似板状，厚度 1.0~11.2 m。矿石矿物以高岭石为主，其中粒度小于 0.02 mm 者占 80.3%~87.2%，含砂量 12.8%~19.7%，为软质粘土，可塑性指数 9.8~12.0。矿石类型为粘土岩和粉砂质粘土岩两种类型。

五、膨润土

（一）基本性质及主要用途

1. 基本性质

膨润土又名斑脱石、膨土岩，是一种主要以蒙脱石组成的粘土岩。蒙脱石理论化学成分：SiO_2 9.00%、Al_2O_3 23.00%、Fe_2O_3 0.3%、烧失量 23.00%。

膨润土是火山灰空落水解或凝灰岩及玻璃质火山岩水解的产物。颜色为白色、灰白色、淡绿色、粉红色，硬度为 1，密度 2 g/cm^3，多为块状和土状，具极强吸水性。膨润土中蒙脱石含量在 40%~50%，其次为少量水云母、沸石、石英、长石、方解石、石膏、重晶石、火山玻璃和有机质杂质。

膨润土具有一些特殊的物理化学性质：①蒙脱石具有表面电性；②蒙脱石吸水或吸附有机质后体积膨胀可达 20~30 倍；③具有良好的分散悬浮性和造浆性；④具有阳离子交换性和吸附性；⑤加热过程中膨润土膨胀倍数和离子交换量会随温度的变化而改变；⑥具有良好的可塑性和粘结性。

膨润土按蒙脱石中可交换的阳离子的种类，划分成钠基、钙基、镁基、氢基膨润土 4 个类型。

2. 主要用途

膨润土是一种很好的粘结剂、悬浮剂、增稠剂、增塑剂、触变剂、絮凝剂、稳定剂、净化脱色剂、充填剂、催化剂和载体材料。其用途有：①在石油工业中用作净化和裂化材料，在炼油（动植物油）及食品工业中用作净化和澄清材料；②用作造纸、洗涤剂、牙膏、橡胶、塑料、染料、涂料、药品工业的填料；③化学工业中用作催化剂载体；④农牧业中用作保肥填料、农药、杀虫剂载体和饲料添加剂；⑤在铁矿冶炼和铸造业中用作精铁矿球团粘结剂、型砂粘结剂和表面稳定剂；⑥纺织业用作纱浆，钻探工业用作泥浆；⑦建筑业用作混凝土的增塑剂、焦油和水的乳化剂、表面稳定剂；⑧在环境保护中用作放射性射线及污水的吸收剂和污水絮凝剂；⑨制成活性白土用作脱色剂；⑩用作处置核废料的地质仓库，制作香烟过滤嘴材料，钠基膨润土可作静态爆破剂的稳定剂。

（二）地理分布

世界膨润土资源分布不均衡，主要分布在环太平洋、环印度洋和地中海一带。膨润土资源主要分布在中国、美国、俄罗斯、德国、意大利、日本、希腊、加拿大、伊朗和印度。

中国膨润土资源量位居世界第一位，截至 2019 年底，探明矿石资源储量 29.96×10^8 t。主要分布在广西、新疆、内蒙古、河北，其次为黑龙江、江苏、浙江、安徽、山东、辽宁、河南和湖北。

黑龙江省膨润土资源较丰富，至 2018 年底，探明矿石资源储量 1.46×10^9 t。主要分布在绥化市明水，黑河市孙吴、嫩江，齐齐哈尔市拜泉、龙江，牡丹江市海林，伊春市嘉荫，大兴安岭漠河及七台河市勃利等地。已发现矿产地 10 处，其中，超大型 1 处、大型 1 处、中型 4 处、小型 4 处（表 6-2-8）。列入 2019 年《黑龙江省矿产资源储量表》矿产地 6 处。

表 6-2-8　黑龙江省膨润土主要矿产地简表

序号	矿产地名称	所在地区	矿床规模	开发利用状况
1	明水县永兴膨润土矿床	绥化市	超大型	未开采
2	牡丹江市温春地区膨润土矿床	牡丹江市	大型	未开采
3	孙吴县乌云山膨润土矿床	黑河市	中型	未开采
4	拜泉县新生乡膨润土矿床	齐齐哈尔市	中型	开采
5	勃利县团山膨润土矿床	七台河市	小型	开采

（三）拜泉县新生乡膨润土矿床

新生乡膨润土矿床位于新生乡三马架村周围，距拜泉镇 34 km。

1988年6月，新生乡发现该矿点；8月新生乡政府委托化学工业部地质勘探公司黑龙江地质勘探大队对该矿进行了较详细的矿点检查；1989~1990年黑龙江省地质勘探大队对该矿开展了普查工作，查明可利用膨润土矿石资源储量1106.3×10^4 t，暂难利用矿石储量2396×10^4 t，为一中型膨润土矿床。

矿体赋存于古近系依安组内，矿体1个，呈层状，长度1200 m、宽度900 m、厚度4.66 m、最小埋深4 m。膨润土矿体由数个不同颜色（黄绿、灰绿、乳白、褐红等色）的小层构成，各小层之间相互连续。蒙脱石为矿石的主要组成矿物，含量45%，在乳白色膨润土中含量高且结晶好，其他颜色中则多数结晶较差。属钙基膨润土，该膨润土可用于脱色、造浆、铸造。矿区外围未进行工作，也是很有远景的。

新生乡膨润土的发现，结束了该县无矿产的历史，为贫困地区的脱贫致富带来了希望。1991年，乡里组织人员对膨润土进行小规模开采，用于钻探泥浆销售大庆石油企业，取得了经济效益。

六、天然石英砂

（一）基本性质及主要用途

1. 基本性质

天然石英砂是在自然界中形成的石英砂粒和硅质岩屑含量大于90%的砂，有海砂、湖砂、河砂三种。石英砂呈白色、黄白色、乳白色，含有少量的长石、云母、电气石、岩屑、微量重矿物和粘土类矿物。

2. 主要用途

石英砂除可用于配制铸钢件用的型砂及砂芯外，石英砂中的二氧化硅达到工业要求的（精矿二氧化硅的含量一般要求不小于98%），统称为玻璃用硅质原料。

天然石英砂主要用途：①主要作玻璃原料；②作冶金熔剂；③制窑炉用的硅砖；④生产硅铁、含硅合金、硅铝和有机硅；⑤化学工业上，制硅酸盐、硝酸盐、水玻璃、硅胶、干燥剂、石油精炼催化剂、外墙涂料、马路画线漆；⑥优质石英砂可作水泥质量检验用的标准砂；⑦作铸造用的型砂、磨料、过滤材料。

（二）地理分布

中国石英砂资源主要分布在福建、内蒙古、山东等省（区）。

黑龙江省发现铸型用石英砂矿产地2处（表6-2-9），查明矿石资源储量4.948×10^8 t，主要分布在齐齐哈尔市。2019年底列入《黑龙江省矿产资源储量表》1处，铸型用砂矿石资源储量1092.4×10^4 t。玻璃用石英砂矿床5处，累计查明矿石资源储量2207.91×10^4 t，分布在齐齐哈尔市、黑河市等地。2019年底列入《黑龙江省矿产资源储量表》矿产地3处，玻璃用砂矿石资源储量1603×10^4 t。

表6-2-9 黑龙江省主要天然石英砂矿产地简表

序号	矿产地名称	所在地区	矿床规模	开发利用状况	备注
1	依安县红星砖厂陶瓷用高岭土矿床	齐齐哈尔市	超大型	未开采	铸型用、伴生
2	讷河市双河屯石英砂矿床		大型	停采	铸型用
3	讷河市全胜高岭土钾长石石英砂矿床		大型	停采	玻璃用、共生矿床
4	依安县上游乡建明石英砂矿床		小型	开采	玻璃用
5	黑河市上马场石英砂矿床	黑河市	中型	未开采	玻璃用

（三）讷河市全胜高岭土钾长石石英砂矿床

全胜高岭土钾长石石英砂矿床，位于讷河市全胜乡孟家岗屯东岗，讷河火车站东南约12 km处。

1985~1987 年黑龙江省地质矿产局第二地质调查所对讷河市全胜石英砂矿进行了勘探工作，查明玻璃用石英砂原矿资源量 1145×10^4 t，为一大型矿床。

矿层赋存于新近系大安组上部，呈近水平大厚度单层产出。矿层长度 2000 m，宽度 200~400 m，最厚 14.5 m、最薄 2.49 m、平均厚度 8.64 m。矿石矿物成分主要为石英（约占54%）、钾长石和高岭土，SiO_2 平均含量 80.84%。矿石自然类型为中细粒高岭土钾长石石英砂及含细砾粗粒高岭土钾长石石英砂。矿床成因类型属河湖相机械沉积砂矿床。矿石经选矿后，石英精矿符合平板玻璃原料要求。另外，钾长石精矿可用作陶瓷、电瓷材料或制作化肥；高岭土精矿用作陶瓷原料。

经勘探后的全胜砂矿，社会效益比较显著。一是销售原矿砂每年约 1000 t，生产民用蓝边碗；二是用原砂矿（讷河瓷土）年生产陶瓷 100 万件；三是建成两分法选厂、分子筛厂。本类型矿层在矿区附近 200 km^2 范围内均有分布，估计远景储量几十亿吨，前景可观。通过改善工艺，使其成为省内一个稳固的玻璃原料基地。

七、耐火粘土

（一）基本性质及主要用途

1. 基本性质

耐火粘土，指耐火度大于 1580℃，由 0.005 mm 以下的高岭石族矿物、铝的氢氧化物及少量水云母组成的粘土。常含有其他粘土矿物、褐铁矿、赤铁矿、黄铁矿、石英质矿物以及长石、方解石等。

耐火粘土的特性是加水后具可塑性、粘结力，形成可塑胶团，干燥后保持已有形状，煅烧后似岩石般坚硬，其耐火度及可塑性取决于氧化铝、铁质矿物含量及二氧化硅的赋存状态。

耐火粘土分为软质粘土、半软质粘土、硬质粘土和高铝粘土四大类。

2. 主要用途

耐火粘土主要用作冶金耐火材料，占消费量的 70%。其次，用于机械、轻工、化工、建材、橡胶、造纸、玻璃、陶瓷、国防等领域。

（二）地理分布

世界耐火粘土分布广泛，已探明总储量达 685×10^8 t，主要分布在俄罗斯、美国、英国、澳大利亚、巴西、印度、中国等国。

中国耐火粘土资源各省均有分布，截至 2018 年底，中国耐火粘土查明矿石资源储量 26.38×10^8 t，此外，中国煤田伴生的耐火粘土资源量十分丰富，约有 50×10^8 t。

黑龙江省耐火粘土资源较少，发现矿床 1 处，累计查明耐火粘土矿石资源储量 1587.4×10^4 t。

（三）牡丹江市黄花北山耐火粘土矿床

黄花北山耐火粘土矿床，位于牡丹江市区西北部边缘，距市中心 9 km 处。

1969 年黑龙江省地质局第一地质队对该矿开展了勘探工作，查明耐火粘土矿石资源储量 1587.4×10^4 t。为一大型耐火粘土矿。

矿体赋存在古近系虎林组内，含矿层呈长椭圆形，东西长 2800 m，南北宽 400~1000 m，最宽达 2000 m。呈近水平状产出的 4 条矿体自下而上为：透镜状灰绿色含粉砂粘土层，厚 20~40 m；以灰白色为主的粘土层，厚 10~15 m；灰白色粘土层，厚 10 m；灰色或紫色粘土砂层，厚 10~15 m。

矿石呈致密块状，蜡状光泽或土状光泽，自然类型有：灰绿色含粉砂粘土，含粉砂 10%左右，可塑指数 2.4~3.6，耐火度 1580~1640℃；灰白色粘土，含砂量小于 8%，可塑指数 3.6~5.5，属高可塑性，耐火度 1630~1700℃；紫色含砂粘土，含长石、石英粗砂或中砂，含量 8%左右，可塑指数 2.4~4.0，属中-高可塑性，耐火度 1600~1650℃。矿石工业类型为高岭土型偏酸性、高可塑性、物理性能良好的软质及半软质粘土。

八、颜料粘土

（一）基本性质及主要用途

1. 基本性质

颜料粘土呈黄-杏黄色或灰-灰白色，质地细腻，具高附着性，块状、贝壳状或阶梯状断口，蜡状光泽，粒度细腻。主要由高岭石、蒙脱石、伊利石、针铁矿、石英等矿物组成，化学成分主要为二氧化硅（46.52%~60.38%）、三氧化二铝（11.24%~21.71%）、三氧化二铁（3.76%~29.92%）、氧化镁（1.03%~2.00%），含少量锰及微量钛、钡、锶、锌、铬、铅等。

颜料粘土中氧化铁的含量和氧化铁的存在形式，对颜料颜色有很大影响，这是因为氧化铁可以呈现不同的颜色。颜料粘土中含有的褐铁矿（主要为隐晶质针铁矿，还可混有纤铁矿、赤铁矿、石英、粘土等），呈橙黄色，经过煅烧就变为火红色。

2. 主要用途

颜料用黄粘土矿主要用于建筑粉刷、日用陶瓷、建筑陶瓷和木器家具的配色着色、油漆、颜料等，少量用于铅笔芯的填充料、钻探用泥浆。

（二）地理分布

中国颜料用黄粘土矿资源主要分布在黑龙江省，其次湖北省也有少量分布。

黑龙江省颜料用黄粘土矿分布在讷河老莱-嫩江双山一带，发现与水泥配料用灰粘土矿共生矿床2处（表6-2-10），另见有矿点19处，是黑龙江省的优势特色矿产。截至2019年底，累计查明颜料用黄粘土矿石资源储量295×10^4 t，保有资源储量192×10^4 t，居全国首位。

表6-2-10　黑龙江省主要颜料用黄粘土矿产地简表

序号	矿产地名称	所在地区	矿床规模	开发利用情况
1	讷河市老莱黄（灰）粘土矿床	齐齐哈尔市	中型	停采
2	嫩江市双山黄（灰）粘土矿床	黑河市	中型	停采

（三）讷河市老莱黄（灰）粘土矿床

老莱黄（灰）粘土矿床，位于讷河市老莱镇青山嘴，南距老莱火车站4 km。

20世纪80年代，黑龙江省地质四队及讷河县地质队对老莱黄粘土矿进行了普查工作，查明水泥配料用灰粘土及颜料用黄粘土储量共计1154×10^4 t，其中，黄粘土矿石资源储量170×10^4 t、灰粘土矿石资源储量984×10^4 t。成因类型为湖相沉积型矿床。

赋矿地层为新近系孙吴组，由上层黄粘土、灰粘土和下层黄粘土组成。矿体呈近南北向分布，近水平产出。黄粘土矿体形态变化大，除层状、似层状外，还有镐状、靴状、椭圆状。矿体一般长420~2600 m，宽200~1150 m，厚度0.05~2.86 m、平均厚度0.36~1.04 m。

老莱黄粘土色纯黄，颜色均匀、质地细腻，块状、贝壳状或阶梯状断口，蜡质光泽，杂质含量少，粒度细，大多数集中在0.001~0.002 mm范围内，粗细相当于头发丝直径的1/80~1/40。塑限指数（ZP）26.12，塑限（WP）42.60，液限（W）60.73，干容重1.88。耐火度1360~1440℃，密度1.41 g/cm^3。

它的神奇之处在于：随加热温度的递增，颜色也依次加深，并且冷却后颜色不能复原。例如：杏黄色（原色）→蛋黄色（加热到100℃）→深黄色（加热到200℃）→棕色（加热到300℃）→朱红色（加热到400~800℃）→棕红色（加热到900℃）→褐色（加热到1200℃）。如果加入化学试剂后加热，颜色还会发生变化。据北京大学地质系用连二亚硫酸钠处理，其烧灼后的粘土试样随试剂量的增加，颜色可由红棕或朱红色依次变为绿色、蓝色到黑色，被称为“神奇的黄粘土”。

黄粘土因为无毒、无味、无害，具有不污染环境、抗风化力强的特点，既可以在涂料生产中充当颜料，也可以充当填充剂、阻燃剂、防腐剂和杀菌剂，因此是生产涂料理想的原料。民间早已开采用作颜料和涂料。一种名叫“老莱地板黄”的地板黄油漆，就是以黄粘土为主料制成的。

现该矿种已限制开采。黄粘土因为质量好，有神奇的变色效应，在国内享有盛誉，是黑龙江省的优势矿产之一。

（四）开发利用

老莱黄粘土矿开发很早（图 6-2-10），民国年间，利用老莱黄粘土生产的陶瓷产品参加了巴拿马赛会（李斌等，1993）。日伪时期也有开采。1945 年后成立老莱地板黄工厂（后改为老莱陶瓷厂开采经销），将黄粘土加工成粉，卖给齐齐哈尔化工原料公司，主要用于建筑粉刷、日用陶瓷、建筑陶瓷和木器家具配色着色、油漆原料等，还外销至吉林、辽宁、山东、甘肃等地。

图 6-2-10　讷河市老莱黄粘土矿采坑
（吕长禄摄）

1971 年开始出口日本，1979 年日本稻垣矿业株式会社派人前来实地考察，并要求增加购矿量。1980~1983 年，黑龙江省五金矿产进出口公司与日本企业签订补偿贸易协定，精明的日本商人，利用我们对日本市场不太了解和我们廉价的劳动力，用出口的开采机械设备换取等价的黄粘土，采用大包装运回日本后，再改为小包装卖给窑业公司。窑业公司利用其神奇的变色效应，生产用于高档建筑的彩色墙面砖和地面砖。

嫩江市双山黄粘土矿可利用颜料黄粘土 125×10^4 t，水泥配料用粘土 1761×10^4 t。自 1958 年以来被地方开采，多用作钻探泥浆土，部分作为涂料销售给齐齐哈尔化工公司，到 20 世纪 60 年代基本停止开采。

为避免盲目扩大对外出口，1981 年黑龙江省地质科研所与北京大学地质系合作，对老莱黄粘土矿的矿石物质组分、质量及矿床成因类型、找矿远景等进行了科学研究，将该颜料用黄粘土命名为“含针铁矿贝得石粘土”。为保护黄粘土矿产资源，现该矿种已限制开采。

九、玄武岩

（一）基本性质及主要用途

1. 基本性质

玄武岩是一种基性喷出岩，灰黑色，有的为绿、灰绿、暗紫等色，常见斑状结构，少数为无斑细粒结构，块状构造、气孔或杏仁构造。矿物成分主要由基性斜长石、辉石组成，次要矿物有橄榄石、角闪石、黑云母等。密度 2.8~3.3 g/cm^3，致密者压缩强度很大，可达 300 MPa。

2. 主要用途

玄武岩是作铸石、岩棉的主要原料。铸石用玄武岩经破碎、配料、制模、熔融、浇铸、结晶、退火，按所需形状制成人造石质制品；制品具有很高的耐蚀性、耐磨性、具有较高的硬度和机械强度、绝缘性，可代替金属管道和容器，用于石油、化工、冶金、电力、煤炭、轻纺等工业。

岩棉用玄武岩加入白云石矿渣、经破碎、熔融、喷丝而制成一种絮状人造纤维保温材料。其热导系数低，是轻质保温、吸音、耐热、不燃、化学性质稳定的材料，广泛用于建筑、石油、化工、电力、冶金、纺织、交通、国防等工业。一定块度的无气孔和杏仁状充填物的玄武岩是一种低档饰面石材，还可作墓碑；其碎石可作集料；石粉、废渣可作水泥混合材料。近 20 年，一种玄武岩纤维材料强势崛起，被我国纳入和“碳纤维、玻璃纤维、芳纶纤维”相媲美的四大纤维之一。

【科学窗】玄武岩纤维 将玄武岩粉碎后投入熔窑中，加热至 1500℃熔融状态，通过铂铑合金拉丝漏板快速拉制，玄武岩纤维就这样被制作出来，这个过程被称为“点石成金”。玄武岩纤维生产周期短、工艺简洁，没有工业废水、废气产生，而且附加值高，被誉为 21 世纪“绿色新材料”。

玄武岩纤维具备优异的耐高温和热震稳定性能，能够在 650℃温度下依然保持不变，还具备耐久性、耐候性、耐紫外线照射、耐水性、抗氧化性。还具备高弹性模量和抗拉强度、吸音系数较高、良好的电绝缘性和介电性能、较低的吸湿性、较低的热传导系数等。

玄武岩纤维广泛应用于国防军工、航空航天、建筑建材、轨道交通、海防工程、舰艇船舶制造、风力发电、环保装备等领域。最常见的是建造领域，制成复合筋，可代替部分钢筋用于土木工程中。对于公路建设而言，起到了“材料革命”的作用，河南省就有一条高速公路的路面，采用玄武岩纤维沥青混凝土下面层科研试验路铺筑，路面寿命预估延长 6~8 年，同时，厚度降低、节约更多原料，真正实现了节能减排、绿色交通。在军工方面，玄武岩纤维制备的复合材料可广泛应用于耐温防热材料，应用于导弹、火箭、火炮的防热部件。在民用领域，可制成防火保温板、耐高温输送带、防火门等。用于制备汽车轻量化复合材料，与铝合金产品相比，玄武岩纤维复合材料新能源汽车电池壳体，可实现减重 30%~50%，且耐腐蚀、隔热防火；复合材料汽车板簧产品，减重 50%~70%，疲劳寿命是金属板簧的 5 倍。此外，还可用于制备体育休闲用品，如：滑雪板、自行车、羽毛球拍等及各种功能服装：消防员灭火防护服、隔热服、避火服、炉前工防护服、电焊工作服、军用装甲车辆乘员阻燃服等。随着国产玄武岩纤维拉丝技术的突破，玄武岩纤维具有非常广阔的应用前景。（武汉中科先进技术研究院供稿）

（二）地理分布

中国玄武岩主要分布在黑龙江、内蒙古、吉林、江苏、湖南、广州、海南、四川、贵州、云南、北京等省（区、市）。

黑龙江省玄武岩储量丰富，居全国第一位。已发现玄武岩矿床 5 处，其中铸石用玄武岩 1 处，岩棉用玄武岩 3 处，饰面用玄武岩 1 处（表 6-2-11）。截至 2019 年底列入《黑龙江省矿产资源储量表》3 处，查明资源储量 18447×10^4 t，保有资源储量 7274×10^4 t。

铸石用玄武岩即牡丹江市黄花铸石用玄武岩，查明铸石用玄武岩矿石 11131×10^4 t，保有资源储量 11110×10^4 t。另外，五大连池市五大连池玄武岩矿床、鸡西市小湾沟拉丝玄武岩矿床矿石主要氧化物含量达到铸石用玄武岩矿的工业标准，在辅料中稍加调整就可以作为铸石用原料。岩棉用玄武岩矿床，查明资源储量 18447×10^4 t，保有资源储量 7274×10^4 t。

表 6-2-11　黑龙江省主要玄武岩矿产地简表

序号	矿产地名称	所在地区	矿床规模	开发利用情况
1	牡丹江市黄花铸石玄武岩矿床	牡丹江市	超大型	停采
2	五大连池市五大连池玄武岩矿床	黑河市	大型	未开采
3	鸡西市小湾沟拉丝玄武岩矿床*	鸡西市	中型	未开采
4	克东县二克山玄武岩矿床	齐齐哈尔市	中型	停采
5	绥棱县阁山玄武岩饰面石材矿床*	绥化市	小型	未开采

注：* 为未列入 2019 年《黑龙江省矿产资源储量表》的矿床。

（三）牡丹江市黄花铸石用玄武岩矿床

黄花铸石用玄武岩矿床位于牡丹江市西南 6 km 处，交通极方便，有铁路、公路在矿区南处通过。

1969 年，黑龙江省地质局第一地质队对该矿开展普查工作，提交《黑龙江省牡丹江市黄花玄武岩说明书》，查明铸石用玄武岩矿石资源储量 11131×10^4 t。

分南、北两个矿体，北部玄武岩层（北矿体）东西长 2800 m，南北宽 350~950 m，厚度 3.43~135.20 m，平均厚度 59.57 m。产状与盆地基底一致，靠北部边缘陡，倾角在 30°左右，局部大于 30°；南部边缘缓，倾角 15°~20°，均向盆地中心倾斜，中部近于水平，呈盆形分布。南部玄武岩层（南矿体）东西长 1500 m，南北宽 300~700 m，厚度 3.91~117.23 m，平均厚度 63.65 m，南部边缘陡，倾向北，倾角在 30°以下；北部边缘缓，近于水平，与断层相接。为超大型铸石用玄武岩矿床。开采始于 1969 年，建有矿山 1 座。

克东县二克山岩棉用玄武岩矿，由齐齐哈尔市二克山岩棉厂开采利用，岩棉产品质量优良。

双鸭山玄武岩纤维及其制品生产基地已于 2021 年开工，项目由四川航天拓鑫玄武岩实业有限公司子公司——黑龙江航天双鑫玄武岩有限公司投资建设。项目总投资 6 亿元，设计年产 1×10^4 t 玄武岩纤维及其制品。预计全部项目达产后，年可实现销售收入 8 亿元，利润 1.2 亿元，税金 3000 万元，新增就业 200 人（双鸭山日报，2021）。

黑龙江省玄武岩分布广泛，为生产优质的玄武岩纤维提供了较为丰富的原料。大力发展玄武岩纤维及其复合材料产业无疑具有重要的意义。

十、花岗石饰面石材

（一）基本性质及主要用途

1. 基本性质

天然饰面石材是具一定装饰性能，物理化学性质稳定、结构致密、质地坚硬和能加工成一定尺寸板材的岩石，有大理石、花岗石、石灰石、砂岩和板石饰面石材五大类，它们都是饰面石材的商品名称，与岩石学中的“花岗岩”“大理岩”“板岩”的概念完全不同。

花岗石是以花岗岩为代表的一类石材，包括岩浆岩和各种硅酸盐类变质岩石材，常见的如辉石岩、角闪岩、辉绿岩、蛇纹岩、流纹岩、玄武岩、安山岩、辉长岩、斜长岩、闪长岩、正长岩、花岗岩、白岗岩、霞石正长岩、霓霞岩、混合岩化片麻岩、混合花岗岩等，符合工业指标要求者，均有可能形成花岗石饰面石材矿床。

2. 主要用途

花岗石饰面石材的用途有：①制成饰面板材，用作建筑物的内外装饰，但放射性含量要符合国家标准，其中放射性含量偏高者不能作内装饰；②制碑石及其附属品；③加工成块石；④制艺术装饰和生活用的石雕石刻品；⑤作嵌石家具用板材；⑥作环境保护、化工、轻工、机械和精密仪器、农业等用的石制品。

（二）地理分布

世界花岗石饰面石材资源，主要分布在俄罗斯、意大利、印度、德国、法国、美国、挪威、韩国和荷兰等国。

中国花岗石饰面石材资源较丰富，截至2018年底，查明饰面花岗岩资源储量53.80×10^8 m^3，资源最多的是山东、广西、北京、海南、河北、新疆6省（区、市），合计占全国总量的73%。

至2019年底，黑龙江省查明饰面用花岗石矿石资源9242.40×10^4 m^3，主要分布在双鸭山、佳木斯、鸡西、牡丹江、哈尔滨、伊春、黑河、七台河等地。查明矿产地41处，其中，大型1处、中型15处（表6-2-12）、小型25处。2019年底列入《黑龙江省矿产资源储量表》25处，资源储量6025.1×10^4 m^3，保有资源储量5900.6×10^4 m^3。

表6-2-12　黑龙江省主要花岗石饰面石材矿产地简表

序号	矿产地名称	所在地区	矿床规模	开发利用情况
1	双鸭山市碾盘山饰面用花岗岩矿床	双鸭山市	大型	未开采
2	桦川县歪顶山花岗岩饰面石材矿床	佳木斯市	中型	未开采
3	密山市知一镇崇实南山花岗岩石材矿床	鸡西市	中型	未开采
4	林口县张家沟饰面用花岗岩矿床	牡丹江市	中型	开采
5	阿城区北沟屯辉石闪长岩饰面石材矿床	哈尔滨市	中型	未开采
6	铁力市小白花岗岩饰面石材矿床	伊春市	中型	未开采
7	嫩江市麦海乡黑岩峰花岗饰面石材矿床	黑河市	中型	未开采
8	七台河市泥鳅河区花岗饰面石材矿床	七台河市	中型	未开采
9	庆安县疙瘩山辉绿岩建材矿床	绥化市	中型	未开采

（三）双鸭山市碾盘山饰面用花岗岩矿床

碾盘山饰面用花岗岩矿床，位于双鸭山林业局青龙林场北6 km处的碾盘山。

1993年黑龙江省佳木斯市三江地质技术开发公司对该矿进行详查工作，查明饰面用花岗岩矿石资源储量1043×10^4 m^3，荒料资源量409.8×10^4 m^3。

矿区内出露的正长花岗岩岩体即为矿体，圈定一个矿体，南北长800 m，东西宽500 m，最高可采深度约77.5 m。矿石呈粉红色或浅肉红色。矿石中在浅色斜长石、石英类矿物的衬托下，钾长石呈云朵状，形似一片“映山红花朵”分布在绿山丛中，因此商品名为“映山红”。其颜色匀称雅致，整体性强，装饰效果良好，为暖色调的优质饰面材料，是良好的室内外装饰板材。其抗压强度平均值为155.6~158.4 MPa，抗折强度平均值12.7~14.0 MPa，体积密度2.58 g/cm^3，吸水率平均值0.48%，抗冻性良好，肖氏硬度（HS）为92.0~94.52，耐磨率为4.28~4.69 g/cm^2，光泽度平均值为76.15，放射性核素浓度最高0.95 Bq/kg，平均为0.5 Bq/kg。放射性元素含量等均低于国家规定标准，对人体无放射性伤害，符合饰面石材要求，可广泛应用于各种建筑设施。

（四）开发利用

黑龙江省花岗石饰面石材开发应用历史久远，主要作为建筑用石。

林口县大楚山花岗岩石材矿山于1978年由林口县林业局采用手工开采，商品名为“楚山灰”，生产国内销售的路基石，于1985年正式对外出口制作墓碑石，出口石材工艺命名“黑龙石”，年产荒料800 m^3，主要出口日本，是黑龙江省石材开发出口基地。

1980年后加大了对饰面石材的勘查开发利用。已发现的天然花岗石饰面石材花色品种十几种，其中较好的有红橘、麻点白、绿黑花、黄黑花等都是黑龙江饰面石材中的特色品种，成矿地质背景条件好、远景广阔。

第七章　物华天宝——宝石、玉石和观赏石

从目前的宝石学看，宝石的概念有广义和狭义之分。

广义的概念宝石和玉石不分，泛指宝石，指的是色彩瑰丽、坚硬耐久、稀少，并可琢磨、雕刻成首饰和工艺品的矿物或岩石，包括天然的和人工合成的，也包括部分有机材料。

狭义的概念有宝石和玉石之分，宝石指的是可琢磨成宝石首饰的单矿物晶体，包括天然的和人工合成的；而玉石是指可琢磨雕刻成首饰和工艺品的矿物集合体或岩石，同样既包括天然的，又包括人工合成的。

【知识链接】宝石和玉石的区别　通常来说，宝石是取材于天然单晶体矿物，也就是说一粒宝石通常是取自一个单独晶体，晶体是我们的肉眼就可以看见（所以又叫显晶质），宝石通常是透明的，光线进入切割后的宝石内部，经过一系列的反射折射，我们就可以看到宝石的闪光，如红宝石、蓝宝石、祖母绿等；宝石也有少数是天然单矿物集合体，如欧泊、青金石，还有一些有机质，如琥珀、珍珠、珊瑚、象牙，也包括广义的宝石之内，它们又被称作生物宝石。而玉石则是另一个概念，它是由无数细小的我们肉眼无法看到的晶体组成，只有在高倍电子显微镜下我们才能看清它的结构，所以人们把玉石称作隐晶质矿物，广义来说，这些微小晶体的集合体都可以称作玉石。通常人们谈论的玉石主要是指和田玉（白色为典型颜色）和翡翠（绿色为典型颜色），这两种玉石是国际上公认比较有价值的玉石。

中国人自古以来就喜石爱石，形成了特有的石文化，有“园无石不秀，斋无石不雅”之说。观赏石不只可以装点生活，更可以陶冶情操。把能给人以视觉快感、引发美的启悟和联想的、具有一定观赏价值、装饰价值和经济价值的石头统称为观赏石。其体积大至广场石、庭院石，小到掌中石。

第一节　宝　石

宝石是指天然形成的颜色鲜艳、质地晶莹、光泽灿烂、坚硬耐久、赋存稀少，可以加工制作成饰品的美丽而贵重的矿物单晶体（含双晶），如钻石、祖母绿、红宝石、蓝宝石、石榴子石、水晶等。

黑龙江省宝石资源较匮乏，品种相对单一，已查明资源储量的宝石种类有石榴子石、红宝石、蓝宝石及工艺水晶（表 7-1-1），已开发利用的宝石有红蓝宝石等。

表 7-1-1　黑龙江省宝石种类及分布简表

宝石种类		主要产地
宝石	石榴子石	双鸭山市、黑河市逊克、双鸭山市饶河、鸡西市、牡丹江市林口县及伊春市
	红宝石、蓝宝石	牡丹江市穆棱
	工艺水晶	哈尔滨市通河、方正、尚志、五常，牡丹江市海林、东宁及伊春市

一、石榴子石

1. 基本性质

石榴子石是一族矿物总称，矿物品种复杂，化学成分多变，理论化学式 $A_3B_2[SiO_4]_3$，其中 A 代表二价阳离子钙、铁、镁、锰，B 代表三价阳离子铝、铁、铬、锰等。晶形呈菱形十二面体或四角三

八面体，晶体近似圆球状，透明至半透明，强玻璃光泽至亚金刚光泽，常见包裹体，有血红、暗红、褐红、褐、黄褐、黄绿、鲜绿、黑等色，硬度大（6.5~7.5），密度大（3.1~4.3 g/cm^3）。

其主要品种有铁铝榴石、镁铁榴石、镁铝榴石、锰铝榴石、钙铝榴石、钙铁榴石、翠榴石7个品种。还有两种具特殊效应的石榴子石，即变色石榴子石和星光石榴子石。颜色及净度较佳的石榴子石，除个别品种外，都是中低档宝石或雕刻工艺品的原料。优质者亦可切磨戒面。

2. 评价标准

石榴子石以颜色、透明度、粒度为经济评价依据。只有优质翠榴石和变色石榴子石是珍贵宝石。由于罕见，其价值不低于优质祖母绿。其他石榴子石即使十分优良，也只属于中档宝石，而大多数红色的石榴子石宝石，由于都带有一定的棕褐色调而不够鲜明美观，都属于低档宝石。

3. 地理分布

中国石榴子石资源主要分布在湖南省、湖北省、陕西省、黑龙江省、吉林省、甘肃省和新疆维吾尔自治区，其他省（区）也有产出。以铁铝榴石居多，钙铝榴石、锰铝榴石及镁铝榴石也有产出。鲜艳、结晶好的可作宝石。

黑龙江省已发现的石榴子石宝石矿床1处，即双鸭山市岭东区红宝沟石榴红宝石砂矿。另外，在黑河市逊克县、双鸭山市饶河县、鸡西市三道沟、林口县龙爪山及伊春市亦见有石榴子石，未做宝石利用研究。

4. 双鸭山市岭东区红宝沟石榴红宝石砂矿床

红宝沟石榴红宝石砂矿床，位于双鸭山市岭东区二站西南。

1988~1989年黑龙江省地质矿产局第一地质大队对该矿开展了详查工作，查明宝石级石榴子石矿物资源储量3700 kg。

矿体展布于红宝沟河谷的阶地和河漫滩上，呈南北向带状分布。矿床由3个矿体组成，其中Ⅰ号是主要矿体，为河漫滩砂矿，沿河谷呈带状分布，形态较为稳定，矿体长度2950 m、平均宽度91.72 m、平均厚度0.74 m，矿层平均埋深3.10 m，石榴红宝石原矿平均品位17.04 g/m^3，宝石级石榴红宝石平均品位4.82 g/m^3，为冲积砂矿床。

宝石级石榴子石品种为镁铝榴石，颜色浅紫红色、褐红色，呈不规则状、棱角状、浑圆状，表面毛玻璃状，透明-半透明，裂纹较发育。粒度不均匀，多在2~10mm，大者可达30 mm，重大于20 g。

工艺加工试验表明，只要单晶粒径在6 mm以上都具有商品价值，最适合琢磨加工成商品戒面的粒径为6~10 mm的镁铝榴石单晶，而粒径大于15 mm者可加工制成商品老板戒面，其经济效益更好。红宝沟石榴子石经琢磨加工制成各种款式的戒面、耳环、项链、胸坠、手链等饰品后，由于色调鲜艳、质地纯净无暇，在阳光下晶莹剔透，是中低档宝石中的佳品，可与国内外同类品种的宝石相媲美。

二、红（蓝）宝石

1. 基本性质

红宝石和蓝宝石，矿物名称为刚玉，化学式为Al_2O_3，是仅次于钻石的珍贵宝石，纯净者无色透明，因含微量的铬、铁、钛、镍、锰、钒等元素而呈鲜艳的颜色（红宝石含铬而成红色，蓝宝石含铁、钛等而成蓝色），晶体呈六边形柱状或腰鼓状，玻璃光泽，硬度9，密度3.95~4.28 g/m^3，熔点2000~2030℃。红宝石和蓝宝石与钻石、祖母绿并称世界四大珍贵宝石。除颜色美艳外，红宝石和蓝宝石因内部含有定向排列的针状包裹体，可能出现六射星光及罕见的十二星光（被称为“星光蓝宝石”），并且在不同光源下可能有变色现象。中国珠宝玉石国家标准规定：红宝石专指红色、橙红色、紫红色等以红色为主的刚玉质宝石；蓝宝石泛指红宝石之外任何颜色的刚玉质宝石。

红宝石和蓝宝石属于高档宝石类，优质者用于各种首饰，劣质者可雕制工艺品。

【知识链接】**克拉（ct）** 克拉又称卡、卡拉，从1907年国际商定为宝石计量单位开始使用。是珠宝、钻石等宝石的质量单位。现定1 ct等于0.2 g或200 mg。1 ct又分为100分，如50分即0.5 ct，以用作计算较为细小的宝石。

2. 评价标准

1）透明度：分为透明、亚透明、半透明、亚半透明、不透明5个级别。达到透明级的红宝石最具美感，价格自然也最为昂贵。

2）颜色：鲜明浓艳且不偏色，红宝石不偏黄、褐、紫，绝不发黑；蓝色蓝宝石要求不易偏绿、灰，绝不能发黑。

红宝石分级方案：血红、鸽血红（最优）>鲜红（优）>纯红（良）>粉红（中）>紫红（差）；

蓝宝石分级方案：矢车菊蓝（最优）>浓蓝（优）>鲜蓝（良）>淡蓝（中）>极淡蓝或蓝中带灰、绿（差）。

3）净度：大多数宝石内部具有裂缝、瑕疵、绺裂等，越纯净，也就是越透明越好。

4）切工：透明度较好的，切磨成“刻面宝石”，使它能反射出耀眼的光芒；透明度差或基本不透明的刚玉宝石，切磨成半球形的素身宝石，只欣赏它的颜色。切割良好的宝石在整个表面上均匀反射光线，光线间相互作用、热烈丰富而又富含动感。

5）克拉重量：同等品质下，宝石越大越重价格越高，重量以克拉为单位，最小计量重0.1 ct；大于2 ct为上品，大于5 ct者单独论价。

3. 地理分布

红宝石和蓝宝石产地，主要集中在东南亚地区，以缅甸、斯里兰卡和泰国最著名，此外还有越南、老挝、柬埔寨、澳大利亚和中国。缅甸是世界上首屈一指的优质红宝石产地，以“鸽血红”最佳，次为石榴红、玫瑰红等。

中国红宝石在青海、安徽、新疆、云南、黑龙江、湖南、海南、江苏、西藏等省（区）有分布；蓝宝石主要产于山东昌乐，其次在新疆、重庆、黑龙江、福建、青海、海南等省（区）也有刚玉质宝石分布。

黑龙江省红宝石和蓝宝石查明资源储量659300 ct，见于牡丹江市穆棱（表7-1-2），发现矿床2处、矿点3处，其形成与北东向深大断裂——敦密（敦化-密山）断裂有关。

表7-1-2 黑龙江省红宝石和蓝宝石主要矿产地简表

序号	矿产地名称	所在地区	矿产地类型	开发利用情况
1	穆棱市桦树河蓝（红）宝石砂矿床	牡丹江市	矿床	开采
2	穆棱市福禄乡干沟子刚玉（红宝石和蓝宝石）矿床		矿床	开采
3	穆棱市大架子山地区蓝红宝石砂矿床		矿点	未开采

4. 穆棱市福禄乡干沟子刚玉（红宝石和蓝宝石）矿床

干沟子刚玉（红宝石和蓝宝石）矿床，位于穆棱镇东37 km处。

1985~1989年黑龙江省地质矿产局地质科学研究所对该矿开展了详查工作，查明宝石级刚玉资源储量180900 ct。

矿床赋存于第四系坡积洪积玄武岩砾石层中。矿体产于干沟子河中上游坳沟的沟底，长1690 m，宽20~230 m，厚0.35~2.20 m，平均品位刚玉（大于2 mm）4.35 ct/m^3，锆石（大于3 mm）9.22 ct/m^3，石榴子石（大于3 mm）0.82 ct/m^3，辉石（大于6 mm）61.79 ct/m^3。属残冲坡积碎屑型砂矿床。

刚玉粒度4~6 mm者占37.64%，8~10 mm者占4.75%，其中最大者（红宝石）重30 ct，粒度为22.00 mm×16.28 mm×7.66 mm。刚玉颜色分红色系列及蓝色系列两类（图7-1-1），红色系列刚玉占

45.99%，蓝色系列占54.01%。刚玉呈透明-半透明，透明者占80%左右，半透明者占20%左右。玻璃光泽者最多，少数为绢丝光泽，裂纹及包体不发育，内部干净。

图7-1-1　穆棱红宝石和蓝宝石
（来源：http://www.360doc.co/content/19/0404/20/59117812_826464920.shtml）

第二节　玉　石

玉石也有狭义和广义之分，狭义仅指硬玉（以缅甸翡翠为代表）和软玉（以和田玉为代表）；广义则包括许多种用于工艺美术雕琢的岩石。至于彩石，则是指大理石等颜色和质地较美观细腻而硬度较低、光泽不强，但能符合加工工艺要求的低档工艺美术石材。有的学者主张将彩石包括在广义的玉石之中，或将彩石作为玉石的同义词。

玉从色彩上分有：白玉、碧玉、青玉、墨玉、黄玉、黄岫玉、绿玉、京白玉等。从地域上分有：新疆玉、河南玉、岫岩玉、澳洲玉、独山玉、南方玉等，而其中新疆和田玉是我国的名特产。

我国出产有丰富的玉石，如新疆的和田玉、辽宁的岫岩玉、黑龙江的玛瑙、湖北的绿松石、杭州的昌化石以及南京的雨花石（玛瑙）等，都是较著名的制作玉器原材料。

【知识链接】和氏璧　又称和氏之璧、荆玉，是中国古代一块著名的璞玉石，相传为楚国人卞和所发现。和氏璧是雕刻印章的宝贵材料，其加工后成为秦、汉、魏、晋、唐等历代王朝的传国玺，最后在五代十国的动乱中下落不明。由和氏璧制成的玉玺谁得到它才算是真正的真龙天子了，这是宝石的信用价值的体现，是身份和权力的象征物。

话说东周春秋时，楚人卞和在荆山见凤凰栖落青石之上，于是他将此璞玉献给楚厉王，经玉工辨识认为是石块。卞和以欺君罪被刖左足。楚武王即位，卞和又去献宝，仍以前罪断去右足。至楚文王时，卞和抱玉痛哭于荆山下，哭至眼泪干涸，流出血泪。文王甚奇，便命人剖开璞石，果得宝玉，经良工雕琢成璧，人称“和氏璧”（见《韩非子·和氏璧》）。秦昭王得知此事，欲用十五座城池来换“和氏璧”，引出“完璧归赵”的故事。

黑龙江省玉石资源较匮乏，品种相对单一，已查明资源储量的玉石主要有玛瑙，其次有透闪石玉、蛇纹石玉、龙江碧玉、玉髓等（表7-2-1）。已开发利用的玉石有玛瑙、蛇纹石玉、玉髓、龙江碧玉、黑曜岩等，主要玉石品牌有北红玛瑙、神树玉、依兰玉、阿木尔蛇纹石玉等。

一、玛瑙

1. 基本性质

玛瑙属石英质玉石类，玛瑙和玉髓是极微粒的石英集合体。其结构均匀、无条纹和条带的称玉髓；有环带、条带的称玛瑙；含粉砂、粘土矿物者称碧玉。外观致密块状、半透明至不透明。

品种包括玛瑙、水胆玛瑙、碧玉、绿玉髓、蓝玉髓、红玉髓、血玉髓。

表 7-2-1　黑龙江省玉石种类及分布简表

宝玉石种类			主要产地
玉石	石英质玉石	玛瑙	黑河市逊克县、嫩江市，伊春市，大兴安岭地区呼玛县、漠河市，齐齐哈尔市克山县、甘南县、龙江县及境内的嫩江流域
		龙江碧玉	齐齐哈尔市甘南县
	蛇纹石玉		大兴安岭地区漠河市、伊春市铁力市
	透闪石、透辉石玉		伊春市铁力市、哈尔滨市依兰县

玛瑙的特点是特别细腻，在高倍显微镜下也见不到颗粒。通常呈灰蓝色或灰色，天然呈红、绿、黑、黄、胆青、白色，紫、绿、蓝等色者非常罕见。从花纹上分有：灯草、藻草、缠丝、玳瑁玛瑙等。

【知识链接】玛瑙由来　据中国古籍记载，“玛瑙”一词来源于印度，古印度人看到玛瑙的颜色和花纹很像马的脑子，就以为它是由马脑变成的石头，所以梵语称它为“马脑”。在许多佛经典籍中，玛瑙是佛家七宝之一，具有辟邪护身之效。当佛教传入中国后，翻译者考虑到“马脑属玉石类”，就巧妙地译成“玛瑙”。

【知识链接】玛瑙诞生　大约在 1 亿年以前，当地下岩浆由于地壳的变动而大量喷出，留待熔岩冷却之时，水蒸气和其他气体形成的气泡被封闭形成许多孔洞。这些孔洞经过长时间大自然的神奇造化，被含有二氧化硅的溶液浸入凝结成硅胶，而硅胶又被含铁、镍等元素岩石的可熔成分进入形成结晶，就形成玛瑙。因此，多数玛瑙都是由于火山喷发形成的。后期，岩石风化碎裂，雨水冲刷，堆积在山坡或河谷中，形成玛瑙矿。

2. 评价标准

玛瑙属中低档玉石材料，对其质量要求不高，评价标准主要从玉石质地、颜色、透明度、杂质、裂纹等方面进行，通常以颜色鲜明为佳，花纹以奇特为好，且质地细腻、致密均匀，具一定透明度，而且块度大一些并少裂纹更好。颜色以翠绿色、紫色、纯白色为佳。

3. 地理分布

中国的玛瑙产地有 20 余处，以辽宁省阜新市和内蒙古自治区阿拉善戈壁中的大玛瑙矿最为著名。

黑龙江省玛瑙产地主要在黑河市逊克县、嫩江市，齐齐哈尔市龙江县、甘南县及伊春市等地。产自逊克县的玛瑙矿已开发利用，以储量大、硬度高、色泽好闻名中外，逊克县红玛瑙成功申报了国家地理标志产品，并入围全省十大文化产业品牌，被称为“红玛瑙之乡”，其玛瑙商品名为“北红玛瑙”。

4. 逊克县阿廷河玛瑙砂矿床

阿廷河玛瑙砂矿床，位于逊克县宝山乡阿廷河村，距逊克县城南东约 100 km。

1977~1980 年，黑龙江省地质局第一区调大队进行 1：20 万逊克县等五幅区域地质调查时发现。

砂矿体产自阿廷河流域，分布在阿廷河中上游河谷两侧高漫滩上。玛瑙产于地下 1.5~4 m 的砂砾层或含砾砂层中，个体大，呈块状、板状、柱状、球状，颜色丰富多彩，有粉红色、深红色、白色、浅绿色，极少量绿色，玛瑙具有环带、条纹、斑点、云雾等花纹。一级品者颜色艳丽，俏色发育，光泽灿烂，彩晕奇异变幻，颜色一般以深红色、绿色、粉红色为佳，无裂纹、无瑕，个体重量大于 2 kg，个别重量大于 5 kg，1978 年曾采过 32.4 kg 的水胆玛瑙，还采到过 100 kg 的特大玛瑙。阿廷河玛瑙砂矿成因属于冲积沉积型砂矿，规模较大，玛瑙质量较好，一级品者约占 30%以上，主要为民间开采。

该矿现处在县级保护区内，主要保护对象即天然玛瑙石（图 7-2-1），进行保护性开采。宝山乡境内玛瑙石矿产资源储量丰富，保有资源储量 122.034×10^4 t。目前已开发的产品品种有天然自成的玛瑙观赏石及玛瑙艺术品（图 7-2-2）、旅游纪念品、半装饰品、人物花卉、动物肖像、文化娱乐品等，产品多次在国家、部、省获奖。

图 7-2-1　逊克北红玛瑙原石图

（来源：https：//pics6. baidu. com/feed/63d0f703918fa0ec6f0f41754d1714e93c6ddb01. jpeg？ token=9cd502b8ffb727835ae2c8d37db32362）

图 7-2-2　逊克北红玛瑙雕件

（来源：https：//pics5. baidu. com/feed/b17eca8065380cd769b32beac9c4e03358828194. jpeg？ token=e6fa7323644f4a9d0c35709c6d287baa）

5. 逊克县宝山乡四连东山玛瑙矿点

四连东山玛瑙矿点位于逊克县三间房林场南东 11 km 处。

玛瑙矿主要产于坡积层中。玛瑙呈杏仁状充填和构造裂隙式充填两种类型，后者工业意义较大。

矿体埋藏深度为 2~4 m，最深达 5 m 左右。一般在 2. 5~3. 5 m 深度内，玛瑙富集，质量较好；3. 5~4 m 玛瑙含量增加，其质量由劣质变优质。采掘地带南北长 1200 m，东西宽 200~300 m，赋存面积约 2 km^2。玛瑙成因类型属于风化坡积型。

该矿点所产玛瑙的颜色较单一，主要为紫红色和深红色，其次为黄色、白色。按结构构造分为块状、环带状、条纹状、板状、片状和斑点状玛瑙，其中主要为块状玛瑙。该矿点以个体小（一般小于 2 kg）、色彩艳丽、透明度好为特征。该矿点所采掘的玛瑙中，一、二级品占绝对优势。

该玛瑙矿区规模较大，玛瑙个体较小、色彩艳丽、质量较佳，高档玛瑙居多。

6. 甘南县水库玛瑙矿点

据 1983 年《黑龙江省甘南县青山石髓碧玉矿普查地质报告》，在甘南县境内发现玛瑙矿（化）点 5 处，玛瑙成因都属于河流冲积型。其中以水库玛瑙矿储量最大。

水库玛瑙矿点位于甘南县北，拉哈火车站南西方向，交通较为方便。

矿点位于黄蒿沟水系与支流汇合点的侧岸，玛瑙矿即赋存在河漫滩砂砾层中。矿体走向北西 340°，产状水平。玛瑙颜色为黄红色、浅红色、灰蓝色及酱红色，大小一般 3~15 cm，多呈肾状、卵状，其表面光滑凸凹不平，质纯细腻，裂纹少，构造为环状构造、带状构造及纹理构造。

1980 年以前当地居民在此开采掘，采空面约为 9578. 5 m^2，采出玛瑙约 20254. 7 kg。采空区东部大部分为耕地，尚未开采。经测算获地质资源储量毛矿 61534. 60 kg，精矿 1129. 08 kg。

7. 开发利用

早在 20 世纪 60 年代，逊克县首次发现玛瑙，玛瑙产业开始逐步发展。在业界也有了“世界玛瑙看中国，中国玛瑙看逊克”之说。北红玛瑙广义上指北方的红玛瑙，广泛分布于逊克、伊春、嫩江等中下游流域，涵盖种类较多，如逊克北红、伊春北红、嫩江北红、呼玛北红等石种，其实黑龙江玛瑙就是北红玛瑙。“北红玛瑙”同时具备了色泽鲜艳美观（图 7-2-3）、硬度高、透明度好（图 7-2-4）、化学物质稳定和稀缺性等五大宝石特点。

为吸引南方雕刻技师到龙江发展，黑龙江省政府于 2013 年举办了玉雕大师评选活动，12 名南方技师荣获“黑龙江省玉雕大师”称号，为产业发展积蓄创作型雕刻人才。

2014 年 3 月，黑龙江省政府成立了中俄玛瑙宝玉石协会，2014 年逊克玛瑙地理标识获国家批准。

逊克玛瑙雕刻技艺也成为黑龙江省第五批省级非物质文化遗产。“北红玛瑙”成为特有文化商标进行了注册。同年 5 月举办“2014 中国哈尔滨国际珠宝玉石博览会暨首届北红玛瑙文化节”，对逊克玛瑙进行了广泛推介和宣传，使得北红玛瑙行业的认可度得到显著提升。针对“南红”玛瑙品牌，上海海派玉雕文化协会会长孙敏提出将黑龙江省玛瑙命名为“北红玛瑙”。

图 7-2-3　逊克北红玛瑙雕件

（来源：http://tiebapic. baidu. com/forum/w%3D580/sign=186b4f77363fb80e0cd161df06d02ffb/c77cb1a1cd11728b5e92cf64dffcc3cec2fd2cb0. jpg）

图 7-2-4　逊克北红玛瑙雕件

（来源：http://tiebapic. baidu. com/forum/w%3D580/sign=574079730a950a7b75354ecc3ad0625c/a602c18065380cd78a6b80a8b644ad34588281fd. jpg）

【知识链接】南红玛瑙　又称赤玉、赤琼、琼玉，因产自云南保山而得名，在出土的战国贵族墓中已有南红玛瑙的串饰。颜色有锦红、玫瑰红、朱砂红、樱桃红、缟红料、红白料等，质地细腻温润。现泛指出产于云南、四川的玛瑙。

逊克县加快推进北红玛瑙产业发展步伐，2016 年 5 月，逊克县建成了面积达 2000 m^2 的“中国逊克北红玛瑙大市场”，成为国内唯一的北红玛瑙专业大市场，成功推出了一批北红玛瑙文化精品。用逊克北红玛瑙雕刻而成的《九龙杯》等多件作品已被国家博物馆永久收藏。《大展宏图》《三阳开泰》《九尊》获得中国玉石雕刻“神工”金奖。

目前，逊克已开发玛瑙产品五大类三百多个品种，拥有玛瑙加工企业 17 家，工艺品商店 80 多家，年生产能力约 40 万件，全县玛瑙从业人员超过 2000 人，产品远销日本、韩国、东南亚及俄罗斯等多个国家，销售额连年过亿。2018 年 12 月，逊克北红玛瑙文化艺术体验馆落户哈尔滨中央大街，为黑龙江省内外宝玉石爱好者提供了更好的交流合作平台。

二、透闪石质玉（透辉石质玉）

1. 基本性质

软玉亦称闪石玉、和田玉，化学式为 $Ca_2(Mg,Fe^{2+})_5(Si_4O_{11})_2(OH)_2$，是以透闪石-阳起石系列矿物为主要组分的隐晶质致密集合体玉石。晶体主要呈纤维状，多为深浅不同的绿色调，还有纯白、灰、蓝灰以及黄和棕红色。其绿色与翡翠（硬玉）不同，欠美观。软玉质地细腻，用手触摸有滑感，半透明至微透明，油脂光泽至蜡状光泽，折射率 1.606～1.632，硬度 6～6.5，密度 2.9～3.1 g/m^3。软玉是我国主要的玉雕用原料，也是最古老使用的原料，已有 5000 年以上的历史。

2. 品种及评价标准

根据宝玉石行业习惯，软玉按颜色划分为：白玉、青白玉和青玉、碧玉、墨玉、黄色软玉、糖玉、软玉猫眼等。软玉的用途主要是制作各种首饰，如挂件、手镯，以及雕刻大小摆件等工艺品。

评价标准：对软玉品质要求首要的是“三好”和“一度”，三好是指颜色、质地和光泽，一度是指块度。颜色以纯白为最佳，花色软玉是罕见的珍品。光泽要求明亮润泽如脂肪，无瓷状，越油润越好，质地要求细腻、无绵、白花及绺裂等瑕疵，完全均一。三好皆达到最佳要求的品种，就是所谓的软玉极品“羊脂玉”了。软玉的块度当然越大越好，对于白玉而言，山料重达几千克者不稀罕，可籽料就很难得。其他青白玉、青玉和碧玉，山料块度大者常见，籽料却不太受重视。

【知识链接】原料分类 原料又称毛料，分三类：①山料，即原生矿石，是从原生矿体中直接开采出的原料。它没有风化形成的外皮。②籽料，亦称水石，指经过河流长期搬运浸泡和侵蚀的砾石。它们产于河床、河道及河流阶地的砾石层中，具一定的圆度和球度，外面包有一层风化壳。③半山半水石，又称山流水，是原生矿体崩塌，埋藏于砂石、泥土中，亦有少量产于河流中。山流水外边也常包有一层风化皮壳，但外形保存有棱角状。

3. 地理分布

中国软玉产地很多，新疆的和田玉是世界上最著名而且具代表性的软玉。此外还有青海软玉、辽宁岫岩软玉（俗称“河磨玉”）、台湾花莲软玉、新疆玛纳斯碧玉等。除中国外，世界上有40多个国家和地区都产软玉，已进行商业性开采的有中国、俄罗斯、加拿大、新西兰、美国和澳大利亚。

黑龙江省透闪石质玉、透辉石质玉主要有伊春铁力市桃山镇神树玉和新兴玉、哈尔滨依兰县的依兰玉。编者根据神树玉的矿物成分，其部分玉种应属于软玉范畴，所以将此类玉种列入该节叙述。目前桃山镇神树玉在省内较为著名、市场开发利用较好。

4. 铁力市桃山镇神树玉石矿床

桃山镇神树玉石矿床，位于铁力市神树镇东9 km大锅山西侧。

1987年黑龙江省科技咨询服务中心地质矿产咨询部受铁力市人民政府和桃山林业局的委托，对铁力市桃山镇神树玉石矿开展了普查工作。

矿体产于晚三叠世花岗闪长岩与中二叠统土门岭组大理岩、白云石大理岩接触蚀变带内，发现玉石矿体10条，彩石矿体6条，主要有透闪石质玉、透辉石质玉和蛇纹石玉。属热液接触交代型。

透闪石玉石（图7-2-5）：浅绿或微绿色、灰白色，纤维粒状变晶结构，致密块状构造。多半透明，质地细腻光亮，硬度4~6。矿物成分主要为透闪石，含量75%~85%；其次为透辉石、蛇纹石、白云石。

透辉石玉石：颜色为浅绿色，隐晶状、粒状变晶结构，致密块状构造。硬度5.5~6.5，质地细腻光亮，微透明到半透明。透辉石含量70%左右，石英含量30%左右。

蛇纹石质玉石（图7-2-6）：暗绿色、灰绿色，叶片状变晶结构，致密块状构造。蛇纹石含量95%左右，白云石含量小于1%，磷灰石含量2%，暗色矿物含量小于1%，透明，硬度3~4，质地细腻光亮，块状，可选出一定重量的玉石块。

图7-2-5 桃山镇神树透闪石玉
（据于庆文等，2017）

图7-2-6 桃山镇神树蛇纹石玉（暗绿色者）
（据于庆文等，2017）

蛇纹石化大理岩、透闪石化大理岩多为浅绿色带白色调，部分为白色、灰白色，带浅绿和黄绿色调，多为粒状变晶结构，少数为纤状和粒状变晶结构，质地细腻，具云雾状构造（图 7-2-7）。多当作彩石利用，作为工艺美术石材。

5. 开发利用

铁力市桃山镇是黑龙江省主要产玉地，素有“世外桃源，金玉之地”的美誉，桃山玉总储量 170×10^4 m^3，主要成分为透闪石，与新疆“和田玉”同属一个玉种，主要有神树玉石矿和新兴玉石矿。

目前，桃山大、中、小型的玉石加工厂和销售机构已有 30 余家，2008 年“桃山玉”获得国家注册商标品牌。建立了玉石（原石）交易中心，主要用途为玉石文化展示交流（图 7-2-8）、毛料加工、成品批发零售、产品包装及物流发送，有效地促进了玉石文化产业的规模扩张和价值链攀升。将玉石文化与温泉养生文化完美结合，打造了“小兴安岭第一泉——桃山玉温泉”。

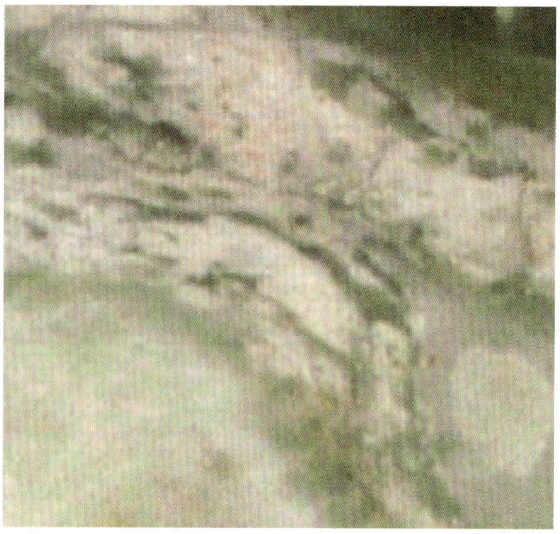

图 7-2-7　桃山镇神树云朵状蛇纹石化大理岩
（李孝敏提供）

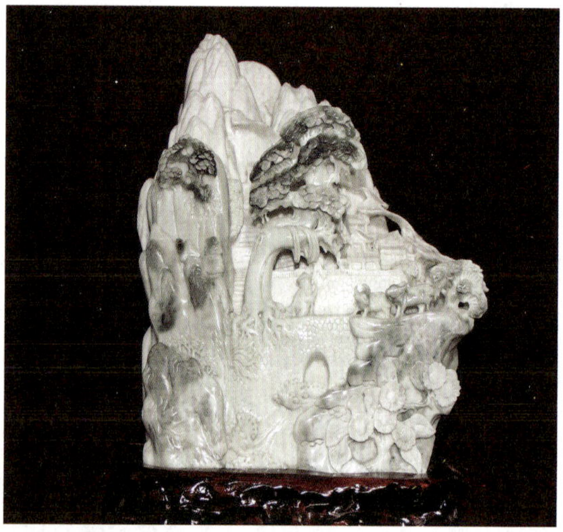

图 7-2-8　桃山镇神树玉摆件
（据寿嘉华，2016）

《青山绿水》是中国玉雕大师孙树龙桃山玉作品（图 7-2-9），现存于桃山玉温泉，价值千万，为桃山玉温泉镇店之宝。《十二生肖转运台》由孙树龙设计，鞍山玉雕马大师等人雕琢而成，十二生肖象征十二个月万物生生不息，转运球重 560 斤，代表 56 个民族，祈福中华民族好运常在。水流不断，寓意年年财源广进。28 t 玉石，代表人生的“二八定律”，道法自然、自强不息、万事吉祥。

图 7-2-9　桃山镇神树玉雕——《青山绿水》
（来源：https://p.51vv.com/vp/RhiOXAyA 桃山玉简介）

铁力市桃山林业局新兴林场大理岩矿已出让给伊春桃山矿业有限公司。矿体长度大于 300 m，宽度大于 70 m，总厚度大于 300 m，岩石主要为白云质大理岩，矿石呈微绿-灰白色透闪石大理岩，主要成分：透闪石 20%～25%，白云石 70%～75%。该矿资源储量 36×10^4 m^3，可采资源储量约 19×10^4 m^3。2009 年停产，2010 年桃山林业局投资为该矿架设电力线路，解决了矿石电力需求。桃山林业局将与公司联手开发新兴大理岩矿，地表层采掘加工大理岩饰面石材，地层深处含玉成分较高时即可加工玉石系列产品。

第三节　观赏石

2015 年国家发布了《观赏石鉴评（GB/T 31390—2015）》标准，对观赏石进行了定义，即为“在自然界形成且可以采集的，具有观赏价值、收藏价值、科学价值和经济价值的石质艺术品。它蕴涵了自然奥秘和人文积淀，并以天然的美观性、奇特性和稀有性为其特点。”

根据观赏石产出的地质背景、形态特征，以及观赏者的人文意识和审美取向，将观赏石分为 5 种基本类型，即造型石类、图纹石类、矿物类、化石类和特种石类。

黑龙江省观赏石资源较为丰富、种类齐全。主要为造型石类观赏石，其次为化石类、矿物类，少量图纹石类观赏石（表 7-3-1）。其中产于逊克县宝山乡的逊克北红玛瑙，以其悠久的历史和上乘的质地而闻名省内外。还有近年来为省内观赏石（宝玉石）收藏者所热衷的造型石类、图纹石类观赏石也具有丰富资源潜力。

表 7 3 1　黑龙江省主要观赏石品种简表

类型	品种名称	产地	类型	品种名称	产地
造型石类	嫩江玛瑙石、碧玉	嫩江流域	图纹石类	嫩江玛瑙石	嫩江流域
	逊克玛瑙石	逊克县阿廷河流域		逊克县玛瑙石	逊克县阿廷河流域
	鸡西玛瑙石	鸡西市穆棱河流域		鸡西市玛瑙石	鸡西市穆棱河流域
	伊春花岗石	伊春、牡丹江市		漠河玛瑙石	漠河市
	哈尔滨石	松花江流域		漠河黄蜡石	黑龙江流域
	姜黄石	嫩江流域		穆棱河彩玉	穆棱河流域
矿物类	自然金	嘉荫县、黑河市、漠河市	化石类	恐龙	嘉荫县
	闪锌矿	伊春市		鱼类	嘉荫县、鸡西市
	黄铜矿	伊春市、嫩江市		珊瑚类	哈尔滨市阿城区、五常市、黑河市
	水晶	伊春市、海林市		腕足类	哈尔滨市阿城区、五常市、黑河市
	萤石	鸡东县		双壳类	漠河市、黑河市
	方铅矿	伊春市		被子植物	嘉荫县、依兰县
	黄铁矿	哈尔滨市阿城区		蕨类植物	伊春市、漠河县
	刚玉	穆棱市		树化玉	克东县、克山县
	石榴子石	双鸭山市		硅化木	黑河市、勃利县
	叶蜡石	龙江县、东宁市		哺乳动物	哈尔滨市、青冈县、肇州县

一、造型石类观赏石

造型石类观赏石，以各种奇特造型为其主要特征，具有立体形态美，大多是在各种外力地质作用下形成的。由于产出地质背景的不同，造型石往往表现出鲜明的地域特色。

黑龙江省造型类观赏石比较有名的主要有逊克玛瑙石、嫩江玛瑙石、嫩江碧玉、漠河黄蜡石、哈尔滨石等。

1. 嫩江玛瑙石

该类观赏石主要产自嫩江中下游流域的齐齐哈尔市、讷河市、富裕县、泰来县等地。玛瑙种类繁多，有管状玛瑙（图 7-3-1）、葡萄玛瑙（图 7-3-2）、带状玛瑙、苔藓玛瑙、云玛瑙、火玛瑙、水胆玛瑙等。在造型石类嫩江玛瑙石中，有人物、动物、花鸟、鱼虫等造型。

2. 逊克玛瑙石

产自黑河市逊克县，主要分布于逊克县宝山乡阿廷河流域。除了出产可以制作玉件及工艺品的玛瑙外（图 7-3-3），还产有色彩绚丽、俏色丰富、造型精巧、浑然天成的玛瑙观赏石（图 7-3-4）。逊克县宝山乡因玛瑙石的产量丰富、质量上乘，有玛瑙石乡之称。

图 7-3-1　嫩江管状玛瑙石
（李刚提供）

图 7-3-2　嫩江葡萄玛瑙石
（李刚提供）

图 7-3-3　逊克玛瑙石
（来源：http://www.wdlc.gov.cn/uploads/image/20161111/1478837296.jpg）

图 7-3-4　逊克玛瑙石
（王荣才提供）

3. 嫩江碧玉

主要产于甘南县宝山乡境内青山屯，齐齐哈尔市、讷河市、富裕县等地也有发现。为玉髓质，墨绿色、浅黄色、棕色、紫色，结构致密、玻璃光泽、质地坚实、肌肤细腻、温润（图 7-3-5）。

4. 漠河黄蜡石

主要分布于漠河市境内黑龙江流域上游河床和河漫滩等区域。颜色为浅黄色、黄色、棕色，为玉髓质、结构致密、蜡状光泽、质地坚实、细腻、温润。部分黄蜡石在河流的长期冲刷、打磨和运移等

地质作用下形成了千奇百怪的造型石类观赏石（图 7-3-6）

5. 哈尔滨石、姜黄石

哈尔滨石、姜黄石是硅化泥质岩经河流搬运、冲刷形成的千姿百态、色彩丰富、质地致密的观赏石（图 7-3-7），近年来备受赏石者的青睐。哈尔滨石多为灰、黑、棕、紫、紫红等色，因常见于松花江哈尔滨段而得名（原多叫“松江石”），小者可做茶宠（图 7-3-8）、配饰（图 7-3-9）。姜黄石主要见于嫩江流域，多呈姜黄色（图 7-3-10），故名。

图 7-3-5　嫩江碧玉

（王荣才提供）

图 7-3-6　漠河黄蜡石

（牛延宏提供）

图 7-3-7　哈尔滨石（一）

（李刚提供）

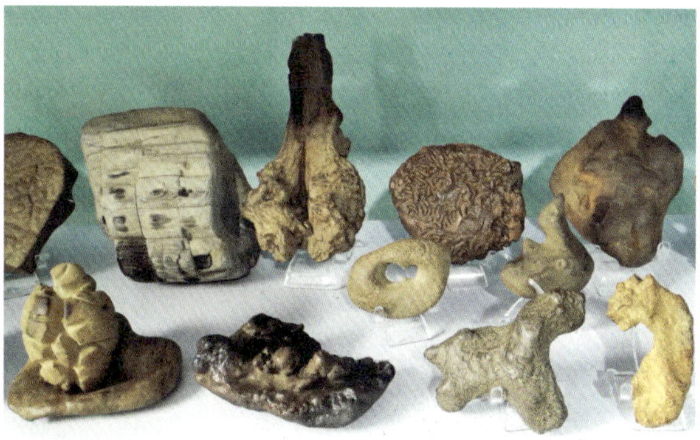

图 7-3-8　哈尔滨石（二）

（李刚提供）

图 7-3-9　哈尔滨石（三）

（刘旭光摄）

图 7-3-10　姜黄石

（张立文提供）

二、图纹石类观赏石

图纹石类观赏石：以具有清晰、美丽的各种纹理、层理、斑块为其主要特征，常在石面上构成艺术图案。它的形成主要与岩石本身的特性有关。黑龙江省图纹石类观赏石品种主要有嫩江玛瑙石、鸡西玛瑙石、漠河玛瑙石、漠河黄蜡石、穆棱河彩玉等。

1. 嫩江玛瑙石

分布在嫩江中下游，玛瑙石经过上千万年日晒雨淋和江水的侵蚀、冲刷，以及与外界的化学作用等，形成了图纹与色彩自然天成、丰富多样，富有生命力和感染力的观赏石。在玛瑙石的表面形成了各种天然图案、文字（图 7-3-11），有的像花草、有的像动物、有的像高山、有的像瀑布、有的像江南水乡、有的像北国雪景，还有的像人物、历史典故情景等。

2. 鸡西玛瑙石

鸡西玛瑙石分布于鸡西市的鸡冠区、梨树区、恒山区、麻山区等地的整个穆棱河流域。鸡西玛瑙石呈半透明或不透明，具有各种颜色的环带条纹，质地细腻无杂质，玻璃光泽，呈多层状，各层互相重叠，有波纹、同心、斑驳、层状等多种花纹（图 7-3-12）。

3. 漠河玛瑙石

漠河玛瑙石主要产于漠河市图强-长缨、二十四站-二十五站等地。玛瑙石颜色丰富多彩，主要有紫红、深黑、灰白、灰绿、灰蓝、灰褐、灰等色，多见同心圆状、环带状、平行层状、致密块状等，颜色及花纹变化多，微-半透明为主，油脂光泽，质地较为坚硬，细腻光滑，颜色鲜艳明亮，光洁度较高，比玉明亮，大多温润细腻，秀气典雅（图 7-3-13）。

图 7-3-11　嫩江玛瑙石
（冯善良提供）

图 7-3-12　鸡西玛瑙石
（孙嘉良提供）

图 7-3-13　漠河玛瑙石
（韩振哲摄）

图 7-3-14　穆棱河彩玉
（孙嘉良提供）

4. 穆棱河彩玉

穆棱河彩玉主要产自鸡西市境内穆棱河流域和兴凯湖盆地。多以黄、红、黑色为主，为透明、半透明和不透明三种，主要成分是二氧化硅。石质细腻，手感润滑，图案花纹美丽，光泽艳丽，色彩丰富（图7-3-14）。

三、矿物类观赏石

矿物类观赏石以自发长成的几何多面体外形、丰富的色彩和各异的光泽为其特征。主要为矿物晶体，也包括一些非晶质矿物。

矿物类观赏石大多产自矿体晶洞、溶洞或风化壳中，以其优美的造型、鲜艳的色彩和高贵的品格，成为观赏石的重要组成部分和其中的佼佼者。黑龙江省常见的矿物类观赏石主要有自然金、闪锌矿、方铅矿、黄铜矿、黄铁矿（图7-3-15）、水晶、萤石、刚玉、石榴子石、方解石（图7-3-16）等。

图7-3-15 阿城五道岭黄铁矿晶体
（牛延宏提供）

图7-3-16 阿城方解石晶簇
（刘旭光摄）

四、化石类观赏石

化石类观赏石：化石是保存在岩石中的古生物遗体、遗物或遗迹，按其保存类型有实体、模铸、印痕等化石，以其特有的珍稀性和观赏性为人们收藏和观赏。研究化石可以了解生物的演化并能确定保存化石的岩石（即地层）的年代。除具有地质意义外，完整、美观的化石还可以作为观赏石，常见的化石类观赏石有动物化石类和植物化石类观赏石。

1. 动物化石类观赏石

黑龙江省动物化石分布较广，种类较多，产地主要有漠河、黑河、哈尔滨、伊春、鸡西、鹤岗、双鸭山等市，化石种类有鱼类、珊瑚、腕足类、双壳类、三叶虫等。

鳞齿鱼化石（图7-3-17），产于嘉荫县城东南4.5 km公路边和永安村屯东侧黑龙江侵蚀陡崖处。属种较少，个体也较小，大小3～4 cm，有一定观赏价值。另外鸡西市、漠河市、塔河县、虎林市、龙江县等地也见有鱼类化石产出。

古米台蚌（蛤）化石（图7-3-18），产在黑河市瑷珲区大岭林场南2 km采石场及八里桥-北师河公路孔子山以西上二叠统林西组中。属种少，个体大小1～3 cm，在一定层位密集分布，有一定观赏价值。在嫩江市三矿沟、龙江县、呼玛县等地也有古米台蚌（蛤）化石产出。

2. 植物化石类观赏石

黑龙江省植物化石分布较广，种类繁多。产地主要有依兰县达连河镇、嘉荫县乌云镇、伊春市红山、宾县、鸡西市、漠河市等地，化石种类主要有松柏类、苏铁类、银杏类和蕨类化石等（图7-3-19，图7-3-20，图7-3-21，图7-3-22）。

图 7-3-17　嘉荫鳞齿鱼化石
（王荣才提供）

图 7-3-18　黑河古米台蚌（蛤）化石
（刘旭光摄）

图 7-3-19　嘉荫北极连香树树叶化石
（苏纪忠提供）

图 7-3-20　鸡西桫椤草化石
（孙嘉良提供）

图 7-3-21　漠河银杏叶化石
（牛延宏提供）

图 7-3-22　漠河种子蕨化石
（牛延宏提供）

另外，还有产于黑河市、勃利县等地的硅化木（图 7-3-23），高大的硅化木可点缀庭院和园林，供人们观赏，小者形态好看者，可摆放居室内把玩；产于克山县、拜泉县一带的砂砾石中树化玉（图 7-3-24），树干石化、被硅质取代，树干的原生微细结构较为清晰，达到玉化程度。

图 7-3-23　黑河西岗子硅化木
（王荣才提供）

图 7-3-24　克山树化玉
（王荣才提供）

第八章　生命之源——水气矿产

水气矿产是赋存于地壳内部的某种水、气，经过开发可被人类利用的矿产资源。水是生命之源、生产之要、生态之基，人类和其他动植物都离不开水，此外水还是改造地表形态的主要动力来源。

我国水气矿产主要包括地下水、天然矿泉水、地热（水）、二氧化碳、硫化氢气、氦气和氡气 7 种，黑龙江省发现的水气矿产主要有地下水、地热（水）及矿泉水 3 种。

第一节　地下水

地下水是埋藏于地下的各种形式的水，主要是雨水和地表水渗入地下，聚积于土壤孔隙和岩石裂隙中的水。与地表水系统相比，地下水系统显得更为复杂多样，并表现出立体结构的特点。含水介质、含水层和隔水层构成地下水系统的基本组成要素，其中把难以透水岩层称为隔水层（图 8-1-1）。通常把既能透水、又饱含水的多孔介质称为含水介质，所谓含水层是指储存有地下水，并在自然状态或人为条件下，能够流出地下水的岩体。由于这类含水的岩体大多呈层状，故名含水层，如砂层、砂砾石层等。亦有的含水岩体呈带状、脉状甚至是块状等复杂状态分布，对于这样的含水岩体可称为含水带、含水体或称为含水岩组。

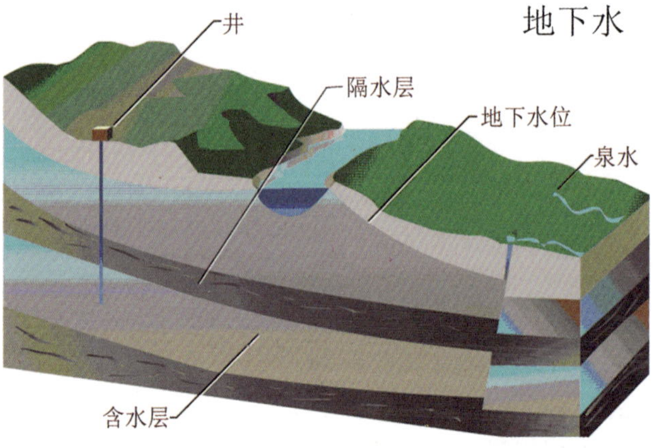

图 8-1-1　地下水组成要素示意图

（来源：https://p3.ssl.qhimgs1.com/sdr/400_/t0104ecec1060c3bdad.jpg）

陆地上发生的水循环是降水-地表和地下径流-蒸发的复杂过程，陆地上的大气降水、地表径流及地下径流之间的交换又称为三水转化。地下水的运动是通过土壤和植被的蒸发、蒸腾向上运动成为大气水分，通过渗入向下运动可补给地下水，通过水平运动又可成为河湖或海洋的一部分，地下水储量虽然很大，但却是经过长年累月甚至上千年蓄积而成的，水量交换周期长，循环极其缓慢（图 8-1-2）。

一、基本性质及主要用途

基本性质：地下水一般为无色、无味、无臭的液体，是最简单的氢氧化合物，化学式 H_2O。在标准大气压下，水的冰点为 0℃，沸点 100℃，4℃时密度最大，为 1 g/cm^3。

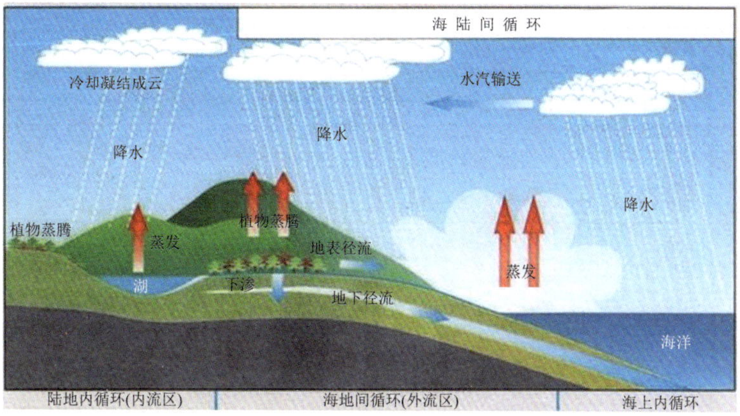

图 8-1-2　水循环过程示意图

（来源：http：//img. yunkucn. com/file/image/pic/1a1056729033n124453496c26. jpg）

主要用途：地下水是水资源的重要组成部分，一般具有水质好、水量稳定、不易受到污染等优点，广泛用于人民生活和工农业生产等各方面。特别是干旱、半干旱地区，地表水源不足，开发利用地下水对人民生活和经济发展具有重要的意义。用途：①地下淡水可供作生活饮用水、农田灌溉用水、蒸汽锅炉用水、冷却用水和食品工业用水等；②矿水（包括热矿水），有饮用和医疗用水之分；③地热水，可用于供暖、农业（温室养殖、孵化等）和工业利用等；④卤水，可用于提取矿物原料（食盐、溴、碘、硼等）。

二、类型划分

地下水，有广义和狭义之分。广义的地下水是指赋存于地面以下岩土空隙中的水，包含了地下包气带及饱水带中所有含于岩石空隙中的水。狭义的地下水仅指赋存于饱水带岩土空隙中的水。

地下水赋存特征对其水量、水质时空分布有决定性意义，其中最重要的是埋藏条件与含水介质类型。所谓的地下水埋藏条件，是指含水岩层在地质剖面中所处的部位及受隔水层限制的情况。据此，可将地下水分为包气带水、潜水及承压水。按含水介质类型，地下水又可分为孔隙水及裂隙水（表 8-1-1）。

表 8-1-1　地下水分类

含水介质类型 / 埋藏条件	孔隙水	裂隙水
包气带水	土壤水，局部粘性土隔水层上季节性存在的重力水（上层滞水）及悬挂毛细水、重力水	裂隙岩层浅部季节性存在的重力水及毛细水
潜水	各类松散沉积物浅部的水	裸露于地表的各类裂隙岩层中的水
承压水	山间盆地及平原松散沉积物深部的水	组成构造盆地、向斜或单斜断块被掩覆的各类裂隙岩层中的水

地下水分类方法多种多样，也可按温度、矿化度、硬度、pH 等物理化学特征分类，还可按主要阴离子重碳酸根、硫酸根、氯离子进行分类（表 8-1-2，表 8-1-3，表 8-1-4，表 8-1-5）。

表 8-1-2　地下水按温度分类

类型	极冷水	冷水	温水	温热水	热水
温度/℃	0~4	4~25	25~40	40~60	60~100

表 8-1-3　地下水按矿化度大小分类

类型	淡水	微咸水	咸水	盐水	卤水
矿化度/($g \cdot L^{-1}$)	<1	1~<3	3~<10	10~<50	≥50

表 8-1-4　地下水按硬度大小分类

类型	$Ca^{2+}+Mg^{2+}$/($mmol \cdot L^{-1}$)	德国度/°dH
极软水	<1.5	<4.2
软水	1.5~<3.0	4.2~<8.4
微硬水	3.0~<6.0	8.4~<16.8
硬水	6.0~<9.0	16.8~<25.2
极硬水	≥9.0	≥25.2

表 8-1-5　地下水按 pH 分类

类型	强酸性水	弱酸性水	中性水	弱碱性水	强碱性水
pH	<5.0	5.0~6.5	6.5~8.0	8.0~10.0	≥10.0

根据含水介质、赋存条件与水动力特征，将黑龙江省地下水类型划分为：第四系松散岩类孔隙水（潜水、承压水）、碎屑岩类裂隙孔隙水、基岩裂隙水、冻结层水。松散岩类孔隙水、碎屑岩类裂隙孔隙水富水性等级为极丰富、丰富、较丰富、中等和贫乏（表 8-1-6）。

表 8-1-6　松散岩类孔隙水、碎屑岩类裂隙孔隙水富水性等级划分表（单井涌水量）

富水性等级	松散岩类孔隙水/($m^3 \cdot d^{-1}$)	碎屑岩类裂隙孔隙水/($m^3 \cdot d^{-1}$)
水量极丰富	>5000	—
水量丰富	3000~5000	>1000
水量较丰富	1000~3000	500~1000
水量中等	500~1000	50~500
水量贫乏	—	<50

地下水的形成、分布及演变受到地质环境的控制，受气候环境、水环境、生态环境及社会环境的制约。黑龙江省地处祖国东北的北部，山水环绕，地质构造复杂，地层发育齐全。在平原中形成有大型的松嫩地下水盆地、三江地下水盆地以及兴凯湖地下水盆地。在广大的丘陵山区不但形成了较大型的乌云-结雅地下水盆地以及一些小型的地下水盆地，与此同时还形成了各种不同岩体的风化裂隙、构造裂隙、孔洞裂隙、溶洞裂隙水蓄水构造。

1. 第四系松散岩类孔隙水（潜水）

该类型地下水在省内大面积分布于三江低平原和松嫩河谷平原，其次为山区及松嫩高平原的河谷、宽谷地带。其中水量极丰富区分布于三江平原中黑龙江与松花江构成的河间地块及同江-反修营等平原中心地带。水量丰富区在三江平原呈环状分布于萝北、佳木斯、富锦及建三江等地，在兴凯湖平原分布于穆棱河、七虎林河下游，松嫩平原分布于嫩江、松花江、拉林河河谷两侧及扇形台地前缘。水量较丰富区在三江平原分布于萝北、汤原、集贤、宝清、富锦、饶河、虎林、密山等地，在松嫩平原分布于查哈阳-虎尔虎拉间的扇形地后缘，松花江干流依兰河谷。水量中等区分布于大兴安岭、东部山区的山间河谷；松嫩高平原的呼兰河、通肯河、乌裕尔河、讷漠尔河河谷；三江平原龙山周围。

2. 第四系松散岩类孔隙水（承压水）

水量丰富区分布于松嫩低平原泰来附近及齐齐哈尔以东至乌裕尔河间。水量较丰富区分布于松嫩低平原林甸县-肇源县富强乡以西。水量中等区主要分布在三个地带：林甸县-喇嘛甸镇-肇源县富强乡一线以东高平原前缘、依安县-安达市-肇州县、海伦市-望奎县、庆安县上集镇、柳河五七干校-巴彦县兴隆镇间及兴凯湖湖滨滩地，呈半环状分布于兴凯湖北侧。

3. 碎屑岩类裂隙孔隙水

广泛分布于松嫩高平原、三江平原、兴凯湖平原、乌云-结雅盆地第四系下部和东部山地、大兴安岭、小兴安岭的中新生代坳（断）陷盆地中。该类型地下水在松散岩类孔隙承压水缺乏的松嫩高平原和山间盆地，具有重要的供水意义。其中水量丰富区分布于讷河镇-中部的齐齐哈尔城区-南部的泰来镇-东部的肇源镇-肇州镇一带。水量较丰富区广泛分布于古近纪—新近纪断陷盆地内第四系松散层之下，赋存于前进凹陷向斜蓄水构造内；在北安、克东一带向斜轴部附近、伊春市翠岭盆地也有分布。水量中等区分布范围极为广泛，分布于松嫩平原齐齐哈尔市城区-富裕镇连线以东，克山镇-明水镇-安达镇连线以西，北抵讷谟尔河，南至滨洲铁路，同时在山间盆地的古近系、新近系中也有着广泛分布。水量贫乏区主要分布于乌裕尔河、通肯河与南北河之间的分水岭地带、柳河五七干校至兴隆镇的山前地带、肇东市昌五镇及拜泉县爱国村等松嫩平原南部地带。

4. 基岩裂隙水

基岩构造裂隙水（块状岩类及断层脉状）主要分布于伊春市、牡丹江市、穆棱市等地的中低山地区，在浩良河、依兰、横山、梨树镇帚状构造及勃利一带的张性、张扭性断裂及龙江县北五乡地区也有分布。层状岩类裂隙水主要分布于大兴安岭、小兴安岭一带，张广才岭和太平岭有零星分布。风化裂隙水分布于大兴安岭、小兴安岭、张广才岭主峰以西和那丹哈达岭的花岗岩、变质岩、硅质岩及部分火山岩裂隙中。玄武岩孔洞裂隙水主要分布在宁安市天岭、穆棱市莲河林场熔岩高台地、黑河市燎原农场北师河一带熔岩台地、镜泊湖、穆棱市、宝清县宝密桥熔岩台地及逊克县西部的大寿山、五大连池、科洛熔岩台地等区域。

5. 冻结层水

冻结层水主要分布于大兴安岭北部的塔河、漠河一带。按地下水埋藏条件和多年冻结层空间位置，分两个亚类：其中冻结层上水主要分布在较大河谷的多年冻结层之上；而冻结层下水主要分布在老沟山-秀水山一带的中生代坳陷中。

三、地理分布

黑龙江省内地下水资源主要分布在松嫩平原、三江平原、兴凯湖平原及逊河平原地区（高津等，2000）。

1. 松嫩平原地区

水文地质特征：松嫩平原地区地下水类型主要包括第四系松散岩类孔隙水、前第四系碎屑岩类裂隙孔隙水及基岩裂隙水等。

第四系松散岩类孔隙承压含水层主要是由下更新统泰康组、猞猁组砂、砂砾石和下-中更新统林甸组、下荒山组砂、砂砾石构成，含水层厚度 10~80 m。水量丰富区分布于松嫩平原泰来附近及齐齐哈尔市以东至乌裕尔河间，承压水头埋深 1~5 m；水量较丰富区分布于低平原林甸县-肇源县富强乡以西，承压水头埋深 1~10 m；水量中等区分布于林甸县-喇嘛甸镇-肇源县富强乡一线以东高平原前缘，承压水头埋深小于 3 m，依安县-安达市-肇州县、海伦市-望奎县、庆安县上集镇、柳河五七干校-巴彦县兴隆镇间承压水头埋深 3~10 m。第四系孔隙承压水导水系数一般为 200~4000 m^2/d；地下水化学类型低平原以 HCO_3^--Na^+ · Ca^{2+}型和 HCO_3^--Na^+型水为主，高平原区以 HCO_3^--Ca^{2+}型水、HCO_3^-

$-Ca^{2+} \cdot Mg^{2+}$型水为主，矿化度0.08~3.53 g/L，pH 6.5~8.8，总硬度20.94~900 mg/L。

第四系松散岩类孔隙潜水含水层是由中更新统晚期绰尔河组砂、粘土质砂砾石、上更新统雅鲁河组、齐齐哈尔组、大兴屯组中粗粒砂、砂砾石及全新统砂、砂砾石层共同构成，含水层厚度5~40 m。水量丰富区分布于嫩江、松花江、拉林河河谷两侧及扇形台地前缘，地下水位埋深一般小于3~4 m；水量较丰富区分布于查哈阳-虎尔虎拉间的扇形地后缘、松花江干流依兰河谷，地下水埋深大部分地区小于3 m；水量中等区分布于呼兰河、通肯河、乌裕尔河讷漠尔河河谷，地下水位埋深大多为0.5~3 m。在河流附近孔隙潜水渗透系数大于30 m/d，广大低平原为12~30 m/d，山前地带6~12 m/d。地下水化学类型以HCO_3^--$Na^+ \cdot Ca^{2+}$型和HCO_3^--Na^+型水为主，矿化度0.10~4.88 g/L，pH 6.2~8.5，总硬度19.43~876.98 mg/L，重金属元素含量不高，F^-含量在低平原区较高。

前第四系碎屑岩类裂隙孔隙含水层主要是由白垩系、古近系、新近系砂岩、砂砾岩构成，含水层厚度不均。其中水量丰富区分布于讷河镇-中部的齐齐哈尔城区-南部的泰来镇-东部的肇源镇-肇州镇一带新近系大安组，含水层岩性为胶结微弱的细砂岩和含砾粗砂岩，厚度一般10~40 m，水位埋深7.5~35 m；水量较丰富区分布于北安、克东一带上白垩统嫩江组，含水层岩性为嫩江组粉砂细砂岩，厚度25~50 m，顶板埋深30~50 m，承压水头埋深小于10 m，同时分布于白垩系淘淇河组粉砂细砂岩，含水层厚度43.5~134.8 m不等，承压水头埋深小于8 m；水量中等区分布范围极广，在依安组、明水组、四方台组、嫩江组均有分布，含水层岩性以细砂岩为主。新近系、古近系碎屑岩类裂隙孔隙水导水系数为100~1000 m^2/d，白垩系碎屑岩类裂隙孔隙水导水系数为10~500 m^2/d。地下水化学类型以HCO_3^--$Na^+ \cdot Ca^{2+}$型为主，HCO_3^--Na^+型次之。总硬度小于300 mg/L，pH 6.8~7.5，矿化度小于0.5 mg/L。

基岩裂隙水主要分布于地势高、切割深的基岩区，地下水中多数元素含量贫乏，地下水化学类型主要以HCO_3^--Ca^{2+}型为主，总硬度15~100 mg/L，pH 4.5~7.3，矿化度小于0.5 mg/L。

循环特征及补径排条件：松嫩平原地下水补给形式多样，地下水循环复杂。地下水运移的基本特征为：在水平方向，由平原北、东、西三个方向向中心地带运动，由高平原、倾斜高平原向中部低平原运动。在垂直方向，第四系孔隙潜水和中新统—更新统承压水向下补给下更新统承压水；新近系大安组承压水、古近系依安组承压水和白垩系承压水向上越流补给中更新统承压水。第四系、新近系、古近系承压水和白垩系承压水盆地，具有半封闭的特点，在水头压力作用下于松花江和嫩江汇合地带的低洼部位，下伏各层承压水以越流的形式依次顶托补给上层潜水，并通过松花江或潜流形式排出该资源区。

其中松嫩平原东部波状或岗状高平原区，主要接受大气降水补给，地下水径流条件差异较大。总体流向由东向西，即向河谷和低平原方向运动，以天窗或越流形式补给白垩系裂隙孔隙承压水和第四系孔隙承压水，蒸发和人工开采是主要排泄方式；中西部低平原，地下水位埋藏浅（一般小于5 m），有利于大气降水入渗补给。同时接受高平原的潜水补给和地表水补给，排泄主要靠蒸发，次为人工开采。其总体流向为西南向，在嫩江和松花江汇合处，直接补给河谷潜水或向河流排泄；西部山前台地主要接受大气降水补给和丘陵山区弱透水边界补给。地表径流通畅，排泄方式以蒸发、人工开采为主；河谷平原主要接受大气降水渗入补给，次为接受低平原潜水、高平原微孔隙潜水侧向径流补给。河谷区地下水在含水层储存时间短，蒸发和人工开采成了该区主要的排泄方式。

2. 三江平原地区

水文地质特征：该地区地下水主要以第四系松散岩类孔隙水为主。水量丰富区主要分布在平原西部绥滨凹陷中心地带和东部前进凹陷北部地段，含水层厚度200~300 m，中部富锦隆起带及平原周边地区，含水层厚度50~100 m。水量极丰富区分布在绥滨、萝北地区和同江、抚远部分地段；富水性中等区主要分布在残丘附近及宝清山前台地前缘地段。第四系松散岩类孔隙水渗透系数32~150 m/d，地下水化学类型中阳离子HCO_3^--$Ca^{2+} \cdot Mg^{2+}$型和HCO_3^--Na^+型水为主。矿化度一般小于0.58 g/L，局部0.5~1.08 g/L，均为淡水，pH 6.5~7.5，总硬度一般为71.5~214 mg/L。

循环特征及补径排条件：三江平原地下水补给形式多样，地下水循环较简单。运移的基本特征为沿水平方向上总体趋势由西南向东北方向缓慢运动。在垂直方向上循环积极，大部分地带第四系孔隙潜水补给古近系裂隙孔隙承压水。平原周边与丘陵山区的过渡地带——山前台地区，第四系亚粘土中赋存裂隙孔隙水，主要补给来源为大气降水入渗补给，次为山区基岩裂隙水侧向较弱的径流补给。山前台地区降水入渗量较少，富水性弱，传导能力差；低平原、河谷平原的第四系砂、砂砾石孔隙潜水，补给来源为大气降水的入渗，部分地段还有地表水的渗入，以及局部地带的古近系碎屑岩裂隙孔隙水通过天窗或越流形式的补给。河谷平原区地下水径流较强，低平原区径流相对缓慢。无论枯、丰季节，河流均为地下水的排泄通道。另外，地表蒸发和人工开采也为本区的主要排泄方式；古近系碎屑岩裂隙孔隙水埋藏于大厚度的第四系孔隙潜水含水层之下，由于承压水位普遍的低于上覆潜水水位，受水动力条件的影响，可接受潜水自上而下的缓慢的越流补给，还接受山区基岩裂隙水的侧向径流补给。其排泄方式主要为缓慢地向东北方向排泄于黑龙江、乌苏里江河谷。

3. 兴凯湖平原地区

水文地质特征：该地区地下水主要以第四系松散岩类孔隙水为主。其水量丰富区主要分布在穆棱河、七虎林河及松阿蔡河等地段。含水层岩性主要由中粗砂、砂砾石组成，含水层厚度 80~150 m；水量中等区主要分布在一级阶地区，含水层主要岩性由细砂、中细砂组成，含水层厚度 4~40 m；水量贫乏区主要分布在丘陵山区周边台地，含水层岩性主要由砂砾石夹粘土或薄层砂砾石组成，含水层厚度 10~30 m。该平原第四系松散岩类孔隙水渗透系数 20~91 m/d。全区地下水化学类型主要以 HCO_3^--Ca^{2+} · Mg^{2+}型水为主，矿化度一般小于 0.5 g/L，pH 5.0~8.0，属中性偏弱酸性，总硬度 75~300 mg/L。

循环特征及补径排条件：兴凯湖平原地下水的循环较简单。地下水运移的基本特征：沿水平方向呈由西南向东北运动。在垂直方向上，大部分地带第四系孔隙水补给新近系裂隙孔隙承压水，地下水的水平径流缓慢，垂向水文循环积极。

山前台地区第四系裂隙孔隙水，主要接受大气降水入渗补给，次为侧向径流补给。该区地下水富集性差，传导能力差。地下水流向与地形坡度一致，通过弱透水边界，缓慢地排泄于兴凯湖平原区，主要为蒸发排泄；低平原和河谷平原的第四系孔隙水，补给来源主要为大气降水的入渗补给。部分地段还有地表水的渗入，局部地段可以得到新近系碎屑岩裂隙孔隙水的越流补给。平原内以蒸发排泄为主；该区内的新近系裂隙孔隙水，在山前地带主要接受第四系孔隙水的补给及少量基岩裂隙水补给，向平原中部径流，主要以越流形式排泄于第四系孔隙水中及向资源区外侧向径流排泄。

4. 逊河平原地区

水文地质特征：该地区地下水主要包括第四系松散岩类孔隙水，白垩系、古近系、新近系碎屑岩类裂隙孔隙水。其中，第四系松散岩类孔隙含水层由上更新统及全新统河流相砂、砂砾石层构成，主要分布在黑龙江及其支流区域，含水层厚度一般 7~10 m，水位埋深 3~6 m，渗透系数一般 10~100 m/d，富水性中等；新近系、古近系碎屑岩类裂隙孔隙含水层是由白垩系四岗子组粉砂岩、砂砾岩层、淘淇河组砂岩、砂砾岩层、嫩江组、永安村组与渔亮子组砂岩层、古近系乌云组与新近系孙吴组的砂岩、砂砾岩层共同构成，含水层厚度一般 10~40 m。新近系裂隙孔隙水导水系数为 100~1000 m^2/d；白垩系碎屑岩类裂隙孔隙水导水系数为 10~500 m^2/d，富水性一般。该区地下水化学类型以 HCO_3^--Ca^{2+}型为主，多年冻土区矿化度 0.01~0.485 g/L，总硬度 18~186 mg/L，pH 6.5~7.0。均为低矿化淡水，非多年冻土地下水化学类型简单，总硬度小于 255 mg/L，pH 5.90~7.61，矿化度小于 0.57 g/L。

循环特征及补径排条件：逊河平原地下水补给、径流与排泄较为复杂。地下水运移的基本特征：沿水平方向总体趋势由南向北运动；在垂直方向上，大部分地带第四系孔隙水与新近系裂隙孔隙水及玄武岩孔洞裂隙水补给白垩系裂隙孔隙水。

在逊河平原顶部分布的新近系孙吴组裂隙孔隙水，含水层厚度变化大，1.5~40.7 m 不等，其分布主要受地貌条件控制，分布部位较高，为透水不含水层，只在局部汇水地段底部含水，水量贫乏。

在接受大气降水和局部地段地表水入渗补给后，由南向北径流，大部分排泄于下层白垩系裂隙孔隙水中。玄武岩孔洞裂隙水主要接受大气降水补给，排泄于新近系孙吴组孔隙水中。下伏的白垩系裂隙孔隙承压水接受上覆潜水越流补给，并接受周围丘陵山区地下水弱透水边界长期而缓慢的侧向补给，较缓慢地向北径流，顶托补给上覆含水岩组或在地表出露地段排泄于地表水系。

四、资源状况

据黑龙江省水文地质工程地质勘察院（2018）黑龙江省地下水资源部分的相关成果数据，截至2017年，松嫩平原地下水天然补给总量为90.85×10^8 m^3/a，地下水资源可开采总量70.23×10^8 m^3/a；三江平原地下水天然补给总量为67.89×10^8 m^3/a，地下水资源可开采总量52.72×10^8 m^3/a；兴凯湖平原地下水天然补给总量为17.59×10^8 m^3/a，地下水资源可开采总量12.20×10^8 m^3/a；逊河平原地下水天然补给总量为9.59×10^8 m^3/a，地下水资源可开采总量5.46×10^8 m^3/a。

五、典型地下水水源地

1. 第四系松散岩类孔隙潜水水源地

地理位置：佳木斯市江北新水源地位于佳木斯市松花江北岸莲江口一带。

水文地质特征：水源地含水层主要为第四系砂砾石层孔隙水含水层，水量极丰富区位于莲江口三队-半截河-东风以东的广大平原地区，南部为松花江高漫滩，北部为阿凌达河低漫滩。含水岩组为第四系下-中更新统浓江组、上更新统别拉洪河组及全新统冲积砂砾石。含水层厚度50.32~105.14 m，地下水位埋深1.69~4.95 m。渗透系数39.36~143.61 m/d，导水系数1980.60~12162.16 m^2/d，给水度0.24。水量丰富区分布在区西北部，为高漫滩后缘及一级阶地。含水层由第四系下-中更新统浓江组及上更新统别拉洪河组及全新统冲积砂砾石组成。含水层厚度80.00~89.34 m，地下水位埋深2.46 m。渗透系数23.65~26.25 m/d，给水度0.24。区内地下水化学类型以HCO_3^--Ca^{2+}及HCO_3^--Ca^{2+}·Mg^{2+}型水为主，pH值为6.6~8.0，矿化度一般小于250 mg/L，总硬度一般小于150 mg/L。局部地下水水化学类型较复杂为：HCO_3^--Ca^{2+}·Mg^{2+}·Na^+、HCO_3^-·SO_4^{2-}-Ca^{2+}·Mg^{2+}、HCO_3^-·SO_4^{2-}-Ca^{2+}·Na^+、HCO_3^-·Cl^--Ca^{2+}、HCO_3^-·Cl^--Ca^{2+}·Na^+、HCO_3^-·Cl^-·SO_4^{2-}-Ca^{2+}·Na^+型，多呈小范围及点状分布。矿化度最高达675 mg/L，总硬度最高达376.34 mg/L。

地下水资源状况：天然条件下，区内地下水总允许开采量为207678 m^3/d。在傍河的条件下，即万发屯-莲江口镇良种场-明德村-平安村-福胜村-生产部以北至松花江地区，考虑地表水的激发补给量，允许开采量为227682.70 m^3/d。本区潜水的水质还是比较好的，经过处理适于饮用，可作为生活用水水源。

2. 第四系松散岩类孔隙承压水水源地

地理位置：绥化市水源地位于绥化市城区东北。

水文地质特征：水源地含水层主要由波状高平原区下-中更新统下荒山组砂、砂砾石层组成。含水层厚度5~37 m，中间夹1~3层淤泥质粉砂质粘土透镜体，透镜体单层厚度0.5~3 m。下伏地层为白垩系泥岩，构成连续的隔水底板。含水层顶板标高为131~139 m，含水层顶板埋深则变化较大，一般为5~50 m，含水层埋深40~50 m，渗透系数50~90 m/d，储水系数为0.2×10^{-3}~2.82×10^{-3}。地下水水化学类型以HCO_3^--Ca^{2+}型为主，属低矿化度淡水。TFe、Mn普遍严重超标，NH_4^+、NO_2^-、Al、As超标亦较重，氨、氮多来源于农药化肥及有机物分解污染，Al、As超标点广泛分布于区内，应属原生污染，地下水经除TFe、Mn、Al、As处理及卫生消毒程序后，基本适合饮用。

地下水资源状况：拟建水源地选定在开采潜力相对大的绥化市城区的东北，南起兰凤迟北到项家崴子，西起头道沟东至潘榆树，开采区面积21.0 km^2，允许开采量50000 m^3/d。

3. 构造裂隙水水源地

地理位置：七台河市水源地位于倭肯河中下游段，西南起于中心河乡更生村南，东北终于水利连北侧，南北长约 20 km，东西宽约 5 km。

水文地质特征：水源地地区地貌类型主要为泥沙质河谷平原、砂岩丘陵和玄武岩熔岩台地，含水层主要由第四系松散岩类孔隙水和白垩系砂岩裂隙水组成，水文地质界线与地貌界线、岩性界线基本统一，主要取水目的层为下白垩统猴石沟组、城子河组的砂岩、砂砾岩。断裂构造与裂隙发育形成破碎带，大概为 2~3 层含水带，累计厚度可达 60 m。渗透系数平均值为 71.7 m/d。在该区内裂隙水非常发育，且富水性强。分为水量丰富区（单井涌水量 1000~3000 m^3/d）及水量较丰富区（单井涌水量 100~1000 m^3/d）。经生活饮用水水质评价显示除铁、锰含量多数超标外，其余检测项目均符合要求，经过工艺对铁、锰进行处理后可作为生活饮用水，亦可作为锅炉用水，再经过明渠晾晒增温后完全适合灌溉。同时该水源地锶含量在 0.43~1.33 mg/L，偏硅酸含量在 31.2~46.8 mg/L，达到了《GB 8537—2008 饮用天然矿泉水》标准，属复合型矿泉水，是一处大型天然饮用矿泉水水源地。

地下水资源状况：通过数值模拟预测水源地以 5.2×10^4 m^3/d 进行开采时，5 年后、10 年后及 20 年后水位最大下降深度及水位标高下降幅度结果表明，该水源地可开采资源量 5.20×10^4 m^3/d 是有保障的，基本可以解决生活用水 5.5×10^4 ~ 6×10^4 m^3/d 的需求；在极端条件下，该水源地应急能力较强，可以保障七台河市百万人畜饮用及工业用水。

六、地下水开发利用状况

黑龙江省于 1981~1982 年、1995~1996 年、2000~2001 年开展过三次全省范围的地下水开采量调查工作，1981 年全省地下水开采量为 28.09×10^8 m^3，1995 年为 58.26×10^8 m^3，2000 年为 65.00×10^8 m^3。据水利部门的 2010~2015 年全省用水量显示，地下水用水量在 146.15×10^8 ~ 167.60×10^8 m^3 之间。从 20 世纪 80 年代初至 2015 年，黑龙江省地下水用量呈递增趋势，其中 2000 年至 2010 年地下水用量增幅较大，2012 年至 2014 年地下水用水量相对平稳。

1. 各地市地下水用水量概况

据黑龙江省水文地质工程地质勘察院 2017 年关于 2010 年至 2015 年全省十三地市地下水用水量资料（表 8-1-7）统计：

表 8-1-7　黑龙江省十三地市地下水用水量（10^8 m^3）统计表

序号	行政区	2010 年	2011 年	2012 年	2013 年	2014 年	2015 年	平均值
1	大庆市	8.16	7.72	7.02	5.18	5.24	4.78	6.35
2	大兴安岭地区	0.45	0.71	0.50	0.37	0.46	0.12	0.44
3	哈尔滨市	18.86	18.03	20.39	20.89	21.20	20.24	19.95
4	鹤岗市	12.05	12.54	16.26	17.33	18.09	16.41	15.45
5	黑河市	1.78	1.64	1.21	0.74	0.73	0.82	1.15
6	鸡西市	14.36	12.95	14.32	12.21	12.62	11.95	13.07
7	佳木斯市	39.02	53.36	56.99	59.69	59.79	59.10	54.66
8	牡丹江市	1.96	1.10	0.86	0.89	1.10	0.92	1.14
9	七台河市	1.79	1.02	0.84	0.58	0.73	0.71	0.95
10	齐齐哈尔市	10.72	10.75	13.10	16.11	15.45	14.93	13.51
11	双鸭山市	17.20	12.67	13.61	15.75	16.73	13.00	14.83
12	绥化市	17.02	13.66	13.57	13.33	11.94	12.05	13.60
13	伊春市	2.78	3.70	2.87	3.23	3.43	2.71	3.12
	合计	146.15	149.85	161.54	166.30	167.60	157.74	158..20

黑龙江省地下水用水量较高的有佳木斯市、鹤岗市、双鸭山市、哈尔滨市，其次为鸡西市、绥化市、齐齐哈尔市，北部的大兴安岭地区、七台河市、牡丹江市、黑河市地下水用水量较低。

2014 年黑龙江省全省用水量 364.13×10^8 m^3，其中地表水用量 196.54×10^8 m^3，占全省总体用水量的 53.98%，地下水用水量 167.60×10^8 m^3，占全省总体用水量的 46.02%。各地市中大兴安岭地区、佳木斯市、鹤岗市、双鸭山市、伊春市地下水供水比重大于 50%，其他地市小于 50%（表 8-1-8）。

表 8-1-8　各地市城市地下水供水比重汇总表

地市	大兴安岭地区	佳木斯市	鹤岗市	双鸭山市	伊春市	绥化市	齐齐哈尔市
供水比重	95.47%	80.38%	77.82%	62.27%	53.48%	42.26%	32.00%
地市	鸡西市	哈尔滨市	七台河市	大庆市	黑河市	牡丹江市	
供水比重	31.79%	30.16%	22.29%	19.32%	14.97%	10.30%	

农业用水量为 148.85×10^8 m^3/a（其中包括林、牧、渔业利用量为 4.42×10^8 m^3/a），占用水量 88.82%；工业为 8.81×10^8 m^3/a，占用水量 5.26%；城镇公共用水量 3.19×10^8 m^3/a，占用水量 1.90%；城镇生活为 6.74×10^8 m^3/a，占用水量 4.02%。2015 年地下水用量有所减小。

2. 地下水开采程度

依据各地市地下水开采量与可开采量之比值确定地下水开采程度（表 8-1-9），黑龙江省地下水开采程度较高的有佳木斯市、鹤岗市、双鸭山市、哈尔滨市，其地下水开采程度均大于 100%；其次为鸡西市、绥化市、齐齐哈尔市，地下水开采程度大于 60%；其他市（县）开采程度均低于 60%；北部的大兴安岭地区、黑河市，开采程度多在 3.65%~8.16%。

表 8-1-9　各地市地下水开采程度汇总表

地市	佳木斯市	鹤岗市	双鸭山市	哈尔滨市	鸡西市	绥化市	齐齐哈尔市
开采程度	170.38%	165.47%	145.83%	123.80%	80.37%	67.72%	60.26%
地市	伊春市	大庆市	七台河市	牡丹江市	大兴安岭地区	黑河市	
开采程度	55.08%	45.65%	31.50%	21.96%	8.16%	3.65%	

第二节　地下水中的热库——地热（水）

地热是地热能或地热（能）资源的简称。地热（能）资源是指能够为人类经济开发和利用的地球内部的热能资源，是新能源和可再生能源中的一种。

一、性质及主要用途

1. 性质及形成

地球是个大热库，蕴藏着巨大的热能。全球地热能潜在资源约 400×10^4 MW/h，相当于现在全球耗能总量的 45 万倍。在地壳内部各种地质因素（如年轻火山作用、断裂作用、现代造山运动等）的影响下，地球内部的巨大热能通过载热介质——地热流体（地热水、地热蒸气）、热干岩以及炽热的熔岩等被带到地表，或在近地表处汇聚成藏，形成地热田，成为目前钻探技术可及深度上的（最深可达 5000 m）、人类能够经济开发利用的地热（能）资源。

地热能不但是无污染的清洁能源，而且是可再生的。地球内部的温度高达 7000℃，而在 80~100 km 的深度处，温度会降至 650~1200℃。透过地下水的流动和熔岩涌至离地面 1~5 km 的地壳，热力得以被转送至较接近地面的地方。高温的熔岩将附近的地下水加热，如果再具备盖层、热储层、导热、导水层等地质条件，就可以运用地热能最简单和最合乎成本效益的方法，就是直接取用这些热源，并抽取其能量。目前世界各国开发地热（能）资源主要通过开发天然出露的温泉资源、开发赋存于地壳深部地层和干热岩体中的地热资源，以及借助于热泵技术开采浅层地热资源来实现的。

2. 主要用途

地热分布广泛，用途多，作为能源开发利用，早在20世纪70年代就引起世界许多国家的重视。目前地热资源主要用于地热发电、地热采暖、工业及农副业生产、医疗洗浴、地源热泵以及提取矿物原料等方面。

目前，世界上利用地热资源发电的国家主要有意大利、美国、新西兰、冰岛、日本、俄罗斯、菲律宾、印度尼西亚、中国等国；世界上直接利用地热资源的前10位国家是中国、瑞典、美国、冰岛、土耳其、奥地利、匈牙利、意大利、新西兰和巴西。

二、储热类型

黑龙江省地热资源类型主要有水热型、浅层地热型及干热岩型。

1. 水热型地热流体地热资源

目前黑龙江省地热资源利用的主要类型是水热型地热资源，按地下热水的温度又可分为低温型（90℃以下）、中温型（90~150℃）和高温型（150℃以上）。黑龙江省开采利用温度小于90℃（一般在25~60℃），属于低温地热资源。

2. 浅层地热能资源

目前黑龙江省仅在佳木斯、牡丹江、哈尔滨等部分地区开展了浅层地热能的试点利用，主要是通过水源热泵机组提取地表以下一定深度的岩土体地下水中赋存的热能，其可利用温度小于25℃，多在6~15℃之间。

3. 干热岩体的地热资源（EGS增强型地热系统）

黑龙江省暂未开发利用干热岩体地热资源，初步推断在松嫩盆地3000~5000 m范围内存在储量巨大的干热岩体地热资源。

三、基本特征

1. 热储特征

黑龙江省地热资源主要分布于松嫩裂谷型盆地、依舒地堑的断陷盆地和敦密断陷南部地区。形成了松嫩盆地地热区、依兰-舒兰地堑地热区（包括汤原断陷地热区，方正断陷地热区）、敦化-密山地堑地热区（包括镜泊湖段地热区和海浪盆地地热区）。

松嫩盆地地热区：位于黑龙江省西部，松辽平原的北部。西北、西界为大兴安岭，东北、东界为小兴安岭与张广才岭，南与吉林省相邻。松嫩盆地地热区的热储结构是由上部盖层、中部热储层和下部热传导层构成的地热系统。盖层由第四系、新近系、古近系和白垩系的明水组、四方台组、嫩江组等组成，根据部分地热井的数据盖层厚度172.3~1048.1 m，热储赋存于白垩系泉头组、青山口组、姚家组及嫩江组中；热传导层为白垩系泉头组下部登娄库组、侏罗系、石炭系—二叠系及侵入地层的花岗岩等。热储累计厚度69.8~222.9 m，水温一般40~60℃，平均地温梯度为4.2℃/100 m。大部分地区的地温梯度均大于3.5℃/100 m，最高的地温梯度值超过5.6℃/100 m。

松嫩盆地地热区是黑龙江省地热资源勘查程度最高的地热区，在该区地热井集中在林甸地区，分布地热井106眼，其次主要分布在大庆市和杜尔伯特蒙古族自治县，在齐齐哈尔、绥化及哈尔滨地区也有地热井分布。

依兰-舒兰地堑地热区：依兰-舒兰地堑（简称依舒地堑）为我国著名的郯庐大断裂的北延部分分支，为中-新生代断陷盆地，是依兰-伊通地堑在黑龙江省境内的一部分。向南延入吉林省境内，向北伸入俄罗斯境内，境内全长469 km，平均宽15~20 km，呈北东向狭条状展布。依舒地堑西南端由五常始，经尚志、延寿、方正、依兰、汤原，向东北延至萝北县出境。依舒地堑推测切深达

100 km。地堑内沉积巨厚白垩系、古近系及新近系，其中古近系及新近系沉积的最大厚度超过 3000 m。已查明的地热资料显示，依舒地堑内成热条件较好的的构造单元为汤原断陷和方正断陷。盆地总面积约 5585 km^2，其中汤原断陷面积约 3520 km^2，方正断陷约 1102 km^2。热储层分布于古近系渐新统宝泉岭组二段、一段。热储累计厚度 172.3~395.3 m。

敦化-密山地堑地热区：敦化-密山地堑（简称敦密地堑）是伴有强烈玄武岩喷发的裂谷型盆地。热水储存于古近系虎林组和中新统土门子组的砂岩、砂砾岩的孔隙及由断裂构造运动而产生的裂隙中。地下热水主要储存于下白垩统猴石沟组砂砾岩地层，以及部分古近系虎林组和中新统土门子组。总厚度超过 1700 m，为本区地热的热储层；其上覆盖的新近系船底山玄武岩和第四系全新统玄武岩为热储盖层。根据部分地热井的数据，盖层厚度 331~477.2 m。热储累计厚度 157.2~180.2 m。

2008~2015 年，敦密地堑镜泊湖段和海浪盆地地区施工地热井 11 眼，但由于富水性等条件，温度和水量达到成井标准的地热井只有 4 眼。

2. 井口水温

黑龙江省地热井井口温度一般在 25~60℃，其中温度在 25~40℃有 38 眼，温度在 41~60℃有 137 眼，温度在 61~90℃有 7 眼。地热井温度较高的地区位于松嫩盆地地热区林甸、大庆一带。

3. 地下热水化学特征

黑龙江省地下热水的水化学类型主要是氯化钠型，其次是重碳酸钠和重碳酸钙型。其中大庆、林甸、绥化、杜蒙地区以氯化钠型水为主，齐齐哈尔地区以重碳酸钠型水为主，汤原断陷盆地以重碳酸钙型水为主，方正断陷盆地以重碳酸钠型水为主，敦密地堑镜泊湖段以氯化钠型水为主。

黑龙江省的地热井中部分成分达到了医疗价值浓度，主要的化学成分为偏硅酸和偏硼酸，部分地热井的 Sr、Ba、Li、Br^-、I^-、Fe 的含量达到医疗价值浓度。部分地区地热井达到了命名矿水的浓度，主要的化学成分为 F^-。部分地热井的 I^-、Fe、偏硼酸、Li 达到了命名矿水的浓度。

四、地热田分布

黑龙江省地热资源类型主要是水热型地热资源，目前已施工且进口水温水量均达到成井要求的有 167 眼，其中有 157 眼分布在松嫩盆地地热区，4 眼分布在汤原断陷地热区，2 眼分布在方正断陷地热区，4 眼分布在敦密断陷镜泊湖段地热区。

已查明储量的地热田有 15 处，其中大型地热田 2 处（表 8-2-1），中型地热田 4 处，小型地热田 9 处。大型地热田均位于林甸地区。

表 8-2-1　黑龙江省主要地热田（区）基本情况

序号	地热田名称	面积 km^2	地热资源总热量 $10^{16}J$	地热资源可开采热量/$10^{16}J$	地热流体储存量 $10^8\ m^3$	地热流体可开采量 ($m^3 \cdot d^{-1}$)	地热田（区）规模
1	林甸县林甸镇地热田	90.67	307	30.7	21.8	22500	大型
2	林甸县花园镇地热田	91.96	207	20.7	13.5	6400	大型
3	明水县玉德苑小区地热田	93.7	156	15.6	38.24	2012	中型
4	宁安市镜泊湖乡地热田	180	335	33.5	16.8	46027	中型
5	绥化市北林区地热田	163.84	220	15.4	11.91	810	中型
6	通河县乌鸦泡地热田	74.82	130	81.9	35.6	3102.72	中型
7	齐齐哈尔市地热田	95.87	122	0.0095	35.7	3360	小型

注：资料来源于黑龙江省自然资源厅地热资源核实材料。

五、典型地热田

黑龙江省具有丰富的地热资源，目前开发利用较好的地区集中在林甸县。林甸县地处齐齐哈尔、大庆两大城市之间、绥满高速公路纵贯全境，毗邻扎龙丹顶鹤之乡的地缘优势和被授予“中国温泉之乡”的美誉，以休闲度假、康体养生为重点，是全省重要的常年旅游景区。温泉主题小镇，形成以休闲、旅游、养生为主题的特色生态宜居区。

1. 林甸县林甸镇地热田

林甸镇地热田位于大庆市林甸县红旗镇，201 省道林甸至杜尔伯特镇方向 9 km 处公路右侧。

地热田面积：90.67 km^2；地热井名称：林热 10 井；井深：2002.21 m；孔径：177.8 mm；井口温度：53.5℃。

热储层特征：主要为白垩系泉头组、青山口组和姚家组。上中部岩性为灰白色粉砂岩、细砂岩夹紫红色、灰绿色、灰色泥岩，下部岩性为绿灰色、灰色泥岩夹灰白色粉砂岩薄层（呈略等厚互层）。热储温度 57.85℃，顶板埋深为 1085 m，底板埋深为 2002.21 m，热储层厚度为 203.7 m。静止水位为 -12.9 m，地温梯度为 3.49℃/100 m，孔隙度 0.15，渗透系数 0.19 m/d，20 m 降深涌水量为 14 m^3/h。最大降深 52.3 m，最大涌水量 55.74 m^3/h。

水化学成分：水化学类型为 HCO_3^--Na^+型水，特殊化学组分为 F^-、偏硼酸、偏硅酸。其中 F^-的含量达到了命名矿水的浓度。

开发利用：居民生活用水及供暖。

2. 林甸县花园镇地热田

花园镇地热田位于大庆市林甸县花园镇，G015 国道林甸至大庆方向 679 km 处公路右侧。

地热田面积：91.96 km^2；地热井名称：林热 9 井；井深：2001.14 m；孔径：177.8 mm；井口温度：30℃。

热储层特征：主要为白垩系泉头组、青山口组和姚家组，岩性为暗紫红色、暗紫色、灰绿色、深灰色泥岩、粉砂质泥岩与紫灰色、绿灰色粉砂岩、粉细砂岩、泥质粉砂岩呈略等厚互层。沉积环境为强氧化-弱还原的河流环境。热储温度 55.8℃，顶板埋深为 1148 m，底板埋深为 2001.14 m，热储层厚度为 133 m。静止水位为-22 m，地温梯度为 3.65℃/100 m，孔隙度 0.156，渗透系数 0.0876 m/d，20 m 降深涌水量为 33.75 m^3/h。

水化学成分：水化学类型为 Cl^--Na^+型水，特殊化学组分为 Br^-、I^-、偏硼酸、偏硅酸。其中 I^-的含量达到了命名矿水的浓度。

开发利用：居民生活用水及供暖。

六、开发利用

冰岛早在 1928 年就已经利用地热采暖，全国人口 70%以上已实现地热采暖，首都雷克雅未克市已经全部“地热化”，被誉为“无烟城”。

我国地热资源开发潜力巨大，据中国地质调查局 2016 年数据，我国 336 个地级以上城市浅层低温能资源年可开采量 4.9×10^8 t 油当量；地下热水资源年可开采量 13.3×10^8 t 油当量，两项合计达全国 2016 年一次能源消费量的 50%。干热岩初步估算资源量为 599×10^{12} t 油当量，约占全球资源量的 1/6。按可开采量 2%的国际标准计算，折合油当量 11.98×10^{12} t，以 2017 年能源消费水平，可供我国使用 3800 年。

黑龙江省地处北疆，每年冬季供暖期长达 6 个月以上，位于“金鸡之冠”的漠河供暖期长达 9 个月。作为传统的老工业基地，黑龙江的能源结构相对单一，供暖以燃煤为主，导致近些年来冬季的雾霾越来越严重。所以优化能源结构，开发利用地热资源对于缓解黑龙江省的冬季雾霾天气，实现节能减排的工作目标将起到积极的推进作用。

按地域分布，林甸县有地热井 47 眼，主要以供暖为主，其次是温泉度假、洗浴和蔬菜大棚；杜尔伯特蒙古族自治县有 5 眼，供温泉度假（连环湖温泉，图 8-2-1）和洗浴用水；大庆市有 32 眼，主要用于供暖、洗浴和温泉度假村；绥化市有 6 眼，主要用于温泉洗浴和供暖；齐齐哈尔市区有 5 眼，主要用于温泉洗浴和供暖；哈尔滨市 7 眼，用于供暖、洗浴和温泉度假村；佳木斯汤原县 1 眼，用于温泉度假村；五大连池市 1 眼用于温泉疗养；牡丹江市有 2 眼，均为温泉度假旅游疗养；伊春市有 2 眼，均为温泉度假旅游疗养。

图 8-2-1　连环湖温泉景区

（吕长禄摄）

黑龙江省地热能资源的开发利用中，林甸县走在了前列，在地热供热、采暖、医疗保健、温泉旅游、温室种植等方面取得了实效，有力地带动了地区的经济发展，为我国高纬度、高寒地区地热能资源的开发利用起到了良好的示范作用。2004 年 6 月 23 日，中国矿业联合会下发文件，命名黑龙江省林甸县为“中国温泉之乡”（图 8-2-2）。

图 8-2-2　林甸温泉欢乐谷

（吕长禄摄）

第三节 地下甘露——天然矿泉水

一、基本性质及主要用途

基本性质：天然矿泉水是在特定地质环境条件下自然形成的一种液态矿产资源，是从地下深处自然涌出或经人工揭露的未受污染的地下矿水。它含有一定的矿物盐、微量元素或二氧化碳等特殊组分或气体成分。通常情况下，其化学成分、流量、水温等在天然波动范围内相对稳定。

主要用途：天然矿泉水因未受污染，含有多种对人体有益的微量元素，已日益得到广泛的应用，主要用于医疗和饮用。

二、类型划分

矿泉水按用途不同，可分为饮用天然矿泉水和理疗天然矿泉水。

按矿泉水的特征化学指标，黑龙江省天然矿泉水类型分为单一型和复合型，具体分为六大类型：①锶、硅质或二者复合型饮用、理疗天然矿泉水；②碳酸为主的复合型饮用、理疗天然矿泉水；③锌型饮用天然矿泉水；④锂型饮用天然矿泉水；⑤氡型理疗天然矿泉水；⑥含碘为主的复合型理疗天然矿泉水。

黑龙江省锶型矿泉水中多含有未达标准的偏硅酸，而偏硅酸型矿泉水中也多含有未达标准的锶元素，两者存在伴生关系，故将锶型、偏硅酸型及锶和偏硅酸复合型的天然矿泉水归为锶、偏硅酸或二者复合型饮用天然矿泉水，该类矿泉水在低温状态下，用于饮用；在中高温状态下，用于理疗。

三、地理分布

中国饮用矿泉水目前已调查4000多处，其中山东、河北、吉林、黑龙江、辽宁、福建、广东7省的矿泉水水源地数量占全国一半。

截至2019年底，黑龙江省已查明的矿泉水资源量为5758.466×10^4 m^3/a，注册备案天然矿泉水水源地272处。其中，中型产地70处，小型产地202处（表8-3-1）。矿泉水产地中以偏硅酸、锶及其二者复合型矿泉水为主，共260处，包括锶型34处、偏硅酸型154处、锶-偏硅酸型51处、偏硅酸-锶型21处，占全部产地的95.6%。矿泉水点在全省各行政区均有分布，主要集中分布于松嫩盆地的哈尔滨市、大庆市、齐齐哈尔市、绥化市，共计128处，占全省47%。

表8-3-1 黑龙江省天然矿泉水行政区分布统计表

序号	行政区	主要产出地	矿产地数量	探获资源量（10^4 $m^3 \cdot a^{-1}$）	主要构造单元
1	大兴安岭地区	漠河市、塔河县、呼玛县、新林区、呼中区	9	63.878	额尔古纳地块
2	大庆市	林甸县、市辖区、肇源县	4	44.836	松嫩地块、松嫩盆地
3	哈尔滨市	9个市辖区、7个县、2个县级市	88	2531.82	松嫩地块、松嫩盆地
4	鹤岗市	市辖区、萝北县	8	43.176	佳木斯地块
5	黑河市	五大连池市、嫩江市	18	443.071	松嫩地块、大兴安岭弧盆系
6	鸡西市	市辖区、密山市、鸡东县、虎林市	22	295.639	佳木斯地块、兴凯地块
7	佳木斯市	市辖区、桦南县、桦川县、汤原县、同江市	21	249.732	佳木斯地块、三江上叠盆地
8	牡丹江市	市辖区、宁安市、穆棱市、海林市、林口县、东宁市、绥芬河市	40	510.807	伊春-亚布力岩浆弧、兴凯地块

续表

序号	行政区	主要产出地	矿产地数量	探获资源量 ($10^4\ m^3 \cdot a^{-1}$)	主要构造单元
9	七台河市	市辖区、勃利县	7	51.306	佳木斯地块、三江上叠盆地
10	齐齐哈尔市	市辖区、克山县、克东县、讷河市、泰来县	21	561.992	松嫩地块、松嫩盆地
11	双鸭山市	市辖区、尖山区	12	310.800	佳木斯地块、三江上叠盆地
12	绥化市	肇东市、安达市、海伦市	15	391.899	松嫩地块、松嫩盆地
13	伊春市	市辖区、铁力市	7	259.510	伊春-亚布力岩浆弧

四、五大连池天然矿泉水

五大连池地区位于黑龙江省中北部的小兴安岭与松嫩平原接壤地带，北黑（北安-黑河）铁路，前嫩、吉黑高速、202 国道公路斜贯本市。1996 年原德都县与原五大连池市合并为新五大连池市。

1935 年日本地质学家小仓免带人到此进行火山考察时，对药泉山以东自然出露的南泉（当时称药泉）、翻花泉（当时称洗疮泉）及火烧山东侧的火烧山泉进行了调查，并取样进行水质化验，首次科学地指出其主要化学成分，确定南泉为碳酸铁矿泉、翻花泉及火烧山泉为碳酸矿泉。1936 年小仓免等人在发表的《黑龙江省五大连池地质调查报告》中首次公布了矿泉水化验结果及评价结论。

中华人民共和国成立后，20 世纪 50 年代我国一批地质工作者来五大连池进行火山地质及矿产调查的同时，也调查了矿泉水，多数人未进行水质化验。

1960 年，地质部水文地质工程地质研究所安可士等人来此，对五大连池地区地面出露的矿泉进行全面的水质检验，将五大连池矿泉水定名为弱矿化低温碳酸铁矿水。

1967 年，黑龙江省地质局第一水文地质工程地质大队张万胜等人在此进行了火山地貌、矿泉水调查，对各矿泉成分、出露性状的差异进行概括论述，并初步探讨了矿泉水成因。

1974 年，由黑龙江省地质局王承祺、黑河地区科委吴克、德都县科委孙德兴等人牵头组织有关专家，编写《黑龙江省德都县五大连池火山地质和矿产资源综合利用》一书，肯定了矿泉水医疗价值。

1974~1979 年，黑龙江省地质局第一水文地质工程地质大队一分队在于明海、熊绍礼、王允鹏等人主持下，先后在五大连池进行 1∶5 万矿泉水水文地质普查、在药泉山矿泉水区进行矿水勘探工作，首次发现并圈出五个矿水区；查明药泉山矿水区 7 种矿水类型，原生矿水储量 117964 m^3，再生补给量 19 m^3/d，次生矿水可开采量 110 m^3/d；探明翻花山及南北泉一带矿泥储量 36360 m^3。1988 年，提交的药泉山矿水区矿水初勘报告，获地矿部勘查成果三等奖。

五大连池天然矿泉是世界“三大冷泉”之一，有重碳酸、偏硅酸两种矿泉水。天然含汽，可饮可浴，健身治病，享有“药泉”“圣水”之誉。

五大连池冷泉矿泉水区主要有药泉山、焦得布、尾山、火烧山等 9 处矿泉群，更有南泉、北泉、翻花泉、二龙泉等 300 多天然露头泉（图 8-3-1，图 8-3-2）。五大连池具有纯净的天然氧吧、独特的火山全磁环境、特效的药性洗泉、灵验的药用矿化离子水、神奇的火山岩太阳能理疗场等。

五、开发利用

20 世纪 90 年代，黑龙江省天然矿泉水资源的勘查、开发进入黄金时期。其中，除五大连池地区外，以哈尔滨、齐齐哈尔、牡丹江、佳木斯以及鸡西等地区最为突出。进入 21 世纪，黑龙江省天然矿泉水资源的勘查和开发逐年减少，新开发天然矿泉水资源较少。

黑龙江省矿泉水资源较丰富，勘查程度较高，但开发程度较低，已探明的 272 处矿泉水点，仅有

图 8-3-1　南饮泉

（吕长禄摄）

图 8-3-2　双龙泉

（吕长禄摄）

159 处注册，正在开发利用的矿泉水企业数量为 40 家，多以个体桶装低价销售为主，优质品牌较少。

黑龙江省矿泉水资源统计数据情况表明：已探明矿泉水资源总量为 5758.466×10^4 m^3/a，允许开采量为 3951.536×10^4 m^3/a，实际占用登记储量为 731.30×10^4 m^3/a，实际开采量仅占允许开采量的 18.50%。因此，开发潜力大，开发前景较好。其中，哈尔滨市、牡丹江市、鸡西市、黑河市、绥化市、双鸭山市剩余可开采资源量为 5180.93～40718.58 m^3/d，为大型潜力区；齐齐哈尔市、佳木斯市、鹤岗市、七台河市、伊春市、大庆市、大兴安岭地区等地剩余可开采资源量为 750.27～4675.23 m^3/d，为中型潜力区（表 8-3-2）。

五大连池，1996 年被命名为“中国矿泉水之乡”，1999 年将偏硅酸矿泉水引入市区作为市民生活饮用水，五大连池成为继法国维希之后世界第二、亚洲第一矿泉城，偏硅酸矿泉水储量丰富，为矿泉白酒、啤酒、饮品、酱油、醋等系列产品开发提供了条件。另外，五大连池的天然苏打水资源也比较丰富，纯天然、品质高、分布广，具备规模开发的条件。随着城市品牌效应的不断提升，先后获得

10余项荣誉称号，正在倾力打造中国矿泉水系列产品研发生产基地、国际旅游休闲养生基地和绿色食品生产基地。

表 8-3-2 矿泉水资源开采潜力统计表

地市	资源量/(10^4 $m^3 \cdot a^{-1}$)				剩余可开采量/($m^3 \cdot d^{-1}$)	开采潜力
	探明的资源量	可开采量	已开采量	剩余可开采量		
哈尔滨市	2531. 82	1719. 608	233. 38	1486. 228	40718. 58	大型
齐齐哈尔市	561. 992	391. 132	280. 14	110. 992	3040. 88	中型
牡丹江市	510. 807	390. 975	18. 98	371. 995	10191. 64	大型
佳木斯市	249. 732	187. 318	46. 21	141. 108	3865. 97	中型
大庆市	44. 836	34. 967	2. 19	32. 777	898. 00	中型
绥化市	391. 899	209. 446	0	209. 446	5738. 25	大型
黑河市	443. 071	290. 815	93. 81	197. 005	5397. 40	大型
鸡西市	295. 639	198. 594	9. 49	189. 104	5180. 93	大型
鹤岗市	43. 176	29. 945	2. 56	27. 385	750. 27	中型
伊春市	259. 51	170. 646	0	170. 646	4675. 23	中型
双鸭山市	310. 8	243. 296	30. 13	213. 166	5840. 16	大型
七台河市	51. 306	40. 001	0	40. 001	1095. 92	中型
大兴安岭地区	63. 878	44. 793	14. 42	30. 373	832. 14	中型

第九章 旅游地质景观

地质遗迹是指在地球演化的漫长地质历史时期，由于内外动力的地质作用，形成、发展并遗留下来的、不可再生的地质自然遗产。由地质遗迹所形成景观则成为今天的诸多的旅游地质景观，具有极为重要的科学价值和观赏价值，它记载了地球演化的历史和现状。其不仅包括旅游中的山水名胜、自然风光等自然遗迹，也包括地质历史时期人类形成过程中，人类与地质体相互作用和开发利用地质环境、地质资源的遗迹及地质灾害遗迹等，如千姿百态的地貌景观、地层剖面、地质构造、古人类化石、古生物化石、岩石、矿产、水体和地质灾害遗迹等。

地质遗迹资源还具有环境和资源双重性。它的环境特点决定其对国民经济发展有制约作用；它的资源特点决定其可以产生经济价值，并因其形成、分布和演化都遵循地质学基本规律，更具有独特的美学观赏价值、科普价值和生态价值。因此加强对地质遗迹的保护，为科学研究提供有力的保障，促进在地质环境领域内的科学研究，强化人们珍惜环境的意识，同时在提高国民科学文化素养等方面起着不可替代的作用。

我国地域辽阔，地理条件复杂，地质构造形式多样，地质遗迹丰富多彩，是世界上种类齐全的少数国家之一，有的在世界上独一无二。如云南的石林、安徽的黄山、广东的丹霞地貌，以及黑龙江省的五大连池火山群等地质遗迹景观，都以其独具的特色，在世界上享有盛名。

黑龙江省是地质遗迹比较丰富，分布地域广阔，种类比较齐全的省份。保护好地质遗迹是促进人口、资源、环境协调发展的重要保证，是社会文明进步的表现，是生态省建设的重要组成部分。

第一节 地质遗迹

黑龙江省地处兴蒙造山带东部和兴凯-布列亚山地块区南部。最早的地质记录始于古元古代，自此黑龙江省经历漫长的地质历史演化，地层发育齐全，岩浆活动频繁，地质构造复杂，形成了类型多样的地质遗迹。

按国土资源部地质环境司2015年《国家地质公园建设指南》中分类方案，有7大类计25类及56亚类，黑龙江省囊括了除海岸类所有类型（大类）的地质遗迹，包括地层剖面、地质构造、古生物、矿物与矿床、地貌景观、水体景观及环境地质遗迹景观（图9-1-1）。

1. 地层剖面大类

黑龙江省地跨额尔古纳-图瓦、内蒙古-大兴安岭、佳木斯-兴凯、那丹哈达4个地层区，各时代地层发育较齐全，分布广泛。是地层发育十分独特、丰富多彩的省份之一。

古生界地层剖面类地质遗迹以兴隆-罕达气地区最为集中，代表了内蒙古-大兴安岭地层区东部的沉积特征；对建立内蒙古-大兴安岭地层区的奥陶系、志留系、泥盆系地层格架起着重要作用；志留系—泥盆系界线是中国北方唯一有确切生物依据的地层界线。

尚志市小金沟组是黑龙江省东部唯一具有生物依据的下古生界地层。对研究滨东地区的成矿机制、指导找矿具有重要意义。

中生界地层剖面类地质遗迹以乌云-嘉荫地区、松嫩盆地、虎林龙爪沟、饶河最为集中。

乌云-嘉荫地区上白垩统—古新统发育，已成为国际上白垩统—新近系界线研究的热点地区。如果该界线存在于此，有望成为世界级地质遗迹。

松嫩盆地白垩系，对中国同时代的地层划分对比和寻找陆相油田具有重大指示意义。

图 9-1-1　黑龙江省重要地质遗迹及地质公园分布图

虎林龙爪沟地区海陆交互相地层，是中国北方唯一发现此类沉积环境的侏罗系—白垩系地层。

饶河地区海相三叠纪地层，是中国唯一的中生界深海沉积地层，对研究区域地质演化提供了直接证据。东安镇组为寻找侏罗系—白垩系界线的理想之地。

新生界地层剖面类地质遗迹，主要发育在各大平原区。

2. 地质构造大类

黑龙江省地处古亚洲洋构造域和滨太平洋构造域的交接复合部位，地质构造错综复杂。构造发展具多阶段，每个阶段都有不同的构造形式。

饶河地区的蛇绿岩套作为中生代板块俯冲带的重要依据，在我国绝无仅有，已被世界各国专家学者所关注，其中的混杂堆积、深海沉积、浊流沉积均是地质遗迹中的精品。

3. 古生物大类

（1）化石类

化石类地质遗迹的分布范围，基本与地层剖面类地质遗迹分布范围相同。

产于兴隆-罕达气地区的化石，对研究该区古生代地质历史演化有非同寻常的意义。

产于嘉荫的满洲鸭嘴龙号称“神州第一龙”，嘉荫是中国发现最早并经科学记录的恐龙化石挖掘地；嘉荫群地层中的被子植物化石，是植物由低级向高级演化关键阶段的产物。

松嫩平原第四纪地层中的猛犸象、披毛犀化石在全国都具有代表性，以哈尔滨市及青冈县等地出产丰富，对研究寒冷干旱地区气候演化和第四纪地质历史具有重要意义，青冈已建成国家级地质公园。

（2）古人类遗存

黑龙江省古人类活动历史可以追溯到3万年前，自3万年前至今，生活繁衍在这块美丽富饶土地上的古人留下了丰富的遗存。

五常市学田村发现的古人类化石，距今约2.4万年，为晚期智人，是黑龙江省迄今为止发现的最早的居民。哈尔滨市阎家岗遗址出土的人类枕骨化石距今2.2万年，被命名为“哈尔滨人”。该遗址是古人类露天临时营地，为我国首次发现。其中的大量石器和骨器已具有相当的水平，从伴生的动植物化石判断，当时此地为和今天环境相似的疏林草原景观和比较寒冷的气候特征。塔河县十八站、饶河县小南山旧石器时代遗址分别是我国最北、最东的旧石器时代遗址。阿城小岭冶铁遗址，是此类地质遗迹中地学价值最高的。

4. 矿物与矿床大类

黑龙江省矿产资源丰富，有10种矿产储量居全国第一位。

大庆油田是我国最大的石油生产基地，“松基三井”是大庆油田第一口产油井，从此发现了大庆油田；萝北云山石墨矿储量亚洲第一；黑河市嫩江二道坎村银矿是东北三省最大的银矿，讷河老莱黄粘土是我国唯一可用于印染业的矿种。

5. 地貌景观大类

黑龙江省地处我国东北边陲，地域辽阔，地貌形态复杂。地貌格局，除小兴安岭外，主要山脉及平原的长轴方向均呈北北东向展布。山地与平原相间错落构成了独具一格的自然地理景观，即西北部、北部和东南部地势高，东北部和西南部地势低。山地约占全省面积的60%，平原约占全省面积的40%。

黑龙江省西北部为大兴安岭山地，北部为沿黑龙江干流由西北向东南延伸的小兴安岭山地，东部山地由张广才岭、老爷岭、太平岭和完达山构成；东北部为三江平原，中西部为松嫩平原。三大山地和两大平原相间排列，构成黑龙江省最基本的地貌轮廓。

地貌类地质遗迹的分布与黑龙江省现代地貌格局一致。火山地貌地质遗迹集中分布于大兴安岭、小兴安岭、依兰-舒兰、密山-敦化、科洛-五大连池-二克山等中新生代火山岩带；花岗岩地貌地质遗迹，主要分布于小兴安岭-张广才岭花岗岩带。

黑龙江省地处滨太平洋火山构造带上，火山活动频繁，尤以中新生代火山活动最为强烈。

五大连池火山群是中国最新、保存最完整的第四纪火山群，号称“火山博物馆”。十四座火山拔地而起，与广阔的熔岩台地相互衬托，更加显示出火山的巍峨与壮丽。喷气锥与喷气碟是火山喷发最直观的表现形式，为世界罕见，国内独有，堪称国宝。石龙、石海、熔岩瀑布、熔岩洞穴等地貌景观都保存着近乎原始状态，在全国乃至全世界都具有代表性。

黑龙江省岩浆活动频繁，花岗岩十分发育，其中又以小兴安岭和张广才岭地区最发育。在漫长的地质历史演化过程中，形成了许多地貌类地质遗迹。由印支期构造运动并经过后期改造形成的分布于朗乡-汤旺河一带的花岗岩石林，集雄、奇、幽、险、峻于一体，规模大，分布集中，各具特色，又同属于一个行政区，可统一规划保护开发，是黑龙江省具有重大价值的地质遗迹。

黑龙江省的许多峡谷、山峰也别具特色，如萝北小三峡、嘉荫茅兰沟、海伦大峡谷、阿城松峰山等。

6. 水体景观大类

黑龙江省水系发育，河、湖众多，湿地面积较大，这其中有许多地质遗迹精品。

五大连池像一串璀璨的珍珠（图 9-1-2），镶嵌在美丽富饶的龙江大地上，低温矿泉是世界三大冷泉之一，举世罕见，被誉为中国矿泉水之乡，是世界级的地质遗迹精品。区内矿泉水资源丰富，类型多，成分复杂，是我国乃至世界上少有的对多种疾病具有独特疗效的可饮可浴的优质矿泉水。

图 9-1-2　五大连池三池夜景

（刘旭光摄）

镜泊湖风光秀丽，是可以和日内瓦湖相媲美的世界第二大火山堰塞湖；有气势磅礴、季换景变的吊水楼瀑布；有隐藏于“地下森林”中的火山口。这些无疑提升了地质遗迹的价值。

东亚第一大湖——兴凯湖，大气磅礴，景象万千，浩瀚缥缈，是不可多得的旅游胜地。

扎龙湿地已被列入国际重要湿地名录，三江湿地（图 9-1-3）、虎口湿地、东方红湿地、乌苏里江湿地、月牙湖湿地、大庆龙凤湿地（图 9-1-4）等，对防止黑龙江省土地沙漠化起着决定性的作用。

图 9-1-3　佳木斯三江湿地

（庄艳平摄）

图 9-1-4　大庆龙凤湿地

（吕长禄摄）

7. 环境地质遗迹景观大类

黑龙江省处在常年冻土和季节冻土分布区，冻融作用发育，对交通、建筑物危害很大。主要地质灾害有崩塌、滑坡、泥石流，地面塌陷以及地面沉降和隆起变形等。鸡西煤矿采坑塌陷治理等颇见成效，恒山国家矿山公园已成为一处体验矿山文化生活的好去处；穆棱市天仙宫大滑坡等是具有代表性的地质灾害景观，还可少见较小规模的泥石流等。

第二节　地质公园

截至 2019 年底，黑龙江省共有 32 家地质公园，其中，2 家世界地质公园：镜泊湖世界地质公园和五大连池世界地质公园；9 家国家地质公园：兴凯湖地质公园、伊春花岗岩石林地质公园、小兴安岭地质公园、凤凰山地质公园和嘉荫恐龙地质公园，以及近年来批复的山口地质公园、漠河地质公园、青冈猛犸象地质公园和鸡冠山地质公园；另外还有 21 家省级地质公园。

1. 镜泊湖世界地质公园

位于牡丹江市宁安市西南的松花江支流牡丹江干流上，距宁安市 50 km，是 5000 年前经多次火山喷发阻塞牡丹江古河床而成的火山熔岩堰塞湖。湖面海拔 350 m，南北长 45 km，东西最宽 6 km，面积约 91.5 km^2。景区总面积 1214 km^2，是中国最大、世界第二大高山堰塞湖，著名的旅游、避暑和疗养胜地，1982 年被评为国家级重点风景名胜区、2006 年被评为世界地质公园、2008 年被评为中国十佳休闲旅游胜地、2010 年被评为国家 5A 级旅游景区。

区内 12 个火山口为距今百万年至 4800 年前之间喷发，主要地质遗迹为火山地貌、火山堰塞湖（图 9-2-1）、瀑布、大型熔岩隧道等，火山熔岩景观丰富，湖光山色，奇特壮观。

2. 五大连池世界地质公园

位于五大连池市，主要地质遗迹类型为火山地质地貌类。公元 1719～1721 年，火山爆发堵塞了当年的河流，形成了 5 个互相连通的熔岩堰塞湖，故称“五大连池”。

1060 km^2 的景区内矗立着 14 座新老火山，熔岩浩瀚、湖泊珠连、矿泉星布，是世界顶级火山资源，是世界上保存最完整、最典型、时代最新的火山群，被誉为“天然火山博物馆”（图 9-2-2）和

图 9-2-1　镜泊湖吊水楼瀑布夏景

（来源：https://www.hlj.gov.cn/hlj/c108519/202212/31464398/images/2-20221218144755882.jpg）

“打开的火山教科书”。熔岩地貌类型多样，有世界稀有的火山喷气锥、喷气碟，有典型的绳状熔岩、翻花状熔岩及各种具有极高美学价值的象形熔岩、火山弹、浮石、熔岩隧道等。园区空气清新、环境优雅、湖光山色，是难得的科学旅游、休假康疗胜地。1982 年被批准为国家重点风景区，2000 年被批准为国家地质公园，2004 年，入选世界地质公园。

图 9-2-2　五大连池火山口

（来源：https://www.hlj.gov.cn/hlj/c108519/202212/31464378/images/4.jpg）

3. 黑龙江嘉荫恐龙国家地质公园

恐龙化石产于嘉荫县朝阳镇西南 11 km 黑龙江南岸龙骨山和乌拉嘎镇等地。绝大多数都是鸭嘴龙类骨骼，还有恐龙皮肤化石，是难得的珍品，也见霸王龙牙齿、似鸟龙骨骼、满洲龙（图 9-2-3）、鸭嘴龙、卡龙等。2001 年 12 月在龙骨山建立了黑龙江嘉荫恐龙国家地质公园，成为黑龙江沿岸一道亮丽的风景线，是科考、观光、传播中国恐龙文化和开展对外交流的理想场所和窗口。

【史话】寻找丢失的恐龙公墓　黑龙江省嘉荫县是我国境内第一具恐龙骨架出土的地方，被称为“神州第一龙”。遗憾的是，这具骨架并不是由中国学者发掘装架，而是在我国多灾多难的年代，由沙俄学者在 1902 年至 1917 年越境盗挖运回俄国后，于 1924 年装架成高 4.5 m、长 8 m 的化石骨架，并命名为“黑龙江满洲龙”新属、

图 9-2-3　嘉荫县满洲龙
（伊春地质博物馆藏）

新种，陈列在当时的列宁格勒中央地质博物馆内。据俄文献，发现化石骨架的地方，位于黑龙江右岸中国一侧一个叫“白崖”的地方。但在中国嘉荫县地形图上，并没有“白崖”这个地名。黑龙江省有关单位为了找到化石产地，曾多次期望而去、又失望而归。1974 年，黑龙江省地质局区域地质测量第一队在上报黑龙江省区域地质调查工作“五五”（1976~1980）计划时，将俄人发现恐龙化石的嘉荫县幅优先安排，希望发挥区域地质调查方法的优势，通过调查研究嘉荫县内几千平方千米范围内的地层，一定会在相应地层内找到恐龙化石。果然，1976 年当年，以马万昌为技术负责人的该队第四分队，在嘉荫县渔亮子到 617 航标间的砾岩-砂砾岩-砂岩中，找到了恐龙化石。该套地层厚约 300 m，从中采集了数十箱恐龙化石标本。经国家地质总局博物馆（现中国地质博物馆）胡承志鉴定，定为“鸭嘴龙亚科”，其时代相当于晚白垩世中晚期。在含恐龙化石层位之下的细砂岩-粉砂岩-页岩-油页岩及凝灰砂岩中，发现了丰富的被子植物、腹足类、介形虫、叶肢介和鱼等化石。其中的被子植物群化石的发现，填补了中国北方晚白垩世植物发展史上的空白，为研究晚白垩世的古地理、古气候提供了新资料。

在上述工作基础上，1978 年黑龙江省革命委员会批转了省文管会文件，决定对该地恐龙化石进行发掘。由黑龙江省博物馆和黑龙江省地质局区域地质测量第一队联合组成发掘工作队。该队仅于 1978 年 5 月至 8 月就找到了 10 个含恐龙化石的层位，初步采得完整近完整的各部件化石约 600 余件，重 4 t 多。共组装 3 具完整的平头鸭嘴龙化石骨架。一具高 6.48 m，长 11.24 m；一具高 4.18 m，长 9.32 m。以上两具骨架现保存在黑龙江省博物馆内。第三具高 6.10 m，长 10.50 m，现展陈在武汉中国地质大学博物馆内。

1991 年夏，刚被任命为嘉荫县科技副县长的原黑龙江省地质矿产厅工程师刘春山，在乌拉嘎地区下乡调研时，听说农民在挖沙子时，挖出了一堆大骨头。凭着从事地质工作的多年经验，他立马觉得这可能是恐龙化石。在亲自到现场查看以后，立即叫人对这一地区进行保护，并向省地质矿产厅作了汇报，请求派专家进行研究。随后的几年里，地质矿产厅先后派出了邢玉玲、于庭相、余福林、周中立、海树林等五位专家到现场调查研究，发现该化石层被一层地质时代为 2350 万年到 164 万年新近纪松散砾岩覆盖，必须对这层砾岩用推土机推掉后，才能暴露出化石层。2003 年夏，黑龙江省地质博物馆在嘉荫县东南的乌拉嘎地区，发现一个恐龙大坟场，经发掘采得鸭嘴龙骨化石标本上千件外，还发现了虚骨龙和甲龙的化石。除了大量恐龙大腿骨化石外，还采集到鸭嘴龙的皮肤化石、大型肉食龙的牙齿、龟鳖类和鱼的鳞片化石。据恐龙专家董枝明初步估计，这个恐龙公墓里埋藏的恐龙化石可能多达数万件。他认为由于化石分布在古河口的冲积三角洲上，说明当时山洪暴发，将当时生活的爬行动物和鱼冲至地形低洼处沉积下来，形成了化石。

从1978年开始，经黑龙江省地质博物馆、黑龙江省地质矿产局、吉林大学和嘉荫县国土资源局等单位多次发掘，共组装了10具恐龙骨架。除平头鸭嘴龙外，吉林大学还采集到两具新的、有头饰的鸭嘴龙化石骨架，一大一小，大龙高6 m，长11 m；小龙高2 m，长5 m，与大龙合称为“母子龙”。经研究，属于新属、新种，定名为“嘉荫卡龙”，现展陈在吉林大学地质博物馆。

嘉荫恐龙公墓的科学价值非同寻常。它的地质时代在6500万年至7000万年，处在恐龙灭绝的前夕，晚于国内其他恐龙化石产地。2002年9月，在得知黑龙江省博物馆正在嘉荫发掘恐龙化石的消息后，正在长春参加学术会议的中、俄、美、英、德、日、韩七国著名地质学家立即终止会议，前往嘉荫恐龙化石发掘现场。因为在产恐龙化石的上白垩统渔亮子组地层之上，还有一套同时代名叫富饶组的地层。该组地层底部没有出露，与渔亮子组地层是连续沉积？还是中间有间断？没有办法搞清楚，但与上部的古近系最下部的乌云组煤系地层却是连续沉积的，中间没有中断。这样的地层演变关系，给七国地质学家提供了一个了解恐龙灭绝原因的绝佳机会。只要在上白垩统的富饶组与古近系底部的乌云组接触处，找到几厘米厚的白色富铱粘土层（铱只能来自宇宙），就能证明行星撞击地球，导致恐龙灭绝的假说是正确的。在被厚层浮土和森林双层覆盖的黑龙江省，想找到几厘米厚的富铱粘土层是非常困难的，但机会仍然存在！（徐衍强撰写）

4. 黑龙江青冈猛犸象国家地质公园

绥化市青冈县，以保护猛犸象、披毛犀等第四纪古动物-古脊椎动物群化石为主，各类化石总量十几万件以上。2018年3月建立了以地层剖面及构造形迹为地学依托，兼有湿地和风景河段等资源的黑龙江青冈猛犸象国家地质公园。

在青冈县出土有大量的距今1万至4万年的第四纪古生物化石，主要有猛犸象（图9-2-4）、披毛犀（图9-2-5）、东北野牛、普氏野马、王氏水牛、古人类等50余种化石，对研究第四纪时期地理、气候及古生物种属繁衍、迁徙及灭绝等方面具有重要的科学价值，也是研究古人类与猛犸象-披毛犀动物群关系的理想场所。

图9-2-4　松花江猛犸象骨架
（吕长禄摄）

图9-2-5　披毛犀骨架化石
（吕长禄摄）

【知识链接】黑龙江省第四纪大冰期之谜　在找矿过程中，我们不仅要找出露在地面的各种矿化线索，还要寻找埋藏在层状岩石（即地层）中的生物遗体和遗迹，也就是化石。化石中含有丰富的信息：它指示古代生物的存在，对研究生物进化、确定地层年代、推断古代地理环境变化和古气候变化都极为重要。下面这个例子可以说明曾经在黑龙江省发生过的沧桑巨变情况。

在黑龙江省博物馆，陈列着黑龙江省出土的两具猛犸象和披毛犀骨架化石。猛犸象化石出土于肇源县，其生活年代距今约21200年。在大庆博物馆，更是展出了猛犸象-披毛犀动物群中45种动物中的43种。其中有两具巨大的猛犸象化石骨架成了镇馆之宝：一具身高3.35 m，身长6.5 m，2002年出土于宾县；另一具身高4.35 m，身长7.5 m，2009年青冈县出土，是中国已出土猛犸象化石中的最大者。猛犸象因体披长毛，故又称长毛象。

表 9-2-1　黑龙江省国家级地质公园概况一览表

序号	地质公园名称	级别	面积/km^2	类别	地区	主要地质遗迹及景观	开发保护状况	照片
1	黑龙江兴凯湖国家地质公园	国家级	1080	地貌、水体、古人类	鸡西市密山市	黑龙江兴凯湖国家地质公园为黑龙江流域最大湖泊，中俄界湖，系造山运动地壳陷落形成的构造湖。由大小两湖组成，湿地、湖岗及湖面独具特色，有吉尼斯纪录的最小边界桥白棱河桥，王震将军陵园、北大荒纪念馆、新开流文化遗址、农业生态园等著名景观，鱼跃鸟飞，沙滩壮阔，湖面烟波浩渺，水天一色，气势磅礴	国家地质公园 国家 4A 级旅游景区 国家水利风景区 国家级自然保护区 《国际重要湿地名录》	 （吕长禄摄）
2	黑龙江伊春花岗岩石林国家地质公园	国家级	163.57	地貌、构造	伊春市汤旺县	黑龙江伊春花岗岩石林国家地质公园系我国目前发现类型最全、发育最典型、造型最丰富的印支期花岗岩石林地质遗迹，国内外罕见，对研究印支期以来的地球演化及构造活动具有重要的科学价值和典型的地学意义	国家地质公园 国家 5A 级旅游景区 国家级自然保护区 红松原始森林基地	 （吕长禄摄）
3	黑龙江漠河国家地质公园	国家级	78	地貌、水体	大兴安岭地区漠河市	主要以花岗岩地貌景观（石洞、石穴、石柱、石峰）、冰缘地貌景观（冰川槽谷、冰臼、冰斗）为核心，融流水地貌与自然生态景观于一体，极具观赏、科研及旅游价值，独具北方特色，国内罕见	国家地质公园 省级自然保护区	 （来源：https://www.hlj.gov.cn/hlj/c108519/202212/31464419/images/111.jpg）

续表

序号	地质公园名称	级别	面积/km^2	类别	地区	主要地质遗迹及景观	开发保护状况	照片
4	黑龙江凤凰山国家地质公园	国家级	500	地貌、构造	哈尔滨市五常市	景区内有地质构造、峡谷瀑布、崩塌遗迹、冰缘石海、高山湿地等地质遗迹资源，还有红山文化、夏家店等各时期文化遗址 27 处，文物景点 18 处等，集地质遗迹及自然生态资源和野生动植物资源于一体，峰青峦秀，为生态型国家森林公园	国家地质公园 国家森林公园 国家 4A 级旅游景区 省级文物保护单位	 （来源：https://p1. ssl. qhimg. com/t015570e9b1f46f2c77. jpg）
5	黑龙江伊春小兴安岭国家地质公园	国家级	1685	地貌、水体	伊春市红星林业局	主要地质遗迹为火山岩、花岗岩及冰缘地貌与水体景观，主要景观为第四系玄武岩流熔岩台地、石海及花岗岩峰林、峡谷、陡崖、峭壁、象形石和湿地，黑龙江动植物资源保护区	国家地质公园 国家森林公园	 （来源：https：//p1. ssl. qhimg. com/t0125b72bcbb2fe3160. jpg）
6	黑龙江山口国家地质公园	国家级	1057	地貌、水体	黑河市五大连池市	有印支期花岗岩地貌景观及水体景观，天然的物种基因库和自然博物馆，具有原始、生态、自然的特点；也是雾凇拍摄地	国家地质公园 国家 4A 级旅游景区 国家水利风景区 省级自然保护区	 （钱立文摄）
7	黑龙江鸡冠山国家地质公园	国家级	32	地貌、水体、古人类	哈尔滨市木兰县与通河县交界	记录印支运动、燕山运动、喜马拉雅运动几个发展演化阶段。山峰呈鸡冠状和睡佛状，有大小地质遗迹景点 31 处，有辽金时代遗址 20 多处，以山峻、石奇、树美、水秀闻名于世，被誉为“北国张家界”	国家地质公园 国家 3A 级旅游景区 省级文物保护单位	 （郭柏林摄）

它们在黑龙江省生活的年代距今40000~12000年，相当于第四纪大冰期四个亚冰期（四次变冷变暖）中的末次冰期。据专家研究，在距今21000~12000年前的末次冰期最盛时期，猛犸象-披毛犀动物群广布于我国东北、内蒙古东部、河北北部，向东达朝鲜半岛、日本，北到西伯利亚和北美洲北部。表明北半球此时气温骤降，冰川范围扩大，海面下降。我国东北和黄、渤海大陆架的广大地区，发生了大规模海退，其低海面位于现在海面以下130~160 m处。致使我国东北与黄、渤海、日本、西伯利亚连成了一片陆地，日本海成了内陆湖盆。在我国东部发生了一次沧桑巨变。

【知识链接】 “猛犸象之乡”——黑龙江省青冈县 第四纪时期的东北地区，气候与环境不仅非常适合猛犸象、披毛犀这样的长毛巨兽，还有其他非常丰富的动物群体也在这里生存，它们食性各异，在历史长河中留下许多精彩瞬间。

自1958年发现猛犸象化石以来，青冈县境内22条小流域有15条以上已出土距今4万年到1万年间的动、植物化石总量达10余万件，种类包括猛犸象、披毛犀、双壳类、贝类等近50种，其中完整的化石骨架达百具以上。截至2016年，全国103家博物馆展出的猛犸象真骨化石标本，已确定有100家来自青冈。特别是在2005年，该县先后出土国内第四纪最完整的狼化石骨架和最完整的最后鬣狗化石骨架各一具，被誉为“神州第一狼”（图9-2-6）和“中华第一鬣狗”（图9-2-7），现陈列在大庆博物馆。

图9-2-6 神州第一狼

（吕长禄摄）

图9-2-7 中华第一鬣狗

（吕长禄摄）

国内著名古脊椎动物专家对青冈猛犸象-披毛犀动物群化石的发现评价很高。中国科学院古脊椎动物与古人类研究所所长、中国科学院院士周忠和认为：青冈发现的化石，对于追溯第四纪陆相生物群的繁衍历史与消亡过程，对于研究现代中国人在东北地区的演化与扩散，对于揭示古人类与猛犸象-披毛犀动物群的关系均意义重大。中国地质博物馆馆长贾跃明认为：该县发现的化石，完整记录了晚更新世—全新世地质历史时期的古地理、古气候、古环境、古生态信息，是第四纪中国北方哺乳动物地理区系的代表，是猛犸象欧亚大陆最后的演化中心和史前巨兽最后的乐园，是研究第四纪晚期以来，全球变化的理想区域。因此也是最有可能揭示猛犸象之谜的地方。2016年7月12日，青冈县被国家古生物化石保护基金会授予“中国猛犸象故乡”称号。2018年3月，青冈猛犸象地质公园又成功入选国家地质公园。毋庸置疑，青冈猛犸象-披毛犀动物群不仅属于中国，也属于世界！（徐衍强撰写）

其他国家地质公园详见表9-2-1。

结　语

黑龙江省位于祖国东北部，由境内最大的河流黑龙江而得名。黑龙江，古称黑水，14 世纪成书的《辽史》始称黑龙江。

距今 25 亿年左右的地壳运动，形成了富饶美丽的“白山黑水”之地。这里有连绵的山峰、起伏的丘陵、广袤的森林、大片的湿地、宽广的平原、肥沃的土地和丰富的矿产。“龙江黑”（黑土地、石油、煤）、“龙江绿”（绿色农产品、绿色大森林）和“龙江白”（冰雪、大米）在国内广受赞誉。这片具有得天独厚的自然条件及美丽富饶的土地上，自古以来就有人类居住和活动，世世代代地养育了习俗不一、语言不同的部落和民族，而这些部落和民族以自己的勤劳勇敢、聪明才智和奋进不息的精神，创造了一代又一代光辉的历史和绚丽的文化。黑龙江流域如同黄河流域、长江流域一样，也是中华民族的摇篮之一。

在赞美如此风光，欣赏如此美景的同时，我们不要忘记那些默默无闻，为祖国建设，为家乡建设付出辛苦的无数地质工作者，正是他们不辞艰辛，满怀希望，为祖国、为家乡寻找了无数的矿藏，才有了今天高度发达的物质文明。我们在享受美好生活的时候，不要忘记他们为家乡的建设所做出的奉献。像王进喜这样的人，他虽然离开我们近半个世纪了，可他依然活在全国人民的心中。

地球是神奇的，也是慷慨的。她为人类无私地奉献出丰富的地下宝藏，供人们开发利用。但地球只有一个，矿产资源也是有限的，大多数矿产是不可再生的一次性资源，并非取之不尽，用之不竭。许多因矿而建的矿山企业、城市正面临矿产资源枯竭的困境。另一方面，地球也是脆弱的，矿产资源的过度开采，会使地壳发生变形而诱发地质灾害，如诱发地震、滑坡、泥石流、地面下沉等；煤炭、石油燃料的大量使用，造成二氧化碳排放量激增，地球变暖，许多生物灭绝；冰川融化，海平面上升，我们赖以生存的家园有被淹没的危险。

目前，地球的生态环境正在发生着急剧变化，极端天气，厄尔尼诺、拉尼娜现象时有发生，已严重地威胁到我们人类的生存状况、身体健康及其他物种的繁衍。

希望此书的出版，有利于增强人们对黑龙江省矿产资源的深入了解，也希望读者对我们赖以生存的地球心怀感恩之心和敬畏之情，树立合理开发利用资源、节约资源、珍惜资源、关爱地球的绿色发展理念，提高生态文明意识和自觉性。

本书在相应章节，插入了科学窗、故事会、知识链接、史话等，乃是本书的创新之处，内容生动，增强了全书的趣味性和可读性。

习近平总书记在十九大报告中指出，坚持人与自然和谐共生。要树立“绿水青山就是金山银山”的绿色发展理念，为建设美丽中国、大美龙江做出应有的贡献，为全球生态安全做出贡献。

主要参考文献及资料

《非金属矿工业手册》编辑委员会. 1992. 非金属矿工业手册(上册)[M]. 北京：冶金工业出版社.

《矿产资源工业要求手册》编委会. 2010. 矿产资源工业要求手册[M]. 北京：地质出版社.

《中国矿床发现史·黑龙江卷》编委会. 1996. 中国矿床发现史·黑龙江卷[M]. 北京：地质出版社.

《中国区域地质志·黑龙江志》编委会. 2018. 中国区域地质志·黑龙江志[R].

大庆油田有限责任公司. 2019. 大庆油田企业文化辞典(60年)[R].

黑龙江省国土资源厅. 2013. 黑龙江省矿床发现史(1992~2011)[R].

黑龙江省水文地质工程地质勘察院. 2018. 黑龙江省地质环境图系[R].

黑龙江省文物考古研究所. 2019. 黑龙江齐齐哈尔市洪河遗址新石器时代遗存发掘简报[J]. 考古,(8)：46-70.

黑龙江省自然资源厅. 2018. 黑龙江自然资源公报[R].

黑龙江省自然资源厅. 2019. 黑龙江自然资源公报[R].

自然资源部. 2019. 中国矿产资源报告(2019)[M]. 北京：地质出版社.

自然资源部中国地质调查局国际矿业研究中心，自然资源部中国地质调查局中国矿业报社. 2019. 全球矿业发展报告(2019)[M]. 北京：地质出版社.

卞鹤. 2018. 松基三井——大庆油田发现井[N/OL]. 大庆日报. [2018-10-25]https：//www. toutiao. com/article/6616113614149386759.

邓树平. 2021. 东北亚古丝路民族与文物研究[M]. 秦皇岛：燕山大学出版社.

方圆，张万益，曹佳文，等. 2018. 我国能源资源现状与发展趋势[J]. 矿产保护与利用,(4)：34~42.

冯恩学. 2003. 俄罗斯远东博伊斯曼文化与倭肯哈达、亚布力遗址的联系[J]. 北方文物，74(2)：18~21.

高津，王允鹏，王晓光，等. 2000. 黑龙江省水文地质志[M]. 哈尔滨：黑龙江人民出版社.

郭海南. 2014. 清末东北矿权交涉研究(硕士论文)[D]. 武汉：华中师范大学.

郭晓光，董良. 2021. 大庆古龙页岩油勘探取得重大战略性突破[EB/OL]. https：//oil. in-en. com/html/oil-2927551. shtml.

国投盛世. 2021. 沸石又立新功！在国家自然科学奖一等奖项目“纳米限域催化”中发挥重要作用[N/OL]. https：//zhuanlan. zhihu. com/p/441740765.

韩婷澎，杨军. 2020. 黑龙江饶河小南山遗址入选“全国十大考古新发现”[N/OL]. 人民网[2020-05-13]. http：//hlj. people. com. cn/n2/2020/0513/c220024-34015438. html.

郝宇杰，任云生，史雨凡，等. 2020. 黑龙江省完达山地区河口林场斑岩型锡多金属矿床花岗斑岩的形成年代、岩石成因及构造背景[J]. 岩石学报，36(3)：837~855.

焦润明. 2005. 日本自近代以来对东北资源与财富的掠夺[J]. 辽宁大学学报(哲学社会科学版)，33(5)：7~14.

孔维达. 2012. 抗战时期日本对华矿产资源掠夺研究(硕士论文)[D]. 银川：宁夏大学.

李剑，佘源琦，高阳，等. 2020. 中国天然气产业发展形势与前景[J]. 天然气工业，40(4)：133~142.

李玉琪，惠荣. 2013. 论大庆油田的发现过程[J]. 西安石油大学学报(社会科学版)，22(2)：60~67.

李雨桐. 2017. 满铁对中国东北金矿资源的掠夺(1931~1945)[J]. 哈尔滨师范大学社会科学学报，41(4)：137~140.

刘同常，高树学，苏宇. 2018. 漠河大雷子山锑矿床地质特征及找矿标志探讨[J]. 企业科技与发展,(6)：185~186.

吕军，刘旭光，韩振哲，等. 2009. 三道湾子金矿床矿石特征及金的赋存状态研究[J]. 地质与勘探，45(4)：395~401.

马宇鹏，任云生，郝宇杰，等. 2018. 黑龙江羊鼻山铁钨矿床中钨矿成因及物质来源[J]. 吉林大学学报，48(1)：105~117.

寿嘉华. 2016. 中国石谱[M]. 北京：中华书局.

孙传跃，宋振国，朱阳革，等. 2019. 中国铜铝铅锌矿产资源开发利用现状及安全供应战略研究[J]. 中国工程科学，21(1)：133~139.

孙明泉，朱伟华. 2014. 黑龙江穆棱发现我国最东边大型旧石器遗址[N/OL]. 光明日报[2014-11-05]. https://epaper. gmw. cn/gmrb/html/2014-11/05/nw. D110000gmrb_20141105_3-09. htm.

孙梓耀，王菲，崔玉军. 2016. 黑龙江省松嫩平原南部土壤硒元素的有效性与生态效应[J]. 黑龙江农业科学,(9)：43~49.

唐臣，张馨文. 2017. 黑龙江铁力市鹿鸣钼矿地质特征及成因探讨[J]. 吉林地质，36(4)：1~5.

王登红，王瑞江，孙艳，等. 2016. 我国三稀(稀有稀土稀散)矿产资源调查研究成果综述[J]. 地球学报，37(5)：569~580.

王秀璋，周玲，站新志，等. 1997. 黑龙江省某铂钯矿床铂族元素赋存状态考察的初步报告[R]. 贵阳:中科院贵阳地球化学研究所，黑龙江省地质实验室.

王禹浪，王志浩. 2000. 黑龙江流域古代历史与文化概述[J]. 黑龙江民族丛刊(季刊)，63(4)：83~89.

吴丽丹. 2007. 论东北地区新石器时代玉器的四个发展阶段(硕士论文)[D]. 长春：吉林大学.

徐博文. 2015. 黑龙江省逊克县翠宏山地区矿床成因及成矿系列(硕士论文)[D]. 长春：吉林大学.

徐文喜，李成禄，丁继双，等. 2020. 黑龙江省“三稀”矿产勘查进展与找矿思路[J]. 地质论评，66(增刊)：126~128.

徐晓红，荆胜波. 2003. “满洲地质及矿产资源分布图”在长春发现日本掠夺我国东北矿产资源的又一铁证[J]. 兰台内外.
徐正顺，王渝明，庞彦明，等. 2008. 大庆徐深气田火山岩气藏的开发[J]. 天然气工业，28(12)：74~77.
徐志刚，陈毓川，王登红，等. 2008. 中国成矿区带划分方案[M]. 北京：地质出版社.
许志琴，嵇少丞，杨经绥，等. 2020. 传奇地球——来自石头的述说[M]. 北京：地质出版社.
于庆文，李树才，等. 2017. 中国透闪石玉和蛇纹石玉[M]. 北京：地质出版社.
赵东甫，冯本智. 1992. 非金属矿床[M]. 北京：地质出版社.
赵周贤. 2023. 大庆精神铁人精神的丰富内涵[EB/OL]. https：//www. sohu. com/a/678864512_188245? scm = 1102. xchannel：325：100002. 0. 6. 0.

中国矿产地质志

“十三五”国家重点图书规划　国家出版基金项目

总　志

中国矿产地质志·矿产总志
中国矿产地质志·规律总志

矿种志

1 **中国矿产地质志·矿产地名录卷(总1)**
6 **中国矿产地质志·典型矿床总述卷(总2)**
中国矿产地质志·油气卷
65 **中国矿产地质志·煤炭卷(矿14)**
63 **中国矿产地质志·煤层气卷(矿13)**
中国矿产地质志·铀矿卷
中国矿产地质志·铁矿卷
中国矿产地质志·锰矿卷
中国矿产地质志·钒钛铬矿卷
中国矿产地质志·铜矿卷
中国矿产地质志·铝矿卷
中国矿产地质志·铅锌矿卷
21 **中国矿产地质志·镍矿卷(矿5)**
8 **中国矿产地质志·钨矿卷(矿1)**
中国矿产地质志·锡矿卷
中国矿产地质志·钼矿卷
54 **中国矿产地质志·锑矿卷(矿9)**
中国矿产地质志·菱镁矿卷
86 **中国矿产地质志·金矿卷(矿19)**
44 **中国矿产地质志·银矿卷(矿8)**
中国矿产地质志·锂铍铌钽矿卷
中国矿产地质志·铷锶锆铪矿卷
中国矿产地质志·稀土金属矿卷
中国矿产地质志·稀散金属矿卷
中国矿产地质志·建材非金属矿卷
中国矿产地质志·蓝晶石族矿卷
9 **中国矿产地质志·石灰岩矿卷(矿2)**
中国矿产地质志·石英砂岩矿卷
81 **中国矿产地质志·花岗岩矿卷(矿17)**
中国矿产地质志·大理岩矿卷
中国矿产地质志·石棉矿卷
84 **中国矿产地质志·高岭土矿卷(矿18)**
中国矿产地质志·膨润土矿卷
69 **中国矿产地质志·硅藻土矿卷(矿15)**
中国矿产地质志·滑石矿卷
中国矿产地质志·硅灰石矿卷
中国矿产地质志·石墨矿卷
中国矿产地质志·化工矿产卷
22 **中国矿产地质志·钾盐矿卷(矿6)**
57 **中国矿产地质志·盐矿卷(矿10)**
18 **中国矿产地质志·磷矿卷(矿3)**
61 **中国矿产地质志·硫矿卷(矿11)**
19 **中国矿产地质志·硼矿卷(矿4)**
70 **中国矿产地质志·萤石矿卷(矿16)**
62 **中国矿产地质志·芒硝矿卷(矿12)**
中国矿产地质志·石膏矿卷
23 **中国矿产地质志·重晶石矿卷(矿7)**
中国矿产地质志·化工灰岩-明矾石-天青石-雄黄-硝石-天然碱矿卷
中国矿产地质志·宝玉石矿卷
中国矿产地质志·和田玉矿卷
中国矿产地质志·叶蜡石矿卷
……

省　志

中国矿产地质志·北京卷
56 **中国矿产地质志·天津卷(省3)**
中国矿产地质志·河北卷
中国矿产地质志·山西卷
72 **中国矿产地质志·内蒙古卷(省6)**
中国矿产地质志·辽宁卷
71 **中国矿产地质志·吉林卷(省5)**
中国矿产地质志·黑龙江卷
85 **中国矿产地质志·江苏上海卷(省10)**
中国矿产地质志·浙江卷
83 **中国矿产地质志·安徽卷(省9)**
中国矿产地质志·福建卷
3 **中国矿产地质志·江西卷(省1)**

中国矿产地质志·山东卷
中国矿产地质志·河南卷
中国矿产地质志·湖北卷
中国矿产地质志·湖南卷
中国矿产地质志·广东卷
中国矿产地质志·广西卷
64 中国矿产地质志·海南卷(省4)
中国矿产地质志·重庆卷
中国矿产地质志·四川卷
中国矿产地质志·贵州卷
中国矿产地质志·云南卷
中国矿产地质志·西藏卷
80 中国矿产地质志·陕西卷(省8)
中国矿产地质志·甘肃卷
中国矿产地质志·青海卷
78 中国矿产地质志·宁夏卷(省7)
中国矿产地质志·新疆卷
38 中国矿产地质志·台湾卷(省2)

省级重要矿种(组)志

28 中国矿产地质志·山东卷·铁钛矿产(鲁1)
29 中国矿产地质志·山东卷·煤油页岩矿产(鲁2)
7 中国矿产地质志·河南卷·黑色金属矿产(豫1)
53 中国矿产地质志·河南卷·有色金属矿产(豫2)
68 中国矿产地质志·河南卷·贵金属三稀矿产(豫3)
79 中国矿产地质志·河南卷·能源矿产(豫4)
17 中国矿产地质志·四川卷·黑色金属矿产(川1)
25 中国矿产地质志·贵州卷·铝土矿(黔1)
26 中国矿产地质志·贵州卷·金矿(黔2)
76 中国矿产地质志·贵州卷·锰矿(黔3)
82 中国矿产地质志·贵州卷·磷矿(黔4)
12 中国矿产地质志·云南卷·贵金属矿产(滇1)
13 中国矿产地质志·云南卷·铅锌矿产(滇2)
36 中国矿产地质志·云南卷·化工矿产(滇3)
43 中国矿产地质志·云南卷·黑色金属矿产(滇5)
51 中国矿产地质志·云南卷·能源矿产(滇7)
46 中国矿产地质志·云南卷·铜钼镍钴矿产(滇6)
40 中国矿产地质志·云南卷·锡钨矿产(滇4)
87 中国矿产地质志·云南卷·锑铋汞铝土矿稀土稀有分散元素及水气矿产(滇8)
中国矿产地质志·陕西卷·煤矿
67 中国矿产地质志·陕西卷·油气矿产(陕2)
47 中国矿产地质志·陕西卷·非金属矿产(陕1)
中国矿产地质志·陕西卷·金属矿产
39 中国矿产地质志·甘肃卷·金矿(甘1)
……

区带志

58 中国矿产地质志·渤海卷(带4)
中国矿产地质志·黄海卷
52 中国矿产地质志·东海卷(带2)
中国矿产地质志·南海卷
中国矿产地质志·大兴安岭卷
24 中国矿产地质志·长江中下游卷(带1)
55 中国矿产地质志·南岭卷(带3)
中国矿产地质志·三江卷
中国矿产地质志·冈底斯卷
中国矿产地质志·阿拉善(隆起)卷
中国矿产地质志·华北陆块北缘东段卷
中国矿产地质志·山西(断隆)卷
中国矿产地质志·华北陆块南缘卷
中国矿产地质志·华北盆地卷
中国矿产地质志·辽东(隆起)-吉南卷
77 中国矿产地质志·吉中-延边卷(带6)
中国矿产地质志·小兴安岭-张广才岭卷
中国矿产地质志·松辽盆地卷
75 中国矿产地质志·湘中-桂中北卷(带5)
中国矿产地质志·江南隆起西段卷
中国矿产地质志·江汉-洞庭(断陷)卷
中国矿产地质志·东秦岭卷
中国矿产地质志·浙闽赣粤沿海、浙中-武夷山(隆起)和永安-梅州-惠阳(坳陷)联编卷
中国矿产地质志·江南隆起东段、武功山-杭州湾合编卷
中国矿产地质志·桐柏-大别-苏鲁卷
中国矿产地质志·喀喇昆仑-羌北卷
中国矿产地质志·班戈-腾冲卷

中国矿产地质志·龙门山-大巴山卷
中国矿产地质志·四川盆地卷
中国矿产地质志·康滇隆起卷
中国矿产地质志·上扬子东部卷
中国矿产地质志·桂西-黔西南-滇东南北部卷
中国矿产地质志·滇东南南部卷
中国矿产地质志·祁连卷
中国矿产地质志·东天山-北山卷
中国矿产地质志·鄂尔多斯卷
中国矿产地质志·东昆仑-巴颜喀拉卷
中国矿产地质志·西秦岭卷
……

专题志

中国矿产地质志·中国成矿单元划分及其主要成矿单元特征
中国矿产地质志·大型变形构造与重要矿集区(成矿区带)关系
32 **中国矿产地质志·中国矿产地分省图集(2020)(专4)**
30 **中国矿产地质志·中国前寒武纪成矿体系(专3)**
73 **中国矿产地质志·中国古生代成矿体系(专9)**
中国矿产地质志·中国中生代成矿体系
中国矿产地质志·中国新生代成矿体系
中国矿产地质志·中国地球物理场与成矿
50 **中国矿产地质志·中国地球化学场与成矿关系研究(专7)**
60 **中国矿产地质志·区域成矿规律研究历史和发展趋势(专8)**
33 **中国矿产地质志·华南洋-滨太平洋构造演化与成矿(专5)**
42 **中国矿产地质志·小岩体成大矿(专6)**
27 **中国矿产地质志·山东卷·成岩成矿年代谱系(专2)**
4 **中国矿产地质志·新疆维吾尔自治区矿床成矿系列图(专1)**
……

科学普及本

2 **中国矿产地质志·建材非金属卷·普及本(普1)**
10 **中国矿产地质志·化工矿产卷·普及本(普3)**
11 **中国矿产地质志·铀矿卷·普及本(普4)**
中国矿产地质志·渤海卷·普及本
中国矿产地质志·黑色金属矿产·普及本
41 **中国矿产地质志·宝玉石卷·普及本(普13)**
48 **中国矿产地质志·北京矿产地质(普15)**
31 **中国矿产地质志·天津矿产地质(普9)**
中国矿产地质志·河北矿产地质
中国矿产地质志·山西矿产地质
66 **中国矿产地质志·内蒙古矿产地质(普18)**
59 **中国矿产地质志·吉林矿产地质(普17)**
中国矿产地质志·辽宁矿产地质
88 **中国矿产地质志·黑龙江矿产地质(普20)**
中国矿产地质志·江苏上海矿产地质
34 **中国矿产地质志·浙江矿产地质(普10)**
中国矿产地质志·安徽矿产地质
中国矿产地质志·福建矿产地质
35 **中国矿产地质志·江西矿产地质(普11)**
中国矿产地质志·山东矿产地质
中国矿产地质志·河南矿产地质
74 **中国矿产地质志·湖北矿产地质(普19)**
49 **中国矿产地质志·湖南矿产地质(普16)**
中国矿产地质志·广东矿产地质
中国矿产地质志·广西矿产地质
中国矿产地质志·海南矿产地质
16 **中国矿产地质志·重庆矿产地质(普7)**
中国矿产地质志·四川矿产地质
中国矿产地质志·贵州矿产地质
14 **中国矿产地质志·云南矿产地质(普5)**
中国矿产地质志·西藏矿产地质
5 **中国矿产地质志·陕西矿产地质(普2)**
20 **中国矿产地质志·甘肃矿产地质(普8)**
45 **中国矿产地质志·青海矿产地质(普14)**
15 **中国矿产地质志·宁夏矿产地质(普6)**
37 **中国矿产地质志·新疆矿产地质(普12)**
中国矿产地质志·台湾矿产地质
……

注:括号内容代表志书类别及序号,1 2 3……为出版顺序,黑体为已出版。

中国矿产地质志

GEOLOGY OF MINERAL RESOURCES IN CHINA